John Cleveland Linden

Lehrbuch der exanthematischen Heilmethode

Auch bekannt unter dem namen Baunscheidtismus

John Cleveland Linden

Lehrbuch der exanthematischen Heilmethode
Auch bekannt unter dem namen Baunscheidtismus

ISBN/EAN: 9783743678644

Hergestellt in Europa, USA, Kanada, Australien, Japan

Cover: Foto ©berggeist007 / pixelio.de

Weitere Bücher finden Sie auf **www.hansebooks.com**

Lehrbuch
der
Exanthematischen Heilmethode,
auch bekannt unter dem Namen

Baunscheidtismus.

Vierzehnte Auflage, nebst einem Anhange:

Das Auge und das Ohr,
deren Krankheiten und Heilung durch die

Exanthematische Heilmethode,
zum praktischen Gebrauch für Jedermann.

Mit specieller Berücksichtigung unserer klimatischen Verhältnisse, sowie der besonders in Amerika am häufigsten auftretenden Krankheiten, gänzlich umgearbeitet und vielfach vermehrt von

John Linden,
Special-Arzt der Exanthematischen Heilmethode, Cleveland, Ohio.

1877.

Entered according to Act of Congress, in the year 1877, by

JOHN LINDEN,

In the Office of the Librarian of Congress, at Washington.

Was ist die Exanthematische Heilmethode
Und wie wirkt dieselbe?

Ist eine oft wiederholte Frage, die zu beantworten, die folgende kurze Erläuterung genügen wird:

Es ist eine anerkannte Thatsache, daß ein großer Theil der Krankheiten durch Erkältungen hervorgerufen wird. Bei plötzlichem Temperaturwechsel zieht sich das Hautorgan zusammen und die Poren verschließen sich, wodurch die Ausdünstung und Ausscheidung der im Organismus nicht mehr nöthigen, also schädlichen Substanzen verhindert wird. Verbleiben diese schädlichen Stoffe im Organismus, so entsteht Fieber, und da die Lebenskraft versucht, dieselben aus dem Blute zu entfernen, so werden an verschiedenen Theilen des Körpers solche Stoffe abgelagert, wodurch dann Entzündungen, Schmerzen und hunderterlei Krankheitserscheinungen hervorgerufen werden. Gelingt es der Lebenskraft, vermittelst der durch das Fieber erzeugten kräftigeren Blutcirkulation, das Hautorgan wieder in Thätigkeit zu setzen und die Poren zu öffnen, so entsteht reichlicher Schweiß und reichliche Ausscheidung eines zähen klebrigen Stoffes, wodurch in leichten Fällen Heilung (durch Selbsthülfe der Natur) der Beschwerden bewirkt wird. In sehr vielen schwereren Erkrankungen sehen wir ferner, daß sobald ein Ausschlag (Exanthem) durch die wieder hergestellte Thätigkeit des Hautorgans entsteht, sogleich die heftigeren Schmerzen und Krankheitssymptome an den edleren, inneren Organen gemildert werden, und unter richtiger Behandlung der dadurch eingeleitete Heilungsprozeß erhalten und zum günstigen Ende geführt werden kann. Solche Naturheilungen sehen wir bisweilen in einzelnen Krankheitsfällen eintreten, doch da wir nicht erkennen können, ob die Natur sich selbst helfen wird oder nicht, so ist es gefährlich auf den Naturheilungsprozeß zu warten, da dadurch der günstige Zeitpunkt zum rationellen Einschreiten verloren gehen mag, und deßhalb ist es besser, sofort durch Einleitung dieses neuen Heilverfahrens die Natur zu unterstützen und sie so zu zwingen, das heilende Exanthem (Ausschlag) hervorzubringen. Zu diesem Behufe dient uns der Lebenswecker und das mit demselben zu gebrauchende Reizöl.*)

---

*) Ich glaube hier noch ganz besonders aufmerksam darauf machen zu müssen, daß man sich vor pomphaft angepriesenem Oel in Acht nehmen muß, welches häufig

Der Lebenswecker ist ein kleines, sinnreich zusammengesetztes Instrument, in welchem an einer Metallkugel dreißig feingespitzte galvanisch vergoldete Nadeln so angebracht sind, daß dieselben, sobald man die am unteren Ende der Ebenholzhülse hervorstehende Spiralfeder gespannt und losgelassen hat, sofort aus dem oberen Ende (welches auf die zu operirende Stelle des Körpers aufgesetzt ist) hervorschnellen und die Oberhaut durchdringen. Das Instrument ist so eingerichtet, daß man die Einschnellung leicht oder kräftig, je nach Umständen, beliebig machen kann und keine Gefahr vorhanden ist, daß die Nadeln zu tief eindringen. Durch dieses Einschnellen der Nadeln werden künstliche Poren hervorgebracht, durch welche das Blut, welches durch die kleinen Verwundungen und den dadurch hervorgerufenen Nervenreiz nach den Stellen gezogen wird, nun im Stande ist, die zurückgehaltenen krankmachenden Stoffe in Form eines Ausschlages auszuscheiden, und so den Körper von dem ihn belastenden Krankheitsstoff zu befreien. Da nun aber die Naturheilkraft die kleinen Wunden, welche durchaus schmerzlos und kaum sichtbar sind, in sehr kurzer Zeit wieder heilen, d. h. wieder schließen würde, so bestreicht man die Stellen mit dem zu diesem Zwecke bereiteten Reizöl (Oleum Baunscheidtii), wodurch der durch die Nadelstiche hervorgerufene Reiz mehrere Tage erhalten bleibt, und so Zeit genug gegeben wird, daß sich ein künstlicher Ausschlag (Exanthem) entwickelt. — Da nun also der Hauptzweck dieser neuen Heilmethode der ist, künstlich einen Ausschlag (Exanthem) hervorzurufen, um dadurch den Heilungsprozeß einzuleiten, so hat man dieselbe die "Exanthematische Heilmethode" genannt. — Das Hervorrufen des Exanthems ist wohl der Hauptzweck, aber nicht der einzige dieser Heilmethode, so wie auch nicht der einzige Weg zur Heilung von Krankheiten.

Es ist eine physiologische Thatsache, daß die Lebenskraft nicht in verschiedenen Organen zu gleicher Zeit in erhöhter Thätigkeit sein kann. In Krankheiten der inneren Organe nun concentrirt sich die Nerventhätigkeit in diesen Organen und bewirkt in denselben ebenfalls eine Anhäufung von Blut. Machen wir nun an der Oberfläche des Körpers kräftige Einschnellungen mit den Nadeln, so ziehen wir die Nerventhä-

---

giftige Substanzen enthält. Ebensowenig sollte man das sogenannte „importirte" Oel gebrauchen, da dasselbe, selbst wenn es keine giftigen Substanzen enthalten sollte, nicht mit specieller Rücksicht auf unsere hiesigen klimatischen Verhältnisse und auf die hier häufig vorkommenden Krankheiten, welche man in Deutschland kaum kennt, angefertigt wurde, weßhalb es auch nicht so wirksam und heilsam sein kann, als das von mir bereitete.

tigkeit von dem leidenden Theile ab nach außen, und ebenso die Uebermaſſe des angehäuften Blutes, wodurch das ergriffene Organ sofort erleichtert und einer normalen Thätigkeit entgegengeführt wird. Durch die Anwendung des Lebensweckers wird überhaupt stets die Nerventhätigkeit von den inneren Organen nach der Oberfläche des Körpers gelenkt, und da das Blut jeder Zeit mit der Nerventhätigkeit gleichen Schritt hält, so wird auch das Blut mehr nach der Oberfläche des Körpers gezogen. Hierdurch entsteht äußere Wärme des Körpers, während die edleren Theile von Congestion und Entzündung befreit werden, sodann entsteht reichliche Ausdünstung und Ausscheidung, und der Heilungsprozeß ist eingeleitet ohne giftige und übelschmeckende, sogenannte Arzeneien, welche doch nur in den meisten Fällen den Körper vergiften, den Organismus zugeführt zu haben.

Aus Obigem kann nun Jeder sehen, daß die exanthematische Heilmethode durchaus rationell und auf die Gesetze der Physiologie basirt ist, und da auch die Anwendung des Lebensweckers fast schmerzlos ist, und **niemals** Schaden dadurch entstehen kann, so kann man mit gutem Gewissen allen Leidenden zurufen: „Probirt es, und Ihr werdet über die wunderbaren Heilungen erstaunt sein."

John Linden,

Specialarzt der Exanthematischen Heilmethode.

Letter Drawer 271, Office u. Wohnung: 414 Prospectſt., Cleveland, O.

Vorrede zur vierzehnten Auflage.

Mit Vergnügen präsentiren wir hiermit dem Publikum eine neue, vermehrte und verbesserte Auflage dieses Lehrbuchs. Was wir im Vorwort der früheren Auflagen von der Vortrefflichkeit der exanthematischen Heilmethode und unserem Freundschaftsgefühl unseren Kunden gegenüber sagten, können wir hier nur in einem verstärkten Maße wiederholen. Die Zahl der Freunde, welche sich um das Banner dieses Heilverfahrens schaaren, wächst mit jedem Tage und zählt bereits nach Millionen. Ein besseres Zeugniß für dasselbe könnte man sich wohl kaum wünschen.

Der schönste Ruhm des Lebensweckers liegt darin, daß er im vollen Sinne des Wortes ein Familienfreund ist, auf welchen man zu jeder Zeit bauen kann. Er hat das alte Schreckbild des Schröpfens und Aderlassens glücklich und für immer verdrängt. Von Blutegeln, Umschlägen, Bähungen und gar von den so oft giftigen und verderblichen inneren Ableitungsmitteln, die nur den Krankheitsstoff vertheilen, aber nicht aus dem Körper schaffen, und nur zu oft selber wieder die Grundursache zu neuen Krankheitserscheinungen bilden, will man täglich weniger wissen. Das einfache und naturgemäße Heilverfahren dieser Methode, welches die Krankheitsstoffe auf mechanischem Wege ausscheidet, verdrängt dieselben, so wie es von Tag zu Tag mehr bekannt wird.

Als ich vor etwa fünfundzwanzig Jahren als Pionier der exanthematischen Heilmethode in Amerika mich zuerst an das Publikum wandte, da galt es, derselben durch die Masse der Vorurtheile und allerlei Hindernisse Bahn zu brechen. Die überwiegenden Vortheile derselben mußten hervorgehoben und die Scheingründe ihrer Gegner zurückgewiesen werden.

Dieses ist glücklicherweise heute kaum mehr nöthig. Die ausgezeichneten Leistungen dieses Heilverfahrens haben dessen Ruhm ohne alles fremde Zuthun für immer begründet, die glänzenden Erfolge desselben waren dessen beste Vertheidigung. Massenhafte Beweise liegen vor, daß dasselbe in allen denkbaren, sowohl in der Heilung von acuten wie chronischen Krankheitsfällen die größten Triumphe gefeiert hat. Dieses erkennen auch ehrliche und gründlich gebildete Aerzte gerne an, obschon es immer noch eine Anzahl derselben versucht, die Macht der Thatsachen abzuschwächen. Der Grund hiervon liegt auf der Hand. Diese Heilmethode macht eben Jedermann zu seinem eigenen Arzt, und dadurch werden die Aerzte nicht nur neidisch, sondern soweit sie zumal nicht auch der operativen Chirurgie gewachsen sind, zum großen Theile überflüssig.

Die Erfindung und Verbreitung der exanthematischen Heilmethode hat durch ihre erfolgreichen und beglückenden Samariterdienste in tausenden Familien dem Erfinder derselben schon so viel Dank eingebracht, daß es gar kein Wunder ist, daß sich ein Mann wie Carl Baunscheidt **so lange als möglich für diesen Erfinder halten ließ.** Ihm jedoch gebührt nur das Verdienst, diese neue Heilmethode in weiteren Kreisen verbreitet zu haben, daß er aber **nicht der Erfinder** derselben ist (für den er noch bis vor Kurzem gehalten wurde), leidet keinen Zweifel. Er hat zwar diese Heilmethode nach seinem Namen „Baunscheidtismus" genannt, und unter diesem Namen ist sie vielfach bekannt; jedoch man stoße sich nicht an diesem Namen. Derselbe ist keineswegs glücklich gewählt und hat der Anerkennung und Ausbreitung des Heilverfahrens, das er repräsentiren will, jedenfalls mehr geschadet als genützt, denn wo man auf längst gemachte Erfahrung und Beobachtung baut, sollte sich die Persönlichkeit bescheiden im Hintergrunde halten. Dies aber ist der Fall mit diesem Heilverfahren. In China und in Japan wurde schon vor Jahrhunderten bei Gliederschmerzen, Kolik, Zuckungen u. s. w. von den Aerzten das Stechen mit Nadeln angewendet. Ein Gleiches meldet der Geograph A. M. Malliet in seinem 1694 in Frankreich erschienenen Werke von den Priestern in Siam, die im Heilen „leiblicher Gebrechlichkeiten gar geschickt mit Nadeln umfahren, solchergestalt, daß wenn sie die Kranken mit etwelchen Nadeln oftmals gestochen, diese ihrer Schmerzen und Leiden ledig werden."

Auch von den Indianern Amerikas ist es bekannt, daß sie bei Rheumatismus und Gliederschmerz sich dem Stiche einer großen Waldameise aussetzen, was sofort schmerzstillend und erleichternd wirkt. Von ihnen hatte wohl auch Dr. Perkins, ein Amerikaner, sein Heilverfahren entnommen, welches er vor fünfzig Jahren bereits bei Entzündungen, Nervenkrankheiten und insbesondere auch gegen rheumatische Schmerzen anwendete, und zwar indem er sich der Nadeln bediente.

Ein deutscher Arzt ferner, Dr. Ferdinand Schrattenholz zu Billinghoven, wandte gleichfalls ein solches Heilverfahren an, und zwar anfangs der dreißiger Jahre. Er behandelte mehrere an Gicht Leidende mit ganz überraschendem Erfolge durch Einschnellen von Nadeln. In Bezug auf eine solche glückliche Kur bemerkt der Doktor in seinem Tagebuche: „Dies ist ein schöner Heilfall und hat mir Veranlassung gegeben, mit Stechen und Prickeln viele Kranke zu heilen."

Er behandelte unter Andern auch seine Frau in ähnlicher Weise mit sofortigem Erfolge, indem er im Rücken mit der Weber-Kardendistel mehrere Male einschlug, und dies führte ihn „zu Versuchen mit dem Nadelstechen (der siamesischen Methode) an Menschen und Thieren." Auch bei alten Nervenleiden war er sodann wunderbar erfolgreich, indem er in die kleinen Nadelwunden einen Extract einrieb, den er gegen Nervenleiden anwendete.

Der Mechaniker Baunscheidt verbesserte sodann das Nadelinstrument wesentlich, und das ist sein Verdienst; daß er dem Heilverfahren auch seinen Namen gab, zeigt mehr Eitelkeit als Rechtssinn.

Carl Baunscheidt (längst gestorben) war selbst ein ganz gewöhnlicher Mensch und ohne besondere Bildung, und gebührt ihm einfach das Verdienst, daß er das Heilverfahren in weiteren Kreisen bekannt machte und sich von einem competenten Mann (Dr. Schauenburg) ein gediegenes Lehrbuch dieser Heilmethode hat schreiben lassen, alles Andere von ihm Ausgesandte ist eitel Prahlerei.

Andere schritten jedoch in der Vervollkommnung des Instruments noch weiter. So habe ich neuerdings eine wesentliche Verbesserung des Instruments erzielt, indem ich die Nadeln vermittelst electro-galvanischen Stromes vergolde, welches den großen, doppelten Vortheil bietet, dieselben dauernd gegen Rost zu schützen und auch die übrigens nicht besonders schmerzliche Anwendung noch schmerzloser zu machen, so daß selbst die empfindlichste Person, ja ein zartes Kind vor dem Gebrauch des Lebensweckers nicht zurück zu schrecken braucht.

Diese fast schmerzlose Anwendung und einfache Handhabung des Heilverfahrens, ohne daß man üble Folgen zu befürchten, oder sich von dem geheimnißvollen Achselzucken und den lateinischen Phrasen gelehrt scheinender Jünger Aesculaps ängstigen zu lassen braucht, bereitet dem Lebenswecker selbstverständlich einen immer ausgedehnteren Wirkungskreis. Die Menschheit wird zu ihrem Glücke sich auch hier allmälig von dem gelehrten Zunftwesen und Vorurtheil emanzipiren und das Individuum bald nicht mehr leichtsinnig seine Gesundheit einer ihm gänzlich unbekannten Heilmethode anvertrauen. Und dazu hilft dieses Verfahren sein gut Theil mit; der Lebenswecker allein repräsentirt in Wahrheit eine vollständige Apotheke, indem er erwärmend, belebend und ableitend wirkt und den Blutumlauf regulirt; wobei, wie schon bemerkt, das Leichte und Einfache der Anwendung dieser Heilmittel es Jedem möglich macht, dieselben in seiner Familie mit Erfolg zu gebrauchen und sich dadurch noch große Kosten und Angst zu ersparen; denn die Kosten, welche ein Arzt gewöhnlich für einige Consultationen verlangt, und die für ärmere Leute auf längere Zeit geradezu unerschwinglich sind, werden bei dem Gebrauch dieser Heilmethode auf Jahre ausreichen, besonders wenn man einmal im Besitz des Instruments und Lehrbuches ist. Nebst dem hat man dann immer noch das beruhigende Bewußtsein, diesen Menschenfreund und Freund der Armen — diesen gefälligen Familienarzt zu jeder Zeit, bei Tag und Nacht, in Sturm und Sonnenschein bequem zur Hand zu haben.

Wer nur einmal mit dem Lebenswecker und Oel einen Versuch gemacht hat, an sich oder in seiner Familie, der erkennt die Wohlthätigkeit und den Werth dieser Erfindung und wird ihr freiwilliger Agitator in dem Kreise, in welchem er lebt, und läßt sich nicht länger von der vermeintlichen Wissenschaftlichkeit und Gelehrsamkeit der Aerzte der alten Schulen imponiren, die leider nur zu oft ein mangelhaftes Wissen hinter Latein und geheimnißvoller Miene verbergen. Der Kluge will heutzutage wissen, und ganz mit Recht, welcher Art all' die Mixturen sind, die ihm der Herr Doktor verschreibt, und welche Wirkung sie haben sollen, und erhält er, wie es denn meist der Fall ist, nur allgemeine und ausweichende Antwort, so hütet er sich wohl, das fast immer Uebel erzeugende und übelriechende Zeug einzunehmen und überläßt es lieber der Natur, sich zu helfen, oder greift zu einem Hausmittel, deren erstes und segensreichstes das exanthematische Heilverfahren ist, welches darum eben auch in keiner Familie fehlen sollte. Und er thut weise daran, denn von jenen Aerzten der alten Schule gilt noch heute, was der große und weise Dichter den Faust in schmerzvoller Erkenntniß sagen läßt, als er von den Bauern ehrfurchtsvoll begrüßt wird, weil er in schlimmer Zeit ihnen ein Freund und Beistand war:

> „Hier war die Arznei, die Patienten starben,
> Und Niemand fragte: wer genas?
> So haben wir mit höllischen Latwergen
> In diesen Thälern, diesen Bergen
> Weit schlimmer als die Pest getobt.
> Ich habe selbst das Gift an Tausende gegeben,
> Sie welkten hin, ich muß erleben,
> Daß man die frechen Mörder lobt."

So könnten Tausende der Aerzte der alten Schule noch heute sagen, wenn sie den Drang nach Wahrheit hätten. Aber sie hüten sich wohl und doktoriren fort, wie es früher auch geschah, denn so ist es das Bequemste und so lohnt es sich für sie auch am besten. Aber wahrhaftig, es ist an der Zeit, daß diejenige Wissenschaft, welche es mit Leib und Leben des Menschen zu thun hat, sich nicht länger durch fremden Laut und Geheimniß deckt, sondern wie andere Wissenschaften in unseren Tagen auch thun müssen, sich populär und gemeinverständlich macht.

Sie muß naturgemäßer werden und es wird damit viel Unheil verhütet. Tausende würden nicht in ein frühes Grab gesunken sein, sondern bei der Anwendung dieser Heilmittel geheilt worden, und würden noch heute wirken und sich ihres Lebens freuen. Denn alle Krankheiten, in deren Verlaufe die Säftemasse noch nicht ganz und gar entartet und verderbt ist, und wenn kein edles, lebenbedingendes Organ vollends zerstört ist, sind heilbar; dazu ist aber unumgänglich nöthig, daß die kranken Stoffe in einer unschädlichen und naturgemäßen Weise aus dem Körper ausgeschieden werden, was eben das Verdienst der exanthematischen Heilmethode ist. Dieses Heilverfahren hat noch keinen Kranken getödtet, wohl aber unzählige gerettet, welche die alte medizinische Schule sicher und zuverlässig auf den Friedhof geliefert hätte.

Das in dieser Auflage erscheinende Lehrbuch der exanthematischen Heilmethode wurde nicht nur sorgfältig revidirt, sondern hat wegen der bedeutenden Zusätze, die demselben beigegeben sind, einen großen Vortheil über alle seine Vorgänger. Das Buch ist einer gänzlichen Umarbeitung unterzogen worden und ist dabei besonders auf unser hiesiges Klima und die in Amerika am meisten vorkommenden Krankheiten Rücksicht genommen.

Ebenfalls erlaube ich mir hiermit, besonders auf den Artikel „Wochenbett" auf Seite 61, über „Kinderkrankheiten," welche im Sachregister dieses Buches nachzuschlagen sind, sowie auf den Abschnitt über „Nahrungsmittel, Luft, Bewegung und Schlaf" auf Seite 103 aufmerksam zu machen. Auch den neuen Anhang „Das Ohr" ꝛc. möchte ich hiermit der besonderen Berücksichtigung und Untersuchung der Leser empfehlen. Alles dieses sind Dinge, über welche besonders Familienhäupter oft Veranlassung haben, ängstliche Fragen zu machen; dieselben sind in dem vorliegenden Buche in einem gemeinverständlichen Sinne abgehandelt und mit erprobten Anweisungen und Rathschlägen begleitet, daß dasselbe sorgsamen Eltern nicht nur ein getreuer Wegweiser in der Ueberwachung der Gesundheit ihrer Kinder ist, sondern eben deßhalb auch als eins der nützlichsten Werke in der Familienbibliothek betrachtet werden kann. Die alljährlich in diesem Lande auftretenden Kinderkrankheiten sind ja ein wahres Schreckgespenst für Mütter, und wer etwas zur Verbütung und Hebung derselben beizutragen vermag, versäumt eine heilige Pflicht, wenn er dieses zu thun unterläßt. Ich habe mich hiermit bemüht, durch sorgfältig geprüfte und aus meiner eigenen Erfahrung und Beobachtung geschöpfte Winke, diese Pflicht zu erfüllen.

Indem ich mich der mir bisher erwiesenen jahrelangen Gunst des Publikums dankbar erinnere, kann ich mich nicht dabei beruhigen, diesen Dank blos mit Worten auszudrücken, und habe ich deßhalb Vorkehrungen getroffen, nebst den oben angedeuteten Verbesserungen des Instruments und Lehrbuches in Zukunft mein Oleum in größeren Flaschen, welche wenigstens fünfzig Prozent mehr Oel enthalten, zu versenden, **ohne deßhalb eine Preiserhöhung desselben eintreten zu lassen. Auch habe ich, um das Publikum vor Fälschung des nur von mir in seiner ganzen Reinheit und Heilsamkeit bereiteten Oleums zu schützen, eine eigene Handelsmarke (trade mark) eingeführt.** Diese Fälschungen, vor welchen gewissenlose Menschen nicht zurückschrecken, wenn sie nur Gewinn daraus ziehen können, sind freilich eine Empfehlung des Originalartikels, sind aber trotzdem für den wirklichen Eigenthümer sehr unangenehm und können dem Publikum geradezu verhängnißvoll werden. Man sei deßhalb auf der Hut und beachte das "trade mark," um sich von der Echtheit des Oels zu überzeugen.

Es ist eine betrübende Thatsache, daß leider hin und wieder allerlei verfälschte Stoffe unter der Flagge der exanthematischen Heilmittel in die Welt hinaus segeln und gerade aus diesem Grunde nehmen Leidende Anstand, diese Heilmittel zu gebrauchen, welches ihnen unter Umständen auch gar nicht zu verdenken ist. Diesem Umstande gegenüber bin ich so glücklich, darauf hinweisen zu können, daß ich nicht nur eine große Anzahl der besten, gebildetsten und gewissenhaftesten Aerzte zu meinen Kunden zähle, welche um keinen Preis ihren ehrenwerthen Namen durch den Gebrauch werthloser Mittel beflecken würden, sondern auch durch eine Menge der glaubwürdigsten Zeugnisse beweisen kann, daß meine Heilmittel wirklich das sind, wofür sie ausgegeben werden. Es ist natürlich keine Kunst, eine Menge von Empfehlungen zu fabriziren und dieselben ohne Namensunterschrift allerlei überspannte und lächerliche Wunderkuren bezeugen zu lassen, wie dieses in einer Anzahl namenloser baunscheidt'scher Werke wirklich geschieht. Da ist z. E. in einem in Luzern, Schweiz, von einem sogenannten „alten Baunscheidtisten" (wahrscheinlich sehr alt, stammt wohl noch aus dem düstern Mittelalter) verfaßten Werke buchstäblich zu lesen: Knochenstücke im Arm: Der Arm sollte weggenommen werden. Der Lebenswecker und sein Oel stellten ihn wieder her. In einem andern Falle soll er den um einen Zoll „verrückten" Schädel eines Menschen wieder zurecht gesetzt haben. (Siehe Seite 106 jenes Buches.) Ob dies wohl nicht etwa der Schädel des Verfassers jenes Buches war?

So steht auch in einem in New York erschienenen namenlosen Machwerke buchstäblich folgender Unsinn: „Den jungen Schweinen (Thieren) hilft es geschwind, wenn man ihnen drei bis fünf Tropfen des Oeles im Ei eingibt und Wasser nachschüttet, sonst schneppert man ihnen, je nach der Krankheit, wie beim Menschen, Rücken, Magen, Brust und Bauch ein. Bei der Maulsperre hinter und unter den Ohren, an den Kiefern und Ohrgelenken. Bei geschwollenem Euter oder Knoten in demselben derb etwa zwanzig Mal auf und neben dem Uebel; bei Kolik auf Rücken und Bauch; bei Verstopfung sieben bis zehn Tropfen des Oeles im Ei mit Wasser, bei Vorfall der Gebärmutter auf Rücken und Schamgegend. Oft sollten Ochsen geschlachtet werden, weil sie nicht harnen können. Man schnellt ihnen die Nierengegend und der Länge nach die Harnröhre ein, so wird Alles gut. So in allen Fällen." Ist das nicht genug der Faselei in einem Satze vom Schweinchen bis zum Ochsen? Ist es da etwa ein Wunder, daß verständige Leute die Achsel zucken und sich mit Widerwillen von solchem Unsinn wegwenden? Wenn man unter anderem die Leute belehren will, wie es in einem weiteren Buche heißt, daß man

einen Kanarienvogel dadurch zum Eierlegen veranlaßte, daß man ihm
einige Tropfen Oleum Baunscheidtii unter den Schwanz brachte, so
weiß man nicht, soll man sich am meisten wundern über die Dummheit
eines Menschen, etwas der Art zu sagen, oder über seine Frechheit, zu
verlangen, daß Menschen mit gesundem Verstande so etwas glauben
sollen.

Unter solchen Tölpeleien leidet aber nichts mehr als das wirkliche
eranthematische Heilverfahren, welches doch richtig angewendet so sehr
dazu bestimmt ist, zum Segen der leidenden Menschheit zu werden.
Man lasse sich also durch solchen Unsinn nicht von dem Gebrauch dieser
Heilmittel zurückschrecken. Die Wahrheit muß doch siegen, und eine
echte Sache fürchtet nicht die Untersuchung des Publikums. Ich verweise deßhalb, während ich mit gutem Gewissen den Gebrauch der von
mir verfertigten Heilmittel anrathe, wiederholt auf die diesem Buche
beigefügten Zeugnisse. (Aehnliche Zeugnisse laufen fast täglich ein.)
Dieselben sind nicht nur alle originell und mit verantwortlichen Namen
der glaubwürdigsten Persönlichkeiten versehen, sondern ich bitte auch
darum, im Falle des leisesten Zweifels diesen Punkt betreffend, sich
schriftlich an die Aussteller dieser Zeugnisse wenden zu wollen, um sich
von der Wahrheit des hier Gesagten zu überzeugen.

Auf solche persönliche Ueberzeugung und offene Handlungsweise
halte ich überhaupt sehr viel, und bin ein Feind solcher Grundsätze, die
es mit der Fischerei im Trüben zu thun haben. Ich habe mich deßhalb freilich, seitdem ich mich redlich bestrebe, meine geehrten Kunden mit
den echten eranthematischen Heilmitteln zu versehen, mancher bitteren Angriffe von Seiten solcher Dunkelmänner erwehren müssen, und haben
Manche sogar nicht von ihren böswilligen Angriffen auf mein Geschäft
und meinen Charakter abgelassen, bis ich sie gerichtlich in ihre Schranken zurückgewiesen habe. Und was war denn die Ursache von all' diesen
Verleumdungen und bitteren Angriffen? Einfach, weil ich mich bemühte,
ein gehässiges Monopol zu Gunsten meiner Kunden niederzubrechen, und
somit jenen Ränkeschmieden im Wege stand, damit sie die Börsen des

hiesigen Publikums nicht nach Herzenslust, gleich einer neumelkenden Kuh, ausbeuten konnten. Da es mir nun endlich gelang, durch reelle Geschäftsführung und unausgesetzte Energie jenen Leutchen, nachdem sie in Deutschland keine Geschäfte mehr machen konnten, und auf zuchtpolizeilichem Wege ihnen überhaupt das Handwerk gelegt wurde, das Monopol auch in Amerika zu brechen, so kannte natürlich ihre Verfolgungswuth keine Grenzen; denn ihre Absichten sind allezeit „zu ernten, da sie nicht gesäet haben." Haben sie doch seinerzeit eine wahre Sündfluth von Warnungen vor mir an mich verschwendet, der ich meine besten Mannesjahre nun über zwei Decennien dazu verwendet habe, dem Heilverfahren der exanthematischen Methode hier in Amerika in den weitesten Kreisen Anerkennung zu verschaffen, woraus zur Genüge hervorgeht, wie ihnen mein redliches Bemühen und der meine kühnsten Erwartungen übersteigender Erfolg ein Dorn im Auge ist. Als das Recht öffentlich für mich in die Schranken trat, haben sich diese Baunscheidt'schen Helden, von Angst getrieben, veranlaßt gesehen, ihre Schmähartikel aus ihren Büchern herauszureißen, womit sie ihrer Feigheit den Stempel aufgedrückt.

Ferne sei es von mir, mich aus Leidenschaft oder kleinlichem Neid zu diesen Aeußerungen hinreißen zu lassen, sondern ich bestrebe mich blos, vor dem unparteiischen Blick der Leser das Bild wirklicher Thatsachen zu entrollen und das Publikum zu warnen, wie ich es für die Pflicht eines redlichen Geschäftsmannes halte; denn ich betrachte diesen Gegenstand rein vom geschäftlichen Standpunkte aus.

Schließlich möchte ich, meinen verehrten Kunden für die mir bisher erwiesene Gunst wiederholt dankend, mich auch ferner ihren freundlichen Wünschen empfehlen, indem ich noch bemerke, daß ich meine Heilmittel nach allen Theilen der Welt versende und die reellste Bedienung garantire.

So möge denn auch dieses Buch hinaus in die weite Welt ziehen, um dem Familienvater ein Rathgeber, dem Leidenden ein Helfer in der Noth und ein Herold und Vertreter des kürzesten, sichersten, unschädlichsten und billigsten Heilverfahrens zu sein, das freilich schon früher erfunden, aber jetzt erst zu einer hohen Vollkommenheit entwickelt worden ist. **John Linden.**

Cleveland, Ohio, October 1877.

Einleitung.

„Liegt doch in Sonnenklarheit
Das Wort auf Wald und Flur:
Es gibt nur eine Wahrheit—
Und das bist du — Natur."

Bei der vollständigen Umarbeitung des Lehrbuches für die Exanthematische Heilmethode ist es am Platze, dem Leser eine leichtverständliche Erklärung der Vorgänge im menschlichen Organismus bei Erkrankungen, sowie der von der Natur selbst eingeschlagenen Heilprocesse zu geben, um dadurch die Art und Weise, wie durch die neue Heilmethode Krankheiten leicht und naturgemäß geheilt werden können, anschaulich zu machen.

Diese Schrift soll natürlich nicht aus jedem Leser einen Heilkünstler machen, sondern sie soll nur ein Leitfaden sein für Diejenigen, welche, mit der alten Medicinverschreiberei unzufrieden, das Vertrauen zur alten Behandlungsweise verloren haben und geneigt sind, die neue rationelle Heilmethode zu versuchen, sie in den Stand setzend, mit Sicherheit die gewöhnlichsten Krankheiten und unter Umständen sogar die schwierigsten selbst zu behandeln.

Hier in Amerika, wo man so vielen Wechselfällen ausgesetzt ist, dadurch viele Krankheiten erzeugt werden, darunter namentlich der neue Ansiedler am meisten zu leiden hat, und man auch oft viele Meilen weit bis zu einem Arzt zu gehen hat, und es in Landdistrikten oft ganz unmöglich ist, einen wissenschaftlich gebildeten und erfahrenen Arzt zu bekommen, ist es von der größten Wichtigkeit für jeden Familienvater, zu wissen, was er in plötzlichen Erkrankungsfällen zu thun hat. Da greift man in der Noth oft zu den verkehrtesten Dingen und gibt Hausmittel oder Patentmedicinen, deren Wirkung man nicht kennt und welche den Patienten oft so verschlimmern, daß ihm dann nicht mehr zu helfen ist. Hat man aber einen Arzt zu Hülfe gerufen, so ist in den meisten Fällen der Patient nicht besser daran, denn dieser verschreibt ihm häufig nun die schärfsten Gifte und abscheulich schmeckende Stoffe aus der Apotheke, welche zu der natürlichen Krankheit nun noch eine künstliche Medicinkrankheit hinzufügen, und übersteht dann der gequälte Kranke dennoch diese beiden Krankheiten, so hat er es meistens seiner kräftigen Natur zu danken, welche ihn trotz der unvernünftigen Behandlung wieder genesen ließ, doch hat er oft Jahre lang an den Folgen der verabreichten Arzeneien zu leiden und oft erhält er nie seine frühere Kraft wieder, da an die Stelle der meist nur kurz verlaufenden Krankheit ein Arzeneisiechthum getreten ist, welches ihm sein ganzes Leben verbittert. Befragt ein Patient aber mehrere Aerzte, so verbessert er seine Lage auch nicht, denn er findet durchaus keine Uebereinstimmung unter ihnen, ein jeder verwirft die Behandlungsweise des andern, ohne dabei das traurige Schlußresultat zu ändern.

Ist es da wohl zu verwundern, wenn das Publikum alles Zutrauen zu den Aerzten und das Vertrauen in die Heilkunst verloren und sich die Meinung gebildet hat, daß die ganze medicinische Wissenschaft für ihn wenig Nutzen hat?

Leider hat die öffentliche Meinung bis zu einem gewissen Grade Recht; denn während der wissenschaftliche Theil der Medicin, d. h. die Erkenntniß des menschlichen Organismus und seiner Thätigkeit, seit den letzten 50 Jahren ganz bedeutend ausgebildet worden ist, während durch die Chemie und das Mikroskop die Bestandtheile des Körpers bis in die feinsten Theilchen erforscht worden und die ganze Thätigkeit sämmtlicher Organe, welche zur Erhaltung des Lebens nothwendig sind, erklärt worden ist, so ist der praktische Theil der Medicin, d. h. die Kunst, Krankheiten zu heilen und die Erkenntniß der Wirkungen der Heilagentien heute noch so mangelhaft wie vor 50 oder 100 Jahren, und der Ausspruch des berühmten Dr. Hirtanner: „In die dichte ägyptische Finsterniß, in welcher die Aerzte tappend ihren Weg suchen, dringt auch nicht der kleinste Lichtstrahl, um ihre Schritte zu leiten," gilt heute noch eben so gut, als zu jener Zeit, und ebenso der Ausspruch des Dr. Nolte, daß sieben Zehntel der Menschen umkommen, nicht durch Krankheit, sondern durch die Schuld der Aerzte.

Ein Jeder, welcher Gelegenheit gehabt hat, viele Krankheiten und deren Behandlung durch Aerzte der alten Schule zu beobachten, wird die Erfahrung gemacht haben, daß die alte Heilmethode durchaus keine bestimmten Gesetze hat, nach welcher sie verfährt, im Gegentheil wird er gefunden haben, daß jeder Arzt nach eignem Gutdünken verfährt und oft die zuerst eingeschlagene Behandlung als unpassend verwirft und eine neue einschlägt. Diese Unsicherheit findet man aber nicht nur bei dem einzelnen Arzt, sondern sie erstreckt sich auf die ganze Schule, wie leicht zu ersehen ist, wenn man den Verlauf einiger hervorragenden Krankheiten beobachtet. Die erste Behandlung der Cholera z. B. bei ihrem Erscheinen zu Ende der zwanziger und Anfang der dreißiger Jahre war nach) Ausspruch der Aerzte selbst eine durchweg verfehlte und somit verwarf man dieselbe vollständig und schlug einen neuen Weg ein, der aber ebenfalls keine günstigeren Resultate herbeiführte. So hat man immer wieder die Methode als falsch verworfen und eine neue versucht, und doch war das Resultat bei der letzten Choleraepidemie im Süden ein ebenso ungünstiges als vor 30 Jahren, indem, trotz des gelinderen Auftretens der Krankheit, und trotzdem, daß viele Patienten ganz ohne ärztlichen Beistand wieder gesund wurden, doch noch beinahe die Hälfte und in einigen Städten am Mississippi sogar über 60 Procent der Patienten starben. Ebenso verhält es sich mit andern Krankheiten, z. B. Croup, Diphterie, gelbes Fieber, Nervenfieber, Blattern, Scharlachfieber u. s. w.

Der größte Fehler der Aerzte besteht darin, daß sie den alten Satz "medicus curat, natura sanat," d. h. auf deutsch „der Arzt behandelt (curirt), aber die Natur heilt," ganz vergessen zu haben scheinen. Sie betrachten sich nicht als die Gehülfen der Naturheilkraft, sondern als ihre Herren, sie gehen mit dem Körper um, als ob er eine chemische Retorte und nicht ein lebender, selbstthätiger Organismus wäre, und versuchen in demselben vermittelst oft gefährlicher und giftiger Arzeneien ihren Zweck zu erreichen und gewisse von ihnen gewünschte chemische Veränderungen herbeizuführen. Sie verlassen sich zu viel auf ihre Arzeneien und vertrauen der Naturheilkraft zu wenig, und dennoch wissen sie Alle sehr wohl, daß fast die Hälfte der Kranken durch die Naturheilkraft von selbst gesund wird, wenn man nur die richtigen diätetischen und Gesundheitsregeln in Anwendung bringt.

Der berühmte Dr. Hufeland sagt: „Es gibt keine Krankheit, von dem heftigsten Entzündungsfieber an bis zur fäuligen Pest, von den zurückgehaltenen Ausleerungen bis zu den Ausflüssen aller Art, von den Nervenkrankheiten bis zu den Säfteverderbnissen, die nicht schon durch die Natur allein geheilt worden wäre. Ohne Mitwirkung der Natur vermag kein Heilmittel für sich allein je eine Krankheit zu beseitigen; die Kunst sollte nur die Naturkraft unterstützen, sie von ihren Hemmungen befreien und sie dadurch in den Stand setzen, ihr Heilgeschäft zu vollbringen." Ferner sagt derselbe große Arzt: „Ich bin längst zu der Ueberzeugung gekommen, daß von allen geheilten Kranken der größte Theil zwar **unter** Beistand des Arztes, aber nur der bei weitem kleinste Theil **durch** seinen Beistand geneset."

Zu verwundern ist es also nicht, daß der größte Theil der Menschen alles Zutrauen zu den Aerzten und ihrer Kunst verloren hat und es

müde geworden ist, die theuren, meistens gefährlichen und übelschmecken=
den Arzeneimischungen zu schlucken.

Es gibt aber auch sehr viele Leute, welche aus dem Zuvieldoktern
in das Zuwenigdoktern oder das Garnichtsthun überspringen und so,
wie man sagt, das Kind mit dem Bade ausschütten. Sie sagen, die
Doktoren können doch nichts thun, als höchstens die Krankheit durch
ihre Medicinen noch verschlimmern, und wenn der Patient nicht von
selbst gesund werden kann, so soll er wenigstens nicht noch unnöthig ge=
quält werden. Diese Leute übersehen dabei aber, daß die Naturkraft
blindlings thätig ist, und sobald Hemmnisse vorhanden sind, welche sie
nicht beseitigen kann, auch zerstört anstatt zu heilen. Diese Hemmnisse
aber sind es gerade, welche nach Ausspruch des großen Dr. Hufeland
hinweggeräumt werden müssen, um die Natur in den Stand zu setzen,
ihr Heilgeschäft zu besorgen, und das kann nur durch eine rationelle Be=
handlung geschehen, welche die Natur in ihren Heilprozessen unterstützt,
anstatt ihr entgegen zu arbeiten, oder ihr noch mehr Hindernisse in den
Weg zu schieben durch Krankmachung anderer Organe im Körper, wie
es durch die starken Arzeneien der alten Schule geschieht.

Daß die exanthematische Heilmethode die einzig vernünftige, auf
die Vorgänge in der Natur gegründete Methode zur Hinwegräumung
dieser Hindernisse und zur Unterstützung der Naturheilkraft ist, wird
dem Leser leicht klar werden, wenn er aufmerksam die folgende Ausein=
andersetzung durchlesen wird.

Wenn alle Organe im menschlichen Organismus in harmonischer
Thätigkeit sind, so ist der Mensch gesund und fühlt geistig wie körperlich
gut und kräftig; wenn die Harmonie der Thätigkeit auch nur in einem
einzigen Organe gestört ist, so entsteht Unbehagen, Unwohlsein und
Krankheit.

Gesundheit, oder die harmonische Thätigkeit sämmtlicher Organe,
wird dadurch bedingt, daß der Stoffwechsel ungehindert und regelmäßig
vor sich geht.

Unter Stoffwechsel verstehen wir die Ausscheidung aller Stoffe und
Theilchen, welche zur Erhaltung des Körpers nicht mehr dienlich, oder
durch Abnutzung unbrauchbar geworden sind, und deren stete Erneue=
rung durch Zuführung der Nährstoffe. Auf dem Stoffwechsel beruht
das ganze Leben, hört derselbe auf, so tritt der Tod ein und die den Or=
ganismus bildenden Theile lösen sich in ihre Urstoffe auf, d. h. der Kör=
per geht in Verwesung über.

Die Zuführung der Nährstoffe geschieht hauptsächlich durch den

Magen, in welchem die Speisen verbaut, d. h. vorbereitet werden, um bei ihrem Austritt aus demselben durch chemische Processe in brauchbare und unbrauchbare Stoffe zerlegt zu werden. Die brauchbaren Stoffe bilden einen dünnen, milchartigen Brei, welcher durch Sauggefäße aufgesaugt und dem Blute zugeführt wird.

Diese Stoffe würden aber an und für sich nicht im Stande sein, den Körper zu erhalten, da es ihnen an der nöthigen Wärme fehlt; nun werden sie aber in ihrer Mischung mit dem Blute durch die Lungen mit dem Sauerstoff (Lebensluft) der atmosphärischen Luft vermöge des Athmungsprocesses in Berührung gebracht, mit welchem sie sich verbinden, und da dadurch gewissermaßen eine Art Verbrennungsproceß entsteht, so erhält das nun zur Ernährung des Körpers brauchbar gemachte Blut stets die nöthige Wärme des Körpers, wodurch allein der Mensch in den Stand gesetzt wird, den Einflüssen der Temperatur zu widerstehen. Das Blut ist der eigentliche Ernährer des Körpers, indem es durch alle einzelnen Theile circulirt und überall die Stoffe ablagert, welche zur Ersetzung der verbrauchten Theilchen nothwendig sind, zugleich aber auch einen großen Theil der unbrauchbar gewordenen Stoffe wieder aufnimmt und dieselben durch die Ausscheidungsorgane aus dem Körper entfernt. Die Ausscheidung der verbrauchten Stoffe geschieht durch die Leber, die Nieren, die Haut und die Lungen, welche letztere die durch den Verbrennungsproceß erzeugte Kohlensäure und Wasser durch das Ausathmen ausscheiden, um wieder Sauerstoff dafür beim Einathmen aufzunehmen. Hieraus geht als selbstverständlich hervor, daß reine Luft gerade so nothwendig zur Erhaltung des Körpers ist, als gute Nahrung.

Ein äußerst wichtiges Ausscheidungsorgan, mit welchem wir es bei dem neuen Heilverfahren ganz besonders zu thun haben, ist die Haut, welche durch ihre Millionen kleiner Oeffnungen (Poren) ganz unglaubliche Quantitäten an Gasen, Wasser und festen Stoffen ausscheidet, und zur Erhaltung des Stoffwechsels und somit der Gesundheit von unberechenbarer Wichtigkeit ist.

Die Pflege der Haut durch Waschen, Baden und Bürsten sollte sich daher ein Jeder äußerst angelegen sein lassen; denn es ist Thatsache, daß der größte Theil der Erkrankungen durch Unregelmäßigkeiten in den Funktionen der Haut und der Verdauungsorgane entstehen.

Wir haben nun gesehen, daß, wenn der Stoffwechsel regelmäßig vor sich geht, in den Funktionen der körperlichen Organe vollständige Harmonie, d. h. Wohlbefinden, herrscht; dagegen aber Unbehagen und Unwohlsein, sobald die Harmonie gestört ist, und es entsteht nun die Frage, was sollen wir thun, um die Harmonie wieder herzustellen. Um diese Frage zu beantworten, wollen wir einmal sehen, was die Natur selbst in solchen Fällen thut, und wollen sie unsere Lehrmeisterin sein lassen.

Wird ungeeignetes Material dem Körper zugeführt durch zu viel oder ungeeignete Nahrung, oder durch schlechte Luft, oder wird bei einer Erkältung durch Schließen der Hautporen die Ausdünstung unterdrückt und dadurch ungeeignetes Material im Körper zurückgehalten, so muß dadurch natürlich das normale Mischungsverhältniß der Nährsäfte (des Blutes) gestört werden, wodurch eine außergewöhnliche Anstrengung der Organe nothwendig wird, um diese ungeeigneten Stoffe sich zum Ersatz der verbrauchten zu assimiliren (einzuverleiben). Diese Anstrengung in den Organen ruft nun bereits ein Unbehagen hervor, welches zum Unwohlsein gesteigert wird, sobald durch die von den Nervencentern ausgehende Thätigkeit eine neue Anstrengung im Organismus gemacht wird, die ungeeigneten oder schädlichen Elemente auszustoßen. Ganz dieselben Vorgänge finden wir bei den Ansteckungsstoffen; zuerst das Unbehagen, dann die Reaktion der Lebenskraft im Organismus gegen die krankmachenden Stoffe und der Versuch, sie auszuscheiden, wodurch Unwohlsein, Krankheit entsteht, welche, wenn sie nicht in Gesundheit oder Tod übergeht, in einem langwierigen Siechthum endet. Bei geringen Störungen gelingt es der Naturkraft oft, dieselben zu beseitigen und das normale Mischungsverhältniß des Körpermaterials, welches für den regelmäßigen Verlauf des Stoffwechsels nothwendig ist, wieder herzustellen, und dann nennt man es eine Selbsthülfe der Natur oder eine Naturheilung.

Als Mittel zur Ausstoßung dieser krankmachenden Elemente bedient sich die Natur der Entzündung, des Fiebers und des Ausschlages, und hat wohl ein Jeder schon die Beobachtung gemacht, daß nach dem Eintritt dieser Erscheinungen das Krankheitsgefühl sofort verschwindet und Wohlbefinden allmälig wieder eintritt. Oft aber sind die Hindernisse zu bedeutend, als daß sie die blindlings wirkende Naturkraft überwinden kann, und da ist es nothwendig, durch Anwendung der geeigneten Mittel der Natur zu Hülfe zu kommen.

Bei all diesen Anstrengungen der Natur, die krankmachenden Elemente zu entfernen, sehen wir, daß immer versucht wird, dieselben von den edleren inneren Theilen nach den äußeren nicht unbedingt zum Leben gehörenden Theilen abzuwerfen und sie dann in Form von Ausschlägen, Geschwüren u. s. w. ruhig ihren Verlauf nehmen zu lassen.

Hierbei muß bemerkt werden, daß der menschliche Körper zwei Hautflächen besitzt, erstens die äußere Haut, welche den ganzen äußeren Körper vom Scheitel bis zu den Fußsohlen bedeckt, und zweitens die innere Haut, welche an den Lippen und der Nase mit der äußeren Haut verbunden sich durch den ganzen Körper erstreckt, alle inneren Theile bedeckend und am After endend, wieder mit der äußeren Haut in Verbindung kommt. Bei den Anstrengungen der Naturkraft nun, schädliche Stoffe auszuscheiden, wobei die Nieren und die Leber ihren Theil der Ausstoßung zu besorgen haben, wird ein Ausschlag (oder Ausscheidung) nicht nur auf der äußeren Haut, sondern auch auf der inneren Hautfläche hervorgerufen, woselbst sich derselbe in der Nase als Schnupfen, im Mund als Schwämmchen, Geschwürchen, in den Lungen als Auswurf u. s. w. und in dem Darmkanal als Durchfall, Ruhr u. s. w. darstellt.

Da wir also nun gesehen haben, daß die Natur als Heilungsprozeß in den überaus meisten Fällen von Selbstheilung eines Ausschlages (Exanthem) zur Ausstoßung der Krankheitsstoffe bedarf, so kommen wir bei dem neuen Heilverfahren den Anstrengungen der Naturheilkraft dadurch zu Hülfe, daß wir durch die Kunst einen Ausschlag (Exanthem) hervorrufen, und deßhalb ist diesem Verfahren der Namen „die Exanthematische Heilmethode" oder methodische Exanthemation gegeben worden.

Zu diesem Zwecke gebrauchen wir also ein kleines Instrument, Lebenswecker, mit einer Anzahl feiner Nadeln, an einer Spiralfeder befestigt, versehen. Durch das Anziehen und Loslassen der Spiralfeder schnellen wir die Nadeln in die Haut, öffnen dadurch auf künstliche Weise die durch Krankheit geschlossenen Poren und, um zu verhüten, daß der Nervenreiz, welcher hierdurch hervorgerufen worden, zu schnell verschwindet, und die Poren sich wieder schließen, so bestreichen wir die Stellen nach dem Einschnellen mit dem zu diesem Zwecke speciell bereiteten Oel, welches dann bewirkt, daß die Krankheitsstoffe in Form von Ausschlag ausgestoßen und auf der Oberhaut abgelagert werden.

Durch dieses einfache Verfahren werden die heftigsten Krankheiten leicht, sicher und schmerzlos geheilt, indem wir durch die Einwirkung auf die Hautnerven vermöge der Reflexwirkung eine Steigerung der Nerventhätigkeit im ganzen Körper, sowie Erneuerung des durch Krankheit verlangsamten Stoffwechsels hervorrufen, welche sich durch gesteigerte Wärme, beschleunigten Blutumlauf und vermehrte Hautausdünstung sehr bald kund gibt. Die durch die Nadeln verursachten Stichwunden erheben sich hirsekornartig und bilden größere und kleinere Bläschen, welche sich mit gelblichem Stoff füllen und vom dritten Tage an wieder vertrocknen. Durch diesen Proceß wird der Krankheitsstoff also auf die Haut geworfen, die inneren Organe dadurch von demselben befreit und in den Stand gesetzt, ihre normale Thätigkeit wieder aufzunehmen und die Harmonie in den Funktionen sämmtlicher Organe herzustellen, welches wir oben als den Zustand der Gesundheit bezeichnen.

Nach den oben gegebenen Erläuterungen erscheint es gewiß Jedermann klar, daß man mit vollem Rechte die eranthematische Heilmethode die einzig rationelle, weil auf die Vorgänge in der Natur selbst basirte, Heilmethode nennen kann, und da sie auch vollständig harmlos und einem Jeden zugänglich ist, so verdient sie dem Publikum allseitig empfohlen zu werden.

Schließlich sei es noch bemerkt, daß bei Heilung der in diesem Buche angegebenen Krankheiten es doch nur darauf ankommt, den gestörten Stoffwechsel zu reguliren, und den Ausschlag hervorzurufen, und dieses wird einfach durch die genau nach Vorschrift gemachte Anwendung des Lebensweckers und des Oeles erreicht, ohne daß eine tiefere Kenntniß der Vorgänge im Innern des Organismus dabei erforderlich wäre, und somit kann jeder Hausvater, jede Mutter, jeder Bruder und jede Schwester vertrauensvoll in vorkommenden Krankheitsfällen seine Zuflucht zu dem Lebenswecker und dem Oel nehmen, ohne nothwendig zu haben, die Patienten durch das Eingeben von starken und oft gefährlichen Arzeneien zu quälen und ihre Leiden noch zu vermehren. Bei vorkommenden Krankheitsfällen sollte man daher nicht erst warten, bis das Uebel überhand genommen oder durch den Gebrauch schädlicher Medicamente der Patient unheilbar gemacht ist, sondern sofort beim geringsten Anzeichen von Unwohlsein zu diesem immer untrüglichen, naturgemäßen Heilmittel seine Zuflucht nehmen, indem man damit niemals schaden, aber wohl immer heilen kann.

Die Liebe zum Leben.

Wenn das Leben ein so trauriges, durch so unendlich viele Calamitäten getrübtes ist, warum hängt der Mensch dennoch mit so inniger Liebe an demselben?

Das Dunkel, welches uns die Zukunft über unsern Sarg hinaus verhüllt, ist, auch wenn wir die tausend und aber tausend Systeme religiöser Meinungen ganz bei Seite setzen, so ehrwürdig und schrecklich zugleich, daß auch der blindeste Wahnglaube nicht im Stande ist, durch einen unbedingten freiwilligen Verzicht auf eine greifbare Existenz ein Elysium einzutauschen, dessen faktische Inspizirung bisher noch keinem Sterblichen gestattet worden. Der Egoismus, die dem Menschen angeborne, von seiner Natur unzertrennliche Habsucht, mit glimpflicheren Worten, das Streben nach einer fortdauernden Glückseligkeit über die irdische Dauer hinaus, stehen zunächst als Ergebniß der Frage da: wie ist es möglich, wie ist es denkbar, daß ich, Mensch, ein vernunft=begabtes, geistisch-physisches Wesen, aufhören könnte, zu sein? — Diese bejahende Frage als ursprüngliche Wurzel aller metaphysischen Systeme, erleidet aber bei diesem vernunftbegabten Wesen einen harten Stoß durch die andere, negirende Gegenfrage: Wie ist es möglich, wie ist es denkbar, daß es eine Zeit gab, wo ich, Mensch, mit meinem denkenden Geiste noch gar nicht da war?

Aus diesen und ähnlichen, wenn auch noch so verworrenen Schlüssen setzt sich, auch gegen den stärksten Willen, in dem menschlichen Geiste der Zweifel fest und wird, wenn auch gegen das Selbstgeständniß, das erste Glied zu der Kette, welche den Menschen ans Leben bindet.

Dem Zweifel zur Seite geht die Hoffnung, welche den Menschen oft noch unter dem Henkerbeile das rettende Wort der Gnade erwarten läßt und ihn allenthalben und in allen Lagen ans Leben bindet. — So leiten Zweifel und Hoffnung den Menschen durch die Labyrinthe des Lebens, und selbst verlassen und verbannt von seinen Mitmenschen sucht er sich Entschädigung bei der liebenden Mutter Natur, erfreut sich am Geflimmer der Sterne, athmet schuldlos und leicht des Himmels erfrischenden Aether, erquickt sich am Strahle der Alles belebenden Sonne, trinkt den Balsamduft des beblümten Angers, kühlt den brennenden Gaumen am sprudelnden Felsenquell und unterhält die Thätigkeit des

bellenden Magens mit einfacher Wurzelkost. Und zu seinen Füßen murmelt ihm der rieselnde Bach; in dem schattigen Laubdache des Hoch=
waldes schlagen ihm die gefiederten Sänger, im erquickenden Schlafe gaukelt ihm der liebliche Traum: das Leben ist doch schön.

So gesellt sich dem Zweifel und der Hoffnung der Schmeichelton der lachenden Seite des Lebens bei — und **die Liebe zum Leben** erfüllt des Menschen ganzes Wesen; **die Liebe zum Leben** leitete seinen Sinn zur Aufspähung und Entdeckung der in den Reichen der Natur ver=
borgenen Kräfte; **die Liebe zum Leben** bildete den ersten Mediziner; **die Liebe zum Leben** fand auch den Lebenswecker.

Der Organismus des menschlichen Körpers.

Der thierische Organismus, Körper, verdankt seine Entwickelung und Erhaltung der Aufnahme von Stoffen aus der Natur, welche Stoffe wir Nahrungsmittel nennen. Das Verdauungs=System bildet aus den Nahrungsmitteln diejenigen Säfte (Lebensstoffe), welche zur Erhal=
tung der mannigfachen Gebilde des Körpers nothwendig sind und welche demselben theils in fester, theils in flüssiger Masse abgetreten werden. Diejenigen Stoffe, welche als feste Theile sich im Körper ansetzen, befin=
den sich wie die nicht verdichteten, vorher in flüssigem, aufgelöstem Zu=
stande und bilden sich erst dadurch zu festeren Massen, daß sie von den betreffenden Organen angezogen werden, an sie herantreten, sich ihnen einverleiben, was die Mediziner Assimilation nennen. Während nun so alle Theile und Organe mit neuen Stoffen getränkt, versorgt werden, sondern sich diejenigen Stoffe wieder ab, die ihre belebende Essenz ver=
loren, ihre Dienste geleistet haben, um sich auf ähnliche Weise ebenfalls in aufgelöstem Zustande wieder ab= und auszuscheiden zu lassen. Werden dieselben aber durch irgend welche störende Eindrücke im Körper zurück=
gehalten, so treten sie als krankmachende Potenzen in demselben auf und richten Verheerungen im Organismus an. (Leberkrankheiten, Gallen= und Blasensteine u. dgl.)

Die Arterien, welche in immer feineren Zweigen nach den Organen und Theilen sich verlieren, führen die zur Assimilation präparirten Stoffe den entsprechenden Geweben zu oder strömen dieselben in andere Organe aus, in denen sie zur allmäligen Verwendung des Körpers auf=
bewahrt bleiben, wie wir dieses bei den Weiberbrüsten, Hoden u. s. w. finden. — Auf gleiche Weise leiten die Arterien die Ausscheidungs=
stoffe, welche sie durch das Venen= und Lymphgefäß=System erhalten, in

solche Organe, die sie wiederum aus dem Körper entfernen, z. B. durch die Nieren und die Blase.

Sind nun solche Organe eingeschlafen, untauglich geworden, ihre Dienste zu verrichten, so müssen die Produkte und Stoffe, welche sie liefern und erzeugen, sowohl qualitativ als quantitativ verändert normwidrig werden. Dasselbe gilt aber auch, wo die zarten Innenhäute der Gelenke, der Muskeln, der Knochen und der Synovia (Gelenkschmiere) irgendwie verderbt sind.

Nicht nur durch die Harn- und Lungen-Ausscheidung, sondern auch durch die **Hautausdünstung** wird ein großer Theil der Stoffe, die für die Oekonomie des Körpers überflüssig waren oder wurden, ausgeschieden*). Die Hautausdünstung (beziehungsweise Schweiß) ist aber an solchen Körperstellen am stärksten, wo die meisten Arterien sich nach der Haut verzweigen, z. B. an den Gelenken, an den Händen und Füßen. Die Haut scheidet aber nicht nur reines Wasser, sondern auch mancherlei andere, subtile Bestandtheile, besonders aber Salze mit aus. Diese Salztheile, welche in aufgelöstem Zustande durch die Haut treten, schlagen sich meist als schuppenartige Blättchen oder krankhaft als ein kalkartiger Grind an der Oberfläche der Haut nieder. Das Letztere ist besonders bei solchen Individuen der Fall, wo nur wenig oder gar keine Gelenkschmiere in dem betreffenden Gliede vorhanden war, so daß man bei jeder Bewegung ein gewisses Knarren vernehmen konnte. Sowie aber der Gesundheitszustand des Menschen neben einer vernünftigen Lebensweise von einer steten, am ganzen Körper regelmäßig vor sich gehenden Ausdünstung abhängt, eben so sehr ist derselbe auch bedingt von der dem lebenden Organismus gegebenen Kraft, auf die äußern Einflüsse zu reagiren und solche für sich unschädlich zu machen. Sobald eine schädliche Potenz auf den Körper einwirkt, sucht derselbe diese zu bewältigen, sie zurückzustoßen. Häufig ist aber der Körper in der Gesammtheit seiner Systeme hierzu zu schwach, wo dann wenigstens die stärkern Theile die Eindrücke zurückweisen, die schwächern hingegen unterliegen, erkranken. Das Reaktionsvermögen des Körpers und der Peripheralhaut insbesondere wird aber bei Kälte-Einwirkung vorzugsweise erregt. Die Kälte macht Alles erstarren, sie wirkt kontrahirend, lähmend, und hemmt nicht nur das Wachsen der Pflanzen, sondern auch das Gedeihen der Thierwelt, kurz, sie bringt eine gänzliche Umstimmung der Lebensthätigkeit im Organismus zu Wege. Je mehr die Kälte aber

---

*) Man kann mit Sicherheit annehmen, daß die Haut, wie die Lungen ein Athmungsorgan ist.

z. B. als Zugluft*) konzentrirt ist, um so nachtheiliger sind ihre Wirkungen auf den Organismus, besonders aber bei erhitztem Körper.

Und so stellen wir denn, nachdem wir in Vorstehendem, sowohl der eigenen, als auch der klaren Anschauungsweise des Herrn Dr. G. F. H. Pfeiffer gefolgt sind, allen den vorangeführten bunten Hypothesen über die Ursachen der Gicht wie des ganzen flußrheumatischen Krankheits-Gebietes kühn entschlossen die Behauptung entgegen:

Die Kälte-Einwirkung, die Erkältung ist der Urgrund des ganzen fluß- und fieberrheumatischen Krankheits-Gebietes, welches dann wiederum das Fundament zu den meisten übrigen Krankheiten legt.

Das Wesen des Rheumatismus, der Gicht, oder welche Namen man diesen Zuständen sonst beilegen möge, darf daher nicht in irgend einer krankhaften Materie gesucht werden, durch welche Entzündungen, Destruktionen der Glieder u. s. w. erzeugt würden; wir müssen es vielmehr in einer Unterbrechung der zweifachen Hauptthätigkeit, in einer Störung der Assimilation und Reproduktion, in einer Umstimmung des Nervenlebens und der organischen Thätigkeiten suchen. Die Afterprodukte und Stoffe, welche sich in der Gicht an den Gelenken ausscheiden oder ablagern, sind nicht als krankmachende Materie, sondern nur als pathische Produkte, als Folge der unterbrochenen organischen Thätigkeit zu betrachten. Es versteht sich von selbst, daß ein krankhaftes Organ auch nur normwidrige Produkte liefern kann, die dann in der Folge jenen eigenthümlichen, ambulanten Krankheitsstoff bilden, der durch die Unthätigkeit, Impotenz, der Peripheralhaut unter der Oberfläche derselben mit Gewalt zurückgehalten wird, bald hier bald da seinen Sitz hat, der aber überall, wo er sich niederläßt, nicht nur die zarten Nerven und die benachbarten Muskeln in eine ungewohnte und höchst lästige Spannung versetzt, sondern die Einen sogar auf die Dauer lähmen und die Andern für immer zerstören oder abtödten kann†). Die verschiedenartigen Symptome, unter welchen die Gicht auftritt, ändern nichts am Wesen und Ursprunge derselben, der sich, wie gesagt, immer auf Erkältung zurückführen läßt.

Welche Resultate liefert nun das seitherige Heilverfahren in all den verschiedenen, mehr oder minder schmerzlichen Leiden und Krankheiten,

---

*) Daher strömt aus dem nämlichen Loch warme und kalte Luft; haucht man den Athem mit geöffnetem Munde in die flache Hand aus, so empfindet die Hand Wärme, spitzt man aber den Mund beim Aushauchen, so wird man Kälte verspüren.

†) So wie ein wenig Sauerteig den ganzen Teig durchsäuert, so leicht und gewiß bringt der kleinste Rheumatismus Gährung (Säuerung) im Körper hervor.

die in der gewaltsamen Zurückhaltung jener feinflüssigen Materie ihren
Entstehungsgrund haben, und die wir im Allgemeinen mit den Worten:
„Rheumatismus, rheumatische Fieber" u. s. w. bezeichnen? — Ant=
wort: Das seitherige Heilverfahren in diesem (wie in den meisten übri=
gen) Krankheits=Gebiete war gar kein Heilverfahren.

Denn abgesehen davon, daß solches Verfahren schon deßhalb kein
wahres, durchgreifendes Heilverfahren sein konnte, weil man innerlich
mediziniren ließ, während doch die Krankheit fast äußerlich und zwar
unmittelbar unter der Oberfläche des menschlichen Körpers saß; abge=
sehen also davon, daß ein solches System nur ein falsches Verfahren
und dieses nie einen günstigen Erfolg erzeugen konnte, waren im Gegen=
theile die meisten Patienten nach eingenommener Medizin erst recht
eigentlich eingeschlammt und krank geworden. Und wenn auch mitunter
einmal die Cur einer so vom Arzt selbst hervorgerufenen Krankheit
glückte, so darf dreist angenommen werden, daß dann mehr die starke
und kräftige Natur des Patienten, als die ärztliche Geschicklichkeit gehol=
fen hat. — Hier gab es kein System, keinen festen Anhaltspunkt; denn
der Eine verschrieb in demselben Krankheitsfalle auf gut Glück hin die=
ses, der Andere jenes Remedium, und es ist eine unleugbare Thatsache,
daß: wer immer in einer und derselben Krankheit ein Dutzend Aerzte
isolirt konsultirt, auch jedesmal zwölferlei Rezepte erhält! Kein Wun=
der, wenn unter so miserabeln Umständen der alten Medizinalia, wo der
menschliche Körper, das Leben des Menschen selbst, den Prüfstein der
bunten Rezeptirungen des oft aufs Gerathewohl im Finstern tappenden
Arztes hergeben mußte, so Mancher todt gedoktert wurde. Der eine
Patient wurde wohl zuweilen auch etwas besser, wenn der im Finstern
tappende Arzt zufällig einmal Glück in der Wahl seiner Siebensachen
gehabt; ein Anderer besserte sich nicht und wurde auch nicht schlechter,
wenn das verordnete sogenannte Heilmittel weder nützlich noch schädlich
gewesen. Die meisten Patienten aber wünschten sich bald wieder ihr
erstes Uebel, ihre ersten Schmerzen zurück, und wenn dann die eigene
Natur des Patienten nicht mehr auszuhelfen vermochte, so war derselbe
auch in der Regel rettungslos verloren. Hatte z. B. Jemand nur rheu=
matische Kreuz= oder Rückenschmerzen, so waren es entweder die Schröpf=
schnepper oder die ekelhaften Thiere, die Blutegel, die man sofort
herbeiholen ließ, und welche dem Uebel abhelfen sollten. Aber im
Grunde thaten sie nichts anders, als daß sie dem folgsamen Patienten
das Beste gerade, was er noch im Leibe hatte, die Lebens=Essenz, mit
dem Blute abzapften und ihn so, nach öfterer Wiederholung dieses

Aktes, erst recht aufs Krankenlager brachten, um hier vollends und unfehlbar von der Schwindsucht aufgerieben zu werden. Noch viel unvernünftiger handelte man vordem in der Verordnung der Aderlässe, die freilich jetzt nur in den seltensten Fällen, in Fällen der höchsten Gefahr angerathen werden. Doch, wie man von diesem Unsinne zum Theil zurückgekommen ist und in wenig Jahren gänzlich geheilt sein wird, so wird jetzt auch jedes andere unsinnige Verfahren in der ärztlichen Praxis aufhören und die Welt einsehen lernen müssen, „daß es keinen Apotheker-Topf, keine Medizin-Büchse gibt, in welchen ein spezifisches Heilmittel zur Heilung irgend welcher Krankheiten enthalten wäre." —

Es ist nun eine erfreuliche und allbekannte Thatsache, daß diese neue, wahrhafte Heilmethode sich nunmehr Bahn gebrochen und durch die eminentesten Curen bewiesen hat, daß sie, über alle Apothekerstoffe erhaben, nicht nur in den leichten Krankheitsfällen, sondern auch in den schweren und sogar in vielen, von der medizinischen Wissenschaft bisher für unheilbar gehaltenen Fällen die überraschendsten Heilungs-Resultate geliefert hat.

Es ist dies die auf den vorentwickelten Prinzipien beruhende, durch ein unbedeutendes Alltags-Phänomen vorgebildete, natürliche Heilkunst, die Eranthematische Methode — oder die Wissenschaft der richtigen Auffassung, Handhabung und Beurtheilung der medizinischen Leistungsfähigkeit eines Instrumentes, welches unter dem charakteristischen Namen:

Der Lebenswecker

in die Welt ging, und, wenn nicht gerade allen, so doch bei weitem den meisten altehrwürdigen Apothekerbüchsen öffentlich und feierlich den Krieg erklärte. — Wodurch aber wurde diese kühne Herausforderung des „Lebensweckers" wohl gerechtfertigt, und was ist denn dies für ein sonderbares Instrument?

Dieses Instrument ist weiter nichts, als eine Zusammenstellung feingespitzter galvanisch vergoldeter Nadeln, welche dazu bestimmt sind, durch ihre Stiche in die Haut (eine fast schmerzlose Operation) künstliche Poren zu erzeugen, durch welche allen, in Folge einer gestörten Hautthätigkeit an den leidenden Stellen des Körpers angehäuften, die Gesundheit tödtenden Krankheitsstoffen ein einfacher und natürlicher Weg zum allmäligen Abzuge (Verflüchtigung) geöffnet wird.

Erfindung des Lebensweckers.

Schon in uralten Zeiten benutzte man Instrumente, um künstliche Poren in der menschlichen Haut hervorzubringen.

Freilich waren damals diese Instrumente noch sehr unvollkommen, allein dieselben wurden von Zeit zu Zeit verbessert. Die erste Anregung zu dem Lebenswecker in seiner jetzigen Gestalt gab ohne Zweifel (wie schon in der Vorrede zu der elften Auflage dieses Buches bewiesen wurde) der Doctor Ferdinand Schrattenholz. Später wurde dessen Instrument von dem Mechaniker Baunscheidt verbessert, jedoch ist es, wie bereits gesagt, eine Unwahrheit, daß Baunscheidt **der Erfinder** des Lebensweckers ist.

Innerhalb der letzteren Jahre habe ich, durch langjährige Erfahrung auf die Mängel des Baunscheidt'schen Lebensweckers aufmerksam gemacht, dieses Instrument noch wesentlich verbessert, so daß ich dreist behaupten darf, daß die von mir verfertigten Lebenswecker die vollkommensten sind, die man bis jetzt kennt.

Durch die Stiche in die Haut entstehen nämlich Oeffnungen, die eben groß genug und geeignet sind, der feinen, flüchtigen aber krankmachenden Substanz unter der Haut zum Auszuge Platz zu machen. Diese Oeffnungen sind zugleich klein genug, um das Blut in seinem Kreislaufe nicht zu alteriren, sondern dasselbe vielmehr ungestört, ganz und ungetheilt zu belassen, wo es ist; — diese kleinen Oeffnungen sind aber groß genug, um die feinsten Blutgefäße mit außerordentlich engen Maschen zu durchbohren, wodurch dem kranken Organismus eine Kraft geliehen wird, krankhafte Ablagerungen zu beseitigen. Kurze Zeit, nachdem das Einschnellen der Nadeln durch die Haut erfolgte, zieht sich dieselbe zusammen und es ragen Knötchen hervor, welche das Aussehen der sogenannten Gänsehaut haben. Nach Beseitigung der Knötchen zeigen sich diese als hellrothe Sugillationen.

Feingespitzte Nadeln in größerer Anzahl zusammenzustellen, und diese Nadeln mittelst einer mechanischen Vorrichtung in die Haut einzuschnellen, um dadurch künstliche Poren, d. h. künstliche Abzugswege zu erzeugen resp. zu eröffnen*) — war die nächstliegende Nothwendigkeit

---

*) Privilegirt wissenschaftlich würde dieser Akt etwa so definirt werden. Untersucht man ein Stück Haut mit Hülfe des Mikroskops, so findet man perforirte Oeffnungen nicht darin; dennoch scheiden durch das Gefäßsystem sich fortbildende Flüssigkeiten aus, bald in tropfbarer, bald in dunstförmiger Gestalt. Durch die Ernährungsflüssigkeit werden alle Zwischen-Spalten-Räume zwischen den verschiedenen

und so entstand für die neue Heilmethode das kleine Instrument, welches unter dem Namen „Lebenswecker" bekannt geworden ist. Dasselbe wurde von mir zu verschiedenen Zeiten bedeutend verbessert, und die jetzt von mir verfertigten Lebenswecker mit galvanisch **vergoldeten Nadeln** sind anerkanntermaßen die vollkommensten und wirksamsten, und deren Anwendung gänzlich schmerzlos. Allein trotz der tausende von Fällen in denen der Lebenswecker ein Lebensretter wurde, nachdem Aerzte von Ruf die Patienten bereits aufgegeben hatten, sträuben sich doch eine nicht geringe Anzahl Mediciner noch immer, dem Exanthematischen Heilverfahren Gerechtigkeit angedeihen zu lassen.

Der „Lebenswecker" arbeitet bereits in ganz Amerika sowie in der ganzen übrigen Welt, und ist als die sicherste und zweckmäßigste aller Heilmethoden anerkannt.

Der Unterschied zwischen der Heilung durch die Exanthematische Methode und einer Heilung nach altem Styl besteht aber einfach darin: daß der Krankheitsstoff durch ersteren rein ausgetrieben wird — worauf nur Gesundheit übrig bleiben kann — während er bei letzterer nur im Körper vertheilt, häufig in denselben hineingejagt wird. —

Durch den „Lebenswecker" wird die Natur gleichsam nur angestoßen und hilft sich dann im Uebrigen selbst.

Zur weiteren Belehrung aber diene dies: die Haut ist unzweifelhaft eines der wichtigsten Organe, ihre Funktion merkwürdig. Sogar die weichen Theile von Insekten werden blos durch die starke Haut oder den Panzer zusammengehalten, womit sie bedeckt sind. Sehen wir uns im Pflanzenreiche um, so werden wir finden, **daß die Rinde des Baumes in Rücksicht seines gesunden Fortlebens der wichtigste Bestandtheil desselben ist.** So lange die Rinde des Eichbaumes noch unverletzt ist, treibt er Knospen und Blätter, mag auch das Herz selbst schon morsch geworden sein. Ist aber die Rinde verletzt, so stirbt der Baum zusehends ab — und gerade so verhält es sich mit unserer Haut, die uns das ist, was die Rinde dem Baume.*)

Elementartheilen ausgefüllt und dieses ist die erste Bedingung einer fortwährenden Umbildung der Stoffe und also des Lebens. Deßhalb wird auch eine Bildungsflüssigkeit aus dem Blute fortwährend in ihrer Eigenthümlichkeit neu erzeugt und mittelst des Kreislaufes in Folge von Exhibition oder Exosmose und Endosmose allen Parenchymen zugeführt, die früheren dagegen durch Lymphgefäße und Venen hinweggeschafft; sie ist also in stetem Wechsel begriffen.

*) Ich erinnere hier an die bekannte, sprichwörtliche Redensart: „Er steckt in keiner guten Haut!" — Jeder weiß, wie diese tief durchdachte Redensart zu verstehen ist.

Die Vorzüge der Exanthematischen Heilmethode sind folgende:

1) So leicht es ist, krank zu werden, eben so leicht muß es auch sein, wieder gesund zu werden, insofern nicht das Alter mit seiner natürlichen Schwäche entgegenwirkt.

2) Kann eine Methode, welche sie auch sei, einen Menschen unter fünfzig Jahren, oder der sonst noch in voller Lebenskraft steht, nicht heilen, so ist sie gewiß auch keine wahre Heilmethode und nichts werth.

3) Der Lebenswecker birgt weit mehr Heilkräfte in sich, als alle andern bekannten Mittel zusammengenommen. Er repräsentirt für sich allein die vollständigste Apotheke, indem er erwärmend, belebend, ableitend, reizend, den Blutumlauf regelnd, und vor Allem in solchen Fällen augenblicklich helfend wirkt, wo die seitherige medicinische Wissenschaft rathlos am Wendepunkt ihrer Kunst stand.

4) In kritischen Fällen z. B. Schlagfluß, Gehirn- und Brustentzündung, Darmgicht, Nervenfieber, Cholera, gelbes Fieber, Scheintodt, 2c., wo keine Zeit zum Consultiren übrig bleibt, vielmehr sofortige Hülfe nothwendig ist, bewährt sich der Lebenswecker als Lebensretter.

5) Wenn die Wissenschaft noch sucht und streitet, von wo aus im thierischen Körper die individuelle Lebenskraft sich ausdehnt, so ist diese Heilmethode hierüber längst im Klaren. Die Nadeln des Lebensweckers führten ihn unwiderstehlich zu dem Rückenmarks-Pole, der das Leben, wie auch die dasselbe bedrohenden Krankheiten birgt.

Das Einfache und Leichte der Anwendung dieser Heilmittel macht es Jedem möglich, dieselben in seiner Familie mit Erfolg zu gebrauchen.

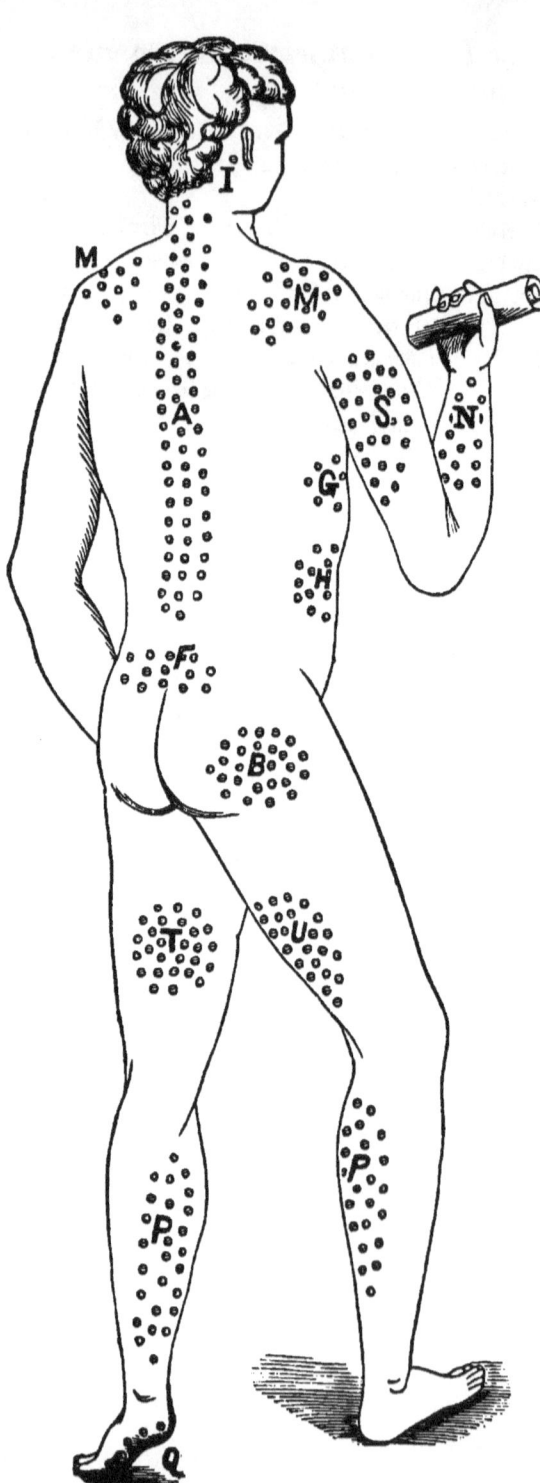

Erklärung der Abbildungen.

Es sei hier ausdrücklich bemerkt, daß man nicht zu ängstlich sein muß in der Wahl der zu operirenden Körpertheile und der Anzahl der Einschnellungen. Die beigefügten Abbildungen sollen nur oberflächlich diejenigen Stellen andeuten, die in der „Speciellen Gebrauchsanweisung" besonders vorgeschrieben sind. Bei einem kräftigen Menschen könnte man z. B. alle Einschnellungen auf alle in den Abbildungen gegebenen Körpertheile auf Einmal machen, ohne ihm zu schaden. Am Besten jedoch ist es, wenn man nur die in der Gebrauchsanweisung vorgeschriebenen Stellen operirt; — bei fast allen Krank-

18

heiten kann man aber auf dem Rücken bis zur Rückgratswirbelsäule und auf den Schulterblättern den Lebenswecker und das Oel mit Nutzen anwenden.

A Auf den Rücken vom Rückgrat bis zum Genick (Hals), auf die Schulterblätter.
B Auf die Hüftgelenke.
C Auf die Bauchgegend um den Nabel herum.
D Auf die Magengegend.
E Auf die Herzgegend.
F Auf und um das Kreuz.
G Auf die Lebergegend.
H Auf die Milzgegend.
I Hinter dem Ohre.
K Auf den Hals, den Kehlkopf und den oberen Theil der Brust.
L Auf die Brustgegend.
M Auf die Schultern.
N Auf die innere Seite des Unterarms.
O Auf die innere Seite des Oberarms.
P Auf die Waden.
Q Auf den Rand der Fußsohlen und auf die Fußsohlen selbst.
R Auf den Fuß.
S Auf die äußere Seite des Oberarms.
T Auf die inneren Schenkeltheile.
U Auf die äußeren Schenkeltheile.

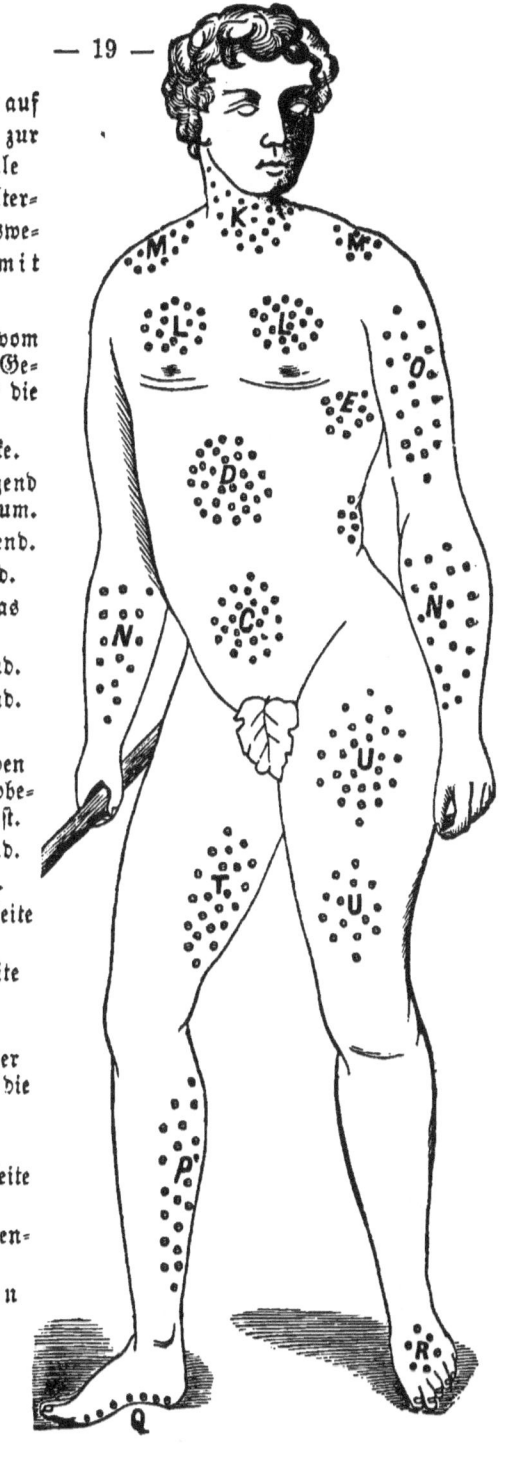

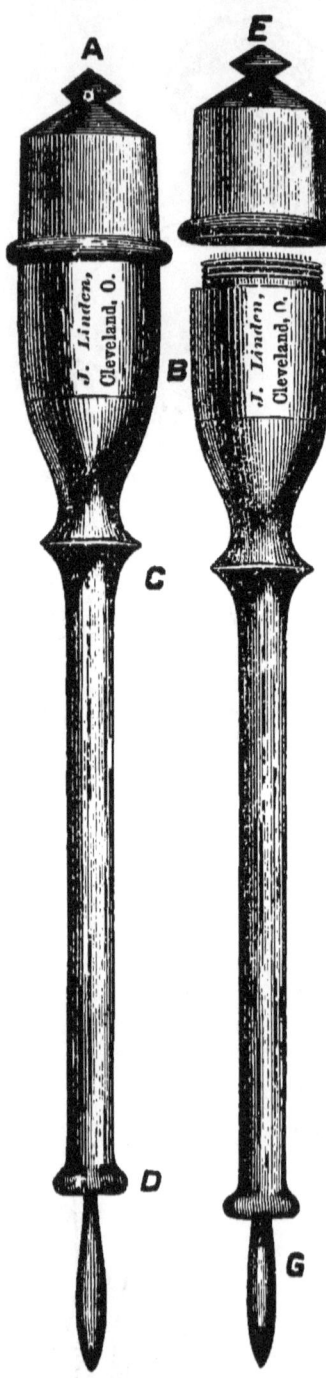

Beschreibung
des
Lebensweckers
und
Handhabung desselben.

Nebenstehende Figuren stellen den „Lebenswecker" im verjüngten Maßstabe vor. Fig. A ist das vollständige Instrument, welches aus einem Horn- resp. Ebenholz-Etui besteht, aus welchem, zwischen dem abschraubbaren Deckel A und E und der Bewegungskammer B und F die Nadeln hervorstehen; bei G ist der dünne Handgriff, der mit der rechten Hand 1 bis 1½ Zoll hervorgezogen wird, wobei die Nadeln sich in die Bewegungskammer zurückziehen und dadurch bei plötzlicher Loslassung des Handgriffs um so schärfer hervorschnellen, je weiter der Handgriff hervorgezogen worden ist.

Bei B und F befinden sich die präparirten, vergoldeten Nadeln in einem, aus einer Metall-Mixtur bestehenden, abgestumpften, galvanischen, rostwidrigen Kegel eingegossen, von C bis D die messingene Spiralfeder, welche mittelst des Handgriffes G gespannt wird.*)

---

*) Das Instrumentchen kann ganz auseinander geschraubt werden, was ich absichtlich so eingerichtet habe, damit ein Jeder sehen könne, wie einfach dasselbe ist.

Die Handhabung des Instruments ist sehr einfach, und das mehr und minder tiefe Einschnellen der Nadeln ganz in der Gewalt des Operirenden. Nachdem der Deckel abgeschraubt ist, zieht man den Handgriff so weit heraus, daß die Nadeln beim bloßen Ansetzen des Instruments noch nicht mit der Haut des empfindlichen Patienten in Berührung kommen. Hierauf wird der Handgriff, den man immer noch festhält, auf knöchernen Stellen etwa 1 Zoll und auf fleischigen 1½ Zoll weiter herausgezogen und hierauf schnell losgelassen. Nachdem nun die Nadeln ihren Dienst verrichtet, kann das Instrument auf andere Stellen gesetzt und so fortgefahren werden, wie beim ersten Male.

Die Nadelstiche werden natürlich um so tiefer, je weiter der Handgriff herausgezogen wird. Doch darf derselbe nie über 2 Zoll herausgezogen werden, weil sonst die Spiralkraft theilweise abnehmen würde, was wohl zu verhüten ist. Uebrigens ist das richtige Maaß bei der Anwendung schon in der Hand fühlbar. Bei der Anwendung muß das Instrument auf die Haut gepreßt und dann die Nadeln eingeschnellt werden, wodurch die Operation bedeutend weniger empfunden wird, als wenn das Instrument nur lose aufgesetzt ist.

Ich glaube im Allgemeinen hier noch folgenden Wink geben zu müssen. Wenn nämlich Jemand dasselbe Instrument abwechselnd bei verschiedenen Patienten anwendet, so müssen die Nadeln, um wohl zu verhüten, daß nicht etwa irgend welcher ansteckende Krankheitsstoff von dem Einen auf den Andern übertragen würde, nach jedesmaliger Dienstverrichtung mit Hülfe einer Federflaume mit dem betreffenden Oele abgestrichen und mit einer trockenen Federfahne gesäubert werden, wie dies so leicht ist. Auch reicht ein Stückchen Speck, oder ein Stück weiches Zeug hin, in welches man die Nadeln einschnellen läßt.

Wer aber nicht vorsichtig ist und beim Wiederzusammenschrauben nicht erst die Nadeln zurückfallen läßt, der zerbricht diese sehr leicht, worauf ich hier aufmerksam machen zu müssen glaube.

Mein "Trade-Mark,"
Geschützt durch das Vereinigte Staaten Patentgesetz, Juli 3. 1877.

Abbildung Nr. 1 stellt in natürlicher Größe eine meiner Flaschen dar, in denen ich seit dem 4. Juli, 1877 das in der allerbesten Qualität nur von mir allein bereiteten Oleum versende. Wie man auf den ersten Blick sehen kann, enthalten meine jetzigen Flaschen bedeutend mehr Oel, als meine früheren, die ich fast seit 25 Jahren gebraucht habe, so wie auch um die Hälfte mehr, wie die von Andern als „sein sollendes" und oft werthloses Oleum Baunscheidtii dem Publikum für schweres Geld aufge=

Fig. 1.

Fig. 2.

drungen werden. — Da dieses von mir bereitete heilbringende Oleum von verschiedenen gewissenlosen Menschen nachgemacht, und **als von mir bezogen verkauft** wird, so sah ich mich genöthigt, um das Publicum und mich selbst vor Schaden zu bewahren, bei der Vereinigten Staaten=Behörde um Schutz gegen solche Nachfälschungen durch Patentirung meines Trade-Marks einzukommen, welcher Schutz mir auch gewährt wurde, wie das von dem Chef des Vereinigten Staaten Patent Bureaus vom 3. Juli, 1877 ausgestellte Certificat ausweist.

Nebenstehende Abbildung Nr. 2 ist eine getreue Copie meines Trade-Marks. Dasselbe wird einer jeden von mir verkauften Flasche aufgeklebt, und darf bei schwerer Strafe außer mir von keinem Anderen gebraucht werden. Wer deßhalb ganz sicher sein will, ein reines, unverfälschtes und heilbringendes Oleum zu bekommen, sollte unter keiner Bedingung ein Glas Oleum kaufen, das nicht mit nebenstehendem Trade-Mark versehen ist. Nur auf diese Weise können Diejenigen, welche durch diese Heilmethode Hülfe suchen, dieselbe mit vollem Vertrauen anwenden.

Zur Erhaltung seiner jahrelangen Wirksamkeit, sollte das Oleum an einem kühlen, dunkeln Orte aufbewahrt werden.

Mit diesem Oele soll mittels einer Hühnerfeder, oder eines kleinen Pinsels, welcher jedem Instrumente beigelegt ist, die ganze mit dem „Lebenswecker" operirte Hautstelle gehörig bestrichen werden. Nach Verlauf von 4 bis 6 Minuten erscheint an allen so mit dem Oele bestrichenen Oeffnungen (Nadelstichen) ein hirseähnlicher Ausschlag, der um so bedeutender ist, jemehr Krankheitsstoff sich im Körper angehäuft hat. Dabei röthet sich die Haut, wird warm, dehnt sich aus und läßt den Patienten ein gewisses Kribbeln in derselben empfinden, worauf eine mehr, oder weniger allgemeine Thätigkeit im ganzen Körper erfolgt, die denselben gewissermaßen **in ein wärmeres Klima versetzt**. Bei völlig gesundem Körper ist die Wirkung = Null und es kommt gar kein Ausschlag zum Vorschein; dasselbe gilt auch bei solchen Individuen, wo bei schwacher Hautsecretion die Krankheitsstoffe auf innere, edele Organe gar zu compact abgelagert sind, wo dann in der Regel erst nach der dritten Anwendung der Ausschlag erfolgt. Daher ist diese Methode der Prüfstein wahrer Gesundheit und der „Lebenswecker" als der allein zuverlässige und untrügliche **Gesundheitsmesser** zu betrachten.

Man lese die nachstehende allgemeine Gebrauchs-Anweisung
aufmerksam.

Allgemeine Gebrauchs-Anweisung.

Der Lebenswecker und das Oel können in allen Fällen ohne jegliche Gefahr gebraucht werden, jedoch ist es rathsam, besonders bei Kindern, vorsichtig zu sein, daß das Oel weder in die Augen, den Mund, die Nase, noch an die Geschlechtstheile kommt. Bei etwaiger Entzündung der Geschlechtstheile beseitigt ein wenig Allaun, in Wasser aufgelöst und damit gewaschen, sowie mit ein wenig Fett bestrichen, allen Schmerz. Diese Erscheinungen treten auch öfters auf, wenn der Lebenswecker und das Oel an der Kniekehle, auf die inneren Schenkeltheile, auf den Unterleib und direct auf den Kehlkopf angewandt wird.

Diese Erscheinungen, obgleich oft schmerzhaft, sind ganz ungefährlich, und werden, wenn wie angegeben behandelt, rasch beseitigt. In vielen, besonders in schweren Krankheiten, ist eine solche Erscheinung wohlthätig, und befördert immer die Heilung, weil der Krankheitsstoff sich dort leicht ausscheidet.

Sowohl vor, als nach jeder Operation sollten die Nadeln durch ein Stück Speck, oder ein weiches Stück Zeug geschnellt werden, um Uebertragung von Krankheiten zu vermeiden; ebenso muß das Oel, das zum Gebrauch bei Hautkranken angewandt wird, separat gehalten werden, um Ansteckungen zu verhüten.

Das Oel sollte mit einem feinen Pinsel auf und zwischen die operirten Stellen **reichlich** aufgetragen und mit dem Finger etwas eingerieben werden. Die so operirten Körpertheile sollten mit einer dicken Lage Watte, die weiche Seite auf die Haut, 3 oder 4 Tage lang bedeckt werden. Ein Jeder, der diese Heilmethode anwendet, sollte immer Watte für diesen Zweck bei dem Lebenswecker liegen haben, da es häufig vorkommt, daß man sie nicht haben kann, wenn man sie nöthig hat.

Wenn eine längere Kur nothwendig sein sollte, so müssen in der Regel die Operationen jeden zehnten, oder zwölften Tag wiederholt werden, oder auch in längeren und kürzeren Zwischenräumen, je nachdem die frühere abgeheilt ist. Um unnöthige Wiederholung zu vermeiden, verweise ich auf das alphabetische Register von Krankheiten.

Man muß jedoch berücksichtigen, daß angeerbte, oder schon lange bestandene, eingewurzelte Uebel, und wo der Patient schon Vieles, und vielleicht schon manches Schädliche gebraucht, viel schwieriger zu heilen sind, als wenn das Uebel erst ein frisch entstandenes ist.

Weil der Hauptsitz einer jeden gefahrvollen Krankheit sich im Rücken befindet, so ist es naturgemäß, auch dort zuerst zu operiren, um den Körper von seinem krankhaften Drucke zu erlösen, und zwar auf der Wirbelsäule des Rückgrates, wie auch links und rechts neben derselben, ebenso auf und zwischen den Schultern. (Vergl. die Abbildung.)

Man schlägt hier, wo sich aller Krankheitsstoff so gerne ausscheidet, je nach der Hartnäckigkeit des Uebels und der Tragfähigkeit des Körpers, mit dem Instrumente 40 bis 60 Mal ein.

Nachdem nun die ganze operirte Hautfläche mit dem Oele genügend eingerieben und mit Watte bedeckt ist, kann der Patient sich wieder ankleiden und er hat jetzt nur noch den einzutreffenden Erfolg abzuwarten.

Man kann den Heilungsprozeß wohlthätig dadurch befördern, daß man die am zweiten, oder dritten Tage erscheinenden kleinen Pusteln oder Eiterbläschen durch Reiben mit einer Bürste öffnet oder das Gefühl des Juckens in anderer Weise zu befriedigen sucht. Durchaus nothwendig ist dies aber nicht.

Sollte in einigen Tagen nach der Anwendung noch nicht aller Schmerz verschwunden sein, oder derselbe sich an einer Stelle restweise zusammengezogen haben, so warte man nur die Heilung des Ausschlages ab—wozu gewöhnlich zehn Tage hinreichen—und nach einmaliger Wiederholung der Applikation, die in diesem Falle etwas derber ausfallen müßte, ist die ganze Sache—bei den leichtern Krankheitsfällen wenigstens—meistens abgethan.

In kritischen Fällen, wie z. B. bei Schlagfluß, Halsbräune, Unterleibs-Entzündung, Scheintod, Krämpfen, Brust-Entzündung, Cholera u. s. w., sowie in allen Fällen, wo schnelle Hülfe nothwendig ist, sollte die Operation mit Lebenswecker und Oel nach zwei, drei, oder vier Stunden wiederholt werden, wenn die erste Anwendung nicht den gewünschten Erfolg hatte.

Man lese die Rubrik „Langwierige Krankheiten" in dem alphabetischen Krankheits-Register.

In den drei ersten Tagen nach der Anwendung des „Lebensweckers" müssen Patienten vor jeder Zugluft und Nässe, welche dem in einem höhern Wärmestadium sich befindenden Körper höchst nachtheilig und der Cur geradezu verderblich sind, sich sorgsam hüten; ebenso sind die Waschungen am Morgen um eine Stunde zu verschieben und alle nassen Handarbeiten (z. B. Gemüse reinigen), sowie der Aufenthalt an feuchten Orten (z. B. im Keller) zu vermeiden.

Die gewohnte Lebensweise des Patienten braucht nicht im Geringsten geändert zu werden, jedoch zu fette Speisen und der Genuß berauschender Getränke, sowie saurer Sachen (besonders Obstsäuren) müssen vermieden werden.*)

Zur Beruhigung ängstlicher Gemüther wird bemerkt, daß man mit dem Lebenswecker, der ohne alle Gefahr selbst beim Säuglinge angewendet werden, sich nie schaden kann.

Die Wiederholung der Applikation in zehntägigen Perioden kann nicht befremden; die Wirkung des Oeles zur Offenerhaltung der durch die Nadeln entstandenen feinen Stichwunden dauert nämlich nach allen Beobachtungen nur zehn Tage.

Spezielle Gebrauchs-Anweisung.

(Man vergleiche hierbei die Abbildung, Seite 18 und 19: Adonis und Aphrodite.)

1. Rheumatische Schmerzen im Halse, in Armen und Beinen, in den Schultern, oder zwischen denselben in der Gegend des Rückgrates. Man schnelle das Instrument, wie angegeben, überall da ein, wo sich Schmerzen zeigen, mit Ausnahme jedoch des Kniegelenkes, weil besonders das letztere ein überaus zarter Theil ist, wohin jeder Krankheitsstoff durch die natürliche Friktion sich schon von selbst hinzieht und ablagert. In allen Fällen (gleichviel wo der rheumatische Schmerz sich zeigt) ist es rathsam, die Anwendung im Rücken und auf und zwischen den Schulterblättern zu machen, sowie auch auf der leidenden Stelle selbst. Bei Schmerzen im Kniegelenke sollte der Lebenswecker und das Oel oberhalb des Knies und auf den Waden angewandt werden; das Schienbein ist jedoch immer zu verschonen. Das Knie, sowie die operirten Stellen müssen recht warm mit Watte umwickelt werden. In diesen Fällen des fieberlosen Rheumatismus wird der Patient schon kurze Zeit nach der Anwendung des Instruments von seinen Schmerzen befreit sein und sich also augenblicklich von der gleichsam wunderthätigen, aber doch sehr natürlichen Wirksamkeit des „Lebensweckers" überzeugen können. Ein mit Rheumatismus, oder Gicht Behafteter sollte

---

*) Die Säuren hemmen erfahrungsgemäß die peripherische Cirkulation (daher sind sie „kühlend") und hindern so auch die Eruption nach der Anwendung des Lebensweckers, sowie die Ausscheidung schädlicher Stoffe.

unter keiner Bedingung Morphium gebrauchen—sollte er dieses Mittel schon früher angewandt haben, wird die Heilung längere Zeit in Anspruch nehmen.

2. **Zahnschmerzen.** Hier lasse man das Instrument einige Mal auf dem Genick, bis zwischen die Schultern hin, einschnellen, setze es dann dicht hinter dem Ohre (etwa gegen die Mitte desselben) an derjenigen Kopfseite auf, wo das Zahnweh sitzt, lasse es dort einmal, oder nach der größeren Heftigkeit des Uebels, zweimal einschnellen und bestreiche die applicirten Stellen mit dem Oele. Der Schmerz nimmt unfehlbar von Stunde zu Stunde ab, und kehrt nur äußerst selten gegen Mitternacht noch einmal mit Heftigkeit zurück—gleichsam einen Kampf mit dem Uebel bedeutend—dauert aber dann nur einige Augenblicke, und das Uebel ist meistens gehoben.

Sind beide Kinnladen leidend, so wird das Instrument auch hinter beiden Ohren, sowie auf dem Genick, resp. Rückgrat, angewandt, und die kleinen Wunden werden reichlich mit dem Oele bestrichen. Der Patient darf übrigens nicht erschrecken, wenn ihm, gewöhnlich am zweiten Tage, in Folge der Operation, die Ohren steif und außerordentlich roth werden: der Schmerz ist unbedeutend, besteht mehr in einem starken Jucken und läßt am dritten Tage ganz nach; die Haut aber schuppt sich, nachdem die eiterige Masse abgeflossen ist, in feinen Stäubchen ab und läßt auch nicht die geringste Spur von Wunde zurück. Sind die Zähne jedoch hohl oder krankhaft, so kann das Uebel nicht für die Dauer gehoben werden; bei solchen Fällen hilft nur Füllen, oder Ausziehen der kranken Zähne. Bei kranken Zähnen, die man nicht ausziehen darf, oder kann, bewirkt eine Zahnlinement, bestehend aus zwei Theilen Alcahol und einem Theile Wachholderbeeren-Oel (Oil of Juniper) und auf den schmerzhaften Zahn gethan, augenblickliche Linderung.

Selbst auf den Wangen läßt sich die Operation vornehmen, ohne daß davon ein Zeichen, oder eine Narbe zurückbliebe, wie dies bei Anwendung der spanischen Fliegen, Brechweinstein-Salbe, Sensteige, Schröpfmesser, Fontanellen und Haarseile immer der Fall ist, die dennoch alle dem Uebel nicht auf den Grund gehen. Die ersteren, indem sie die Säftemasse des Körpers an einer abnormen Stelle gar zu heftig konzentriren, schaden vielmehr sehr häufig den Urin-Absonderungs-Organen, während die letzteren, theils in der gewaltsamen Zerschneidung der zarten, für die Oekonomie des Blutes unbedingt nöthigen Capillaren, theils in dem galoppirenden Fäulungsprozeß, in welchen sie den Körper vor seinem Hinsterben stürzen—noch weit nachtheiliger auf den ganzen Organismus wirken.—Nach allen Beobachtungen darf man die Behauptung auszusprechen wagen, daß, wenn der Zahnschmerz länger als acht Tage angehalten hat, entweder aus dem rheumatischen Uebel, da man dieses bisher nicht bekämpfen konnte, ein nervöses Leiden erfolgt, oder der Körper durch und durch mit Rheumatismus angefüllt ist. In beiden Fällen bedarf es einer längeren Cur-Anwendung.—Personen, die häufig mit Zahnschmerzen behaftet sind, sollten bei kalter, oder stürmischer Witterung etwas Baumwolle in die Ohren stecken, um die scharfe und feuchte Luft abzuhalten. Bei eintretenden Zahnschmerzen sollte man einige Tropfen kölnisches Wasser auf die Baumwolle tropfen.

3. Kopfweh. (Kopfgicht, Migräne). Wieder hinter die Ohren und gehörig auf dem Genick resp. Rückgrat angewandt, und die Wunden, wie immer, gut mit dem Oele bestrichen. Nach einmaliger Anwendung ist das Uebel in der Regel schon verschwunden.

4. Krankheiten des Ohres. Ohrenschmerzen, Ohrenzwang, Ohrensausen, Ohrenauslaufen und Entzündung des äußeren und inneren Ohres, sowie zeitweilige Harthörigkeit, werden meistentheils in ganz kurzer Zeit geheilt durch Einschnellungen hinter und vor den Ohren, im Nacken und zwischen den Schultern. Die Ohren sollten einige Male des Tages mit lauwarmer Milch ausgewaschen, resp. ausgespritzt werden, und sind gleicherzeit einige Tropfen warmer Milch hineinzuträufeln. Auch ist bei Ohrenschmerzen zu empfehlen, einen Tropfen süßen Mandelöl auf etwas Baumwolle in das Ohr zu thun, oder ein Stückchen frischen ungesalzenen Speck ins Ohr zu stopfen, um kalte Luft abzuhalten. Diesem Verfahren werden alle leichteren Ohrenübel bald weichen. In schwierigen Fällen wird auf den Anhang dieses Buches „Das Ohr, dessen Krankheiten ec." verwiesen.

5. Steifigkeit der Gelenke, (Contraktion der Sehnen). Man schnelle das Instrument ziemlich dreist auf die Beugesehnen ein und bestreiche dieselben mit dem Oele, worauf die verkürzten Sehnen sich unvermerkt verlängern und wieder geschmeidig werden. Dieses Uebel, das sich so häufig im Alter einstellt, wird so sicher auf die Dauer gehoben.

Erläuterung. Man denke sich eine Violin-Saite auf's Höchste angespannt; noch ein Wirbeldruck und—sie springt. Durchsticht man die Saite mit einer feinen Nadel, so verlängert sie sich und der Ton bleibt darin: schneidet man sie aber oben quer ein, so dehnt sie sich zwar auch, aber der Ton geht verloren, mithin die Kraft. So auch bei der Sehne.

6. Acatalepsie, eine Krankheit, die den Menschen unfähig macht, eine Sache zu begreifen, oder richtig zu denken.

In diesem Leiden, welches gewöhnlich durch anhaltendes Studiren, Ordiniren, Rezeptiren ꝛc. herbeigeführt wird, und sich bei den Gelehrten so häufig zeigt, ist man einer besonders erfolgreichen Heilung im Voraus gewiß, vorausgesetzt, daß Patient sich noch im rüstigen Alter befindet. Das Instrument wird demzufolge auf und an die Rückgratswirbel, und zwar nicht zu zierlich, 80 bis 90 Mal, sowie hinter die Ohren 1 Mal eingeschnellt, und die applizirten Stellen sind alsdann mit dem Oele gut zu bestreichen. Am folgenden Tage, gewöhnlich gegen Abend, befreit sich das Nervenleben; es tritt eine erhebliche Stärkung der Verstandeskräfte ein, und die Genesung schreitet auffallend vorwärts.

7. Wadenkrampf. Derselbe wird innerhalb 10 Minuten gehoben, wenn das Instrument direkt auf die leidende Stelle 5 bis 8 Mal eingeschnellt wird, und die Waden mit dem Oele gut bestrichen werden.

8. Krampf in den Fingern (Schreiberkrampf). Wenn derselbe schon veraltet, so muß außer der Anwendung im Rücken auch der Oberarm, bis zum Ellbogen, eingeschnellt und mit dem Oele bestrichen werden, worauf der Krampf gewöhnlich binnen zwei Monaten verschwindet. Bei akutem Krampf genügt meistens eine einmalige Applikation auf den Oberarm zur sofortigen Hebung des Uebels.

9. Schlaflosigkeit. Diese wird gewöhnlich in 10 Tagen beseitigt; noch selten ist ein Fall fehlgeschlagen, selbst bei Leuten, die bereits zehn Jahre an diesem Uebel gelitten hatten. Anwendung im Rücken, zwischen und auf den Schultern.

10. Würmer. Man setze das Instrument nur in kleinen Entfernungen von einander, zehn bis fünfzehn Mal recht derb rund um den Nabel herum, bestreiche die Stellen gut mit dem Oele und nach 24 Stunden gehen die Würmer ab. Dasselbe Verfahren ist zu beobachten, wenn man blos vermuthet, daß der Patient an Würmern leide. Ein schwacher Thee von Wurmkraut, wovon Abends vor Schlafengehen eine kleine Tasse voll zu nehmen ist, beschleunigt die Kur; jedoch ist dies in den meisten Fällen gar nicht nöthig. Kinder, welche öfter an Würmern leiden, sollten recht häufig ein Stück roher gelber Rüben (Möhren) essen.

11. Milchschorf, Kopfgrind. Gelinde Anwendung auf und zwischen den Schultern, im Nacken, hinter den Ohren, und wenn die Drüsen am Halse geschwollen sind, auch direkt auf diese. Morgens und

Abends etwas Stiefmütterchen=Thee gegeben, befördert die Kur. Eine Salbe, bestehend aus drei Theilen ungesalzenen Schweinefetts und einem Theile Fichtentheer, womit man den Grind, oder Schorf, welcher Letztere sich oft über den ganzen Körper verbreitet, jeden Abend bestreicht, ist ein sehr gutes und ganz gefahrloses Mittel. Medikamente, oder Salben, die den Schorf oder Grind schnell heilen, sollte man niemals anwenden, da sich die unreinen Säfte auf die inneren Theile schlagen und dann noch schlimmere Uebel, und oft sogar den Tod verursachen würden.

12. Sommer=Durchfälle, Summer Complaint (Cholera Infantum). Die Anwendung geschieht gelinde über den ganzen Rücken und auf der Bauchfläche. Man lasse die Kinder frische Luft genießen so viel als möglich, doch dürfen sie nicht der Zugluft, oder der Sonne ausgesetzt sein. Man binde ein Stück Watte, oder Flanell über den Leib, und offerire dem Kinde von Zeit zu Zeit etwas frisches Wasser, besser noch nicht zu kaltes Reiswasser, um den starken Durst zu stillen. Als Nahrung diene frische, reine Kuhmilch, auch besonders Hammelfleisch=Brühe mit Reis gekocht, wie überhaupt nur schleimige Nahrungsmittel. Das gewöhnliche Verfahren, das Kind nur mit Crackers, Brei u. s. w. zu füttern, wird nicht allein dem Kinde widerlich werden, sondern es verschlimmert auch noch das Uebel.

13. Fieber bei Kindern entweder von Erkältung, oder vom Zahnen herrührend, wird gewöhnlich sehr schnell durch eine gelinde Anwendung zwischen den Schultern und auf den Waden beseitigt. Sollte dabei die Brust leidend, und das Kind mit Röcheln behaftet sein, so kann man auch einige Einschnellungen auf die Brust machen.

14. Hypochondrie (Hysterie der Frauenzimmer). Man wende das Instrument nebst dem Oele wechselweise alle zehn Tage auf dem ganzen Rücken und in einem großen Umfange auf der Bauch= und Magengegend an. Die Heilwirkung ist äußerst überraschend, namentlich bei Denen, die wenig medizinirt haben.

15. Brandmale. Ihre Beseitigung, die bisher notorisch für unmöglich gehalten wurde, ist mit dem Lebenswecker zu erzielen. Man setzt denselben, je nach dem Umfange des Brandmals ein= oder mehrere Male auf die markirte Stelle, bestreicht dieselbe mit dem Oele, und wiederholt dasselbe alle zehn Tage, bis auch die letzte Spur verschwunden ist. Leichtere Fälle sind gewöhnlich mit ein= bis dreimaliger Anwendung beseitigt.

16. Kahlköpfigkeit. Wo dieselbe durch Krankheit entstanden ist, erhält das Haar neue Lebenskraft, sobald der Lebenswecker nebst Oele in zehntägigen Zwischenräumen im Rücken und hinter den Ohren regelmäßig angewandt wird. Der Krankheitsstoff macht alsdann dem Lebensstoffe Platz. Es kommt nämlich der Erfahrung zufolge nur darauf an, die Energie der Blutcirkulation zu heben und zu fördern, da erst dann, wenn das Blutplasma in reichem Maße überall vorhanden ist (resp. überall zuströmt), dieses nicht mehr allein zur Ernährung der wesentlichen Körpertheile, sondern auch zur Hervorbringung der Horngebilde (also auch der Haare) verwendet wird. Dies geschieht aber stets durch die Anwendung des Lebensweckers, nur ist, je nach dem Vorhandensein der Lebenskraft, größere oder geringere Ausdauer in der Cur handgreiflich erforderlich.

17. **Flechten.** Die Flechten (gleichviel ob trockene oder nasse), als die gefährlichsten Anlässe zu schweren Krankheitsfällen, wenn der als Fingerzeig des schweren Krankheitsstoffes im Körper zu betrachtende Ausschlag in den Körper zurückgetrieben wird, sind ebenfalls mit Beihülfe des „Lebensweckers" total und schnell auszurotten. Anwendung über den ganzen Rücken, die Bauchfläche und die Waden; ferner, rings um die von den Flechten ergriffenen Stellen, wo immer dieselben sich zeigen, mit Ausnahme der Gelenke. Die Behandlung muß längere Zeit fortgesetzt werden. Bei Personen, bei denen die Flechten periodisch auftreten, ist es am besten, die Kur einige Tage nach Vollmond zu beginnen. Es ist jedoch dabei stets zu berücksichtigen, wie lange das Uebel bereits gestanden, und was schon dafür gebraucht wurde; auch kommt es auf das Alter des Patienten selbst an. Ist die Krankheit angeerbt, oder ist der Patient schon seit manchen Jahren damit behaftet gewesen, oder hat er das 50ste Lebensjahr bereits überschritten, so ist eine Heilung selten zu erzielen. Häufige Waschungen mit lauwarmem Wasser und Castile Seife sind sehr anzurathen, sowie die größte Reinlichkeit im Allgemeinen unumgänglich nothwendig ist. Die von solchen Patienten benutzten Kleider, Wäsche, Handtücher u. s. w. sollten von keiner andern Person gebraucht werden, ehe dieselben nicht durch eine tüchtige Wäsche gereinigt sind, da sonst eine Uebertragung der Krankheit zu befürchten ist. Obgleich es nicht nöthig ist, strenge Diät inne zu halten, so ist es doch rathsam, fette Speisen, namentlich fettes Schweinefleisch, sowie berauschende Getränke möglichst zu vermeiden. Um das bei Flechten meistens vorhandene heftige Jucken und Beißen zu beseitigen, bestreiche man 2 Mal täglich die leidenden Stellen mit Theersalbe, wie bei **11. Milchschorf und Kopfgrind** angegeben. Es befördert dieses gleichfalls die Heilung.

18. Drüsen=Anschwellung (Stropheln). Diese Krankheit erfordert eine längere fortgesetzte Behandlung. Zu diesem Zwecke mache man die Einschnellungen in zehn= oder fünfzehntägigen Zwischenräumen im Rücken, in der Nierengegend und kräftig über die ganze Bauchfläche, die Stellen alsdann reichlich mit dem Oel bestreichend. Nach ungefähr drei Applikationen kann man einen Monat aussetzen und dann von Neuem beginnen. Monatlich einmal kann man auch eine Einschnellung auf die geschwollenen Drüsen selbst machen und die Stellen während drei Tage mit Watte bedecken. Die Nahrung muß eine **leicht** verdauliche sein. Schweinefleisch, so wie alles Fette, Kaffee, starke Getränke und frisches Brod sind gänzlich zu vermeiden. Im Allgemeinen muß berücksichtigt werden, was unter der vorhergehenden Rubrik „Flechten" gesagt ist, und befolge man die darin gegebenen Vorschriften.

19. Krätze und zurückgetretene Krätze. Man wende das Instrument im ganzen Rücken, sowie auf der ganzen Bauchfläche, wo nöthig, in zehntägigen Perioden an, und fahre mit den Operationen bis zur völligen Heilung fort. Die durch den Lebenswecker geheilte Krätze läßt keine Nachwehen zurück, während eine mit Merkurial=Salbe u. dgl. giftigem Zeuge zurückgetriebene, so bösartige Haut= und Säftekrankheit, häufig Veranlassung zu lebensgefährlichen Zuständen, oft noch nach 10 oder auch wohl 20 Jahren geworden ist. Im Allgemeinen muß berücksichtigt werden, was in der vorhergehenden Rubrik „Flechten" gesagt ist.

20. Masern, Nesselfieber, Friesel u. dgl. Hautkrankheiten sind in der nämlichen Weise rasch, sicher und gefahrlos aus dem Körper zu leiten und mittels des „Lebensweckers" an der Oberfläche der Haut zu fixiren und zu heilen. Die Anwendung geschieht auf dem Rücken, auf und zwischen den Schultern, der Brust und der Bauchfläche, und verhindert die Anwendung das Zurücktreten des Ausschlags—bekanntlich das Gefährlichste bei allen Hautkrankheiten. Da meistens Kinder von solchen Krankheiten befallen werden, so ist es selbstverständlich, daß die Anwendung des Instruments ganz gelinde gemacht werden muß. Siehe Allgemeine Gebrauchs=Anweisung. Solche Kranke müssen sich recht warm halten, die Krankenstube darf nicht zu grell erleuchtet sein, und muß der Patient sich wenigstens 10 Tage, wenn nicht im Bett, so doch in einem warmen Zimmer aufhalten. Täglich verschiedene Male, besonders Morgens und Abends, eine Tasse **gekochte**, heiße Milch zu trinken, ist sehr rathsam.

21. Das Wundsein. Es kommt am häufigsten bei Kindern vor und ist gewöhnlich Folge von Unreinlichkeit oder einer Schärfe des

Schweißes und Urins. Ist jedoch das Uebel sehr ausgebreitet, so liegt ihm dann wohl eine innere Ursache mit zum Grunde, zumal eine fehlerhafte Verdauung, Säure im Magen und dergl. Auch Erwachsene und dann gewöhnlich wohlbeleibte, schwammige Personen leiden daran, besonders bei warmem Wetter und reibenden Bewegungen. Bei ihnen entsteht es wohl auch durch scharfe Ausleerungen, z. B. beim Durchfall, weißen Fluß u. s. w. Menschen, die viel Merkur gebraucht haben, leiden oft an einem äußerst qualvollen Wundsein der Oberschenkel und des Hodensacks.

Um das Wundsein zu heilen, darf man nur so viel als möglich das Reiben der leidenden Theile verhüten, sich sorgfältig rein halten und öfters mit lauem Wasser, Milch, oder Kleienwasser waschen. Bei Kindern wendet man die bekannten Streupulver oder Stärkemehl unter sorgfältigen kalten Abwaschungen der wunden Stellen an. Besonders müssen die Kinder zwischen den Schenkeln immer trocken und rein gehalten werden, damit der scharfe Urin die Theile nicht wund mache. Nimmt das Uebel sehr überhand, so zeigen sich bei Kindern sowie bei Erwachsenen und namentlich bei Frauenspersonen Umschläge von geriebenen Mohrrüben besonders wohlthätig. Auch kann man Waschwasser aus Kalkwasser und Milch anwenden. Bei Kindern, wenn sie sehr vollsaftig sind, der Stuhl träge und die Entzündung tief geröthet, weit verbreitet und hartnäckig ist, gibt man einige Theelöffel Rhabarbersaft und Mannasaft oder das Hufeland'sche Kinderpulver (in der Apotheke vorräthig), 2—3 Mal täglich eine Messerspitze voll. Die Nahrung der Kinder darf dann nur milde und besonders schleimiger Art sein, Salep, Sago, Pfeilwurzelmehl u. derg. Liegt es noch an der Brust, so muß auch die Stillende alle scharfen, stark gesalzenen, schwer verdaulichen Speisen, Spirituösen und gegohrenen Getränke vermeiden.

Nicht selten, zumal in der Zahnperiode, werden die Kinder hinter den Ohren wund, wobei eine scharfe Flüssigkeit ausschwitzt. Man hüte sich, diesen Ausfluß gänzlich zu unterdrücken, denn es können sehr schlimme Zufälle daraus entstehen. Man beschränke sich auf Reinlichkeit, öfteres Abwaschen der leidenden Theile, Abtrocknen mit einem feinen Tuche ohne Reibung. Wird der Ausfluß sehr stark, so lege man kleine Stückchen in Kalkwasser und rohes Leinöl getauchter feiner Leinwand auf und gebe dann gelinde Abführmittel.

22. Grippe. Die Grippe tritt gewöhnlich auf bei einem raschen Uebergang der Temperatur von Wärme zur Kälte, namentlich wenn dieser nicht durch Regen und Nässe vermittelt wird. Eine einmalige Anwendung auf dem Rücken, auf und zwischen den Schultern, dabei sich einige Tage warm halten, hebt dieses Uebel meist sofort.

23. Zäpflein=Zufälle. Heiserkeit und rheumatische Halsschmerzen werden, insofern das Uebel nicht seinen Sitz im Unterleibe hat, durch Anwendung des „Lebensweckers" und Oleums im Rücken nebst ein paar Zügen links und rechts neben dem Schlunde geheilt. Gebrauch von gekochter, heißer Milch, wie in 20.

24. Husten, rheumatischer. Die Anwendung des „Lebensweckers" im Rücken, zwischen und auf den Schultern, sowie in reichlichen Zügen auf der Magen= und Brustfläche hebt denselben meistens sofort.— Man findet ganze Bände mit Rezepten gegen den Husten angefüllt, und eben die Menge von Mitteln, die man gegen denselben empfohlen hat, beweist zur Genüge, daß keines derselben stichhaltig war. Am besten mag unter diesem Quodlibet von Husten=Remedien wohl noch der schwarze Husten= oder Brustzucker convenirt haben, weshalb denn auch sein Consum, besonders zur Herbst= und Winterzeit, so mancher Krambude eine gar ergiebige Einnahmequelle gewährte. Es ist nicht unsere Schuld, wenn der „Lebenswecker" den Absatz des schwarzen Zuckers, sowie der mancherlei Arten von Brust=Caramellen und anderer Süßigkeiten, in bedeutendem Grade schmälert—denn durch seinen Gebrauch wird nun, unter allen Umständen, all dies Lecken ein für alle Mal aufhören. Statt der Süßigkeiten sollte man während der Kur gekochte, heiße Milch, wie bei 20. angegeben, gebrauchen.

25. Keuchhusten, Stickhusten der Kinder. Dieser qualvolle Zustand wird gleichfalls durch den „Lebenswecker" rasch und sicher bewältigt, wenn derselbe in reichlichen Zügen im Rücken und auf dem Bauche angewandt wird. Sollte derselbe der ersten Anwendung nicht weichen, so wiederhole man die Operation nach Verlauf von zehn Tagen, wobei man alsdann aber besonders reichlich auf den Magen und außerdem 5 bis 8 Mal die vordere Brustwand einzuschnellen hat, worauf das lästige Leiden, welches so häufig Brüche und nicht selten den Tod veranlaßt hat, sicher und radikal gehoben sein wird. Es ist bekannt, wie bisher, trotz aller Aerzte und Apotheker, die stereotype Meinung allgemein verbreitet war, dieser Husten müsse neunzehn Wochen lang austoben, ehe seine Heilung möglich wäre—ein Zeitraum, der wohl geeignet war, ihn auch ohne jedes andere Medikament zu heilen! Der Gebrauch gekochter heißer Milch ist vom Beginn bis zum Ende der Kur unumgänglich nothwendig; siehe 20.

26. Nasen-Catarrh (Schnupfen). Einige Züge des „Lebensweckers" in den Nacken und ein Schlag desselben hinter jedem Ohr machen das Geruchs-Organ wieder normal, insofern nicht sämmtliche Schleimhäute schon angegriffen sind, in diesem Falle muß die Operation wiederholt werden.

27. Augenentzündung, rheumatische. Einmalige Anwendung des „Lebensweckers" hinter jedem Ohre hebt die Entzündung sofort auf. Man muß hierbei jedoch wohl unterscheiden, ob das Augenübel rheumatischen oder drüsigen Charakters ist; in letzterem Falle lese und beachte man was über Augenkrankheiten im Anhang dieses Buches gesagt ist.

28. Magen-Affektionen, Verdauungsbeschwerden, Blähungen, Bauchgrimmen ꝛc. in Folge von Rheumatismus werden sofort beseitigt, wenn man das Instrument im Rücken und auf der ganzen Bauch- und Magenfläche einmal anwendet und wie immer die Stellen gut mit Oel bestreicht. Der Gebrauch gekochter heißer Milch, wie in 20. angegeben, ist unumgänglich nothwendig.

29. Diarrhöe wird durch Application des Instruments und Oels auf Magen- und Bauchfläche schnell gehoben, wenn das Uebel nicht bereits chronisch geworden ist, oder durch Verschluckung schädlicher Medicamente verschlimmert wurde. Medicinen, die das Uebel plötzlich beseitigen, sollten unter keiner Bedingung gebraucht werden, weil dadurch fast immer innerliche Entzündungen hervorgerufen werden, die meistens tödtlich enden. Fleißig gekochte, heiße Milch getrunken, ist die beste Arznei bei diesem Leiden zu gebrauchen. Besonders muß noch bemerkt werden, daß der Patient mit Essen und Trinken sehr vorsichtig sein muß, und nur schleimige Speisen, als Hafergrütze, besonders Hammelfleisch-Suppe mit Reis genießen sollte. Saure Sachen, Obst, junges Bier u. s. w. müssen streng vermieden werden. Dann und wann ein wenig reinen rothen (Trauben) Wein ist zu empfehlen. Sowohl während der Kur, als noch lange nachher, muß der Unterleib mit einer weichen, wollenen Binde warm gehalten werden. Bei kalter, nasser Witterung sollte ein Jeder eine warme Unterleibsbinde tragen, namentlich aber sollten Personen, die zur Diarrhöe geneigt sind, Winter und Sommer eine solche Binde benutzen.

30. Blasencatarrh. Anwendung im Rücken, auf dem Kreuze und auf dem Unterleibe. — So wie die Nase vom Schnupfen, wird die Blase zuweilen vom Catarrh befallen.

31. Darmgicht (Kolik), eine unter Umständen sehr gefährliche Krankheit, die sofortiger Hülfe bedarf, wird durch reichliche Anwendung des Lebensweckers und Oels auf der ganzen Bauch- und Magenfläche meistens bald gehoben. Dabei muß der Patient reichlich gekochte heiße Milch trinken. Sollte sich das Uebel nicht bald heben, so bestreiche man nach einigen Stunden die operirten Stellen nochmals mit dem Oel. Um einer Rückkehr des Uebels vorzubeugen, ist es rathsam, nach zehn Tagen das Instrument und Oel auf dem ganzen Rücken und auf dem Rückgrat anzuwenden.

32. Einschlafen der Glieder. Ein Zug des „Lebensweckers" hebt dieses oft unangenehme und schmerzliche Gefühl sofort, und zwar direkt auf die fühllose Stelle, ohne Anwendung des Oeles. Ist Abnahme der Lebenskraft die Ursache: Anwendung im Rücken.

33. Alpdrücken (Incubus). Personen, die dazu geneigt sind, dürfen Abends keine schwer zu verdauenden Speisen genießen, und nie mit überfülltem Magen zu Bette gehen. Das Schlafen auf dem Rücken und das Legen der Arme unter den Kopf muß vermieden werden. Da dieses Uebel meistens seinen Grund in einer krankhaften Stockung des Blutes hat, so ist die Application des Lebensweckers und Oels im Rücken und zwischen den Schultern zu machen, weil dadurch der Blutumlauf wieder geregelt wird.

34. Erbrechen. Reichliche Applikation auf die Magen- und Bauchfläche, sowie auf die Waden, bewältigt dasselbe in den meisten Fällen sofort.

35. Finnen im Gesichte, auch Mitesser genannt, werden durch Anwendung des Lebensweckers im Rücken und auf der Bauchfläche meistens gehoben. Da die Anwesenheit dieser Finnen oder Mitesser ein sicheres Zeichen von verdorbenen oder unreinen Säften ist, so ist die Anwendung des Lebensweckers, der bekanntlich alle unreinen Säfte aus dem Körper entfernt, das einzige sichere Mittel, um dieses Uebel zu beseitigen. Dabei ist jedoch sehr zu empfehlen, die behafteten Stellen während einer Woche täglich 10 bis 15 Minuten lang mit einem feinen Pinsel oder einem weichen Tuche und warmem Wasser und Seife leise zu reiben, und dann die schwarzen Punkte auszudrücken.

36. Gastrisches Fieber, gastrische Zustände. Reichliche Züge des „Lebensweckers" im Rücken und auf dem Bauch, sowie 6 bis 8 Züge auf jede Wade heilen diese Leiden bald, indem die Verdauungs-Funktionen, welche bei solchen Zuständen gestört sind, mit der am ganzen Körper eintretenden gleichmäßigen Thätigkeit wieder von selbst geregelt werden.

37. Gelbsucht. Weil dieses Leiden zunächst in einer Verhinderung der Gallen-Absonderung in der Leber begründet und namentlich durch Erkältung oder Erschlaffung der Leber, durch gastrische Unreinigkeiten u. dgl. verursacht wird, so hat man den „Lebenswecker" nur gehörig im Rücken, auf die ganze Leber- und Bauchgegend zu appliziren, und das Uebel ist in der Regel schon mit der zweiten Anwendung gehoben. Gelbsucht entsteht auch häufig bei Personen, die an Halsentzündung leiden und zur Heilung derselben Höllenstein angewandt haben. In solchen Fällen, oder wo das Uebel ein altes, schon eingewurzeltes ist, dauert die Heilung selbstverständlich länger. Der Patient sollte nach der ersten Anwendung vierzehn Tage lang jeden Morgen und jeden Abend ein rohes Ei, in einem halben Glas Wasser gerührt, trinken. Ist der Patient sonst von kräftiger Natur, so kann er zwei Eier in Wasser mehrere Male des Tages nehmen, weil dadurch die Heilung befördert wird. Dieses einfache Hausmittel sollte ein jeder an Gelbsucht Leidende unbedingt gebrauchen.

38. Gelbes Fieber. Eine, mit der vorstehenden verwandte, in tief liegenden, warmen und feuchten, besonders aber an den nahe am Meere gelegenen Gegenden und Küstenländern häufig vorkommende Krankheit, wird ebenfalls mittels des „Lebensweckers" schnell und radikal geheilt. Beim gelben Fieber, dieser pestartigen Seuche, ist außer im Rücken auch die ganze Magen- und Bauchfläche, und insbesondere die Lebergegend in der rechten Seite wieder reichlich zu appliziren, weil dieses Uebel zunächst in einer, durch die hohe Sonnenhitze entstandenen, übermäßigen Gallenausscheidung in's Blut seinen Grund hat.

39. Gerstenkorn, kleine Eitergeschwulst am Rande des Augenlides.—Ein Zug des „Lebensweckers" hinter das Ohr der leidenden Seite leitet diese Geschwulst sofort ab.

40. Mundklemme. Dieses gefährliche, meistens mit dem Tode endende Leiden wird in der Regel durch körperliche Verletzungen hervorgerufen, und verlangt sofortige Hülfe. Der Lebenswecker wird sofort auf beiden Seiten der Kiefergegend vom Ohre abwärts 4 bis 6 Mal, sowie auch einige Male zwischen den Schultern derb eingeschnellt, und die Stellen gut mit Oel bestrichen, worauf der Patient bald Linderung findet. Wenn nöthig, sollte die Operation den nächsten oder den zweiten Tag wiederholt werden.

41. Wechselfieber (kaltes Fieber, Intermittent). Diese, in tiefgelegenen Orten und besonders in solchen Gegenden häufig vorkommende Krankheit, wo viele stehende Gewässer, Teiche, Pfützen u. dgl. sich befinden, hat ihren Hauptsitz im Rücken und Unterleibe. Die bisherigen Versuche der Aerzte alten Styls, dieses Uebel mit schweren und mitunter kostspieligen Arznei-Präparaten zu heilen (wobei besonders die China eine Hauptrolle spielte), legten beide sehr häufig den Grund zu Wassersucht, Auszehrung und andern gefährlichen Krankheiten.

Spezielle Anwendung: Das kalte oder Wechselfieber, mag es noch so alt und noch so hartnäckig geworden sein, wird immer total aus dem Körper getrieben, wenn der „Lebenswecker" im Rücken, besonders **zwischen** und **auf** die Schultern bis zum Kreuze abwärts, je nach Stärke des Kranken, etwa 40 bis 60 Mal; sodann auf die Magen- und Bauchgegend 25 bis 40 Mal gehörig und derb eingeschnellt wird, und die betreffenden Stellen gut mit dem Oele bestrichen werden. Kinder werden natürlich gelinder behandelt. Alte eingewurzelte Leiden verlangen eine längere Kur. Die Anwendungen sollten nie unmittelbar vor, oder während des Fiebers gemacht werden, sondern stets nachdem dasselbe vorüber ist. Es sind nur leicht verdauliche Speisen rathsam; Milch- und Eier-Speisen müssen aber während der Kur ganz vermieden werden. Es ist Ansiedlern im Westen, wo durch Umbrechen des bis dahin uncultivirten Landes das kalte Fieber meistens auftritt, anzurathen, um ihre Wohnung herum eine große Anzahl Sonnenblumen zu pflanzen, weil sie dadurch von dem Fieber verschont bleiben. Da dieses einfache Mittel fast gar nichts kostet, und zur Schönheit der Wohnung beiträgt, so sollte es besonders in solchen Gegenden versucht werden, wo das kalte Fieber regelmäßig auftritt. Der Saamen der Sonnenblumen liefert ein kostbares Salat-Oel, und gibt auch ein ausgezeichnetes Hühnerfutter.

42. Brustkrämpfe. Weil die Haupttugend des „Lebensweckers" eben darin besteht, daß er **„Herr aller Krämpfe"** ist, so kann die Aufzählung der verschiedenen Arten derselben füglich übergangen werden. Zu bemerken bleibt nur, daß bei Brustkrampf und allen auf innere Organe dirigirten Krampfzufällen die Anwendung, außer im Rücken auch allemal auf der leidenden Stelle, und zwar in reichlichem und derbem Zumaße einzutreten hat; bei bloßem Ergriffensein äußerer Extremitäten hingegen die Applikation auf die leidende Stelle schon zur sofortigen Hebung des Leidens ausreicht.

43. Blähsucht. Dieses Leiden, welches fast immer von habitueller Leibesverstopfung hervorgerufen ist, wird ebenfalls mittels des Lebensweckers sicher und gründlich gehoben, wenn das ursächliche Uebel nach der Anleitung 28 beseitigt, und das Verfahren von 10 zu 10 Tagen einige Male wiederholt wird.

44. Blutandrang (Congestionen) nach dem Kopfe und der Brust. Dieses Leiden, welches fast immer kalte Füße im Gefolge hat, wird bald gehoben, wenn man den „Lebenswecker" und das Oel im Rücken, auf der Bauchfläche und auf den Waden in zehntägigen Perioden anwendet, ebenso auch eine leichte Anwendung unter den Fußsohlen, besonders auf dem äußeren Rand der Fußsohle, jedoch **ohne Oel**, macht.

45. Erschlaffung (Atonie) der Eingeweide. Reichliche Applizirung des Lebensweckers im Rücken und auf dem Unterleib hebt dieses Leiden; jedoch muß bei diesen Zufällen, besonders wenn sie chronischer Natur, mit großer Beharrlichkeit in den zehntägigen Perioden fortgefahren werden.

46. Atonie der Leber. Die Anwendung des Instruments im Rücken und direkt auf der Lebergegend in der rechten Seite hebt dieses Gebrechen meistens sofort, es sei denn, daß dasselbe bereits chronisch geworden wäre, wo dann das Gesagte in 45 in Anwendung kommen müßte.

47. Desgleichen der Nieren. Wieder im Rücken und namentlich über dem Kreuze, zu beiden Seiten des Rückgrates, derb und reichlich angewendet, wird sich die Erschlaffung und Unthätigkeit der Nieren bald beseitigen lassen. Ist das Leiden indeß schon veraltet, so muß auf den vorigen Paragraphen und beziehungsweise auf die Rubrik „Hämorrhoiden" verwiesen werden.

48. Desgleichen der Milz. Bei erschlaffter oder verhärteter Milz operire man, außer im Rücken, wieder zugleich auf der leidenden Stelle, in der linken Seite, und man wird das Uebel in kurzer Zeit beherrschen, es sei denn, daß es die veranlassende Ursache zur Hypochondrie oder Melancholie geworden, in welchem Falle das 14. angegebene Verfahren mit einzutreten hätte. Die Medizinalia mußte diese Patienten fast immer sterben lassen.

49. Seekrankheit. Diese Krankheit, welche, durch das ungewohnte Schaukeln und Schwanken des Schiffes veranlaßt, fast ohne Unterschied jeden Menschen befällt, der zum ersten Male auf dem Meere fährt, hat zwar selten den Tod zur Folge. Mehrseitige Berichte haben uns bewiesen, daß der „Lebenswecker" das einzige zuverlässige Mittel ist, diese Krankheit, die mit Schwindel und Uebelkeit beginnt, und deren Verlauf in fürchterlichem, zuweilen mehrwöchentlichem Erbrechen besteht, nicht nur allein zu heben, sondern auch dazu dient, sich vor diesem qualvollen Leiden wirksam präserviren zu können. Reichliche Züge des Lebensweckers auf den Bauch und im Rücken heilen die Seekrankheit baldigſt, äußerſt ſelten iſt die gleichzeitige Anwendung auf den Waden erforderlich, jedoch wird die Cur dadurch um ſo ſicherer.

Wer beim Besteigen des Schiffes ſich Rücken und Bauch, oder, beim erſten Schwindelanfall, ſofort die Waden operiren läßt, bleibt von der Seekrankheit verſchont; daher ſollte Niemand eine Seereiſe antreten, ohne den „Lebenswecker" mit dem Oleum in der Taſche zu haben.

50. Sodbrennen, Säure. Gegen dieſes läſtige Leiden hat man vergebens eine Menge Süßigkeits-Pülverchen und Sächelchen verordnet, ohne daſſelbe jedoch entfernen zu können. Sechs bis acht Züge des Lebensweckers auf den Magen heben den Zuſtand. Iſt Sodbrennen vom Genuſſe zu fetter Speiſen entſtanden, ſo ſollte man ſofort einen soda-cracker, oder ein Stückchen Kreide eſſen, was das Uebel gleich hebt. Man darf aber nicht gleich darauf Waſſer trinken.

51. Geſichtsſchmerz. Außer den Operationen auf Rücken, Nacken und hinter den Ohren iſt auch noch an der leidenden Seite des Geſichts auf ſolchen Stellen zu appliziren, wo man den Zweigen des nervus trigeminus möglichſt nahe kommen kann, da ja eben von einer krankhaften Affektion dieſes Nerven der „Forthergill'ſche Geſichtsſchmerz" ſtammt. Die Einschnellungen wären demnach etwa anzubringen **unter** und **neben** dem Ohrläppchen, in der Schläfengegend, neben dem Naſenflügel, aber nicht auf der Naſe, da eine anhaltende Röthung derſelben folgen könnte, während auf den erwähnten Stellen keine Spur der Applikation zurück bleibt.

52. Bienenſtiche, (wahrſcheinlich auch für andere giftige Inſektenſtiche) direkt darauf geſetzt und mit meinem Oele beſtrichen.

53. Schwindel, Ohnmachten. Anwendung auf und zwiſchen den Schultern, und auf den Waden; wenn es mit Uebelkeit und Magenbeſchwerden verbunden iſt, auch auf der ganzen Bauchfläche.

54. Naſenbluten wird ſofort geheilt durch Anwendung hinter den Ohren, im Nacken, zwiſchen den Schultern und auf den Waden; auch iſt es gut, ein Stückchen Zeitungspapier unter die Zunge zu legen.

55. Blutandrang (Congestion) nach den Lungen und dem Herzen. — Anwendung im Rücken, auf den Schulterblättern und auf den Waden. Patienten ſollten ſich des Kaffees, Thees, ſtarker Getränke, und des Tabaks enthalten; ſollten aber viel friſches Waſſer, Milch oder Molken trinken.

56. Blutſpucken (Hæmoptysis), **Blutſturz** (Hæmorrhagia). Dieſe Krankheit (ausgenommen ſie erſcheint gegen das Ende der Auszehrung) entſteht gewöhnlich aus dem vorigen Uebel, wenn vernachläßigt, und kann deshalb meistens verhütet werden, dadurch daß man den Blutandrang kurirt. Die Applikation ist zu machen im Rücken, auf und um die Schulterblätter herum, auf der Brust, dem Unterleib und auf den Waden. Bei plötzlichem Blutsturz muß man sich hüten, aufgeregt zu werden, auch muß man nicht zu viel auf einmal thun wollen, da man dadurch die Sache nur verschlimmern kann. Man bringe den Patienten sogleich, aber so ruhig als möglich, in eine halb sitzende, halb liegende Stellung, lasse ihn so ganz ruhig, ohne Bewegung und Sprechen verbleiben, und gebe ihm einen Theelöffel voll Salz in einem halben Glas Wasser aufgelöst, zu trinken. Nachdem dadurch das Bluterbrechen zum größten Theil beseitigt ist, wende man den Lebenswecker an, wie oben beschrieben ist.

57. Appetitmangel, Magenschwäche, Unverdaulichkeit, in Folge von Erkältung, Rheumatismus oder ungeeigneter Nahrung, werden sofort beseitigt, wenn man das Instrument zu beiden Seiten des Rückgrates und auf der ganzen Bauch- und Magenfläche anwendet, und die Stellen reichlich mit dem Oel bestreicht. Wenn das Uebel bereits längere Zeit bestanden, so repetire man alle zehn Tage die Applikation.

Anmerkung: Patienten, welche an obigem Uebel leiden, sollten stets nur wenig zur Zeit essen, und nur von leichten Speisen, wie Toast, Milch, Fleischbrühe, leichte Suppe mit Reis, Sago, Gries oder Gerste darin gekocht, Beefsteak oder leicht gebratenes Rind- oder Hammelfleisch. Es ist eine schädliche Gewohnheit, während des Essens kaltes Wasser zu trinken, wogegen sehr zu empfehlen ist, ungefähr eine halbe Stunde vor jeder Mahlzeit ein Glas Wasser zu trinken, dadurch die Verdauungskraft des Magens gehoben wird.

58. Dyspepsia (Magen- und Verdauungsschwäche). Diese hier zu Lande leider so sehr verbreitete Krankheit, ist eine Schwäche, die meistens die Ursache oder Folge gastrischer Unreinigkeiten ist. Man erkennt sie an dem mangelnden, oder schwachen, oder unordentlichen Appetit und an den Beschwerden, welche der Genuß von Nahrungsmitteln verursacht, denn dieser erzeugt Druck, Spannung in der Magengegend, Aufstoßen nach dem Genuß der Speisen, Blähungsbeschwerden, Verdrossenheit, Schläfrigkeit, und leicht entsteht Unverdaulichkeit, Säure und Verschleimung.

Dieser Zustand beruht entweder auf einer **reinen wahren** Schwäche des Magens, oder die Schwäche ist **nur scheinbar.**

Die reine wahre Magenschwäche entsteht durch unordentliche, schlechte Diät, Schlemmerei, übermäßigen Genuß warmer Getränke, besondern des Thee's, Mangel an Leibesbewegung, übermäßige Geistesanstrengung, Traurigkeit, Kummer, Samenverschwendung.

Um dieses Mittel zu beseitigen, müssen vor allen Dingen die obengenannten Ursachen der Krankheit vermieden werden.

Die Nahrungsmittel des Patienten müssen leicht verdaulich sein. **Ganz fein gehacktes,** von allem Fette freies, **rohes Rindfleisch** (Beef) mit Salz und Pfeffer dem Geschmacke des Patienten angemessen gewürzt, täglich einmal genossen, ist ein ausgezeichnetes Nahrungsmittel. Täglich ein oder zwei Weingläser gutes, reines Lagerbier ist ein sehr empfehlenswerthes, die Verdauung beförderndes Getränk. Man kann dasselbe in fast allen größeren Städten in Flaschen gefüllt bekommen, und es hält sich eine lange Zeit gut, wenn es im Keller aufbewahrt wird.

Hitzige Getränke, als Branntwein u. s. w., selbst Wein, müssen ganz vermieden werden. Wenn der Lebenswecker und Oel regelmäßig alle zehn bis vierzehn Tage (je nach Abtheilung) wie im vorgehenden Paragraph (Magenschwäche) angewandt, und die oben angegebenen Vorschriften genau befolgt werden, so ist das Leiden in verhältnißmäßig kurzer Zeit gehoben, vorausgesetzt, das Uebel ist nicht ein gar zu altes und eingewurzeltes, und daß der Patient nicht schon zu viel scharfe Medicinen verschluckt hat. In diesem Falle würde die Cur eine längere Zeit in Anspruch nehmen.

59. Magenkrampf. Anwendung zu beiden Seiten des Rückgrates, auf der Magen und Bauchfläche, und auf den Waden. Bisweilen gewährt es augenblickliche Erleichterung, wenn man ein Glas recht heißes Wasser trinkt.

60. Hartleibigkeit, Verstopfung. Dieses Uebel ist wie für Atonie der Eingeweide angegeben, zu behandeln; aber da es in den allermeisten Fällen durch Unregelmäßigkeit in den täglichen Gewohnheiten, und Nichtbeachtung der Bedürfnisse des Körpers entstanden ist, so ist es vor allen Dingen nothwendig, daß Personen, welche an Verstopfung leiden, ihre Natur daran zu gewöhnen suchen, täglich zu einer bestimmten Zeit den Darm zu entleeren. Dieses geschieht dadurch, daß man täglich ungefähr 20 oder 30 Minuten nach dem Frühstück eine Stuhlentleerung hervorzurufen sucht und in kurzer Zeit wird man dadurch die Natur zwingen, eine regelmäßige Thätigkeit des Darmes und damit auch das Bedürfniß zu der bestimmten Zeit eintreten zu lassen. Zu Stuhlverstopfung geneigte Personen sollten nur wenig Fleisch oder Stärkemehlhaltige Speisen, statt dessen aber mehr Gemüse, Obst, Welschkornbrod

u. s. w. essen; auch ist es gut, Abends vor Schlafengehen und des Morgens nach dem Aufstehen ein Glas frisches Wasser zu trinken.

61. Harnen, unwillkührliches (Incontinentia urinæ). Das Unvermögen den Urin zu halten, kann sowohl in einer Erschlaffung der Blase selbst, als auch des Blasenhalses oder anderer örtlicher Theile bestehen. Reichliche Applikationen im Rücken und Kreuze, sowie besonders auf dem Unterleib über der Blase, heben dieses Uebel, das so häufig allen anderen Medikamenten Trotz bietet, sicher und gründlich.

62. Ueberhitzung, Sonnenstich. Anwendung auf und zwischen den Schultern, in der Herzgegend, auf den Waden und den Fußsohlen. Das Kühlhalten des Kopfes durch Aufschlagen von kaltem Wasser ist nothwendig.

63. Schlangenbiß. Wenn die Wunde am Arm oder Bein ist, so binde man so schnell als möglich ein Taschentuch recht fest um das Glied oberhalb der Wunde, und setze das Instrument rings um die Wunde dicht aneinander kräftig auf. Wenn möglich ziehe man Blut aus der Wunde, entweder mit einem Schropfkopf, oder mit einer gewöhnlichen Saugspritze von Gummi (India rubber), indem man das Saugende derselben dicht auf die Wunde preßt, und dann den vorher zusammengedrückten Gummiball losläßt, wodurch das Blut herausgezogen wird. Wenn trotzdem der Schmerz und die blaurothe Färbung sich höher an dem Glied hinaufzieht, so mache man abermals eine Applikation rings um das Glied höher nach Oben, dann gebe man dem Patienten alle 5 oder 10 Minuten einen Löffel voll Brandy oder Whisky, vorzüglich wenn Ohnmachten und Erbrechen sich einstellen. Hierauf mache man eine Applikation zwischen den Schultern, in der Herzgegend und auf dem Magen, und in den meisten Fällen wird der Patient am nächsten Tage bereits wieder hergestellt sein, wie wiederholte Zeugnisse beweisen.

64. Atrophie der Muskeln (Schwinden des Gliedes). Bei scrophulösen Kindern findet man es häufig, daß eine Hand, ein Arm oder Bein abmagert, und alle Kraft verliert, ohne daß man eine bestimmte Ursache aufzufinden vermöchte. Ist eine Hand oder ein Arm erkrankt, so mache man Applikationen auf und zwischen den Schultern und am Oberarm; ist es aber das Bein, welches afficirt ist, so geschieht die Anwendung am unteren Theil des Rückgrats, über das Kreuz, am Schenkel und auf der Wade. Sollte zu gleicher Zeit die Ernährung des Körpers im Allgemeinen eine fehlerhafte sein, so mache man auch noch eine Applikation auf der Magen- und Bauchfläche.

65. Schlaflosigkeit, Schreien, Kolik, Gichter oder Krämpfe bei

Kindern werden beseitigt durch gelinde Anwendung im ganzen Rücken, auf der Bauchfläche und auf den Waden.

66. Schwämmchen oder Mundfäule (Aphthæ). Anwendung zwischen den Schultern, im Nacken und auf der Bauchfläche. Man wasche den Mund öfters aus mit einer schwachen Auflösung von weißem Zucker oder Borax.

67. Fingergeschwüre (das böse Ding oder Wurm am Finger, Felon). Applikationen am Unterarm und an dem kranken Finger. Ueberschläge von erwärmten Tomatoes (frisch oder präservirt) werden sehr als schmerzstillendes Mittel empfohlen.

68. Ringwurm. Eine leichte Applikation auf die Stelle selbst macht die Flechte verschwinden; da dieses jedoch eine scrophulöse Affection ist, so muß, um die Wiederkehr zu verhüten, verfahren werden wie bei Scropheln angegeben ist.

69. Nervenfieber. Den „Lebenswecker" vom Genick an den ganzen Rückgrat herunter dicht neben einander aufgesetzt und die ganze Linie gut mit dem Oele bestrichen. Ebenso auf die Waden und unter die Füße applizirt. Die Besserung wird von Stunde zu Stunde zunehmen. Obgleich kalte Umschläge auf den Kopf des Patienten durch ein in kaltes Brunnenwasser getunktes Tuch unter Umständen anzurathen sind, so muß doch ganz energisch gegen die grausame Methode protestirt werden, denn meistens bewußtlosen Patienten Eis=Umschläge auf den Kopf oder irgend einen andern Theil des Körpers zu machen. Diese Eisumschläge verursachen dem Patienten die fürchterlichsten Schmerzen und beschleunigen den Tod in den meisten Fällen.

70. Gehirnentzündung (Encephalitis). Hier ist die Anwendung fast dieselbe, wie beim Nervenfieber. Die Aufgabe ist, die meistens kalten Füße so zu reizen, daß sie warm werden und dauernd warm bleiben, wodurch dann jede Congestion nach dem Gehirn allmälig und schnell verschwindet. Die Wirkung des „Lebensweckers" ist hierbei wirklich unschätzbar. In Betreff kalter Umschläge siehe vorstehenden Paragraphen **69.**

71. Gallenfieber. Anwendung im Rücken, auf dem Bauche, besonders aber reichlich auf der Lebergegend.

72. Geisteskrankheit, Irrsinn (Mania). Insofern derselben nicht Schädelverwachsungen und dergl. organische Destruktionen zu Grunde liegen, leistet die exanthematische Heilmethode auch in diesem Gebiete bessere Dienste, als alle Apparate der Irren=Heilanstalten zusammengenommen. Die Anwendung geschieht in regelmäßigen, 10tägi=

gen Perioden zu beiden Seiten dem Rückgrat entlang, und etwas leichter auf dem Rückgrat selbst, vom Nacken bis zum Kreuz, auf den Schulterblättern, hinter den Ohren und auf den Waden. Wenn der Patient an kalten Füßen leidet, so ist es gut, auch einmal eine Application auf die Fußsohlen zu machen.

73. **Asthma.** Wenn dasselbe durch Brustkrampf oder sonstige rheumatische Affektionen verursacht ist, so hebt eine reichliche Applikation des „Lebensweckers" im Rücken und auf die vordere Brustwand das Leiden meistens auf. Ist das Uebel jedoch ein veraltetes, so ist natürlich eine längere Kur nöthig. Personen, die an plötzlichen, heftigen Anfällen von Asthma leiden, sollten stets einige Stücke Papier bei sich tragen, die mit einer starken Auflösung von Salpeter getränkt, und dann getrocknet sind. Bei solchen Anfällen verbrennt der Patient ein Stück dieses Papiers, und athmet den Dampf durch Nase und Mund ein. Dieses Verfahren gibt sofortige Linderung, ohne jedoch das Uebel zu heilen.

74. **Fallsucht** (Epilepsie). Die Heilung dieses schrecklichen Leidens, welches im Blute, im Knochenbausystem, wie in den Nerven liegen kann, geht leicht und rasch von Statten, wenn dasselbe noch nicht veraltet ist. Bei längerer Dauer des Uebels nimmt die Kur freilich einen viel langsamern Gang. Es sind schon viele Patienten, die von den Aerzten als unheilbar erklärt wurden, durch Anwendung der exanthematischen Heilmethode curirt worden. Die Anwendung in allen solchen Fällen ist in 10- oder 14tägigen Zwischenräumen, je nach Abheilung der vorhergegangen Operation, auf dem Rücken, auf und zwischen den Schultern, im Genick, auf den Magen und auf den Waden zu machen. Die Kur sollte erst 2 oder 3 Tage nach Vollmond begonnen werden. Kurz vor dem Anfall, welchen der Kranke meistens im ganzen Körper fühlt, sowie während des Anfalls darf die Anwendung nicht gemacht werden. Geistige Aufregung und Gemüthsbewegungen müssen streng vermieden werden. Sollte die Krankheit schon so lange bestanden haben, daß der Verstand des Patienten bereits gelitten hat, so ist eine Heilung ein Ding der Unmöglichkeit.

75. **Englische Krankheit der Kinder** (doppelte Glieder, Skropheln, Rhachitis). Gelinde Züge des „Lebensweckers" zu beiden Seiten den Rückgrat entlang, sowie auf den Bauch, leisten bei solchen Schwächlingen mehr, als alle Apothekerstoffe und Tränkchen aus Leberthran. Man lese 18. (Drüsen-Anschwellung).

76. **Fettsucht.** Fortwährender Gebrauch des „Lebensweckers" im

Rücken und auf dem Bauche hebt dieses Leiden bei passender Lebensweise
gründlich.

77. **Faulfieber.** Diese schreckliche, aus einer allgemeinen Säfte=
verderbniß, besonders des Blutes, entspringende Krankheit ist mittels
des „Lebensweckers" ebenfalls zu heilen. Man befolge die in 18.
(Drüsenanschwellung) gegebenen Vorschriften.

78. **Blasse Gesichtsfarbe, schlechtes Aussehen, Welkheit, Schlaff=
sein, Aufgedunsenheit** der Fleischmassen (Cachexie). Die Behand=
lung wie bei der englischen Krankheit.

79. **Schlagfluß Lähmung nach.** Man setze den „Lebenswecker"
überall da auf, wo sich eine Lähmung zeigt, oder vielmehr, wo sie ihren
Sitz hat (gewöhnlich im Rückgrat bis zum Kreuz), bestreiche die Stellen
wie immer mit dem Oele, und wiederhole dies Verfahren alle zehn Tage,
bis das Uebel beseitigt ist. Das im gesunden Theile des Körpers be=
findliche Leben wird sich allmälig dem kranken Theile desselben mittheil=
len, und eine gleichmäßige Lebensthätigkeit im ganzen Körper hervor=
rufen. Diese Kur dauert zwar oft vier Monate und noch länger, jedoch
mit augenscheinlich täglicher Besserung. Bewegung in freier Luft ist
sehr anzurathen, jedoch müssen körperliche Anstrengung u. geistige Auf=
regungen und Gemüthsbewegungen streng vermieden werden. Der
Patient sollte die frohe Zuversicht auf eine gänzliche Heilung festhalten,
sowie sich überhaupt ein frohes und fröhliches Gemüth bewahren. Ob=
gleich bei allen Krankheiten dieses ein Wesentliches zur Heilung beiträgt,
so ist es doch ganz besonders bei dieser Krankheit der Fall.

Anmerkung: Von Vielen wird oft Lähmung mit Lahmheit ver=
wechselt. Es ist nämlich die Lähmung (Paralysis) ein gänzliches
Darniederliegen der Nerventhätigkeit; das Nervenprinzip kann nicht
mehr zu den gelähmten Theilen gelangen und dieselben zur Bewegung
reizen. Dahingegen ist Lahmheit ein schlechtes Gehen, hervorgerufen
durch Schmerz verschiedener Art, Verrenkungen, Zerreißungen, Entzün=
dungen, rheumatische Affektionen der Muskeln, Sehnen, Bänder u. s. w.

80. **Alte Verhärtungen** (selbst tiefer liegende). Man wende In=
strument und Oel einigemal rund um die Verhärtung an. Wenn die
Verhärtung beim Berühren nicht schmerzt, kann das Instrument und
Oel auch direkt auf dieselbe angewandt werden; andernfalls muß man
so lange mit dem Einschnellen rund um die Verhärtung fortfahren, bis
der Schmerz beim Berühren aufhört, und dann schnellt man auch direkt
auf dieselbe ein. Wiederholung in Zwischenräumen von zehn zu zehn
Tagen, bis die ganze Verhärtung verschwunden ist.

81. Geschwülste, besonders kleine Blutgeschwüre. Dasselbe Verfahren wie im vorhergehenden Paragraphen.

82. Bleichsucht (Chlorosis). Diese Krankheit wird durch Applicationen über den ganzen Rücken, das Kreuz, den ganzen Unterleib und die Waden beseitigt. Die darunter leidenden Damen sind in diesem Zustande meistens sehr empfindlich und nervös; es ist deshalb selbstverständlich, daß die Anwendung des Instrumentes eine nur sehr leichte sein muß. Die Ursachen dieser Krankheit sind so mannichfach, und stellenweis so delikater Art, daß wir sie hier nicht näher anführen wollen.

Es mag Manchem seltsam scheinen, daß auch hier der Lebenswecker Heilungs-Resultate erzielen soll. Die Sache geht jedoch wiederum sehr einfach und natürlich zu, indem hier nämlich unter den mancherlei Eigenschaften des Lebensweckers diejenige dominirend auftritt, wodurch die in einem so hohen Stadio der Reizung stehenden Organe eine augenblickliche Schwächung erleiden.—Der Mediziner des alten Schlags sucht den Grund dieser Leiden gewöhnlich in einem Mangel an Eisenstoff im Blute und will sie daher mit den naturwidrigsten Eisenpräparaten (Dryden) heilen.

83. Brechruhr (Cholera). Weil bei dieser schrecklichen Epidemie die Haut alle Spannung verliert, in die tiefste Schlaffheit versinkt und der ganze Körper eine teigige Beschaffenheit, mit den schmerzlichsten, in fast allen Theilen auftretenden Krampfzuständen erhält, die mit Durchfall und Erbrechen beginnen: so ist zeitige Anwendung mit Lebenswecker und Oel immer eines der zuverlässigsten Mittel gegen die Cholera. Die Anwendung geschieht auf Rücken, Schultern, Herzgrube, Bauchfläche, Unterleib und Waden. Wenn nothwendig, kann die Operation den nächsten, zweiten oder dritten Tag wiederholt werden. Unmittelbar nach der Operation soll der Kranke in ein warmes Bett gebracht werden, und fleißig heißes Wasser oder auch heiße Milch trinken. Wenn beide Mittel, wie oben angegeben, zeitig angewendet werden, so geräth der Kranke in einen starken wohlthätigen Schweiß, die Krämpfe verschwinden, und der Patient wird sich schnell erholen.

Sobald ein Choleraanfall vollständig beseitigt ist, bedarf der Patient Nahrung, um die Natur bei Wiederaufbau des geschwächten Körpers zu unterstützen, während der Dauer der Krankheit aber ist keine Nahrung erforderlich, ja es würde für den Patienten entschieden besser sein, wenn er auch gar kein oder doch nur sehr wenig Getränk zu sich nehmen würde. Vorzuziehen ist es, von Zeit zu Zeit kleine Stückchen Eis oder ein nasses Tuch in den Mund zu nehmen, um den quälenden Durst in etwas

wenigstens zu stillen. Nachdem die Krankheit ihre Macht verloren und
den Patienten in einem sehr geschwächten Zustand hinterlassen hat, sollte
die größte Vorsicht geübt werden in Bezug auf die Diät, da der kleinste
Diätfehler einen meistens tödtlich verlaufenden Rückfall bewirken kann.
Zuerst, wenn der Magen noch sehr schwach ist, mag man eine dünne
Suppe von Arrowroot, Salep, Grütze, Reismehl oder Welschkornstärke
(Corn starch) geben, und wenn der Magen dieses verträgt, dann etwas
geröstetes Brod und Milch, dann später etwas Butterbrod, dann schwache
Schaaffleischsuppe mit Gries, Sago oder Reis; und so muß man sehr
vorsichtig und ganz allmälig fortschreiten, je nachdem der Zustand sich
bessert und der Patient kräftigere Nahrung verlangt und vertragen
kann, bis er wieder zur gewöhnlichen Lebensweise zurückkehren kann.

84. **Gicht** (Arthritis), gleichviel ob chronische oder akute, reine
oder complizirte, oder wie die Gelehrten sie nach ihrem Auftreten ein=
theilen: Podagra, Chiragra und viele andere auf a endigende Latein=
namen, muß dem Lebenswecker unbedingt weichen. Anwendung auf
beiden Seiten des Rückgrates, auf den Schulterblättern und an den
schmerzhaften Stellen immer mit Ausnahme des Kniegelenkes. Oftmals
und vorzüglich bei der chronischen Form, ist die Verdauung gestört, auch
stellt sich wohl Erbrechen ein, wogegen reichliche Applicationen über die
ganze Bauchfläche zu machen sind. Die Diät sollte eine leichte sein,
und müssen alle geistigen Getränke vermieden werden. Bei alter, einge=
wurzelter Gicht sowohl wie bei Rheumatismus, wo sich bereits Gicht=
knoten gebildet haben, oder die Gelenke verzogen sind, namentlich wenn
dieses bei älteren Personen der Fall ist, wird es viel schwieriger sein, das
Uebel zu beseitigen, als wenn dasselbe erst im Entstehen ist, oder wenn
jüngere Personen daran leiden. Eine solche Kur, wenn sie erfolgreich
sein soll, verlangt von Seiten des Patienten viel Geduld und Aufmerk=
samkeit. Es ist besonders bei dieser Krankheit von der größten Wich=
tigkeit, daß die operirten Stellen, sowie die leidenden Theile sorgfältig
mit Watte bedeckt werden, da örtliche Wärme sehr viel zur Heilung bei=
trägt.

85. **Brustfellentzündung, Rippenfellentzündung, Seitenstich=
fieber** (Pleuritis). Diese Krankheit tritt gewöhnlich sehr rasch auf,
mit einem heftigen Frost und starkem Fieber beginnend, mit kurzem
schmerzhaften Husten und stechenden Schmerzen in einer oder beiden
Seiten bei jedem Athemzug. Die Anwendung geschieht im Rücken, auf
und um die Schulterblätter herum, und auf der Brust und überall da,

wo sich Schmerz zeigt. Der Patient mag etwas Leinsamenthee und frisches Wasser in kleinen Quantitäten trinken.

86. **Brustentzündung, Lungenentzündung** (Pneumonia), in einigen Gegenden schlechtweg Brustfieber, Brustkrankheit genannt, welche in nichts weiterem, als in einem Zusammenflusse, in einer Concentrirung von Rheumatismus in der Brust besteht — dürfte mit vielen andern, in das Gebiet des Rheumatismus fallenden Krankheiten, bei dem allgemeinen Gebrauche der exanthematischen Heilmethode bald gar nicht mehr vorkommen. Die nämliche Behandlung wie im vorhergehenden Paragraphen angegeben hebt das Leiden auch ohne das bisher übliche Blutabzapfen radikal.

87. **Bandwurm.** Reichliche und kräftige Anwendung auf den Unterleib, rings um den Nabel herum. Wenn man die Application alle 10 Tage wiederholt, so wird man dem schlimmen Gast seinen Aufenthalt bald verleiden, und ihn zwingen, sich zu entfernen. Kokusnuß für mehrere Tage hintereinander reichlich genossen, hat sich als ein gutes Hülfsmittel bewährt, um den Wurm abzutreiben. Die Kur soll aber immer bei abnehmendem Monde angefangen werden; der Patient muß sich während derselben streng diät halten und soviel wie thunlich hungern.

88. **Scheintodt.** Hier rechtfertigt der Lebenswecker besonders seinen schönen Namen, doch sind die Fälle, in denen er mit fast wunderthätigem Erfolge in diesem Gebiete angewandt werden kann, zu mannigfaltig, um sie der Reihe nach ausführlich abhandeln zu können. Im Allgemeinen wird nur bemerkt, daß bei Ohnmachten, bei Erstickten, Ertrunkenen die Einschnellungen zunächst auf die Herzgegend, dann wieder im Rücken und auf die Waden vorzunehmen sind. Sobald die Wirkung beginnt, ist der Scheintodte gerettet, und wenn nur noch ein Fünkchen Leben im Körper vorhanden ist, wird es vom Lebenswecker wieder angefacht. Selbst beim Sterbenden vermag es der Lebenswecker noch, den verglimmenden Lebensdocht bis auf das letzte Atömchen aufzufrischen, und in Fällen, wenn die alte Medizinkunst ihn (China, Moschus, Strichnin) mußte sterben lassen, ihn wenigstens so lange noch am Leben zu halten, bis er über seinen letzten Willen verfügt hat—gewiß eine, in vielen Fällen unbezahlbare Eigenschaft. — Hier ist übrigens die Stelle zu einer Bemerkung, die hoffentlich die höchste Beachtung finden wird. Sie betrifft das Begraben und Beerdigen der Scheintodten; wenn den Folgerungen der Naturgesetze gemäß es mehr als wahrscheinlich ist, daß z. B. ein Starrkrampf in den Pulsations= und Respirationsorganen nicht nur auf acht Tage, sondern sogar auf acht Wochen das Leben stauen kann,

ohne es ganz aufzulösen: so möge man auf einen Augenblick den gräß=
lichen über alle Beschreibung qualvollen Zustand eines in dieser Weise
lebendig Begrabenen denken, wenn er im engen und fest vernagelten Sarge
wieder zum Leben erwacht, und das wiederkehrende Bewußtsein ihm sagt,
daß alle Anstrengungen, seinen grauenhaften Kerker zu durchbrechen,
vergebens sind. Mag auch die im Sarge befindliche Luft nur eben
hinreichen, Leben und Bewußtsein auf zwei Stunden zu fristen, so
wiegen die Qualen, die der Arme (um den vielleicht theure Angehörige
weinen, den aber der festverrammelte, mit mehr als tausend Pfund
Erde bedeckte Sarg festhält) während dieser kurzen Zeit zu ertragen
hat, ein ganzes Leben voll Jammer auf. — Das unschätzbare, unüber=
treffliche Mittel, einem so grauenhaften Zustande ein für allemal
vorzubeugen, bietet nunmehr der Lebenswecker! Wenn nämlich der
Hingeschiedene, sowohl am ersten, als auch am zweiten und dritten Tage
mittels desselben zehn bis fünfzehn Mal auf die Herzgegend eingeschnellt
wird (wobei die Stellen jedesmal mit Oel zu bestreichen sind) und sich
dann keine Röthe der applizirten Stellen einstellt: so kann man mit
der vollsten Gewißheit annehmen, daß alsdann der Körper wirklich todt
sei. Wäre aber noch das leiseste Fünkchen von Leben vorhanden, so
wird es durch diese Operation geweckt und zur hellen Flamme angefacht,
und sollte es auch von tausendarmigen Krampfkrallen festgehalten wer=
den. Da aber die Unzuverlässigkeit des Abbrennens von Siegellack und
anderer bisher empfohlener Experimente sich in mehreren Fällen bewiesen
hat, so sollte schon allein der Umstand sich durch Hilfe des Lebensweckers
Gewißheit über den wirklichen Tod verschaffen zu können, genügen.
Jeder Familien=Vater aber wird schon aus dem erörterten Grunde das
Instrument nicht entbehren wollen, weil sein Besitz ihm immer die voll=
gültigste Bürgschaft bleibt, daß bei möglichen Eventualitäten Niemand
lebendig begraben werde.

89. **Goldene Ader** (Hæmorrhoiden). Dieses Leiden hat sei=
nen Urgrund hauptsächlich in Erkältung, besonders in der Einwirkung
concentrischer Kälte auf edle Organe. Häufig entstehen sie sogar in
Folge der in verschiedenen Abtritten wirkenden Zugluft. Wenn man
bisher die Entstehung dieses so sehr ausgebreiteten Leidens dem Magen
oder anderen Eingeweiden, besonders aber einer sitzenden Lebensweise 2c.
2c. schuld gab, so hat man nicht bedacht, daß eben diese Theile vorher
durch Erkältung abgeschwächt oder zu Stockungen disponirt waren.
Häufiger treten dieselben aber als Folge des gar zu großen Genusses er=
hitzender Gewürze und heftig wirkender Medikamente auf, welche von den

Aerzten mitunter als Heilmittel bei geringfügigen Leiden orbinirt werden. Gewöhnlich beruhigt man in diesen Fällen dann den Patienten über seine unvermeidliche Medicinal Krankheit mit dem Kernspruche: daß man von zwei Uebeln das kleinste wählen müsse.—Man wende das Instrument zwischen den Schultern, abwärts zu beiden Seiten des Rückgrates, dann ziemlich reichlich auf dem Kreuze nnd auf dem ganzen Bauch=Umfange an, bestreiche die Stellen mit dem Oele und setze die Kur in zehntägigen Perioden fort. Schon nach der ersten Anwendung verliert sich gewöhnlich das örtliche Jucken und Stechen, und in der Folge ist das zuverlässige Resultat die radikale Heilung. Die bisherigen Versuche, diese Leiden mit kaltem Wasser zu heilen, liefen nicht auf Heilung, sondern nur auf Stockung des Uebels hinaus, so lange nämlich nicht alle Säfte schon in Stockung gerathen waren; impften übrigens aber dem ganzen Körper den Rheumatismus ein. Wenn auch die Meinung Einzelner, daß dieses Uebel durch Ausschweifung entstehe, irrig ist, so macht ihr Hinzutreten doch die Heilung höchst schwierig. Der Patient muß sich so viel wie möglich Bewegung in frischer Luft machen; er sollte den Genuß von Bier und anderen berauschenden Getränken, sowie stark gesalzener oder gepfefferter oder zu saurer Speisen gänzlich vermeiden. Unbedingt sollte er aber jeden Abend vor Schlafengehen und jeden Morgen eine kurze Zeit nach Aufstehen den After mit lauwarmem Wasser und Castile Seife waschen, und gut abtrocknen, und ihn dann mit Süß=Oel oder noch besser mit ungesalzenem Gänsefett einreiben. Morgens und Abends eine Tasse gekochte heiße Milch getrunken, befördert die Kur. Der Patient sollte besonders Acht darauf geben, daß sein Stuhlgang ziemlich regelmäßig ist; jedoch sollte er zu diesem Zweck keine scharfe Arzneimittel gebrauchen; am besten ist, täglich einige Tassen Molken (whey) trinken.

90. **Scharlachfieber** (febris scarlatina). Dieses gefährliche Leiden, auch wohl unter dem Namen „rother Hund" bekannt, ist eine über die Haut verbreitete, in hochrothen, nicht erhabenen Flecken bestehende Ausschlagskrankheit. Das Scharlachgift ist äußerst flüchtig, wirkt ansteckend, besonders bei Kindern, und oft in kurzer Zeit tödtlich. Bisher erlagen sehr viele Patienten, die in einem höheren Grade davon ergriffen waren, diesem schrecklichen Leiden, und manche, die ihm nicht erlagen, wurden von der unvermeidlichen Nachzüglerin, der Wassersucht, aufgerieben.—Ihre Heilung ist durch den „Lebenswecker" zu erzielen, weil hier gerade die Aufgabe darin besteht, die Hautthätigkeit zu erhöhen, die Ausdünstung zu vermehren, oder mit anderen Worten, den Krank-

heitsstoff in der zweckmäßigen Weise aus dem Körper auszuscheiden. Zu bemerken ist hier vorzüglich, daß der kleinste Luftzug bei dieser Krankheit tödtlich sein kann, weshalb in dieser Hinsicht die größte Aufmerksamkeit und Vorsicht stattfinden muß. Die Anwendung geschieht wie bei 20 (Masern) angegeben ist.

91. Kehlkopfentzündung. Dieses Leiden kann unter Umständen ein sehr gefährliches werden. Der damit Behaftete muß sich vor vielem Sprechen hüten, sich keiner kalten Luft aussetzen, und sich sowohl körperlich als geistig soviel wie möglich Ruhe gönnen. Die Anwendung mit Lebenswecker und Oel geschieht auf dem Rücken, auf und zwischen den Schultern, direkt auf und um den Kehlkopf, auf dem obern Theil der Brust, und auf dem Unterleib. Die so operirten Stellen müssen unbedingt recht Warm mit Watte bedeckt werden. Die Anwendung muß jede 10 bis 14 Tage wiederholt werden. Des Tages über mehrere Male, namentlich des Morgens und Abends, eine Tasse gekochte heiße Milch getrunken, trägt sehr zur Heilung bei. Der Patient sollte den Hals täglich zweimal mit starkem Salzwasser ausgurgeln. Wenn der Patient schon längere Zeit an diesem Uebel gelitten, und scharfe Medicamente, wie Höllenstein, zum Ausbeizen gebraucht hat, so ist die gänzliche Heilung nicht immer zu erwarten, jedoch wird der Patient durch die Anwendung dieser Heilmethode Linderung finden.

92. Kehlkopfschwindsucht. Weil diese Krankheit nur aus der vorhergehenden sich entwickelt, so wird sie nie vorkommen, wenn man auf die Heilung der ersteren Bedacht nimmt. Wo sie indeß wirklich eingetreten wäre, ist mittels des „Lebensweckers" am erfolgreichsten Heilung zu erzielen. Die Behandlung wie im vorhergehenden Paragraphen angegeben ist.

93. Bräune (Angina). Die Bräune, Croup, und wie die übrigen Ausdrücke zur Bezeichnung der verschiedenen, am Halse sich zeigenden Krankheits-Symptome noch sonst heißen mögen, werden auf die einfachste Weise durch reichliche Züge des „Lebensweckers" im Rücken und direkt auf und um den Kehlkopf sowie auf der Brust schnell und radikal geheilt, während die Medizin in den meisten Fällen solche Patienten, bei den gewohnten Blutentziehungen, besonders die Kinder, dem Tode als Beute überlassen mußte, obwohl der Unsinn einiger Aerzte soweit ging, mit Tuschirungen von aufgelöstem Höllenstein einen vorübergehenden Effekt hervorzubringen.—Die rechtzeitige Anwendung des „Lebensweckers" macht die Anhäufung von Faserstoffen im Kehlkopf platterdings unmöglich. Die operirten Stellen, und besonders der ganze Hals und die Brust müssen unbedingt mit Watte gut bedeckt werden. Der Patient muß sich in einem warmen Zimmer aufhalten und vor Zugluft in Acht nehmen, da er sich dadurch den Tod zuziehen kann. So viel wie möglich sollte er im Bette verbleiben und sich im Schweiße zu erhalten suchen. Die Anwendung muß sogleich gemacht werden, wenn sich die ersten Symptome der Krankheit zeigen, weil eine Verzögerung meistens höchst gefährlich ist. Hat die erste Operation nicht den erwünschten Erfolg, so kann dieselbe nach 2, 3 oder 4 Stunden wiederholt werden. Oft genügt auch eine nochmalige Einreibung mit Oel, ohne Anwendung des Lebensweckers. Sehr häufig des Tages über eine Tasse gekochte heiße Milch getrunken, ist sehr zu empfehlen.

94. Skorbut. Diese und alle übrigen lästigen Mund=, Gaumen= und Zungenkrankheiten (wie überhaupt Cachexien), sind mittels des „Lebensweckers" gründlich und schnell zu heilen, weil die veranlassende Ursache in den bei weitem meisten Fällen sich wieder auf schlechte, durch Rheumatismus entartete Säfte zurückführen läßt. Reichliche Züge im Rücken, Nacken und auf der ganzen Bauch= und Magengegend in der zehntägigen Wiederholungsperiode bis zur Genesung.

95. Samenverlust, Pollutionen. Insofern dieses schreckliche Leiden in dem schädlichen, den Körper wie den Geist tödtenden Laster der Selbstschändung oder absichtlichen Reizung zur Sinnenlust seinen Grund hat, versteht es sich von selbst, daß solche bedingende Ursachen vor allem entfernt werden müssen, bevor an Heilung gedacht werden kann. Ist es aber in organischen Fehlern oder Ueberreizung begründet, und sind die obigen, des vernünftigen, sittlichen Menschen unwürdigen Gelegenheitsursachen eingestellt, resp. beseitigt: so ist auch hier die Heilkraft des „Lebensweckers" eine bewundernswerthe. Durch reichliche Züge im Rücken, und namentlich auf dem Kreuze, wird nämlich der hohe Ueberreiz von den Geschlechtsorganen dadurch abgeleitet, daß der Körper gleichsam in einen Zustand von Ermüdung gesetzt wird, welcher Prozeß auf die einfachste Weise die Heilung bewirkt. Die Erfahrung hat gelehrt, daß Individuen, die eine müßige oder mit geringer körperlicher oder geistiger Anstrengung verbundene Lebensweise führen, diesem schrecklichen Uebel weit mehr unterworfen sind, wie Menschen, die ein arbeit= und mühevolles Tagewerk zu verrichten haben, weil bei Letzteren der Körper zu solchen muthwilligen Ausschweifungen weder Disposition noch Zeit hat. Dieses Uebel entsteht auch oft durch eine Anhäufung von Maden=Würmern im After, wodurch ein Reiz auf die Geschlechts=Organe ausgeübt wird, und müssen dieselben entfernt werden wie unter der Rubrik „Würmer" angegeben ist, ehe eine Heilung erzielt werden kann. Dieses zur Aufklärung.

96. Krebs (Cancer). Die Wissenschaft betrachtet den Krebs als eine vom Körper unabhängige Schmarotzergeschwulst, deren Wesen noch nicht ergründet worden. Sie hat eine endlose Menge von Mitteln, besonders aber Gifte (als: Arsenik, Blausäure, Tollkirschen, Bilsen- und Schierlingskraut, Opium, Chlorkalk, China- und Eisenpräparate 2c 2c.) —dagegen empfohlen, gesteht aber aufrichtig, daß alle diese Remedien nur auf Milderung (Betäubung), nicht auf Heilung abzwecken, weil Letztere ein Ding der Unmöglichkeit sei.—Wir erklären den Krebs einfach für eine Folge der gänzlichen Entartung aller Drüsensäfte des Körpers und leiten nach dieser Anschauung die Heilung. Bei diesem von der Medicin für unheilbar erklärten, immer sehr beklagenswerthen Uebel, beobachtet man vornehmlich drei Phasen: In der ersten Phase, wenn der Kranke zufällig an irgend einem Körpertheile eine harte schmerzlos entstandene Stelle (von den Gelehrten scirrhus genannt) eine unter der gesunden Haut liegende, verschiebbare, aber schmerzlose und etwas höckerige Geschwulst entdeckt,—ist die radikale Heilung mittels des „Lebensweckers" mehrfach verbürgt. Auch in der zweiten Phase, wenn die Geschwulst unbeweglich (cancer occultus), sehr uneben, an einigen Stellen weicher und von heftigen, stechenden und brennenden Schmerzen periodisch durchzogen wird, die überliegende Haut sich anspannt und eine bläuliche oder bläulich-rothe, mit blauen Adern durchzogene Farbe erhält, und eine blasse, fahle und schlaff gewordene Peripheralhaut schon auf die gestörte Ernährung des ganzen Körpers deutet—liegen mehrere Heilungs-Resultate mittels des „Lebensweckers" vor.—Bei der dritten Phase endlich, wenn die Geschwulst als Geschwür aufbricht (Cancer apertus), am Grunde steinhart, mißfarbig und blutig am Wundrande hart und umgeschlagen wird, eine beizende, jauchige Flüssigkeit absorbirt, und leicht blutende, Blumenkohl ähnliche Schwämme hervorwuchern, die durch Brand abgestoßen werden, aber bald wieder erneuert erscheinen; auch in dieser letzten Phase, in welcher der Patient meistens unter schrecklichen Schmerzen sterben muß—glauben wir in vielen Fällen noch Rettung versprechen zu können.—Die Anwendung geschieht immer auf dem Rücken, zwischen den Schultern, sowie direkt um die leidende Stelle herum. Ist das Uebel bereits in die dritte Phase getreten, so muß die Wunde 3 oder 4 Mal des Tages über mit einer starken Abkochung von rothem Kleesamen ausgewaschen werden. Bei dieser gefährlichen und höchst langwierigen Krankheit darf der Patient nicht auf eine schnelle

Kur rechnen. Er muß die Anwendungen längere Zeit in 10= oder 12=tägigen Zwischenräumen fortsetzen.

97. **Offene Wunden,** wenn auch noch so alt, werden gefahrlos geheilt, wenn man den Lebenswecker und das Oel je nach Umständen alle 10, 12 oder 14 Tage direkt rund um die leidende Stelle anwendet. Die Wunde selbst muß täglich zweimal mit starkem Salzwasser (Kochsalz in Wasser aufgelöst) mittels eines weichen leinenen Lappens (nicht Schwamm) ausgewaschen werden. Ein mit diesem Salzwasser getränktes Läppchen muß fortwährend auf der Wunde liegen. Ist die Wunde sehr bösartig und brandig, so muß das Salz in starkem Branntwein, anstatt in Wasser, aufgelöst sein, was dann wie oben angegeben benutzt wird. Der Rand der Wunde muß täglich zweimal mit feinem weißen Zucker, oder mit gebranntem gepulverten Alaun bestreut werden.

98. **Kröpfe.** Das nämliche Verfahren wie bei Alte Verhärtungen.

99. **Ruhr.** Gleichviel ob es rothe, wässerige, oder was immer für Durchfälle es sein mögen, werden mittelst des „Lebensweckers" radikal geheilt, und ist die Anwendung auf dem ganzen Rücken, auf dem Unterleib und auf der ganzen Bauchfläche zu machen. Diese epidemisch herrschende, oft sehr bösartige und meist lebensgefährliche Krankheit, besteht eigentlich in einer katarrhalischen Entzündung der Gedärme, weshalb die Heilung mittels des „Lebensweckers", des Beherrschers aller rheumatischen und krampfartigen Zustände, Jedem leicht einleuchten wird. Was die mit diesem Leiden verbundenen Fieber betrifft, so werden dieselben schon mit der ersten Anwendung gefahrlos gemacht, wodurch denn auch der Krankheit selbst ihr gefährlicher Charakter entzogen ist. Die operirten Theile des Körpers müssen mit Watte bedeckt, und besonders der Unterleib recht warm gehalten werden. Der Patient sollte möglicher Weise auf einige Zeit das Bett hüten, und oft heiße gekochte Milch trinken, und versuchen, sich im Schweiß zu erhalten. Als Getränk muß Wasser vermieden werden; Reiswasser, jedoch nicht allzu kalt, sollte benutzt werden, um den eintretenden Durst zu löschen; kaltes Wasser ist sehr nachtheilig. Nach Beseitigung des Anfalls darf eine Hammelfleischbrühe mit Reis gekocht, und dann und wann ein Glas guter rother Trauben=Wein (kein Portwein) genossen werden. Frisches Brod, Obst, Bier und spirituöse Getränke müssen ganz vermieden werden. Selbst nach Beseitigung des Uebels muß der Patient sehr diät leben, da ein Rückfall fast immer die schlimmsten Folgen nach sich zieht.

100. Schlagfluß (Apoplexie). Bisher hat man Individuen mit kurzem und dickem Halse, einem großen Kopfe, breiten Schultern, einem kurzzusammengebrängten fetten Körper immer für besonders disponirt zum Schlagflusse (schlagflüssige Anlage) gehalten. Im Gebrauche des „Lebensweckers" muß jedoch bei jedem Menschen, ohne Ausnahme, alle Disposition zum Schlagflusse nothwendig verschwinden, weil er, durch die Wärmeentwickelung den Blutumlauf regelnd, durch die hervorgebrachten künstlichen Abzugskanäle gleichzeitig die Concentrirung eines Uebermaßes rheumatischer Stoffe auf innere Theile ꝛc. verhindert.

Bei den zuweilen eintretenden Vorboten dieses gefährlichen Zufalles, die in starkem Schwindel, Klingen und Brausen in den Ohren, Zittern des ganzen Körpers, Schwere der Zunge, Schwäche des Gedächtnisses, Taubsein und Einschlafen der Glieder, bei großer Schläfrigkeit sehr unruhigen Schlaf, Neigung zum Erbrechen ꝛc. bestehen, wende man das Instrument sofort im ganzen Rücken, sowie reichlich auf der Herzgegend und den Waden an, worauf die Zufälle jedesmal entweder sofort aufhören oder doch gefahrlos verlaufen. Die Behandlung des wirklich eingetretenen Schlagflusses ist folgende: kräftige und zahlreiche Einschnellungen auf den ganzen Rücken, auf und zwischen den Schultern, auf die Herzgegend, und direkt auf die leidenden Theile des Körpers selbst. Die Anwendung mit Lebenswecker und Oel kann nöthigenfalls nach 2, 3 oder 4 Stunden oder am nächsten Tag wiederholt werden, wenn die erste Anwendung nicht den gewünschten Erfolg hatte. Es versteht sich von selbst, daß der Patient sehr diät leben und Bier, Wein und andere spirituöse Getränke, selbst Kaffee, ganz vermeiden muß. Wenn der Zustand des Patienten es erlaubt, so sollte er sich viel Bewegung in frischer Luft machen. Ein Klima-Wechsel auf einige Zeit ist sehr anzurathen.

Ueber die in Folge des Schlagflusses entstandenen Lähmungen lese man 46. Seite.

101. Nachtwandeln (Mondsucht). Die Behandlung wie beim Alpdrücken (Seite 36).

102. Wassersucht, gleichviel wodurch entstanden, ist durch reichliche Applikation des Instruments im ganzen Rücken bis zum Kreuze abwärts und durch besonders reichliche Züge auf der Nierengegend, auf der Bauchfläche und auf den Waden meistens zu heilen.

Werden die Einschnellungen der Nadeln nur zur Absorbirung von Hautwasser-Ansammlungen benutzt (wobei sie die vortrefflichsten Dienste leisten), so muß die Anwendung des Oeles unterbleiben. Zu bemerken ist noch, daß die Nadelwunden des „Lebensweckers" nie brandig werden.

Sehr zu empfehlen ist das Trinken einer schwachen Abkochung von Petersilien-Wurzeln, die jeden dritten Tag zwei Mal ein Tassenköpchen voll zu nehmen ist. Hierdurch wird der Abzug des Wassers sehr befördert. Der Patient sollte nicht viel Wasser trinken und Speisen, die den Durst hervorrufen, vermeiden.

103. Auszehrung (Schwindsucht). Eine jede Krankheit, bei welcher der Körper mit jedem Tage etwas leichter wird, an seinen Fleischmassen eine Abnahme erleidet, darf mit Recht eine Abzehrung, eine Schwindsucht, genannt werden. Sehr häufig galten aber bisher solche Symptome als Beweise für eine Lungen-Schwindsucht oder für das Vorhandensein tuberkulöser Lungen-Affektionen, und während sich bei einer solchen, oft sehr schiefen Auffassung des Krankheitszustandes die Behandlung auf eine bloße Milderung des für unheilbar gehaltenen Uebels beschränkte, wucherte das eigentliche, nicht erforschte Uebel sehr häufig bis zur wirklichen Unheilbarkeit fort. Die exanthematische Heilmethode hingegen faßt die Auszehrung gewöhnlich als rheumatisch-drüsiges Leiden auf und leitet demnächst die Kur. Dem Patienten dürfte es nach unserer Ansicht ziemlich gleichgültig sein, zu wissen, an welcher Art von Schwindsucht er leide; er weiß, daß in seinem Körper ein abnormer Zustand besteht, daß etwas in demselben vorhanden, was nicht hinein gehört. Ob nun sein Leiden in einer abzuleitenden, inneren Entzündung oder in einer auszuscheidenden Ansammlung anderweitiger Krankheitsstoffe bestehe, gilt ihm gleich; sein Wunsch ist seine Heilung, und diese erreicht er in den meisten Fällen durch den Gebrauch des „Lebensweckers".

Selbst bei unheilbarer Abzehrung, und wenn die bisherige medizinische Behandlungsweise den Kranken ohne Rettung und ohne Trost muß hinsterben lassen, vermag es der „Lebenswecker" noch, sein Leben oft auf Jahre zu fristen. Solche Patienten werden daher wohlthun, statt die Lebenssäfte durch den Genuß widernatürlicher Medikamente noch mehr zu verderben, sich bei Zeiten dieser Behandlung zu unterwerfen. Die Behandlung ist: Anwendung des Lebensweckers und Oels auf dem Rücken, zwischen und unter den Schultern und direkt auf der Brust. Die Anwendungen müssen auf längere Zeit, sobald die vorige abgeheilt ist, wiederholt werden. Sollte diese Krankheit jedoch erblich in der Familie, oder bereits ins dritte Stadium getreten sein, so darf der Patient nicht immer auf eine radikale Kur rechnen, obgleich durch Anwendung dieser Heilmethode sein Leiden gelindert und das Leben verlängert wird. Das Schlafen mit dem Patienten in einem Bette, sowie das Tragen seiner

Kleider und Wäsche sollte von Anderen vermieden werden, da ein ganz
gesunder Mensch sich dadurch dasselbe Uebel leicht zuziehen kann. Der
Patient sollte jeden Morgen nüchtern das Gelbe eines Eies, mit etwas
Zucker gerührt, zu sich nehmen, sowie Abends vor Schlafengehen eine
Tasse heiße, gekochte Milch trinken, im Uebrigen aber kräftige nahrhafte,
dabei aber leicht verdauliche Speisen genießen. Wenn irgend thunlich,
sollte der Patient ein mildes, gleichmäßiges Klima aufsuchen.

104. Veitstanz. Dieses Uebel ist eine Entwickelungskrankheit
und epileptischen Charakters, weshalb das gleiche Verfahren, wie unter
74 (Fallsucht), zu beachten ist.

105. Urinabsonderung, fehlerhafte (Incontinentia urinæ).
Das Unvermögen, den Urin zu halten, kann sowohl in einer Erschlaf=
fung der Blase selbst, als auch des Blasenhalses oder anderer örtlichen
Theile bestehen. Reichliche Applikationen des „Lebensweckers" im Rü=
cken und Kreuze, sowie besonders auf den Unterleib über der Blase,
heben dieses Uebel, das so häufig allen anderen Medicamenten Trotz
bietet, sicher und gründlich.

106. Muttervorfall. Wenn dieses Uebel in noch jüngeren Jah=
ren durch schwere Geburten, Springen über einen Graben u. dgl. ent=
standen ist (wie es gewöhnlich der Fall), so beweisen tausendfache Er=
fahrungen, daß die erschlafften Mutterbänder durch dieses Heilverfahren
nach und nach ihre gehörige Spannkraft wieder erlangen, und somit das
Uebel gehoben wird. Anwendung im Kreuz und auf dem unteren
Theile des Unterleibes. Der Unterleib muß mittels einer festen, bequem
anliegenden Binde unterstützt werden. Körperliche Anstrengungen, be=
sonders Heben und Tragen, geistige Aufregungen und Gemüthsbewe=
gungen irgend einer Art müssen streng vermieden werden. Oertliche
Behandlung, wie Einspritzungen u. s. w. sollen ganz unterbleiben, weil
dadurch das Uebel nicht nur schlimmer, sondern in den meisten Fällen
unheilbar gemacht wird.

107. Harnruhr. Auch dieses bisher meist mit dem Tode endende
Leiden, welches aus einer normwidrigen Einsaugung der Hautgefäße
entspringt, ist nun mittels des „Lebensweckers" sicher und radikal zu hei=
len; die Behandlung ist wie bei **105** (Urinabsonderung). Der Patient
sollte solche Speisen wie Kartoffeln, Obst, Gemüse, Milch, Kaffee, Thee,
sowie Alles, was direkt auf die Nieren und Harnabsonderung wirkt, so=
viel als möglich vermeiden und sich fast einzig auf Fleischdiät beschrän=
ken. Rindfleisch, Schaffleisch, Hühner und Wildpret, gebraten oder
gedämpft, ist am besten. Anwendung in 10tägigen Zwischenräumen

über den ganzen Rücken, auf beiden Seiten des Rückgrates, in der Nierengegend und auf der ganzen Bauch- und Magenfläche.

108. Steinbeschwerden. Sowohl die Gallen-, Blasen- als auch Nierenstein-Bildung entsteht aus dem Unvermögen der betreffenden Organe, die ihnen zugeführten Säfte normgemäß auszuscheiden. Das normwidrige Verhalten, das über die naturgemäße Zeitdauer hinausgehende Verweilen dieser Säfte an den betreffenden Stellen, wird Ursache zur Absonderung, Niederschlagung von Schleim, Gries und Steinen, die sich aber im Gebrauche des Lebensweckers nach und nach wieder absondern, sobald die entkräfteten Organe wieder zur erhöhten Lebensthätigkeit erwacht sind. Was aber in diesem Felde kein Medicament leistet, das leistet erwiesenermaßen der „Lebenswecker." Anwendung im Kreuz, über der Blase und auf den Waden.

Wer in gesunden Tagen von Zeit zu Zeit den „Lebenswecker" anwendet und mittels desselben die Funktionen aller Organe im Statu quo erhält, hat nie zu fürchten, von Steinbeschwerden befallen zu werden. Der Patient muß schwer zu verdauende oder stark gewürzte Speisen, besonders gesalzenes Schweinefleisch, sowie alle spirituösen Getränke gänzlich vermeiden, dabei aber des Tags häufig frisches Wasser trinken.

109. Krampfadern, von denen Frauen sowohl als Männer häufig zu leiden haben (letztere namentlich während der Schwangerschaft), können durch Anwendung des Lebensweckers und des Oels beseitigt werden, jedoch nimmt die Kur eine längere Zeit in Anspruch, namentlich bei älteren Personen.

Die Anwendung geschieht auf die Waden und neben den Krampfadern, jedoch dürfen letztere nicht mit dem Lebenswecker berührt werden. Auf gleichzeitige Anwendung auf den Rücken wird die Circulation des Blutes bedeutend erhöht. Man muß sich sehr in Acht nehmen, die Krampfadern nicht durch Stoßen, Kratzen u. dgl. zu verletzen. Nach jedesmaliger Anwendung sollte das Bein vom Knöchel an aufwärts mit einer Binde ziemlich fest umwickelt werden, jedoch ist der Gebrauch von India Rubber Strümpfen (die man fast in jeder Apotheke bekommen kann) bedeutend dem Umwickeln mit einer Binde vorzuziehen, weil auf diese Weise die Circulation des Blutes nicht gehemmt wird.

110. Frostbeulen. Die Frostbeulen sind als das höchste Resultat der zerstörenden, concentrischen Kälte zu betrachten, sowie die im Brennglase concentrirten Sonnenstrahlen ihren Culminationspunkt in Entzündung des brennbaren oder Zersetzung des nicht brennbaren Körpers finden. Ihrem Wesen nach müßte man daher die Frostbeule eine Gicht en galloppe nennen. Man setzt den „Lebenswecker" direkt auf die Beulen, beftreiche die Stiche gut mit dem Oele, und das Uebel wird bald weichen.

111. Blattern, Pocken, Varioliden find ebenfalls mittels dieser Methode zu heilen, wenn man den Lebenswecker fogleich bei dem Erfcheinen der erften Symptome (Fieber, Kopfschmerzen, Gliederreißen, Uebelkeit u. f. w.) kräftig auf die Herzgrube, auf und zwischen den Schultern, im Nacken, hinter den Ohren, auf der Bauchfläche und den Waden anwendet. Wenn diese Krankheit als Epidemie auftritt, so gibt es kein befferes Mittel, fich gegen diefelbe zu fchützen, als die mehrmalige Anwendung des Lebensweckers und Oels auf die vorhin angegebenen Körpertheile. Es ist rathfam, beim Auftreten diefer Krankheit, oder felbft wenn der Patient fchon davon ergriffen ift, täglich vier Mal eine ftarke Messerspitze voll Variola (eine Arznei, die in jeder guten Apotheke zu haben ift), in etwas Waffer aufgelöst, zu trinken. Der Patient muß unbedingt das Bett hüten und fich vor jeder, auch der leifesten Erkältung fchützen. Die Temperatur des Krankenzimmers muß eine gleichmäßig warme fein und daffelbe fo viel wie möglich in einem Halbdunkel gehalten werden. Man muß es täglich lüften, dabei aber den Kranken forgfältig vor Erkältung oder Zugluft fchützen. Ebenso follte das Zimmer mehrere Male mit Effig befprengt werden. Kühlende, schleimige Getränke, fowie auch nicht zu kalte Limonade, find dem Kranken zuträglich. Da eine folche Krankheit sehr ansteckend ift, fo follte man fich fo viel wie möglich dagegen fchützen. Das Kauen einiger Wachholderbeeren, während man bei dem Kranken ift, ift ein gutes Mittel, fich gegen Ansteckung zu schützen, wie die Erfahrung gelehrt hat. Die von folchen Patienten benutzten Betten und Wäsche dürfen nicht wieder gebraucht werden, ehe fie gründlich gewaschen und gereinigt find.

112. Die falschen Pocken (auch Chicken-pox genannt) find leicht von den echten, gefährlichen Pocken zu unterscheiden und werden durch einen ganz andern Ansteckungsstoff hervorgebracht, als derjenige ist, welcher die echten Pocken erzeugt, und gegen welchen weder die Kuhpocke noch die echte Pocke schützt.

Zuweilen find die Blattern nur klein, in anderen Fällen erreichen fie aber die Größe und Gestalt einer halb durchfchnittenen Erbfe und fehen dann den echten vollkommen ähnlich. Hier geht das Fieber nur einen Tag dem Ausbruch der Blattern voran, diese bedürfen auch nur einen Tag bis zur Eiterbildung, und nach einem Tage vertrocknen fie dann wieder, fo daß die falfchen Pocken ihren Verlauf in 3, 4 Tagen beenden, dahingegen die echten 14 Tage dazu bedürfen. Wenn auch das Ausbruchsfieber sehr heftig werden kann, so ist doch nie Lebensgefahr damit verbunden, und immer macht die Natur die Kur hier ganz allein.

Die Behandlung dieser Pocken ist dieselbe, wie bei 111 angegeben.

113. Lustseuche (Syphilis). Bei dieser, einer der gefährlichsten, den Körper zerstörenden Krankheit kann der Lebenswecker auch mit Erfolg gebraucht werden. Die Anwendung geschieht auf dem Rücken, zwischen den Schultern, auf der Bauchfläche und auf den inneren Schenkeltheilen. Man sollte jedoch nie versäumen, sich sofort an einen erfahrenen und geschickten Arzt zu wenden, weil nur durch eine örtliche Besichtigung ermittelt werden kann, wie weit und wie stark der Patient damit behaftet ist. Unter jeder Bedingung sollte sich aber der Patient vor allen angepriesenen Patent-Medizinen oder Geheimmitteln, und besonders vor Quacksalbern hüten. Siehe „Erfahrungen und Beobachtungen."

114. Monatsfluß (unterdrückter). Der unterdrückte Monatsfluß (Menstruation), welche Krankheit, wie die Bleichsucht, gewöhnlich in einer fehlerhaften Blutbereitung beruht, ist sicher und radikal mittels des „Lebensweckers" zu heilen. Die Behandlung wie bei Bleichsucht angegeben.

115. Einige Bemerkungen über das Wochenbett u. s. w. Die Zeit der Schwangerschaft darf mit Recht die interessanteste, sowohl als auch die verantwortlichste Periode im Leben der Frau genannt werden, weil dieselbe für die geistige und körperliche Entwickelung des Kindes von der größten Wichtigkeit ist. Es entsteht eine Verbindung zwischen Mutter und Kind so eng, so innig und so unzertrennbar, daß hinfort ihre Gesundheit, ihr Leben und ihre Glückseligkeit die des Kindes wird; ja selbst das Gemüth, das Temperament, das geistige Wesen, die Gewohnheiten, Neigungen und Abneigungen des Kindes werden durch den Zustand der Mutter bedingt, so daß es mit vollem Recht gesagt werden mag: „Die Mutter erschafft Körper und Seele des zukünftigen Menschen, ein Abbild ihres eigenen Selbst." Es ist deshalb während dieser Periode die Pflicht der Mutter, ihrem geistigen wie körperlichen Befinden die größte Aufmerksamkeit zu schenken, um so mehr, als die Erfüllung dieser Pflicht dann sie nicht mehr allein angeht, sondern sie dieselbe ihren Gatten, ihren Kindern und ihren Nebenmenschen schuldet, welche ein Recht haben, sie von ihr zu fordern. Diese Pflichten sind naturgemäß zweierlei Art: körperlicher und geistiger. Die allererste unter den körperlichen Pflichten ist die Beobachtung einer vernünftigen Diät, und zwar sollte dieselbe leicht, einfach aber nahrhaft sein. Das Nothwendige zu einer guten

Diät ist mäßige Bewegung in freier Luft, täglich wenn das Wetter es erlaubt, und hierbei sei noch bemerkt, daß langsames Gehen bei Weitem dem Fahren vorzuziehen ist. Eine Frau sollte auch während der Schwangerschaft fortfahren, ihre gewohnte häusliche Arbeit zu verrichten, vorausgesetzt, daß dieselbe nicht zu angreifend und ermüdend ist; muß jedoch vorsichtig sein, nicht schwer zu heben oder hoch zu reichen. Die Kleidung sollte frei und bequem sein, so daß kein Theil derselben den Körper einengt. Bänder oder Schnüre zu fest um den Leib gebunden, mögen Klumpfüße oder andere Verkrüppelungen beim Kinde, sowie Gebärmuttersenkung und verschiedene andere Beschwerden bei der Mutter verursachen. Die Kleidung muß natürlich immer der Jahreszeit und dem Wetter angemessen gewählt sein, da große Sorgfalt nöthig ist, um Erkältungen zu vermeiden. Es ist oben schon bemerkt worden, daß die Geistesthätigkeiten, die Neigungen und Erregungen des Gemüthes der Mutter während dieser Zeit einen Eindruck auf das Kind ausüben und sich in demselben wieder entwickeln, und dieses ist wirklich im höchsten Grade der Fall. Dieselben haben nicht nur in Bezug auf den Geist, sondern auch in Bezug auf die körperliche Entwickelung des Kindes den allergrößten Einfluß. Es ist deshalb die heilige Pflicht der Mutter, nur solche geistige und moralische Anregungen zu gestatten, welche dem Höheren zustreben, und obgleich der Geist nicht zu sehr angestrengt werden sollte, so ist es doch anzurathen, denselben sowohl als das Gemüth stets mit etwas Nützlichem und Heiterem zu beschäftigen und anzuregen. Ein Zustand der Gleichgültigkeit und Lässigkeit ist unter keinen Umständen zu dulden. Häßliche und unangenehme Gegenstände sollten aus der Umgebung der Frau entfernt, und dem Nachgrübeln über unangenehme Eindrücke durch heitere und anregende Lectüre oder Unterhaltung vorgebeugt werden, da hierdurch sonst schlimme Eindrücke auf die physische wie geistige Entwickelung des Kindes unausbleiblich sind. Während dieser Periode sollte eine Frau stets ihre Leidenschaften zu zügeln wissen und sich nicht gestatten, gereizt oder zornig zu werden; das Schöne und das Edele sollte ihre Aufmerksamkeit fesseln, und nur das Reine und das Erhabene sollte ihr Herz und Gemüth erfüllen, denn sie formirt jetzt den Charakter eines Wesens, für Gutes oder Böses, für Tugend oder Laster, und von der Mutter hängt meistens die körperliche und geistige Entwickelung des Kindes ab.

Wenn eine Frau auf diese Weise ihrem geistigen wie körperlichen Befinden die gehörige Aufmerksamkeit schenkt, so braucht sie wegen des Endresultats nicht ängstlich zu sein; sie wird, wenn überhaupt, nicht viel zu leiden haben, und für die kleinen unbedeutenden Beschwerden, welche hier und da auftreten mögen, kann sie mit vollstem Vertrauen den Lebenswecker anwenden, welcher auch unter diesen Umständen niemals schadet, aber in allen Fällen nützt. Ueber das Kreuz sollte das Instrument nicht zu häufig, sondern nur wenn unbedingt nöthig angewendet werden.

Bei **Erbrechen**, wenn es anstrengend ist, und täglich wiederkehrt (Morning sickness) applizire man das Instrument auf der Magen- und Bauchfläche und auf den Waden; bei **Ohnmachten**, zwischen den Schultern; bei **Krämpfen** in den Beinen, auf dem Unterleib, auf den Hüften und direkt auf den vom Krampf befallenen Theilen. Bei **Niedergeschlagenheit** und trauriger Stimmung, welche nicht durch heitere Gesellschaft und gesunde Bewegung beseitigt werden kann, operire man zwischen den Schultern und auf den Waden.

Viele Frauen leiden sehr von **Aderauftreibungen** an den Beinen; diese sollten das Bein während des Tages sorgfältig mit einer langen Bandage umwickeln, und zwar von den Zehen anfangend bis zum Knie. Abends vor dem Schlafengehen wird die Bandage dann abgenommen und das Glied eingerieben oder gewaschen mit mäßig lauem Wasser, unter welches man etwas Arnika-Tinctur (Tincture of Arnica) oder Hexenhasel-Tinctur (Tincture of Hamamelis), und zwar im Verhältniß von 10 Tropfen auf einen Eßlöffel voll Wasser gemischt hat. Wenn man bei dem Erscheinen der ersten Symptome dieser Aderauftreibungen den Lebenswecker sogleich zwischen den Schultern und auf dem Rücken anwendet, so kann in den meisten Fällen die Auftreibung der Blutgefäße verhindert werden, weil dadurch die Stockung des Blutes verhindert und ein regelmäßiger Blutumlauf erzielt wird.

Wenn nun die Zeit der Entbindung herannaht, so mögen sich öfters krampfartige Schmerzen im Unterleib und im Rücken, sogenannte **falsche Wehen**, einstellen, gegen welche man leichte Einschnellungen zu beiden Seiten des Rückgrates, über das Kreuz und auf der Bauchfläche sehr wirksam finden wird. Eine solche Application zu solcher Zeit gemacht, regulirt und befördert die physiologische Thätigkeit der Organe, wodurch die Geburt erleichtert, und der Frau viel unnöthige Schmerzen erspart werden. Man braucht durchaus keine Angst zu haben, daß der Mutter oder dem Kinde Schaden dadurch entstehen könnte; im Gegentheil es stärkt die Nerven und erhöht deren Thätigkeit, und der Geburtsakt geht dadurch leichter und schneller vorüber. Es versteht sich von selbst, daß bei jeder Entbindung ein guter Arzt oder eine geprüfte Hebamme zu

Hülfe gezogen werden muß, da nur dann eine Frau sicher sein kann, daß keine nachtheiligen Folgen zurückbleiben.

Bei **Milchfieber** applizire man zwischen den Schultern und auf den Waden; bei **Zurücktreten der Milch** rings um die Brüste herum. Gegen **Wundheit der Warzen**, die durch Schärfe im Blut hervorgerufen wird, operire man zwischen den Schultern und rings um die Brüste, und bestreiche die Warzen nach jedesmaligem Trinken des Kindes mit ungesalzener Butter. Man muß sehr vorsichtig sein, daß das Kind in den ersten Tagen nach der Anwendung nicht mit den operirten und mit Oel bestrichenen Stellen in Berührung kommt. Bilden sich **harte Stellen** in den Brüsten, so entleere man dieselben recht häufig, entweder durch Anlegung des Kindes oder mittels einer Saugpumpe (die jetzt in allen Apotheken billig zu haben sind), und bestreiche die Brüste täglich dreimal mit heißem Süß-Oel und bedecke sie recht warm mit Watte.

Blutfluß (Menorrhagia) entsteht oft dadurch, daß die Gebärmutter sich nicht gehörig zusammenzieht, und ist dann von krampfartigen und wehenartigen Schmerzen begleitet. Man mache sofort eine Applikation über die ganze Bauchfläche, vorzüglich reichlich um den Nabel herum, und lege eine feste Binde stark um die Oberarme und Oberschenkel. Die Frau muß, jede unnöthige Bewegung vermeidend, ganz ruhig im Bette liegen; da dieses aber ein Zustand ist, welcher leicht gefährlich werden kann, so schicke man bei Zeiten nach einem geschickten Arzt.

Anmerkung.

Nicht bloß die vorstehend aufgeführten Krankheitsfälle liegen im Wirkungsbereiche des „Lebensweckers"; er wirkt besonders effektvoll in solchen Fällen, wo das künstliche Reizverfahren vorzugsweise einzutreten hat, wo bisher z. B. die Moxa abgebrannt oder das Glüheisen angewandt wurde u. s. w. (wie im Hüftgelenke zur Heilung der Coxarthrocace, im Oberarmgelenke Omarthrocace) sowie überhaupt alle innern Entzündungen und zurückgetretenen Hautausschläge durch Hülfe des „Lebensweckers" sofort heraus zu leiten und gefahrlos zu machen sind.

Anwendung bei schweren Krankheitsfällen.

Bei plötzlich eingetretenen gefährlichen Krankheiten, als Hals-Entzündung, Bräune, Diphtherie, Schlagfluß, Cholera morbus, Gehirn- und Brust-Entzündung, Darmgicht, Nervenfieber, Gelbes Fieber, Unterleibs-Entzündung, Scheintod u. s. w., wo keine Zeit zum Consultiren übrig bleibt, vielmehr sofortige Hülfe nothwendig ist, bewährt sich der Lebenswecker als ein Lebensretter. In allen solchen Fällen sollte die Operation mit Lebenswecker und Oel in zwei, drei oder vier Stunden wiederholt werden, wenn die vorhergehende Operation nicht den gewünschten Erfolg hatte.

Auch in der Thierheilkunst, wozu Instrumente in vergrößertem Maaßstabe besonders konstruirt werden, leistet dieses Heilverfahren die unübertrefflichsten Dienste. Das Verschlagen oder Verfangen, der Pferde bringt, wie der Rheumatismus beim Menschen, beim Pferde ebenfalls die Gicht hervor, die auf gleiche Weise durch den Lebenswecker zu heilen ist. Die Basis der Applikation des Instruments bei Thieren ist die Bugmuskel, sowie das Rückgrat und beide Seiten desselben bis zum Kreuze; das Oel muß indeß mit dem Finger in die Haut eingerieben werden, damit dasselbe nicht an den Haaren sitzen bleibt. Bei Koller und Augenkrankheit ist zugleich hinter den Ohren zu appliziren. Die Haare ersetzen sich bald wieder. Uebrigens ist die Behandlung gerade wie bei dem Menschen, es ist ja auch nur Fleisch und Blut.

Schlußbemerkung. Verschiedene Gründe machten die Aufführung der vorstehenden Krankheitsfälle nöthig, wobei wir uns an eine schärfere Klassifikation um so weniger gebunden glaubten, **als die exanthematische Heilmethode prinzipiell nach dem Namen der Krankheit niemals fragt;** sie setzt vielmehr voraus, daß Etwas in dem Organismus sich entwickelt hat, was nicht hinein gehört, und was daher hinausgeschafft werden muß. Für den „Lebenswecker" gibt es daher eigentlich nur Eine Krankheit: ein Begriff, der freilich manchen Gelehrten etwas unbegreiflich erscheinen mag, weshalb ich denn auch zu ihrer Beruhigung das obige Namensverzeichniß angelegt habe. Dasselbe dürfte gleichzeitig nicht ungeeignet sein, zu der Entscheidung, in wiefern der „Lebenswecker" auf den Namen eines universalen Heilmittels Anspruch machen könne oder nicht, und ob die eifrigsten Bemühungen der Gegner, denselben mit einem Schröpfschnepper, und sonstigen bisher in Gebrauch gestandenen Ableitungsmitteln beim Publikum zu paralisiren, edel oder unedel genannt werden müssen. — Bemerkt wird noch, daß bei örtlichem Vorhandensein einer erhöhten Hitze nicht lokal, sondern nur ableitend mit dem „Lebenswecker" operirt werden darf.

Bei vorurtheilsfreier Würdigung des bereits Gesagten dürfte sich anderseits jedem Unparteiischen die Ueberzeugung aufdrängen, daß der allgemeine Gebrauch des „Lebensweckers" viele bis jetzt in Gebrauch gewesene, gefährliche und unnütze Mittel verdrängt. Man darf als Grundsatz annehmen, daß alle Krankheitsstoffe nur successive, sehr langsam in den Organismus einziehen und viel weniger Zeit zu ihrer Ausscheidung (Genesung) erfordern, als sie zu ihrer Ansammlung (Krankheit) gebraucht haben, welcher Grundsatz sich nach allen Erfahrungen bewahrheitet.

Nähere Beleuchtung über die Wirkung des „Lebensweckers."

Nachdem das Instrument applizirt ist, wird man kurze Zeit nachher die Haut um den Einstichspunkt in der Größe einer Linse sich roth färben sehen. Die Zeit des Erscheinens der rothen Flecke ist bei verschiedenen Individuen auch verschieden; bei solchen, in deren Körper sich Krankheitsstoffe angehäuft haben, treten sie schon in einigen Sekunden ein; bei gesunden sieht man sie ebenfalls sofort und lebhaft erscheinen, aber kurz nachher wieder zu Null erbleichen; bei schwachen Individuen aber, deren Körper nicht die nöthigen Reaktionen bieten kann, treten sie erst später ein. Diese Flecken haben die größte Aehnlichkeit mit Mückenstichen und sind erythematöser Natur. Sie entstehen durch den vermehrten Zufluß des Blutes nach der Operationsstelle, welcher durch den Reiz der Nadel vorzugsweise bedingt wird. Der Reiz jedoch, der als das eigentliche primum movens anzusehen ist, entsteht durch die mechanische Verletzung der Nerven durch die Nadel. Aber nicht allein in der äußeren Haut *), sondern auch auf das Unterhautzellgewebe (subcutania) und in die Substanz des unterliegenden Organes, überhaupt so tief als die Nadeln eindringen, muß sich dieser Reiz ausbreiten, und besteht ebenfalls in der Nervenreizung und dem vermehrten Blutzuflusse.

Im weiteren Verlaufe erhebt sich die Haut in Knötchen von der Größe eines Stecknadelkopfes bis zu der einer Linse. Die Größe und die Zeit des Entstehens hängt, ähnlich wie die Röthe, von den Krankheitsstoffen im Körper und der Lebensthätigkeit ab: so daß bei Jenen, die einen Krankheitsstoff besitzen, dieselben sich schnell und groß entwickeln,

---

*) Wie die Histologie (Gewebelehre) uns gezeigt hat, besteht die äußere Haut aus zwei eigenen Gewebsschichten, der epidermis und den corium. Die epidermis (Oberhaut) ist, von außen betrachtet, die erste Schicht und ein Horngebilde. (Es ist dies jenes Häutchen, welches sich in der inneren Handfläche mit einer Nadel unterstechen und lostrennen läßt.) Unter ihr liegt das corium (Lederhaut), welches faseriger Struktur ist: in ihr verlaufen die Blutgefäße und Nerven der Haut. Diese Gewebe — die Haut — wird durch die subcutania mit dem vor ihr bedeckten Organe (meistens Muskeln) verbunden.

bei gesunden Individuen entwickeln sie sich auch schnell, erreichen aber nie eine bedeutende Größe, und verschwinden bald ganz; bei schwachen entstehen sie aber nur langsam, und bleiben immer unbedeutend. In diesen Knötchen hat sich durch die Reizung ein phlogistischer (entzündlicher) Prozeß ausgebildet, der die Absonderung oder Ausschwitzung einer weißgelblichen dicken Materie zur Folge hat, welche gewöhnlich gegen den zweiten bis dritten Tag eintritt.

In einigen Fällen erheben sich sogar auf den Knötchen kleine Bläschen, die mit der genannten Flüssigkeit angefüllt sind. — Es ist nicht immer unbedingt nöthig, daß die eiterige und lymphatische Materie als solche sichtbar wird, sondern sie vertrocknet auch sehr oft zu kleinen Krusten, die abfallen oder von den Händen und Kleidern abgerieben und hierauf wieder von Neuem ersetzt werden.

Mit dem 5., 6. bis 7. Tag fängt die epidermis an sich abzuschuppen, und die Epidermisblättchen verkleben sich mit der ausgeschwitzten Materie zu Borken. Die Borken verringern sich nach und nach, bis sie am zehnten Tage in der Regel ganz verschwunden sind, so daß um diese Zeit außer einer lebhaften, aber gesunden und frischen Röthe, keine anderen pathologischen Veränderungen zugegen sind.

Anmerkung. Auch in diesem Punkte hat der „Lebenswecker" vor allen Pflasterschmierereien, Schröpfköpfen 2c. 2c. den Vorzug; da durch dieses so manches schöne Gesicht und so mancher hübsche Arm von häßlichen Narben bedeckt wird.

Die Applikation soll aber nicht immer eine direkte sein, weil oft das leidende Organ wegen seiner Lage u. s. w., hierzu nicht disponirt ist; und doch sehen wir an dem kranken Organe eine Wirkung eintreten. Einen schlagenden Beweis haben wir bei Congestionen nach dem Kopfe, die bald zurücktreten, wenn der „Lebenswecker" an den Füßen und Waden applizirt wird. Es müssen hier also gewisse Leiter von der Operationsstelle zu dem leidenden Organe sein; diese sind das Gefäß- und Nervensystem. Diesen Zusammenhang der Organe nennen wir Continuität. Die durch die Continuität erfolgende ist eine **symptomatische Wirkung**; direkt hingegen ist sie bei der direkten Applikation.

Um die Wirkung des „Lebensweckers" auf den Krankheitsprozeß, das Verhalten der Krankheit und des Organismus zu derselben leichter übersehen zu können, wollen wir die Wege der Heilung in einer gewissen Ordnung näher betrachten.

1. Die Ausscheidung der Krankheitsmaterie.
A. Pathologische Vorerinnerungen.

Das Blut führt jedem Theile des Organismus ernährende und bildende Stoffe zu, welche an die Organe abgesetzt, von denselben angeeignet werden und auf diese Weise zur Reproduktion derselben dienen. Aber ebenso, wie sich neue Stoffe in den Organen ablagern, müssen die alten, durch die verschiedenen Thätigkeiten verbrauchten, gleichsam abgelebten Stoffe aus dem Körper entfernt werden, was auf verschiedenen Wegen Statt hat. Als solche Wege und als die vorzüglichsten bezeichnet die Physiologie die **Haut**, die **Nieren** und die **Leber**. Durch die Haut werden vorzüglich die abgelebten Stoffe des Muskelsystems abgeschieden*), durch die Nieren, die des Nervensystems**), und durch die Leber die des Blutes***). Werden die Ausscheidungswege in ihren Funktionen geschwächt, so können die abgelebten Stoffe nicht gänzlich aus dem Körper entfernt werden, und es wird der Grund zu vielen Krankheiten gelegt. (Materia peccans.)

a. Die gestörte Hautausdünstung.

Die am häufigsten in dieser Kategorie auftretende Krankheit ist der **Rheumatismus** in den vielfältigsten Formen. Dieser entsteht durch eine theilweise Unterdrückung der Hautausdünstung, wodurch die exkrementiellen Stoffe des Muskelsystems im Körper zurückgehalten und auf den fibriösen und serösen Membranen abgelagert werden. Zu diesen zählt man vorzugsweise die myolema (die Scheiden der Muskel- und Sehnenfasern), die Häute des Gehirns und Rückenmarkes und die pleura, und das peritonaeum (seröse Auskleidungen der Brust- und Bauchhöhle). So groß die Ausbreitung dieser Gewebe ist, so verschieden kann auch der Sitz und die Form des Rheumatismus sein.

Anmerkung. Nach Lavoisier und Seguin beträgt die Quantität der Hautausdünstungsmaterie eines ausgewachsenen Menschen in 24 Stunden durchschnittlich 900 Gramme, in denen 9 Gramme (2 Drachmen, 1 Scrupel, 7.8 Gran) ausziehbare Stoffe enthalten sind. Diese Quantität mag wohl hinreichend sein, um, auf so empfindliche Membrane abgelagert, heftige Schmerzen hervorbringen zu können.

---

*) C. H. Schulz, „Ueber die Verjüngung des menschlichen Lebens ec. ec." Berlin 1842. (Es gibt auch eine spätere Ausgabe.) § 54.
**) Schulz, loco citato § 48.
***) l c. § 42.

b. Die gestörte Urinabsonderung.

Eine zweite Krankheitsfamilie, die durch die Zurückhaltung von Mauserstoffen — wie sie C. H. Schulz-Schulzenstein nennt — entsteht, sind die **Nervenkrankheiten.** Hier haben wir es mit den Mauserstoffen des Nervensystems zu thun, die entweder unvollkommen oder gar nicht ausgeschieden werden. Je nach den Umständen, unter denen die Zurückhaltung geschieht, und nach der Natur der Mauserstoffe müssen auch wohl die Krankheitsformen verschieden sein. Eine Zurückhaltung der depurativen Stoffe in der Nervensubstanz bringt krankhafte Reizung des Nervensystems hervor, die sich unter den beiden Formen der Krämpfe: spasmus tonos und clonos (tetanische Krämpfe, Katalepsie—Zuckungen und Zittern—St. Veitstanz) darstellen. Unter andern Umständen, und wenn die Stoffe in den Kreislauf übergehen, wird die Hämatose, überhaupt das ganze Blutleben gestört, und es entstehen die Typhen und Typhoiden (Nervenfieber).

Bei den letztgenannten Beiden findet man meistens die Urinabsonderung vermindert. — In den Anfangsperioden der Krämpfe fand C. H. Schulz*) den Urin wässerig und das ureum (den Harnstoff) vermindert. In einem Falle fand er in dem Urin, der bei konvulsivischen Anfällen gelassen wurde, nur 1=2=0=0, in einem andern Falle 5=4=0=0 ureum nitricum, wogegen der normale Urin 3=5=0=0 ureum enthält.**) Nysten fand bei Krampfkranken 1=0=0 ureum. Alles Beweise, daß das oben Gesagte keine Hypothesen sind, wie so mancher Pathologe annehmen möchte.

Auch die **Gicht** scheint in dem gestörten Mauserprozesse ihre Ursache mit zu haben. Die Mauserprodukte der Knochen scheinen durch die Nieren mit abgesondert zu werden; denn im Urin gerade finden wir die Kalksalze, besonders die calcaria phosphorica — den Hauptbestandtheil der Knochen — wieder. Werden die Stoffe nun im Körper zurückgehalten, so lagern sie sich in den Gelenken ab; Theile, die durch die Bewegung und Reibung in steter Reizung sich befinden, die als Knochenenden und wegen ihrer überknorpelten Flächen ‡) mit den excrementiel-

---
*) l. c. § 52.

**) Durch angestrengtes Denken wird die Urin-Secretion vermehrt; ebenso durch Ansichtigwerden strömender Flüssigkeiten.

‡) Knorpel und Knochen haben in qualitativer Hinsicht gleiche Zusammensetzung; in quantitativer unterscheiden sie sich hingegen dadurch, daß indem Knochen die Kalksalze, in dem Knorpel die Colla und Chondrin vorherrschen.

len Stoffen der Knochen in naher Beziehung stehen; dann aber auch häufig rheumatischen Reizzuständen unterworfen sind (arthritis rheumatica), wodurch sie als Ablagerungsheerd für diese Materien prädisponiren. Schulz will auch in dem kritischen Urine Gichtkranker die Harnsäure vermehrt gefunden haben *) und sie deshalb zu den Nervenkrankheiten zählen.

Dasselbe hält der große Forscher von dem Wechselfieber†).

Wir wollen hier noch auf die Worte eines tüchtigen Pathologen—Funke—aufmerksam machen; er sagt: „So wie allen höhern Organismen ihre eigenen Auswurfstoffe am widerlichsten und nachtheiligsten sind, so ist es auch bei den einzelnen Organen im Organismus mit ihren Mauserstoffen. Die Mauserstoffe wirken stets am nachtheiligsten auf jene Organe ein, von denen sie herstammen. Je höher und edler das Organ ist, das auf diese Weise beleidigt wird, desto auffallender sind die krankhaften Erscheinungen."

c. Gestörte Gallenabsonderung.

Die aufgelösten Blutbläschen gelangen in der Leber zur vollständigen Auflösung und werden hier in Galle verwandelt. Ist die Leberthätigkeit aber geschwächt, so kann sich das Blut seiner Mauserstoffe nicht entledigen, und diese werden mehr oder minder in demselben zurückgehalten. Durch die verminderte Gallenabsonderung wird nicht nur in dem Blute die Ursache zu den vielen Krankheiten gelegt, sondern auch die Verdauung leidet ungemein dabei, weil die Galle im Digestionsprozesse eine wichtige Rolle spielt. Als Blutkrankheiten sehen wir den Icterus (Gelbsucht), die plethora abdomisalis, Melanosität, Melanosen, Hämorrhoiden, Melancholie, Hypochondrie, Erysipelas (Rose) und noch manche andere innere und exanthematische Krankheit an.

Außer diesen, durch gehinderte Depurationsprozesse entstandene, gibt es noch andere Krankheiten, denen gewisse pathologische Produkte zu Grunde liegen, z. B. die scrophulosis; auch mag manches Exanthem (Hautausschlag) hierher gehören.

B. Therapie.

Bei der Behandlung dieser Krankheiten stellt sich uns als erste und Radikal-Indikation entgegen, die Krankheitsstoffe aus dem Körper zu entfernen. Bei manchen versuchte dies auch schon die Schule, z. B. den Rheumatismen; bei andern dagegen ist die Behandlung fast ausschließ-

---

*) l. c. § 52.   †) l. c. § 52.

lich eine symptomatische, wie bei den Krämpfen.—Oft sehen wir, daß bei einer Krankheit sich diese Stoffe nach einem Geschwüre hindrängen und hier heraus wollen, oder sich durch die Haut als Exanthem ausscheiden ꝛc. ꝛc. Auf diese Weise sucht die vis medicatrix naturae die Krankheit zu bekämpfen, und es muß dieser Weg also auch der rechte sein, weil er der natürlichste ist; der Arzt soll ihn gehen, und die Naturheilkraft unterstützen (bedenkend: medicus curat, natura sanat). Hieraus lernen wir, daß die Krankheitsmaterien durch den Reiz an irgend einem Orte gleichsam dahingelenkt und ausgeworfen werden. Einen solchen Reiz haben wir in dem „Lebenswecker" und seinen Wirkungen, dem phlogistischen Prozesse. Aehnliche Wirkungen bietet uns auch zwar die Heilmittellehre in den epispasticis (Cantharides), sinapismus, cauteria actualia et potentialia u. s. w., aber in der Wirkung bedeutend schwächer und in der Anwendung viel schmerzhafter und oft mit üblen Folgen verbunden. Bedenken wir, wie alle diese Mittel ihre Wirkung nur auf die Hautgewebe und höchstens bis in die subcutania ausdehnen; der „Lebenswecker" aber bis in die Substanz der Organe (Muskeln vorzüglich) selbst eindringt. Wir brauchen wohl kaum an die vergeblichen Versuche der Schule bei Rheumatismen, Nervenkrankheiten u. s. w. zu erinnern, die diese Heilmethode fast alle als leichte Krankheitsfälle betrachtet.

Beim Rheumatismus ist nicht allein die ausscheidende Wirkung des „Lebensweckers" die allein wirkende, sondern auch seine mechanische leistet hülfreiche Hand. Diese verschafft der Hautausdünstungsmaterie, die durch die Erkältung in der Aushauchung gestört wurde, freien Abzug, indem der „Lebenswecker" künstliche Poren hervorbringt, durch welche sie entweichen können.

Die ableitende Wirkung scheint bei den Krampfleiden mit in Thätigkeit zu treten und scheint diejenige zu sein, welche die momentane Linderung verschafft. (Siehe diese weiter unten.)

Bei der Heilung der Leberkrankheiten hat die reizende Wirkung (siehe diese) auch einen bedeutenden Antheil, indem durch die Applikation des „Lebensweckers" auf die Lebergegend die Thätigkeit in der Leber durch den vermehrten Blutzufluß und die Nervenreizung angeregt wird. Geht die Gallenabsonderung wieder regelmäßig von statten, so ist die veranlassende Ursache zu allen diesen Digestions- und Blutkrankheiten gehoben.

2. Die ableitende Wirkung.

Unter ableitender Wirkung verstehen wir diejenige, wo durch den Reiz des „Lebensweckers" der Krankheitsprozeß von dem kranken Organe ab= und nach dem Orte des Reizes hingeleitet wird, wobei aber auch der neue Prozeß in einem bedeutend geringern Grade auftritt. Sie kann überhaupt da eintreten, wo eine Continuität besteht, also die Organe durch das Gefäß- und Nervensystem in Zusammenhang stehen. Die hier in Betracht kommenden Krankheitsformen sind die **Congestion**, die **Entzündung** und die **Neuralgie**.

Die **Congestion** besteht in einem vermehrten Andrange des Blutes nach irgend einem Theile, z. B. dem Gehirne. (Um uns die Wirkung ad oculos zu demonstriren): Wir appliziren den „Lebenswecker" an den Beinen. Durch den neuen Reiz wird das Blut zu diesen Theilen hin= geleitet, und weil das Blut nach gleicher Vertheilung strebt, muß es sich in andern Theilen vermindern, so auch im Gehirne, und die Congestion ist gehoben. Weil die Reizung in dem primär erkrankten Organe nicht sogleich aufgehört hat, würde sich bald wieder die Congestion einfinden, wenn nicht der Reiz an der Operationsstelle auch fortbestände in dem entzündlichen Prozesse.

(Congestion nach dem Gehirne—apoplexia cerebri, Schwindel; — pulmonum, nach den Lungen — apoplexia sang., asthma plethoricum; nach dem rectum, Hämorrhoiden u. s. w.)

Neuralgie. Diese ist die Aufregung einer einzelnen Partie des Nervensystems. Die wesentlichsten Symptome der Neuralgie sind der Schmerz und die abgeänderte (meist gesteigerte) Thätigkeitsäußerung— Strikturen, krampfige Zustände.—Um das Wesen der Neuralgie zu er= klären, müssen wir unsere Zuflucht zu einer Hypothese nehmen; nämlich, daß die Neuralgie in einer Anhäufung des Nervenprinzipes in den Röhrchen der Nervenprimitivfasern der leidenden Theile bestehe. Zwar eine Hypothese, die aber, wenn wir die Analogie zwischen dem Blutge= fäß und Nervensystem betrachten, Vieles für sich gewinnt. In der Ausbreitung durch den ganzen Körper, sowie in der Röhrenform der Nerven und Gefäße haben wir eine Analogie; soll man deshalb auch wohl nicht in den Bewegungsgesetzen beider eine Aehnlichkeit anzuneh= men berechtigt sein, daß, so wie in den Blutgefäßen, auch in den Nerven= röhren durch Reiz eine Anhäufung der Materie Statt finden kann? (Daß in den Primitiv=Nervenröhrchen sich eine Materie befinden muß, wird nicht leicht zu bestreiten sein; es müßte denn der Vernunftschluß, daß die Natur nichts zwecklos hingestellt hat, falsch sein.)

Wir wollen bei dieser Wesenserklärung stehen bleiben,—die Neuralgie also als eine **Nervensystem=Congestion** betrachten—so wird sich, ähnlich, wie bei der Blut=Congestion durch den Reiz des „Lebensweckers" in andern Nervenpartien, eine gleichmäßige Vertheilung des Nervenprinzipes einfinden, wodurch die Neuralgie verschwinden muß. Diese Erklärung des Heilungsprozesses ist die natürlichste und tritt mit in die Reihe der Beweise für die Annehmbarkeit obiger Hypothese.

Oft tritt die Neuralgie nur unter dem Symptome des Schmerzes auf (reine Neuralgie), meist ist sie aber der Begleiter von andern Krankheiten. Im letztern Falle, wenn sie als Begleiter erscheint, verbindet sich die neuralgische Ableitung mit den andern Wirkungen. Als die gewöhnlichste reine Neuralgie könnte man wohl den Schmerz bei hohlen Zähnen betrachten, wo durch die Luftberührung der frei liegende Zahnnerv gereizt wird.

Wie auffallend ist nicht die Wirkung des „Lebensweckers" bei allen diesen Leiden!

Anmerkung. Der Abschnitt von der Neuralgie müßte aus leicht zu erklärenden Gründen den andern vorausgesetzt sein; doch hat er bei der angenommenen Eintheilung hier die passendste Stelle.

Die Entzündung. Das Wesen der Entzündung besteht in einer Stasis des Blutes (der Blutkörperchen in den Capillargefäßen*). **Bruke** erklärt das Zustandekommen durch eine Arterienverengerung. Das Reizmittel, welches die Entzündung hervorruft, regt die contractile Faser der Arterie zu einer (krampfhaften) Zusammenziehung an. Es träte dadurch eine lokale Verlangsamung und lokale Stockung ein. Es muß sich dadurch der Durchmesser des Gefäßes verengern, daß die Blutkörperchen sich nicht mehr frei in ihm bewegen können. Jeder Reiz kann aber nur durch die Nerven eine Reaktion veranlassen, so auch hier. Der Reiz ruft in den Nerven eine neuralgische Congestion hervor, durch welche die contraktile Faser der Arterie zu der krampfigen Zusammenziehung angeregt wird.

Der Heilungsprozeß muß also zuerst eine Ausgleichung der Nervenmaterie sein,—eine Hebung der Neuralgie; dann tritt das Gefäß in seine natürliche Weise zurück. Wir wenden deshalb auch ableitende Reizmittel an, um die Entzündung zu zertheilen. Besonders wichtig ist

---

*) Capillar= oder Haargefäße heißen in der Anatomie die feinsten Gefäße, die durch die Umschlingung, den Uebergang der Arterien in die Venen gebildet werden.

die ableitende Methode bei Entzündungen edler Organe, z. B. der Lungen, des Gehirns, der Augen, der Baucheingeweide 2c. 2c.

3. Die reizende Wirkung.

Wenn die Lebensthätigkeit in irgend einem Theile oder Systeme des Organismus geschwächt ist, so muß im Nervensystem zuerst die Ursache zu suchen sein. Wie sich aber das Nervensystem dabei verhält, wissen wir noch nicht genau. Möglich ist es, daß die Nervenmaterie von dem kranken Organe zurücktritt, ohne sich aber in einem andern anzuhäufen, sich also in den andern gleichmäßig vertheilt; auch könnte, und zwar sehr wahrscheinlich, eine größere Consumption der Nervenkraft vorhanden oder vielmehr vorausgegangen sein.

Als Familie zeigt sich besonders diese Schwächung in der Absonderung und in der Bewegung. Die erstere ist schon oben berührt worden. Die Schwächung in der Bewegung tritt im ganzen Muskelsystem auf und bietet hier die mannigfaltigsten und gefährlichsten Krankheitsformen. Es sind dies die lähmungsartigen Zustände.—Die vollkommene Lähmung (paralysis), die unvollkommene Lähmung (paræsis), die Ohnmacht (syncope), der Scheintod (asphyxia), Schlagfluß 2c. 2c., Lähmungen einzelner Nerven, z. B. des opticus (schwarzer Staar).

Die Therapie hat es hier damit zu thun, das Leben in dem erkrankten Organe wieder zu wecken; durch Reize die Nervenkraft (Lebenskraft) dahin zu locken. Die (Doktor-) Schule aber hatte bis jetzt kein ausreichendes Mittel. Wie bei der ableitenden Wirkung des Lebensweckers die Nervenmaterie abgeleitet wird, so wird sie hier durch den Reiz zum kranken Organe hingeleitet; es ist dies also ein und derselbe Prozeß.

4. Die auflösende und resorbirende Wirkung.

Wenn Entzündungen an irgend einem Orte auftreten, wo sie nicht unter dem direkten Einflusse der Luft stehen, sehen wir selten, daß die Entzündung in Eiterung übergeht, sondern sie bildet, wenn sie nicht abgeleitet und zertheilt wird, meistens ihre Ausgänge in Ausschwitzung von plastischer Lymphe oder von Serum in das Gewebe. Die Krankheitszustände, die hier meistens in Betracht kommen, sind das acute Oedem, der Erguß von Serum (Blutwasser) in das Zellgewebe und die entzündliche Verhärtung (induratio exsudativa), wenn der Faserstoff (die plastische Lymphe) in dem Zellgewebe oder Parenchym der Organe gerinnt und allmälig fest und derb wird. Der Theil, in welchem sich eine solche Verhärtung befindet, ist in der Regel in seinem Umfange vermehrt, oft jedoch auch, wenn das Blut durch die Verwachsung und Zusammendrückung der Gefäße dem leidenden Theile unzugänglich gemacht wird, schrumpft er zusammen, und es werden dadurch Contrakturen (Verkürzungen) der Muskeln, Sehnen u. s. w. verursacht.

Wollen wir diese Induration und ihre Folgen beseitigen, so stellt sich uns als erste Indikation entgegen, **den verhärteten Faserstoff wieder aufzulösen,** um ihn dadurch für die Lymphgefäße resorbirbar zu machen. Die direkte Applikation des „Lebensweckers" erfüllt diese Indikation vollständig, indem der phlogistische Prozeß eine Ersudation neuer Lymphe bewirkt, die die verhärtete auflöst. Nicht allein durch die Lymphgefäße, welche auch durch den Reiz des „Lebensweckers" zu einer größern Thätigkeit angespornt werden, werden die aufgelösten Materien resorbirt, sondern auch durch die Nadelöffnungen werden sie direkt ausgeschieden.

Auf diese Weise — nämlich durch größere Thätigkeit der Lymphgefäße und durch die künstlichen Poren — wird das Serum in Oedem resorbirt und ausgeschieden.

Wir können hier nicht umhin, auch auf andere Produkte chronischer Entzündungen aufmerksam zu machen; es sind dies die Balggeschwülste, die Lipome, Steatome und Sarkome. Auch diese müssen dem „Lebenswecker" weichen und zwar durch den vorherbeschriebenen Prozeß. Auf ganz ähnliche Weise die Telangectasia und Angectasia.

Erklärungen.

Gicht- und Rheumatismus-Kranke haben stets eine zarte, einsaugungsfähige, für jeden Witterungswechsel empfängliche Haut. (Erbtheil der Eltern, welches man in früheren Jahren so gerne mit der Erbgicht zu verwechseln pflegte). Solche Individuen dürfen nun selbstverständlich von dem „Lebenswecker" keine neue Haut beanspruchen, sollten aber denselben stets zur Hand haben, um ihn bei jeder vorkommenden Abnormität als erprobten Restaurator anwenden zu können.

Schnelle Abwechselung von Wärme und Kälte erschlafft und verweichlicht die Haut, während der Kälte-Krampf dieselbe gleichsam wasserdicht macht. Dem alten Fuhrmann auf der Landstraße springt wohl die Haut an den Händen 2c. auf; aber an Gicht und Rheumatismus leidet er selten, weil er an jede Witterung par force gewöhnt ist. Mit dem Matrosen steht's ebenso u. s. w.

So wie Wind und Wetter einen Einfluß auf den im Körper befindlichen Krankheitsstoff ausüben, so bringt dieses Heilverfahren eine gleiche

Wirkung auf den ersteren hervor, **indem es den letztern** in Bewegung setzt und zur Ausscheidung zwingt.

Wenn nur der Mensch einige Acht auf seinen Körper hat, so wird er finden, daß in den meisten Fällen die Natur stets ihre Fingerzeige zur Heilung angibt, vorausgesetzt, daß der Körper durch naturwidrige Medikamente noch nicht ganz verdorben sei; denn in der Regel sucht sich der Krankheitsstoff durch Haut-Ausschläge, Blutgeschwüre oder größere Eitergeschwüre (Abscesse) u. dgl. einen, der Natur des Patienten angemessenen Ausweg zu verschaffen, welches beweist, daß sich dieses Heil-Instrument innig mit der Natur des Menschen hierin vereinigt.

Geschwüre werden durch den Lebenswecker nicht nur sehr bald zur Reife gebracht, sondern auch nach ein-, zwei- oder dreimaliger Anwendung ohne Narbe, wie sie das Operationsmesser zurückläßt, beseitigt. Bösartige Geschwüre erfordern begreiflicherweise eine längere Behandlung. Der Monat Februar ist besonders bei diesen Uebeln der ungünstigste.

Aus dem rheumatischen Uebel erfolgt im höheren Stadio meistens ein nervöses Leiden, und dasselbe endigte stets, weil es nicht bei seiner **ursprünglichen Wurzel erfaßt** werden konnte, (indem die Mittel dazu fehlten) — mit dem Tode.

Da nun die Nerven unzweifelhaft den größten Theil des Lebens enthalten, so geht natürlich auch bei allen den Patienten die Heilung langsamer von Statten, wo die Nerven durch die täuschende Wirkung der Elektricität und nervenerregender, knochenversilbernder Medikamente ꝛc. abgestumpft wurden. In allen Fällen kann die Heilung solcher Zustände nur durch Zurückführung des Nervenleidens auf das ursprüngliche rheumatische bewirkt werden, was nicht selten große Beharrlichkeit voraussetzt.

Wenn Patienten, welche an schweren Fiebern (Nervenfiebern u. dgl.) darniederliegen, sich, wie man sagt, **durch**liegen, so genesen sie in der Regel N B. wenn ferner keine Medizin genommen wird. Will alsdann aber der unvernünftige Arzt die Wunde heilen, so tödtet er damit den Kranken. Jeder Denkende muß darin einen neuen Beweis für die Richtigkeit dieser Lehre finden.

Nicht blos die Atmosphäre, sondern das ganze Weltall wimmelt von Leben. In Rücksicht auf das physische Leben kann man aber wohl mit voller Gewißheit die Elektricität als eine Zerstörungskraft ansehen. Gleichwie der Blitzstrahl im Großen das Leben tödtet, so stumpft auch der geringste Grad von elektrischem Einflusse auf dasselbe den Körper mehr oder weniger ab.

Was ist die größte Charlatanerie, was unverzeihlicher Betrug? — Wenn Jemand heutzutage noch durch elektromagnetische Kräfte Krankheiten heilen will oder auch nur solchen unsinnigem Beginnen Vorschub leistet! denn die Elektricität ist eine Zerstörungs-, nimmermehr eine Heilkraft. — Es gibt freilich Aerzte, welche die Elektricität gegen **Verstopfung** empfehlen. Süperb! Man läßt einfach einen Blitz durch den Leib fahren, und es müßte mit dem Henker zugehen, wenn der nicht alles rein wegputzte und auswüsche.

Insbesondere sind es aber auch die in der letzten Zeit von den Aerzten so häufig angewendeten Metall-Arznei-Präparate, welche den Menschen für sein ganzes übriges Leben fast unbemerkbar siech und elend machten. Dieses thörichte Medizinal-Verfahren mag wohl eine seiner Ursachen darin finden, daß die physiologische Chemie in den Bestandtheilen der Pflanzen und im Blute des Menschen Minerale entdeckt hat. Unsere Aerzte bedachten jedoch nicht, daß diese Pflanzen nothwendig schon metallische Theile enthalten mußten, weil sie nicht an ihrem, von der Natur angewiesenen, richtigen Orte standen, und daß das Blut durch die Einwirkung der Atmosphäre, oder früherer Medikamente, schon oxidirt sein konnte. Die mit den Jahren durch die künstlich getriebenen, metall- und erdhaltigen Nahrungsmittel unfehlbar zunehmende Oxidirung des Blutes und aller Säfte bringen uns unzweifelhaft vor der Zeit mit der Mutter Erde in allerengste Verbindung. — Die vorerwähnten Medikamente sind aber in der Regel viel schwerer als die ursprüngliche Krankheit aus dem Körper zu verbannen. Ja man darf sagen, durch die mineralischen und erdhaltigen Medikamente wird es immer seichter, sandiger im Lebensflusse, der sonach endlich ganz unschiffbar werden muß!!

Das Alter macht kalt — die Jugend ist warm. Dort Siechthum — hier Fülle der Gesundheit und Kraft. Versteht es ein Arzt, dem Körper die Jugendwärme recht lange zu erhalten, so ist er auf dem Gipfel seiner Kunst und ein Segen der Menschheit. Unser Heilverfahren bringt wie kein anderes im Körper **Aufnahme, Umsatz** und **Ausscheidung** zuwege, entspricht daher auf's Vollkommenste obigen Anforderungen.

Nicht selten haben gichtige und rheumatische Uebel, welche sich immer vom Rücken her auf den Magen werfen, Impotenz zur Folge. Diese kann aber nur dann wahrhaft gehoben werden, wenn die Magen-

und Darmthätigkeit ebensowohl vom Rücken her wieder hergestellt wird; ein Ziel, zu welchem die früheren Mittel nie gelangten, während der Lebenswecker es auf einfachstem Wege erreicht. Zu bemerken ist hierbei noch, daß der Genuß von Spirituosen aller Art bei der Kur völlig ausgeschlossen bleiben muß.

Durch die Wärme wird bekanntlich die Luft ausgedehnt, dünner und elastischer. Durch hitzige Getränke ꝛc. werden die Körpertheile weich, schlaff, unhaltbarer; daher vielfältig Lähmungen, Lahmheiten, Podagra ꝛc.

Leider glauben viele Aerzte bis heute noch, daß Gicht von einem schlechten Magen erzeugt werde. Nach tausendfältigen Erfahrungen ist man mit der Sache jedoch so weit in's Klare gekommen, daß gerade der Magen von der Gicht angegriffen und verdorben sei; daher denn auch ein auf diese Weise verdorbener Magen nicht wieder hergestellt werden konnte, weil gegen die Gicht die Mittel fehlten.

Das Blut bildet die feinsten Muskel- und Nervenfaser, die feinsten Membrane u. s. w.; ja es ist der Ernäherer der Nerven selbst, und da die Nerven das **Lebensfluidum** enthalten, so ist das Blut der kostbarste Lebenssaft. Menschheit, verderbe und vergeude daher dein Blut nicht!

Gelehrte Mediziner, welche in der Wissenschaft Geltung haben, sprechen sich über den Zweck und die Bildung des Blutes in folgender Weise aus:

„Alle Theile des menschlichen Körpers werden nur aus Blut gebildet und müssen beständig mit frischem, hellrothem Blute ernährt werden. Mit anderen Worten: in allen Geweben geht ein beständiger Stoffwechsel vor sich; verbrauchte Atome und Moleküle treten aus dem Körper heraus, und neue werden angesetzt. Die Nahrungsmittel führen uns immer neue Stoffe zum Verbrauche zu, welche die Blutmasse beständig erneuern; entsteht nun im lebenden Organismus zwischen Aufnahme, Umsatz und Ausscheidung (Lebenszufuhr und Todesausfuhr) ein Mißverhältniß, so ist zunächst Funktionsstörung die Folge, hiernach wirkliche Krankheit und sodann pathologische Neubildung."

Auch haben Gicht- und Rheumatismus-Kranke, allen Erfahrungen nach, immer zu wenig Blut, und es bleibt der Leidende, sobald ihm ein Theil des Wenigen auch noch durch Aderlaß und Schröpfkopf entzogen wird, von Stund an ein Schwächling oder Krüppel, abgesehen davon, daß er einen beträchtlichen Theil von seiner Lebensdauer gänzlich einbüßt. Bei Quetschungen u. dgl. Verletzungen wird jedoch Keiner in Abrede stellen, daß der Schröpfkopf daselbst mit einigem Erfolg angewendet werden könne, weil in solchen Fällen nur die Ursache der Verletzung als das Unglück anzunehmen wäre. Sind die zarten Capillaren (Haargefäße) der Haut nur einmal durch den Schröpfschneller zerschnitten, so darf man mit Zuverläßigkeit voraussetzen, daß selbst die schönste Heilung nie mehr eine gehörige Blutcirculation wieder herzustellen fähig ist, die doch bei der Wichtigkeit der Hautfunktion so wesentlich nöthig ist, und zu welchem Zwecke der Schöpfer diese Haargefäße in der Haut bereitet hat. — Deshalb fällt es auch bei solchen Individuen so schwer, einen Hautreiz hervorzurufen, was ebenfalls bei solchen Kranken der Fall ist, die sehr viele naturwidrige Medikamente verschluckt haben. Die Haut ist bei ihnen auscheinlich todt, was seinen Grund nur darin haben kann, daß die Medizinalgaben allen Krankheitsstoff im Innern concentrirt und von der Haut abgeleitet haben.

Blutentziehung bei Lungenentzündung. — Wenn ein Faß zum Zerspringen voll ist, und man entzieht ihm durch Abzapfen einige Quart seines Inhalts, freilich, so wird es nicht zerspringen; aber, wer weiß nicht, daß der Rest der Flüssigkeit unaufgefüllt schaal wird, oder sich in Fäulniß umsetzt?

Das Blut kann nie wieder aufgefüllt werden; seine Lebenskörperchen (Blutkügelchen) bringt schon das Kind mit auf die Welt. Es ersetzt sich wohl quantitativ, nie qualitativ (der Form, aber gewiß nicht der Lebenskraft nach.)

Es bleibt daher eine unbestreitbare Wahrheit, daß Derjenige, welchem bei einer Lungenentzündung zur Ader gelassen wird, an der Schwindsucht sterben muß, der Schwächere früher, der Stärkere später. Und doch gibt es Leute (sogar studirte), welche glauben, es müsse bei Lungenentzündung zur Ader gelassen werden!

Ausschweifungen sind Wechselbriefe auf kürzere oder längere Sicht. Immer aber werden sie ausbezahlt!

Als den Hauptsitz einer jeden Krankheit hat sich bei diesem Heilverfahren die Gegend im Rücken, zwischen und auf den Schultern, herausgestellt. Man fand nämlich, daß bei vielen vorgekommenen Krankheitsfällen die Wirkung des Instrumentes bei einem gesunden Körper gleich Null war und nahm also an, daß man dort, wo die künstlichen Pöckchen sich am stärksten zeigten, dem Herde oder dem eigentlichen Sitze des Uebels am nächsten gekommen war, und diese Beobachtung hat sich auch in tausenden Fällen bewährt.

Die Hauptwirkung dieser Heilmethode tritt allemal zwischen 2—4

Uhr ein, ein Umstand, der unzweifelhaft in der Ebbe und Fluth der Atmosphäre begründet ist.

Die Beweise finden sich in Alexander von Humboldt's Werke „Cosmos", Seite 336, sowie in Littrow's physischer Astronomie, Band 3, Seite 163. In dem „Cosmos" heißt es wörtlich: „Die stündlichen Schwankungen des Barometers, in welchen dasselbe unter den Tropen*) zweimal (9 oder 9½ Uhr Morgens und 10½ oder 10¾ Uhr Abends) am höchsten, und zweimal (um 4 oder 4½ Uhr Nachmittags um 4 Uhr Morgens, also fast in der heißesten und kältesten Stunde) am niedrigsten steht, sind lange der Gegenstand meiner sorgfältigsten, täglichen und nächtlichen Beobachtungen gewesen. Ihre Regelmäßigkeit ist so groß, daß man, besonders in den Tagesstunden, die Zeit nach der Höhe der Quecksilbersäule bestimmen kann, ohne sich im Durchschnitt um 15 bis 17 Minuten zu irren.

In der heißen Zone des neuen Continents (Amerika) an den Küsten, wie auf den Höhen von mehr als 12,000 Fuß über dem Meere, wo die mittlere Temperatur auf 7 Grad herabsinkt, habe ich die Regelmäßigkeit der Ebbe und Fluth des Luftmeeres weder durch Sturm, noch durch Gewitter, Regen und Erdbeben gestört gefunden. Die Größe der Oscillationen†) nimmt vom Aequator bis zum 70. Grade nördlicher Breite, unter dem wir die sehr genauen Beobachtungen von Bravais besitzen, von 1 32.100 bis 18=100 Linien ab." Und in der angezogenen Stelle von Littrow:

„Diesen Beobachtungen zufolge liegt die größte Höhe des Barometerstandes zwischen 9 und 10 Uhr Morgens; hierauf nimmt die Höhe bis 4 Uhr Abends ab, wo sie am kleinsten ist. Von da steigt sie wieder, bis sie um 11 Uhr Abends zum zweitenmal eine größte Höhe erreicht, und dann wieder fällt, bis sie um 4 Uhr Morgens zu ihrer zweiten größten Tiefe sinkt. Aus dieser Epoche sieht man aber schon, daß sie sich nicht nach dem Laufe des Mondes, sondern vielmehr nach dem der Sonne richtet.

Die Aenderung scheint eine Wirkung der Temperatur zu sein, die durch die Sonne in unserer Atmosphäre erzeugt wird."

Ein Schlafgemach gegen Nordwest gelegen, bringt, längere Zeit benutzt, fast immer ein Augenübel hervor, welches Aehnlichkeit mit der sogenannten egyptischen Augenkrankheit hat.

---

*) Tropen sind die Theile der Erde, welche bis 23 1|2 Grad diesseits und jenseits des Aequators liegen.

†) Oscillationen sind die Schwankungen des Barometers.

Auch der Sitz der ersten Bewegung scheint bei der menschlichen Maschine unzweifelhaft zwischen den Schultern zu sein. Dies sehen wir deutlich bei einem 4—5 Monate alten Kinde, namentlich dann, wenn es irgend eine Freude oder ein Verlangen ausdrücken will, und den wirklichen Gebrauch seiner Hände noch nicht kennt, wo dasselbe sich fast allemal zuerst zwischen den Schultern bewegt, etwa in der Art und Weise, als wenn Erwachsene von Ungeziefer geplagt werden; liegt doch auch selbst beim kleinsten Vögelchen alle Kraft zwischen seinen mit dem Schulterpaare des Menschen identischen Fittigen concentrirt. Daher denn auch das alte Sprichwort wohl zu rechtfertigen ist: „Halte dir den Rücken frei!".

Werden neben diesem Heilverfahren anderweite Medikamente (besonders allopathische) in Anwendung gebracht, so nimmt die Kur, obgleich sie nicht ganz verhindert werden kann, bedeutend langsamer ihren Fortgang, weil die im Körper zurückgebliebenen Apothekerstoffe erst völlig ausgeschieden werden müssen, bevor von einer radikalen Heilung die Rede sein könnte. Eine minder schädliche Bewandtniß hat es aber mit einem großen Theile der homöopathischen Arzneien, die nur eben den Körper, die Natur anhauchen, das öfters sehr gesunkene Lebensfünkchen allmälig anfachen sollen, während die allopathischen Arzneien durch ihre Masse dasselbe überstülpen, oder gar vollends auslöschen. Wenn aber, wie der Fall eintreten kann, die Lebenskraft nicht mehr stark genug ist, den selbst durch die homöopathischen Arzneien hervorgerufenen Kampf zu erledigen, so müssen natürlich beide Naturwidrigkeiten—Krankheitsstoffe und Medikamente, beides Gifte—im Körper bleiben.

Bei sogenannter laufender oder fliegender Gicht ist der „Lebenswecker" nicht etwa sogleich an der schmerzhaften Stelle selbst zu appliziren, sondern allemal zuerst im Rücken, namentlich **zwischen** und **auf** den Schultern, weil sich hier der Krankheitsstoff so gerne ausscheidet. Erst dann, wenn nach zwei- oder dreimaliger Anwendung im Rücken die äußeren leidenden Körpertheile noch keine merkliche Besserung verspüren sollten, wiederhole man gelinde die Operation an den Schmerzensstellen.

Gestützt auf vielseitige Erfahrungen ist allen Gicht- und Rheumatismus-Kranken anzurathen, dieses Verfahren selbst in gesunden Tagen, im Frühjahr und im Herbste bei bevorstehend veränderlichem Wetter, namentlich zwischen den Schultern zu wiederholen. Während der Kur suche man die drei ersten Tage das Zimmer zu hüten, vermeide jeden Luftzug, sowie alle feuchten Handarbeiten, z. B. Gemüsereinigen, Kartoffelschälen u. dgl. Auch soll man sich an den ersten drei Tagen nach der Anwendung Morgens nach dem Aufstehen nicht sofort, sondern erst eine halbe Stunde nachher, waschen, und den ganzen Körper sowohl, als auch die applizirten Stellen vor Nässe und Zugluft, welche nur die künst= liche Ausdünstung unterbrechen und dem Zwecke entgegenarbeiten, sorg= sam zu schützen suchen. Ebenso ist das Schlafen an der Wand in jedem Falle allen Rheumatismus=Kranken abzurathen, denn schon dieses kann besonders in jüngeren Jahren häufig die Entstehungsursache des Uebels sein.

Wirft sich ein rheumatisches Uebel plötzlich und unerwarteter Weise auf eines der edelsten Organe, so bedarf die Krankheit der schleunigsten Hülfe, wenn überhaupt eine vollkommene Genesung stattfinden soll. Dieser Umstand tritt besonders bei Gehör= und Augenkrankheiten, sowie bei Brustleiden ein.

N. B. Die sofortige Taufe bei Neugeborenen im Winter bringt nicht selten totale Erblindung hervor.

Wo der Körper am Wenigsten Widerstandsfähigkeit besitzt, da will aller Krankheitsstoff am ersten hinaus; daher bilden sich die Augen bei krankheitsvollem Leibe (Körper) so gerne als natürliche Fontanellen aus.

Als der Mensch in seinem Urzustande lebte, wo er weder verweich= licht noch durch Medikamente verdorben war, und keinen Rheumatismus kannte, da erfrischte ihn das Bad. Jetzt aber, da wir fast eben so viele Krankheiten als Medikamente haben, ist Wasser, äußerlich angewandt, namentlich bei Gicht, Rheumatismus, Magenschmerz, Rückenmarks=Af= fektionen ꝛc. ein wahres Gift. Kalte Füße, wodurch sich Congestionen nach dem Kopfe erzeugen, dürfen nicht durch Fußbäder beseitigt werden. (Unser Verfahren, Frottiren mit der Bürste ꝛc. und allenfalls Holzschuh= tragen, sind hier die Mittel.) Alle die vielgepriesenen Bade=Anstalten erweisen sich zu einer totalen und radikalen Heilung durchaus erfolglos und wären nur in dem einen Falle zu billigen, wenn sich der Patient nach völliger Wiederherstellung durch das Bad etwas abhärten, oder dem Luxus fröhnen wollte.

Zwar begnügt sich Mancher schon mit einstweiliger Milderung, und für Solchen machen die Salzbäder für den ersten Augenblick Effect, in= dem die Haut durch die Salzsohle gereizt und dadurch zu einiger ver= mehrten Ausdünstung fähig gemacht wird. Aber leider haben wir tag= täglich die traurigen Folgen dieser Bäder vor Augen, aus welchen die vielen zurückkehrenden Rheumatismus=Kranken, welche lange und aus= dauernd, aber vergebens dieselben gebrauchten, mit geschwollenen Hän= den und Füßen und vergrößertem Schmerze zurückkehren, um anderswo die in dem Salzbade vergebens gesuchte Heilung zu finden. Früher glaubte man freilich ein Heilmittel in durch Wasser verdünnter Salzsäure gefunden zu haben; doch was der Salzreiz Gutes wirkte, verdarb das Wasser wieder, weil es durch die Haut wieder eingefangen wurde. Dagegen deutet eine Abneigung gegen das, jedem lebendigen Geschöpfe als Naturbedürfniß verordnete, Wassertrinken gewiß auf eine Krankhaftigkeit hin.

Zum weitern Verständniß über das Bad diene noch Folgendes: Man denke sich eine neue, sehr fein durchlöcherte Wasserrinne, durch welche das anscheinend reinste und klarste Wasser fließt. Wäre diese Rinne auch aus rostfreiem Metall, so würden die in derselben befindlichen kleinen Löcher (Poren) dennoch innerhalb 24 Stunden von den aus dem Wasser sich allmälig ausscheidenden, ablagernden und niederschlagenden Fremdstoffen total verstopft werden; wie viel mehr muß nun eine ähnliche Erscheinung bei den zarten Poren der menschlichen Haut durch übertriebenen Gebrauch des Bades eintreten, wenn es außer allem Zweifel ist, daß schon sehr häufig sogar die anscheinend subtilste Luft diese Poren verkleisterten, und auf die Dauer verschließen kann.—Der „Lebenswecker" aber überwiegt anderseits alle medicinischen Vortheile des Bades. Wie nachtheilig die Beschäftigung im Wasser ist, zeigt z. B. die Engbrüstigkeit alter Fischer. Doch warum badet man nur im Sommer? Weil die Alles belebende **Sonne** der Heilfaktor ist, nicht das Bad. Ebenso unnütz wie die Bäder sind auch die sogenannten Molkenkuren, welche noch immer, obgleich sie doch nur Ausgeburt ärztlichen Aberglaubens sind, von vielen Seiten Anerkennung und Beifall finden.—Was sind denn eigentlich die Molken? Nichts weiter, als Wasser mit etwas Milchzucker, was doch alle Chemiker zugeben werden. (Vergl. hierüber auch das Zeugniß jenes großen Milch-Analytikers, Professor Dr. Schübler u. A.) Aber, entgegnet man, woher kommt es denn, daß so Mancher, der kränklich und mit eingefallenen Wangen sich zur Molkenkur entschließt, nach dem Gebrauche derselben frisch und gesund zurückkehrt? —Das ist freilich bisweilen der Fall, aber es ist dies nicht eine Wirkung der Molken, denn in diesen sind ja kaum so viel Nahrungs- und Heilmittel, wie in einem Glase Zuckerwasser, sondern es ist die Wirkung einer durch die Molkenkur nothwendig gemachten Luftveränderung; es ist die Wirkung einer vorgeschriebenen, regelmäßigen Bewegung, einer diätetischen Lebensart ꝛc. Alles dies kann man aber ebenso gut zu Hause haben, und man genießt dabei noch den großen Vortheil, daß man die meist bedeutenden Kosten ꝛc. vermeidet.

Wenn der Körper längere Zeit im Wasser gewesen ist, so bemerken wir allemal nach der Friktion die sogenannte Gänsehaut auf demselben, welche auch stets bei der feuchten Herbst= und Frühlingsluft erscheint, nie aber bei Sommer= oder sonstiger trockener Luft. Ein solches Symptom will nichts anderes besagen, als daß etwas nicht Naturgemäßes mit der Haut vorgenommen worden ist. Befällt eine solche Gänsehaut die Schleimhäute des Magens und der Gedärme, so sind Schnupfen und andere katarrhalische Uebel die Folgen.

Sobald das Instrument an den inneren Theilen der Kniegelenke nebst dem Oele angewandt wird, tritt am folgenden Tage bei Männern eine merkliche Anschwellung des Hodensackes ein, welche mit Transpiration und Abschuppung der Haut verbunden ist. Beim weiblichen Geschlechte erfolgt in einem etwas geringerem Grade eine ähnliche Erscheinung an den Genitalien. Dieselbe Erscheinung tritt auch zuweilen ein bei Anwendung des Instrumentes und Oels auf dem Kehlkopfe und dem Unterleibe.—Die stets gefahrlos vorübergehenden Erscheinungen, welche aber immer zur Heilung dienen, treten um so heftiger auf, je mehr naturwidrige Medikamente und Giftstoffe der Körper in sich aufgenommen hat. Man lese Allgemeine Gebrauchsanweisung (Seite 24).

Wo der Patient innerlich durch Schweißtreibende Mittel nicht zum Schwitzen gebracht werden konnte, bringt ihn jetzt der „Lebenswecker" innerhalb zweier Stunden in Schweiß.

Es dürfte also jeder Arzt nunmehr in diesem Heilverfahren das Mittel gegen die Cholera (siehe Cholera) wohl gewahren können.

Ueber die Heilung von Leber= und Milzkrankheiten haben sich unsere Aerzte oft gewundert, und doch geht die Sache sehr natürlich zu, wenn man bedenkt, daß der „Lebenswecker" erwärmend, reinigend, ableitend, den Blutumlauf befördernd, anregend u. s. w., aber stets gefahrlos wirkt, und so auf sicherem Wege die Verrichtungen dieser unthätig gewordenen Theile schnell und gefahrlos wieder herstellt. Die Beweise haben gelehrt, daß dieses Verfahren den Körper—der übrigens bei guter Lebenskraft niemals krank sein will—viel rascher wieder zur Heilung führt, als er Zeit nöthig hatte, um durch und durch krank zu werden.

Die asthmatischen Beschwerden bestehen in krampfartigen Stockungen, resp. Verstopfungen der Lungenäste, die von dem Schleim gefüllt bleiben, der sich in normalem körperlichen Zustande regelmäßig ausscheidet; folglich sind diese verstopften (und bei längerer Uebeldauer verengerten) Luftröhrchen nicht geeignet, das nöthige Luft=Volumen auf=

nehmen zu können.—Unser Verfahren ruft eine Thätigkeit im ganzen Organismus hervor, zwingt dadurch die einzelnen Theile desselben zu den entsprechenden Ausscheidungen—sei es durch die Lungen oder Haut—und muß das Uebel bei dieser Gesammtthätigkeit weichen.

Dünstet der Körper äußerlich nicht aus, so liegt es auf der Hand, will er sich einigermaßen erhalten, daß eine um so größere innere Ausscheidung stattfinden muß.

Syphilis. Wir wollen es dahin gestellt sein lassen, ob die mancherlei syphilitischen Uebel in unserem Klima durch die Behandlung der Aerzte nicht erst recht eigentlich syphilitisch-bösartig gemacht werden, und zwar insbesondere durch die Anwendung von Merkur und Jod, welche nicht nur die muskulösen Theile, sondern auch die Knochen angreifen und augenscheinlich versilbern. Eins ist feststehend, daß die Syphilis in Malta, Corfu und Gibraltar zu den tagtäglichen Krankheiten gehört, die dem warmen Klima und dem Gange der Natur zur Heilung überlassen bleiben, während in den nordischen und feuchten Ländern alle Kurversuche erfolglos bleiben, und der Patient gewöhnlich selbst unter den Händen eines geschickten Arztes dahin stirbt.—Durch glänzende Erfolge haben wir uns überzeugt, daß es dem Lebenswecker, welcher Wärme und Ausdünstung befördert, möglich wird, die gründliche Herstellung, welche in den südlicheren Gegenden dem Klima überlassen sind, auch bei uns zu bewerkstelligen, weil dieses Verfahren gleichsam den Patienten in ein wärmeres Klima versetzt.

Hypochondrie. Eine Blase frisch aus Metzgers Hand hat ihre Normalgröße; kommt sie aber nur einige Minuten mit der Luft in Berührung (d. h. wird sie kalt), so schrumpft sie zusammen und die Wände derselben verdicken sich ꝛc.—Ebenso verhält es sich auch mit dem Magen und den Gedärmen eines Hypochondristen. Dieselben schrumpfen sogleich zusammen, und der innere Raum geht darin verloren, sobald der Körper kalt wird, welches immer vom Rücken her ausgeht. Der „Lebenswecker" als Heilmittel hierin betrachtet, stellt die körperliche Wärme sowohl, als den Körper selbst, wieder ins Gleichgewicht.

Tuberkeln. Gewöhnliches Symptom bei der Sektion: ein gefülltes Bläschen mit gelblich-sulzigem Wasser. (Unzweifelhaft scheidet sich diese wässerige Substanz bei tobender Rotation der Säftemasse vom ganzen Körper aus.) Aeußere Wahrnehmung: identisch den Drüsensäckchen. Die Begrenzungen bestehen gewöhnlich in härtern Rändern, die sich auflösen und endlich eiternd weiter wuchern—um sich fressen.

Diese verhärteten Ränder sind fast zu vergleichen mit Sand-Dünen, die periodisch einfallen, um dem Meere einen größeren Spielraum zu gestatten; aber zur Erzeugung dieser Dünen sowohl, als der harten, schwieligen Ränder der bisher für unheilbar gehaltenen, fressenden Krankheit ist in den Elementen etwas hochwichtiges vorgegangen, was vorab noch Gegenstand der Forschung sein wird. So viel ist einleuchtend, daß sowohl bei den Tuberkeln der Lunge, wie bei den Aufschwemmungen und Durchbrüchen der Dünen, im thierischen Körper wie in der Tiefe des Wassers etwas vor sich geht, das sich mit ungestümer Kraft Luft machen will. Dieses Instrumentchen (Verfahren) vermittelt die Wege der Natur.

Die Wissenschaft unterscheidet: Miliar-Tuberkeln und tuberkulöse Infiltrationen, welche als entzündliche Exsudate zu betrachten sind; gelbe Tuberkeln ꝛc., deren Substanz überhaupt einer schnellen Zersetzung (Fäulniß) unterworfen ist, und kommt häufig mit den Bronchial-Drüsen bei skrophulösen Kindern in Verwirrung;—wobei wir nicht unbemerkt lassen können, daß bei lymphatisch-skrophulös-infiltrirten Drüsen oft Jahre vergehen, ohne daß ihr pathologischer Inhalt weder von selbst, noch durch die Kraft complicirter Absude, herausschwüre.

Das Meer tritt nicht aus seinem Ufer; denn sein Kreislauf ist in dem Kreislauf der Erde vollkommen geregelt. Würde jedoch die Erde auf ein paar Sekunden in ihrem Kreislaufe gestört, so möchte das Meer wohl den ganzen Erdball überschwemmen. Wenn das Blut in seinem Kreislaufe gestört wird, wie es sehr oft durch Lebensart (Medikamente) und Lebensverhältnisse geschieht, so überstürzt sich dasselbe und gar häufig ist plötzlicher Tod (Blutsturz) die Folge. Bei starkem Lebensstrome kann daher die Störung Blutsturz, bei schwachem aber nur Schlagfluß verursachen.

Herzerweiterung. Die Physik und Mechanik haben unzweifelhaft die neuesten Druck- und Saugpumpen von der Einrichtung des Herzens gelernt; denn das Herz ist offenbar eine Druck- und Saugpumpe. Durch die dem thierischen Körper innewohnende Lebenskraft in Bewegung gesetzt, saugt das Herz durch die Venen das Blut ein, und strömt es durch die Arterien wieder aus. Ein gutes Pumpwerk erhält sich um so länger, je reiner die Flüssigkeit ist, die durch dasselbe weggefördert und eingesogen werden soll.

Das Blut ist hier nun diejenige Substanz, mit welcher die Herz-Pumpe verkehrt; ist dasselbe verdickt,—verschleimt, verschlammt,—in Säurung oder Gährung gerathen, so kann es unmöglich die Arterien-

und Venen-Röhren so durchströmen, als es im naturgemäßen, durch die geregelte Wärme erhaltenen Zustande der Fall ist.

Wenn nun bei der mechanischen Pumpe, wo die Bewegung von der Hand des Pumpers ausgeht, die Ventile sich verstopft oder verklebt haben, und die Pumpe kein Wasser mehr auswirft, so hört der Pumper, zugleich den schweren Gang im Arme fühlend, zu pumpen auf, und sucht sein Werk vorab zu reinigen und dann zu renoviren. Analog mit dem Herzen! Aber die Renovation ist nicht so schnell da.—Wenn nämlich die Herzklappen (Ventile) sich verschmiert haben, so drängt der dahinter sitzende Lebenstrieb unaufhörlich vorwärts, besonders in den jungen Jahren, wo die Lebenskraft am größten ist, und das Herz muß sich entweder erweitern (Herzklopfen, Herzvergrößerung), oder platzen (Herzerguß, Herzschlag). Daher kommen diese Uebel auch so leicht in den kräftigsten Jahren vor.—Bei Beseitigung der Herzerweiterung sollte der Arzt vernünftiger Weise daran denken, das entartete Blut wieder in Fluß zu bringen, statt dasselbe auf dem bisherigen Medicinal-Wege noch mehr zu verunsäubern, oder durch Spirituosen auszutrocknen (ein Branntweinsäufer hat nie ein zu großes, eher ein zu kleines Herz), oder die Urkraft durch Abzapfung des Lebenssaftes gar zu schwächen. Ist das Blut wieder in flüssigen Zustand gebracht, wozu dieses Verfahren das einzige und musterhafte Purifikations-Mittel bietet, so regulirt und restaurirt die Natur successive das Mangelhafte bald von selbst, wie es durch die Thaten erwiesen Jedermann einleuchten wird.

Sobald die Gicht und der Rheumatismus schon in den Fingerspitzen (Extremitäten) sitzen, ist der ganze Körper voll davon. Dasselbe ist der Fall, wenn Herzklopfen, Flimmern vor den Augen schon entstanden ist. (Letztere Symptome treten meistens in Folge des Medizinirens auf).

In vielen Fällen wird der Rheumatismus, besonders wenn er sich auf's Gehirn wirft, Veranlassung zum Wahnsinn. Unterdrückte Hautausschläge, als Flechten u. dgl., auch kalte Sturzbäder auf kahle Schädel, haben sehr häufig die nämliche Folge. Wie sollen aber nun solche Wahnsinnige in den Irrenhäusern ihre Heilung finden, in welchen meistens jedes Mittel zur Bewältigung des Rheumatismus fehlt*)!!

---

*) Oeffentliche Blätter bringen in ähnlicher Beziehung folgenden Beleg: „Der Arzt einer Irren-Anstalt empfing einen Kranken, bei dem nachtheilige Wirkungen auf den Verstand einzig und allein durch mehrere angewandte Haarfärbungsmittel eingetreten waren. Eine Untersuchung ergab, daß das Mittel eine Auflösung von Blei- und Quecksilbersalzen nebst Höllenstein enthalte. Wahrscheinlich war die

In früheren Jahren wurde mit einer fast beispiellosen Erpichtheit gegen drüsige und verwandte Leiden der „Leberthran" von den Aerzten als Heilmittel in ominösen Gaben verordnet. Was aber der Leberthran allenfalls an den Drüsen (schmierend) gut macht, verdirbt er in weit höherem Grade an dem Magen und an den Eingeweiden, weil bekanntlich einem schlechten Magen alle Fettstoffe höchst schädlich sind.

Die geeignetste Zeit zur Behandlung von chronischen Augenkrankheiten sind die Monate März bis Mitte Mai, dann September und Oktober; sowie überhaupt eine reine und heitere Luft sich besser zu den Applikationen eignet, als eine nasse, dumpfe oder stürmische Witterung.

Die Ausbildung des grauen Staars ist ein sprechender Beweis von der gänzlichen Erschlaffung des ganzen zu Krämpfen geneigten Körpers, weshalb man solche Patienten im Monate Februar nicht operiren soll, weil dieser Monat überhaupt zu der Kur nicht sehr geeignet ist, wahrscheinlich, weil der Aequinoctial=Uebergang schon in jedem gesunden Organismus einen gewissen Naturkampf in den Säften hervorruft, der die ganze Kraft der Organe in Anspruch nimmt, wodurch dann jede Störung nachtheilig auf die Erneuerung der Säftemasse wirken muß. — (Die oft hartnäckigen Geschwüre, welche sich so gern in diesem Monate zeigen, mögen auf diese Weise leicht zu erklären sein).

Heiserkeit und überhaupt Kehlkopfs=Beschwerden haben gewöhnlich ihren Sitz im Unterleibe. — Man lese Kehlkopfentzündung, Seite 52.

Durch Verstopfnng der Absonderungs=Kanäle entstehen gewöhnlich die Krämpfe.

So lange sich der Körper noch im kranken Zustande befindet, sehnt sich derselbe gleichsam nach der angenehmen Hülfe des Lebensweckers; und jemehr der Körper der Gesundheit naht, desto prickelnder, fühlbarer werden auch die Nadelstiche.

Die Brechweinstein= oder sogenannte Pockensalbe tödtet nicht nur die äußere Haut vollends, sondern verbrennt auch die unterliegenden Gewebe total und der Art, daß die Einreibungen dieses Giftes noch nach 30 Jahren örtliche Schmerzen verursachen, und alle Aerzte zusammengenommen nicht im Stande sind, eine so verbrannte Haut wieder auf den normalen Standpunkt zu bringen.

Die ärmeren Leute werden in der Regel viel schneller und leichter von ihren Krankheiten geheilt, als die Reichen. Wenn auch die ersteren durch die nothgebotene schlechte Ernährung und Pflege bei oft schweren

---

Kopfhaut davon berührt worden, denn das Uebel fing mit den heftigsten Kopfschmerzen an bis förmlicher Trübsinn und Geisteszerrüttung sichtbar wurde.

Strapazen, körperlichen Leiden und Krankheiten viel mehr ausgesetzt sind, als die letzteren, so fehlen ihnen anderseits zu ihrem großen Glücke auch die Mittel, sich wie die reichen Leute, für schweres Geld zu der vorhandenen natürlichen Krankheit, oft noch weit schwerer, künstliche Krankheiten in Medizin ꝛc. erkaufen zu können.

Sobald eine Sache (ein Volk ꝛc.) unnatürlich wird, sinkt sie unter; die Natur bleibt ewig dieselbe.

Wenn ein Arzt purgiren läßt, so will der andere laxirt haben. Wir wollen weiter nichts dagegen einwenden, als die Wirkung der Purgir- und Laxirmittel der Menschheit in etwas auseinandersetzen.

Im Allgemeinen lassen sich die Purgirmittel in drei Abtheilungen bringen:

1) **Salzige oder auflösende.** Während dieselben den Zweck erreichen, die Speisen aufzulösen, haben sie auch das Uebele im Gefolge, daß die Schleimhäute des Magens und der Gedärme gern mit aufgelöst werden.

2) **Oelige.** Während durch sie die Speisen allerdings schlüpfrig gemacht werden, werden aber auch die Gedärme und der Magen der Art eingeschmiert, daß beide erschlaffen müssen.

3) **Gewürzhafte.** Hierdurch werden allerdings Wärme und Thätigkeit entwickelt, aber da man Laxanzen und Purganzen gewöhnlich nur einem Kranken verordnet, bei dem immer ein gewisser krampfhafter Zustand vorherrschend ist, so kann diese innere Wärme bei der vorhandenen Wärme unmöglich den Vortheil bringen, den sich der Arzt nach kühler Ueberlegung davon versprochen hat. Und nun denke man sich den Unsinn eines Arztes oder Apothekers, der Blutreinigungsmittel verschrieb oder verkaufte. Unser Verfahren dagegen bezweckt die Abführung ganz anders. Es werden nämlich die gleichsam in den Schlaf gesunkenen Verdauungsorgane von Außen her angerüttelt und folglich geweckt; ihre Thätigkeit beginnt alsbald, und die Stockung der Entleerungen hört auf. (Echte Blutreinigung.) Die Homöopathie denkt fast ebenso, nur sind ihre Mittel anderer Beschaffenheit.

In den Begriffen, Ekel, Furcht, Angst, Zorn, Freude ꝛc. finden wir gewiß einen großen Theil der Lebensbedingungen wieder, oder wenigstens einen so innigen Zusammenhang mit denselben, daß bei der Lösung dieses Lebensproblems Manchem die Haare grau geworden sein mögen.

Auch der (Stoff-) Wechsel in den Nahrungsmitteln scheint dem Körper in etwas behaglich zu sein, aber von Lebensverlängerung, wie Viele der Neuzeit es beweisen wollen, ohne noch zu wissen, was das Lebenselement ist, kann gewiß niemals die Rede sein; denn zu viel Oel aufgegossen, löscht selbst die stärkste Lampenflamme, und unter der Wirkung des Sauerstoffs in zu starkem Strome, erlischt selbst die Fackel.

Die Mineralwasser enthalten Minerale, daher unzweifelhaft ihre Benennung. Durch ihre Schwere, Kälte ꝛc. mögen sie Anfangs verschiedene Uebel betäuben, aber heilen könnten sie nur in dem Falle, wenn es im Bereiche der Möglichkeit läge, die durch ihre vermineralten (verschlammten, versandeten, verkalkten) Blutgefäße durch eine Baggermaschine in den reiferen Jahren wieder reinigen zu können; oder auch durch ein pfeifenräumerartiges Werkzeug die Pulsadern wieder auszuputzen. Da dies aber nicht möglich ist, so wird das Publikum mit der Zeit einsehen, daß der erwartete Vortheil von den Mineralwassern nur in der Einbildung besteht. Ein viel größeres Verdienst würde sich Der um die Menschheit erwerben, der ein spezifisch reines Wasser entdeckte oder herzustellen im Stande wäre: also statt eines ärztlichen Säuerlings, einen wahrhaft erquickenden, mineralfreien Süßling förderte.

Ein Organ kann nicht gesund bleiben, wenn die Lebenszufuhr und die Todesausfuhr seines Blutes nicht frei und ungehindert vor sich geht. Viele Krankheiten gehen von **diesem** Grunde aus und entspringen aus **keinem anderen Grunde.**

Sobald durch die allgemeine Verbreitung unserer Methode die Menschen einmal die rheumatischen Uebel aus der Welt vertrieben haben, wird das Heer der leider jetzt grassirenden Krankheiten sich auf ein Minimum reduziren; denn ein von Rheumatismus völlig freier Körper ist für Ansteckung durchaus nicht empfänglich.

Zum Schluß dieses Kapitels müssen wir noch die Bemerkung machen, daß bei der gesonderten Betrachtung der Wirkungen des „Lebensweckers" wohl Manchem es scheinen könnte, als wenn die eine oder andere Wirkung gesondert aufträte, was jedoch nicht der Fall ist und sein kann. Die Wirkungen sind immer zugegen und treten immer zusammen auf; wohl kann aber die eine Wirkung die Heilung hervorbringen, während für die andern keine Krankheitszustände zugegen sind. In der Regel vereinigen sich jedoch die Wirkungen zur Bekämpfung der Erzfeinde der Menschheit.

Schätzung des Lebens.

Sobald der Mensch sich in krankem Zustande befindet, enthält der Körper frembartige Stoffe, die nicht in denselben gehören. Diese, die wir im Allgemeinen Krankheitsstoffe nennen, müssen aber nothwendig dem Körper entzogen werden, sobald Gesundheit übrig bleiben soll. Wenn nun mehr Krankheitsstoffe im Körper sich vorfinden, als gesundes Leben darin existirt, so wird auch keine günstige Subtraktion stattfinden können. Bis zur Erscheinung dieser Heilmethode konnte die medizinische Wissenschaft diese Krankheitsstoffe oft nicht ohne Lebenssäfte=Verlust aus dem Körper scheiden, weil sie bei jeder Operation mittels Schröpfköpfen u. s. w. dem Körper gewöhnlich mehr gesundes, als krankes Leben entzog. Selbst Vesikatore aller Art arbeiteten meist auf Kosten des Körpers, indem ihre Substanzen aus Giften bestanden, die nur zu oft, wie die mannigfach konstatirten Belege darthun, einen tödtlichen Einfluß auf das Leben hatten. Da nun die Wirkung dieses Heilverfahrens bei einem völlig gesunden Körper Null bleibt, so behaupten wir fest und sicher, daß sich die Kunst des Arztes hauptsächlich auch auf die richtige Taxation des Lebens seiner Patienten erstrecken müsse, wenn er seinen Nebenmenschen in ihren verschiedenen Leiden wirklich Hülfe leisten will.

Sowie der Sachverständige den Grund und Boden, den guten und schlechten Bestandtheilen nach, den klimatischen Verhältnissen gemäß ꝛc. in seinem Werthe bestimmen kann, so muß ein geübter Arzt das Leben schätzen können. Eine Gabe freilich, welche vielen Aerzten gänzlich abgehen wird, da dieselbe nie im Studium des todten Buchstabens zu erlangen ist.

Zwischen Leben und Leben, der Offenbarung dieser großen, bisher noch räthselhaften (und schwerlich je ganz zu erkennenden) Urkraft, besteht rücksichtlich der Zähigkeit ein großer Unterschied, der sich sicher vom ersten Momente seiner Entstehung herschreibt. Die Natur zeigt überall ihre Rechte und Kräfte. — Ein berühmter französischer Arzt, Namens **Le Roy,** sagt hierüber Folgendes: „Das Kind empfängt von den Urhebern seines Daseins sowohl das Prinzip seines Lebens, als jenes seines Endes, und trägt beide, wenn es mannbar geworden ist, auf andere wieder über."

Da wir nun mit Sicherheit wissen, daß die Nerven den größten Theil unseres Lebens enthalten, so muß es eines jeden Arztes Hauptau=

genmerk sein, die Krankheiten nicht in nervöse Leiden zu verwandeln, weil derselbe dem Leben sonst schneller ein Ende macht, während es von Natur so schwer sich vom Körper trennen will. Unwillkürlich verfehlt er seinen Zweck, sobald er nicht den Fingerzeigen der Natur gehorcht und folgt, er müßte denn die schöne göttliche Maschine — den Menschen — in ihren Hauptverbindungen und Funktionen so genau kennen, daß er der Naturwinke nicht bedürftig wäre.

Diese Fähigkeit jedoch kann man sich durch das Studium der Anatomie nicht leicht aneignen, während die Art das Leben, und namentlich das noch gesunde Leben im kranken Körper schätzen zu können, eine noch schwierigere, und bisher meist eine höchst zufällige war. Wenn bisher das Auge des Patienten dem geübten Auge des Arztes größtentheils Aufschluß gab, so ist es jetzt der Lebenswecker, der alle diese Schwierigkeiten und zwar so einfach als nur möglich überwindet.

Je schneller sich nämlich die applizirten Hautstellen röthen, und je schneller die natürliche, körperliche Wärme dadurch eintritt, desto mehr gesundes Leben ist noch im Körper enthalten. Im normalen Zustande röthen sich die applizirten Stellen sofort, und erbleichen bald darauf zu Null; in mehr krankhaftem Zustande dauert der Erscheinungs-Eintritt von fünf bis zehn Minuten und noch länger. Wo aber nach fünfmaliger, in zehntägigen Intervallen vorzunehmender Anwendung, die Wirkung am kranken Körper gänzlich Null bleibt, d. h. weder Jucken noch Ausschlag erfolgt, da ist die innere Eiterung oder die innere Zugkraft größer und stärker, als sie nach außen gemacht werden kann, und man darf mit Sicherheit annehmen, daß alsdann das Leiden sehr schwer zu beseitigen, und eine längere Kur nothwendig ist, um die Krankheit nach Außen, dem peripherischen Gefäßsystem, zu lenken.

So wie der Zwischenraum zwischen Blitz und Donner die Nähe und Ferne des Gewitters physikalisch festgestellt hat, so bildet dieses Verfahren das einzig sichere und werthvolle Mittel, den Gesundheitszustand des Menschen abzuschätzen. Die Gesundheit, dieses edelste und köstlichste der Erdengüter, wie leichtsinnig wird dieselbe nicht oft aus niedern Rücksichten systematisch ruinirt.

Der „Lebenswecker"—ein Lebensverlängerer.

Die durch so viele Erfolge dargelegte Wirksamkeit des „Lebensweckers" gewährt ihm den Anspruch, vielleicht als eins der ersten und entschiedensten Mittel für Lebensverlängerung sich geltend zu machen. Der durch die Schnellnadeln veranlaßte Nervenreiz und dessen Folgen für die Belebung des ganzen Organismus, wodurch derselbe angeregt wird, daß er sich ermannt und erkräftigt, um Krankheitsursachen zu beseitigen und von sich fern zu halten, ist bei der Wirksamkeit des „Lebensweckers" wohl ganz besonders in Anschlag zu bringen, aber wer es versuchen will, die Gründe davon zu erörtern, betritt ein geheimnißvolles Gebiet. Die Nervenphysiologie hat unläugbar in der neuesten Zeit große Fortschritte gemacht, aber wer diese aufmerksam verfolgt, wird sich überzeugen, wie weit wir noch von einer nur einigermaßen befriedigenden Lösung der wichtigsten und interessantesten Fragen in dieser Beziehung entfernt sind. Es geht dies schon daraus hervor, welche Hypothesen von scharfsinnigen Aerzten aufgestellt werden nach dem neuesten Standpunkte dieser Wissenschaft. In einer neuen Darstellung des Sensualismus, von Dr. H. Czolbe (Leipzig 1855), wird der Schluß zu begründen versucht, daß die physikalischen Agentien sich mechanisch in die Sinnesnerven fortpflanzen und zwar vermöge einer ihnen angeborenen spezifischen Elastizität, daß die Thätigkeit, welche Empfindung und Bewegung bedingt, etwas Anderes sei als Elektrizität, und diese nicht als die vollständige Nerventhätigkeit, sondern nur als etwas **Nebenherlaufendes** anzusehen sei, indem die in den Nerven erwiesenen elektrischen Ströme durch den Prozeß entstehen dürften, welcher einen Wiederersatz der Nerven, wie anzunehmen sei, fortdauernd bewirke, womit übereinstimme, daß die Ganglienzellen einerseits von vielen Physiologen mit Grund für Apparate zum Wiederersatz der Nerven gehalten würden, indem diese als feine Röhren vielleicht den Inhalt der Ganglienzellen capillare, oder auch endosmotisch sehr langsam anziehen — andererseits die elektrischen Lappen des Zitterrochens bloße Aggregate von sehr großen multipolaren Ganglienkörperchen seien, welche von einem sehr reichen weitmaschigen Gefäßnetze durchwirkt werden. Wir beobachten oft genug Räume, in denen gleichzeitig Licht, Schall, Elektrizität, Duft und andere physikalische Agentien stattfinden; es können ferner gleichzeitig eine unendliche große Zahl von Wellensystemen sich in demselben Raume

fortbewegen und sich kreuzen, ohne sich gegenseitig zu stören; man denke
an die große Zahl verschiedener Tonwellensysteme, welche ein Orchester
gleichzeitig in Bewegung setzt, an die tausend Lichtstrahlen, welche in
einem erleuchteten Saale sich kreuzen und deren jeder richtig und unver=
ändert zu seinem Ziele kommt; es ist außer Zweifel festgesetzt, daß ein
und derselbe Draht in entgegengesetzten Richtungen zu derselben Zeit
zur Beförderung telegraphischer Depeschen verwendet werden kann,
indem die elektrischen Ströme sich nicht kreuzen, sondern an beiden
Endpunkten anlangen. Es beweist also die Thatsache, welche Unzahl
physikalischer Agentien sich gleichzeitig in demselben Raume fortbewegen
und vielfach durchkreuzen kann, ohne sich gegenseitig zu stören,
um Schwindel im menschlichen Geist hervorzurufen, wenn er sich
dies denken will. Da das Nervensystem das Organ des Geistes ist
(nach materialistischer Ansicht sogar ihn bedingt), so können wir, wenn
wir dem geistigen Zwecke des Daseins die erste Stelle anweisen (also
nicht materialistisch sind), alle andern körperlichen Organe nur als Er=
nährungs=Apparate für das Nervensystem betrachten; auch mag die An=
sicht von Lotze in seiner medizinischen Psychologie oder Physiologie der
Seele (Leipzig 1852) Wahrscheinlichkeit haben, daß vorzugsweise die
Hemisphären des großen Gehirns Ernährungsorgane, die andern Theile
des Gehirns aber die eigentlichen Apparate psychischer Thätigkeit sind,
und da diese Hemisphären meist aus Ganglien bestehen, so vereinigt sich
diese Ansicht Lotze's mit jener über die Ganglienzellen als Vermittler der
Ernährung der Nervenröhren. Es ergibt sich (auch aus diesen Hypo=
thesen) wie komplizirt die Prozesse der Nerventhätigkeit, und wie weit
wir noch, trotz aller neueren Fortschritte in der Nerven=Physiologie, da=
von entfernt sind, dieses dunkle Gebiet auch nur einigermaßen erhellt zu
sehen. Helmholz sagt in seiner Schrift über die Wechselwirkung der
Naturkräfte (Königsberg, 1854): „Wärme, Elektrizität, Magnetismus,
Licht, chemische Verwandtschaft, stehen mit den mechanischen Kräften in
enger Verbindung. Von jeder dieser verschiedenen Erscheinungsweisen
der Naturkräfte aus kann man jede andere in Bewegung setzen, meistens
nicht blos auf einem, sondern auf mannigfach verschiedenen Wegen." —
Es läßt sich aus allem hier nur kurz Erörterten entnehmen, wie unge=
mein schwer es selbst bei unserer jetzigen (etwas vorgeschrittenen) Kennt=
niß der Nerventhätigkeiten sein muß, die Gründe einer Einwirkung auf
dieselben, welche sich als therapeutisch nützlich und wohlthätig erwiesen
hat, richtig zu beurtheilen. Daß aber dem durch den „Lebenswecker"
erregten Nervenreiz, dem Antrieb, den durch ihn der Gesammt=Organis=

mus erhält, Krankheitsursachen entfernen und beseitigen, auch vorbeugend dieselben verhindern zu können, ein großer Antheil (in vielen Fällen, besonders wo Sensibilität vorherrscht, vielleicht der größte) an den Erfolgen, welche die in dieser Schrift enthaltenen Belege und Nachweisungen nicht länger werden bezweifeln lassen, zuzuschreiben sein dürfte, dies möchte eine begründetere Hypothese sein, wie die meisten von allen jenen, die bei unserer zur Zeit noch so mangelhaften Erkenntniß über die Geheimnisse des Nervenlebens (welche wahrscheinlich, da in ihnen sich das Geheimniß des irdischen Daseins überhaupt konzentrirt, uns immer im Dunkel verhüllt bleiben werden) aufgestellt werden können. Es haben bereits viele Aerzte den Werth des „Lebensweckers" anerkannt und ihn in ihre Praxis eingeführt; aber seine Anwendung muß allgemein werden, weil seine Heilkraft auf Erfahrung begründet (bereits mehr als 100,000 Kranke sind mit dieser Heilmethode behandelt, wovon 9|10 mit Erfolg), und auch die Nerven=Physiologen müssen die Wirksamkeit des „Lebensweckers" in den Bereich ihrer Beobachtungen ziehen und wenigstens den Versuch einer Erklärung machen. Daß diese meist nur wieder auf Hypothesen begründet sein würde, geht aus Allem, was oben mitgetheilt ward, hervor, aber wir wissen, daß, wenn es auch in vielen Gebieten unendlich schwer ist, der Wahrheit sich anzunähern, und wie mühsam der steile Weg zu ihrem Tempel oft erklommen werden muß (der uns trotz alle Dem oft kaum in dessen Vorhallen, selten oder nie in das Heiligthum selbst gelangen läßt), dennoch Hypothesen, in so fern sie nur einem gesunden Gehirn entspringen, von großem Nutzen für die Förderung der Wissenschaft und unserer Erkenntniß sein können. Die Anforderungen an ein geistig gesundes Gehirn können nicht höher gestellt werden, als die Mangelhaftigkeit menschlicher Erkenntniß es zur Zeit noch gestattet, und aus diesem Grunde dürfen wir im besten Falle wohl nur mehr oder weniger wahrscheinliche Hypothesen erwarten, selbst von dem Ideal eines geistig gesunden menschlichen Gehirns. Was aber das Empirische und Erfahrungsgemäße in der Heilkunde betrifft, so wissen wir, wie sehr es vorherrschend ist und noch lange bleiben wird, so daß wir in den meisten Fällen uns damit begnügen müssen. Aber auch um Erfahrungen anzustellen und richtig zu benutzen, dazu gehört ein geistig gesundes Gehirn in höherer Potenz, und die Männer vom Fach, die dessen sich erfreuen, würden ohne Zweifel sich ein Verdienst erwerben, wenn sie den „Lebenswecker", da derselbe sich ungewöhnlicher und nicht mehr zurückweisender Erfolge rühmen darf, in das Gebiet ihrer Beobachtungen zu ziehen, allgemeiner würdigen wollten. Vielleicht wird es dann auch ermöglicht, mehr oder weniger plausible physiologische Erklärungen für diese Thatsachen der Erfahrung aufzufinden, auch die letztere wissenschaftlich und ärztlich zu kontroliren (in so weit dies überhaupt zur Zeit möglich ist) und in allgemeineren Gesichtspunkten aufzustellen, wobei aber zuvörderst, wie die meisten Männer vom Fach es selbst jetzt aussprechen, die Systematik der Krankheitslehre einer bedeutenden Umgestaltung bedürfen möchte. Zu einer gründlichen Untersuchung aufzufordern, wird Jeder, der von der Wichtigkeit einer Erfindung, wie die des „Lebenswecker", sich überzeugte, für seine Pflicht halten, und wo so viele Thatsachen des Erfolges vorliegen, ist der Dünkel, der es verschmäht, sich von ihnen zu unterrichten, fast ebenso tadelhaft, wie etwa noch selbstsüchtigere Beweggründe es sein mögen.

Diese Erörterungen beziehen sich auf die Frage der Lebensverlängerung, von welcher ausgegangen wurde, in so fern, als der „Lebenswecker" durch Verhütung und Beseitigung von Krankheiten immer mehr eines der ersten und entschiedensten Mittel für Lebensverlängerung zu werden verspricht und sich daher zu allgemeinerer Benutzung empfiehlt. Die Makrobiotik Hufeland's machte zu ihrer Zeit ungewöhnliches Glück, auch ist sie noch jetzt ein munterer Büchergreis, und doch sagt Dr. E. von Rußdorf in dem obenerwähnten Werkchen von ihr: „Der erste Theil handelt die Physiologie, die Lebenslehre, im Hufeland'schen Sinne ab; aber wir müssen darauf verzichten, über seine theoretischen Betrachtungen auch nur ein Wort zu verlieren, denn kein Satz davon ist richtig; das Ganze ist für die jetzige Zeit völlig ungenießbar." Ohne dem trefflichen Hufeland, der jedenfalls als Arzt und als Mensch sich eines gesunden Gehirns und Herzens erfreute, irgend zu nahe treten zu wollen, —da Jeder ein Kind seiner Zeit ist (und, was selbst das möglichst geistige gesunde menschliche Gehirn betrifft: ultra posse nemo obligatur)—entnehmen wir doch hieraus abermals, auf welche bescheidene Zweifel die jedesmaligen Autoritäten in allen Richtungen, denen apodiktisches Auftreten nicht vergönnt ist, selbst von ihren Zeitgenossen gefaßt sein müssen. Was den praktischen Theil betrifft, so wird besonders gerügt, daß der Ventilation der Luft in den Wohnungen nicht mehr Aufmerksamkeit zugewendet worden sei, welcher Uebelstand schon damals sich aufgedrungen habe, jetzt aber um so mehr berücksichtigt werden müsse. „Selbst die Blüthe der medizinischen Wissenschaften, die Physiologie, eine noch junge Disziplin, gewährte noch vor wenig Jahren eine sehr oberflächliche und halbe Einsicht in das Wesen des Athmungsprozesses, so daß man ihn nach seiner ganzen Bedeutung nicht zu würdigen vermödhte; die allerneuesten Lehrbücher der Physiologie, von den renommirtesten Physiologen verfaßt, aus welchen die akademische Jugend ihre Belehrung schöpft, sind in diesem hochwichtigen Punkte unzureichend. Man stellte sich vor, daß der Luftsauerstoff in den Lungen so wirke, wie in einem Ofenfeuer, indem er dort aus dem Blute, durch Vereinigung mit Kohlenstoff, Kohlensäure bereite, die wir ausathmen, und man bildete sich ein, daß dieser Prozeß dazu diene, den Organismus zu erwärmen, den Wärmestoff zu präpariren, und daß der Sauerstoff weiter dem Blute eine ganz unbekannte Tauglichkeit verleihe, den Körper zu beleben. Diese Vorstellungen sind ganz irrig, und mit den Forschungsresultaten der neuesten Wissenschaft nicht mehr vereinbar.—Wie die Schwingungen der Luft im Gehörnerven die Schallempfindung, die Schwingungen des Aethers im Gesichtsnerven die Lichtempfindung, so verursachen die moleculären Stofferzitterungen beim Stoffwechsel und bei der Ernährung das Gemeingefühl, die Wärmeempfindung in den Gefühlsnerven. Durch die physiologische Chemie ist nun klar geworden, daß es wesentlich der Luftsauerstoffgas ist, welcher durch seine chemische Verbindung mit den im Blute aufgelösten Nährstoffen aus diesen die eigentlichen Baustoffe zur Ernährung der Gewebe hervorbringt. So erzeugt der eingeathmete Luftsauerstoff aus dem Bluteiweiß den Faserstoff, den muskelbildenden Stoff, so den Käsestoff, den Ernährer des Blindgewebes und der Blutgefäße, so den Leim, den Ernährer der Knochen. Kurz, ohne die chemische Einwirkung des Luftsauerstoffs auf die Blutstoffe ist die Entstehung der Baustoffe zur Ernährung der organischen Gewebe undenkbar, der Sauerstoff der Luft also die wichtigste, wesentliche Bedingung einer normalen Ernährung.—Die skrophulöse Blutmischung der Kinder ist derjenige Zustand, in welchem ein roher, durch den Athmungsprozeß nicht zu normalen Baustoffen verarbeiteter Eiweißstoff im Blute kreist und schließlich hier oder da durch seinen Reiz Entzündungen verursacht."—(Daß die skrophulöse Blutmischung der schlechten Luft in vielen Fällen zuzuschreiben ist, läßt sich nicht in Abrede stellen, obgleich doch viele andere Gründe, wie schlechtes Trinkwasser ꝛc. obwalten.) „Die große Schädlichkeit der Zimmerluft, während des ganzen Winters wirksam, ist ihre beständige Ueberfüllung mit Kohlensäure, gleichzeitig ihre häufige Armuth an Sauerstoff, weil bis heute die Architektur den wichtigsten Punkt bei allen Gebäuden, worin Menschen wohnen sollen, fast ganz vernachlässigt: die Ventilationsvorrichtungen zur dauernden, beständigen Lufterneuerung. Unsere Kinder wachsen in Kinderstuben heran, deren Brühhitze ihre mephitische Luft noch schädlicher macht; sie bringen später acht Stunden täglich in Schulräumen zu, die wahre Distillir-Anstalten für Kohlensäure, für ungesunde Luft sind. —Wenn man die Absicht hat, Kinder langsam ungesund zu machen, so kann man es nicht richtiger veranstalten, als durch diese Art der Ernährung durch die Luft.—So großes Gewicht, als wir wünschen, ist bisher von Seiten der Heilkunde durchaus nicht auf die Luftventilation gelegt worden; man hat immer gesunde Luft empfohlen, aber man hat nicht gesagt, daß die Ventilation eben so unbedingt, als das Licht, in keinem Wohnzimmer fehlen dürfe. In dieser kategorischen Form aber muß fortan von der Diätetik das Gesundheitsgesetz der Luftventilation gefaßt werden: man muß die Architektur verdammen, ja in polizeiliche Strafe nehmen, wenn sie nicht dieser ersten Bedingung gesunder Wohnungen Rechnung trägt: es müssen nicht blos vereinzelte Stimmen unter den Aerzten sich zu Gunsten der entsprechenden Reform vernehmen lassen, sondern alle Aerzte, mit allgemeiner Einstimmigkeit, müssen die Luftventilation als die oberste Gesundheitsbedingung, als das erste Gebot der Gesundheitsmoral predigen. In unserem Lande Amerika hat man schon dankenswerthe Anfänge gemacht, um das Problem der Luftventilation zu lösen; in manchen Ländern zeigt sich meist völlige Gleichgültigkeit in dieser Hinsicht. Es war die nach und nach zu Fabrikationszwecken angewendete Röhrenleitung, um heißes Wasser zur Erwärmung geschlossener Räume zu benutzen, welche der Marquis de Gabannes zu einem vollständigen System der Wasserheizung ausbildete, und dasselbe ward von Herrn Leon Duvoir so zweckmäßig verbessert, daß es nicht nur zur Erwärmung, sondern auch zur Ventilation ganzer Häuser mit Bequemlichkeit angewendet wird. Ein Amerikaner, Herr Perkins, hat es dadurch verbessert, daß er in dem ganzen Röhrensysteme den Wasserbehälter ausgelassen und sich zur Heizung einer engen Röhre von nur einem Zoll Durchmesser bedient hat. Diese Ventilationseinrichtungen sind jedoch ziemlich complizirt und für die Nichtreichen kaum ausführbar. Ein in der Zimmerdecke angebrachter, in seiner Höhlung durch eine Scheidewand in zwei Hälften getheilter Cylinder ist ein guter Ventilator, weil in der einen Hälfte des Cylinders die Luft einströmt, während sie aus der anderen ausströmt. Die Ventilation wurde früher noch mehr vernachlässigt, wie jetzt, aber daß die Zahl der Krankheiten sich in neuerer Zeit vermehrt hat, ist allerdings richtig, jedoch vorzugsweise nur in den medizinischen Büchern, (auch Medicinalkrankheiten, in Folge der vielen widernatürlichen Mittel), „weil man zur genauern Unterscheidung eine Menge neuer Namen zu ihrer Bezeichnung erfunden hat." Der

Verfasser unterzieht fernerhin den zweiten, praktischen Theil der Hufeland'schen Makrobiotik einer scharfen Kritik nach den jetzigen Gesichtspunkten und Erfahrungen der Heilkunde, und indem auf das kleine, aber inhaltsreiche Buch selbst verwiesen wird, mag es wenigstens zweckmäßig gewesen sein hier im Auszuge mitgetheilt zu haben, wie dringend die Luftventilation anzuempfehlen ist, damit diesem wichtigen Gegenstand allseitig Aufmerksamkeit zugewendet werde. Wenn in der Makrobiotik Wesentliches weniger berücksichtigt wurde, so ist offenbar Vieles in mancher Beziehung übertrieben geschildert. „Man hört von zahlreichen Selbstmorden, welche diese drohende Manier des Verfassers soll verursacht haben. Ferner: es ist gar sonderbar, daß die Aerzte so viel von Vielessern reden, und daß man dieser Merkwürdigkeiten so selten kundhaft wird. Leute von gesundem Appetit, die wir uns wohl hüten, Vielesser zu nennen, sind auch in der Regel gesund, und aus diesem Grunde verdauen sie auch gut ihre Mahlzeiten; andere dagegen, die bei schwacher Verdauungskraft auch nicht fasten mögen, gefährden nur dadurch ihr Wohlbefinden, daß sie zu wenig aktive Kraftübungen vollziehen, um die Natur im Verdauungsgeschäft zu unterstützen." Die spirituösen Getränke verwirft Hufeland gänzlich, indem er meint, daß sie eine schnelle Consumtion, eine echte Verbrennung im Körper verusachen. Dies ist nun wissenschaftlich so verkehrt, daß vielmehr das Gegentheil richtig ist. Die Wirkung des Alkohols ist, nach genauen Untersuchungen Düchek's im Allgemeinen die, daß er den Stoffwechsel verlangsamt. —Trunkenbolde erreichen allerdings kein hohes Alter, aber für solche Menschen ist Diätetik das, was für Thoren und Narren Moral und Philosophie sind.—Auch in der Diätetik mag Alles cum grano salis und nimis multum genommen und zugleich individualisirt werden. In letzterer Beziehung enthält ein treffliches Werk: Die narkotischen Genußmittel und der Mensch, von Dr. Ernst Frh. v. Bibra (Nürnberg 1855), interessante Mittheilungen. Diesen Gegenstand erschöpfend zu behandeln, würde jedoch nach den Anregungen, welche neuere Werke zu weiterem Nachdenken darbieten, mehr als einen Band erheischen; es sei nur noch darauf verwiesen, wie Dr. von Rußdorf in seiner oben angeführten Schrift sich auch über die für unheilbar gehaltenen Krankheiten und die Vorbeugungs- und Verhütungsmittel dagegen ausspricht, und die Erfindung des „Lebensweckers" gibt Hoffnung, daß, jemehr dieses Heilverfahren immer allgemeinerer Verbreitung gewürdigt, es auch als „Lebensverlängerer" sich um so mehr bewähren wird, als es seit mehreren Jahren im Wesentlichen dieselbe Diätetik und Prophylaxis anempfohlen hat, welche jetzt immer mehr als die richtige, auch nach den neuesten Ergebnissen der Wissenschaft und der Erfahrung, anerkannt wird.

Beachtungswerthe Anmerkungen.

1) Sobald der Krankheitsstoff im Körper sich schon so angehäuft hat, daß er an den Lebensfäden — den Nerven — nagt, geht gewöhnlich eine solche Alteration im ganzen Körper vor sich, daß Patient bei **jeder unangenehmen Berührung** in die größte Aufgeregtheit versetzt wird. Eine Schlußfolge hieraus ist, daß der Kranke, wenn er nach der Operation eine ersprießliche Besserung erzielen will, sich während der Kur möglichst vor jeder körperlichen Anstrengung, geistigen Aufregung und Gemüthsbewegung schützen muß.

2) Bei allen hitzigen Hautkrankheiten und Fiebern, wie z. B. Scharlach-, Masern-, Nerven- und fauligen Fiebern, sodann bei der Bräune 2c. 2c., wende man ungesäumt dieses Heilverfahren ohne ein übertriebenes Zärtlichkeitsgefühl nach der beim Wechselfieber bereits gegebenen Norm, wenn auch nur im Rücken, an; denn mit jeder Stunde scheinen die Säfte galoppirend entarten, sich verschleimen oder verschlammen zu wollen; mit jeder Sekunde wird dadurch das Leben oder der Lebenswirkungskreis enger und enger begrenzt oder eingezwängt und in diesem Kampfe ist es denn bald ausgehaucht, oder der Lebensfunke des Rückenmarks hat schnell ausgesprüht.

3) Wer provisorisch mit Chinin vom Wechselfieber angeblich kurirt wurde, wird gewöhnlich von der Wassersucht befallen; der Schwächere früher, der Stärkere später.

4) Es ist zu bewundern, daß noch viele Leute sich leidlich wohl befinden. Der Eine stürmt roh auf seine Gesundheit los; der Andere verweichlicht sich, und wenn man nun noch die verschiedenartige Ernährung und Medizinirung der Menschen hierbei in Betracht zieht, so ist Nichts natürlicher, als daß der eine Körper für diese, der andere für jene Krankheit empfänglich ist. Was daher bei dem Einen das Nervenfieber wird, gibt bei dem Andern das Faulfieber u. s. w.

Die zu geringe Controle über unsere Wirthe und die denselben dadurch möglich gemachte Verabreichung von gefälschten und schlechten Getränken mag auch wohl nicht wenig schuld daran sein, daß heutzutage so Manche an Verrücktheit und Dilirium leiden.

5) Wir hängen ganz mit der Atmosphäre und dem Lebenslichte der Sonne zusammen. Keiner spürt es besser, als wer auch nur etwas Krankheitsstoff im Körper birgt. Es gibt Tage, wo die Luft so dicht und schwer wird, daß sie, selbst dem anscheinend Gesunden, den Angstschweiß aus dem Leibe treibt. Das Aequinoctium (Tag- und Nachtgleiche) ist gerade diejenige Zeit, in welcher jedes lebende Wesen dieses empfindet, diejenige Zeit, woher sich die meisten Krankheits- und Todesfälle datiren oder ihren Ursprung nehmen; folglich sollte sich ein Jeder in dieser Zeit nach Möglichkeit gegen alle schädlichen Witterungseinflüsse schützen.

6) Für Rheumatismus Empfängliche sollten, wo's eben angeht, sich bei Nord- und Nordostwinden im Hause halten.

7) Betrachten wir den menschlichen Körper als eine Dampfmaschine, so ist der Magen der Dampfkessel, von dem aus jeder Theil der Maschine gespeist und die regelmäßige Thätigkeit des Ganzen unterhalten wird. Die Nervencentra aber—Gehirn und Rückenmark—stellen das Feuer unter dem Dampfkessel vor, das regierende, regulirende, und Impuls gebende Prinzip, kurz—das Leben. Wird das Feuer schwächer, so arbeitet die Maschine träge, langsam, stockend; wird es zu schwach, so steht sie still. Eben so geht es mit der menschlichen Maschine, wenn die Nervencentra durch irgend eine Störung in ihren Funktionen gehemmt oder unterbrochen werden.

8) Unsere Blüthezeit ist mit 50 Jahren vorüber—in südlichern Gegenden noch viel früher—; es kommt also dann nur darauf an, dasjenige noch zu erhalten und zu kultiviren, was man hat, und dies ist mit dem Lebenswecker so leicht zu erzielen.

9) Jede Zeit hat ihren sogenannten Krankheitsgenius, die unsrige den nervösen. Fast alle Uebel nehmen heut zu Tage in ihrem Verlauf den nervösen Charakter an. Das ist aber nicht schwer zu begreifen. Rheumatismus geht in Nervenleiden über; da nun die Aerzte jenen nicht zu heilen vermögen, so treffen wir diese überall. Nach und nach wird das Menschengeschlecht immer mehr dazu disponirt, und jedes Uebel schlägt endlich in das Nervöse um. In früheren Zeiten, als die Menschen noch naturgemäßer lebten und wenig medizinirten, war es besser damit. Bei allgemeiner Anwendung unseres Heilverfahrens, des **einzigen** und unfehlbaren gegen rheumatisch-nervöse Leiden, sind wir überzeugt, daß nach einigen Jahren diese eben so selten wie früher sein werden, und daß als „Krankheitsgenius" gewiß ein weit gelinderer Regent auftreten würde.

10) Da wir das Mittel zunächst gegen Rheumatismus und Gicht haben, die Medizin aber notorisch keins, so liegt es gewiß in Jedermanns Interesse, sich durch die Arzneimittellehre nicht auf Irrwege führen zu lassen, sondern gleich zu diesem Mittel zu greifen. Aus den genommenen naturwidrigen „Medikamenten" bilden sich später unter gewissen Umständen Medizinal-Krankheiten aus; geschieht dies aber auch nicht, so sind doch diese Medikamente meistens schwerer wieder aus dem Körper fortzuschaffen, als die ursprüngliche Krankheit. Diese Sache ist von der höchsten Wichtigkeit, und wir können sie daher nicht oft genug wiederholen.

11) Manche Aerzte thun sich viel zu Gute darauf, daß sie bei der Diagnose das Mikroskop benutzen; so sehr uns dies Instrument aber, wenn wir die feinen Arbeiten des Herrn durch dasselbe bewundern, zu ergötzen vermag, eben so sehr verwirrt es uns, wenn wir es bei der Beurtheilung von Krankheiten anwenden wollen. In's Innere der Natur bringt doch kein erschaffener Geist; das bedenke man und lasse sich durch gelehrt aussehenden Unsinn nicht irre führen.

12) Aerzte, welche gegen diese Heilmethode sind und sich niemals die Mühe gegeben haben, den Geist derselben zu erforschen, darf man als Feinde der Menschheit betrachten. Das Publikum handelt mit richtigem Takte, wenn es sie f ü r s i c h n i c h t in Anspruch nimmt, sondern ihnen ihre Doktorkünste zur Selbstheilung überläßt.

13) Der Kopf einer Stubenfliege in ein Kügelchen von Brod zu Pillenform, Morgens nüchtern eingenommen erregt bei Denjenigen, die noch nicht zu sehr an Medikamente gewöhnt sind, Abführen.

14) Wie lange Zeit mag die Welt nöthig gehabt haben, um zu erkennen, daß Schierling, Belladonna rc. Gifte sind? Die gelehrten Quacksalber machten schneller sogenannte Heilmittel daraus!!! Menschheit prüfe!!!

15) Mit Giften kann man wohl Gesunde krank machen, aber schwerlich einen Kranken gesund. Gift bleibt Gift und niemals vortheilhaft wirkend.

16) In der ersten Zeit nach der Genesung von einer Krankheit ist es besonders wichtig, sich vor Schädlichkeiten jeder Art sorgfältig zu hüten; denn ein Rückfall ist alsdann noch viel leichter, als das plötzliche Erkranken eines ganz Gesunden.

17) Das geringste Stück Schwarzbrod ist oft mehr werth, als das theuerste Mittel aus der Apotheke.

18) Die Natur gibt die Fingerzeige zu allem Werthvollen.

Ueber Nahrungsmittel, Luft, Bewegung und Schlaf.

Von den Nahrungsmitteln als Krankheitsursachen. Die Beschaffenheit der täglichen Nahrung eines Menschen hat einen ganz wesentlichen Einfluß auf den Zustand seines Körpers. Dadurch erhalten seine Säfte entweder eine milde Beschaffenheit und bleiben von gehörig fließender Natur, oder sie verdicken sich und werden mit Schärfen aller Art überladen. Eine Aenderung in der Diät vermag die ganze Constitution eines Menschen umzuändern, und eine ungesunde Nahrung nebst Fehlern in der Diät veranlassen die mannigfaltigsten Krankheiten. Deshalb ist das ganze Ernährungsgeschäft nicht allein für Gesunde von großer Wichtigkeit, sondern verlangt namentlich bei Kranken die allergrößte Aufmerksamkeit; denn nicht blos, daß durch Fehler in der Diät jede Krankheit sich verschlimmert, so kann man ja auch auf der anderen Seite in vielen Fällen durch eine geregelte Diät ganz allein die Wiederherstellung des Kranken vollkommen herbeiführen. Eine solche Art, Kranke zu heilen, wenn sie auch nicht immer schnell von Statten geht, hat den großen Vorzug, daß ihre Wirkung dauerhafter ist, und daß diese Art zu heilen bei weitem angenehmer und weniger gefahrvoll für den Kranken ist, als wenn man dies durch Medizin zu erreichen sucht, wobei man doch auch auf keinen Fall eine gehörige Diät wird entbehren können.

Unmöglich kann hier die Rede davon sein, die Beschaffenheit eines jeden einzelnen Nahrungsmittels und die Umstände, unter welchen es dienlich oder schädlich sein könne, anzugeben. Unserem Zwecke entspricht es vollkommen, nur der Fehler zu erwähnen, welche häufig in Beziehung des Essens und Trinkens begangen werden, und den nachtheiligen Einfluß derselben kennen zu lernen.

Zu viel und zu wenig genießen, Beides ist gleich fehlerhaft. Man folge hierin nur dem Winke der Natur, denn diese lehrt jedes lebende Wesen, daß es weiß, wenn es genug hat, und sie zeigt es ihm durch Hunger und Durst auch an, wenn es mehr bedarf. Als Regel für die Menge von Nahrungsmitteln, die man zu sich nehmen soll, steht Mäßigkeit obenan.

Verdorbene Nahrungsmittel jeder Art sind schädlich; absichtliche Verfälschung derselben ist das Verworfenste, was es gibt.

Zu langes Aufbewahren der Nahrungsmittel taugt nichts, denn alle, sowohl die aus dem Thier= wie die aus dem Pflanzenreiche, sind bald einer faulichten Verderbniß unterworfen.

Lieber esse man gar kein Fleisch, als solches von krankem oder gar gefallenem Vieh.—Mastvieh aus überfüllten Ställen gibt nie eine gesunde Nahrung und muß man für ungesund erklären.—Das Aufblasen des Fleisches, um ihm ein besseres Aussehen zu geben, ist wenigstens immer sehr ekelhaft und sollte nie geduldet werden.

Stark gesalzene und gepöckelte Nahrungsmittel, eine längere Zeit hindurch in Menge genossen, stören die Eßlust, entkräften die Verdauung und erzeugen Skorbut und Hypochondrie.—Vielerlei Fleischspeisen unter einander zu essen ist nicht gut; bei einem einzigen Fleischgericht, und dies nur einmal in 24 Stunden zu sich genommen, wird sich der Mensch am besten befinden. Bestünde unsere Nahrung zum größten Theil aus Milch= und Pflanzenkost, so würde man seltener etwas von hitzigen, von Nerven= und Faulfiebern hören. Rohe Pflanzen, Obst u. dgl. sind nur für Erwachsene zuträglich.

Eine zu wässerige Diät taugt nichts, sie entkräftet den Körper.

Zu heißer und zu starker Thee, in Menge genossen, erzeugt Nerven= schwäche; als Frühstück schwächt er den Magen und raubt allen Appetit.

Wenig Trinken macht die Säfte dick und scharf, erzeugt hitzige Fieber und Skorbut.

Die feine Kochkunst, welche durch ihr Gemenge aus gesunden Nahrungsmitteln schleichendes Gift bereitet, ist in der Welt höchst überflüssig. Ein Gesunder bedarf nur einfach gesottener und gebratener Dinge, und der Kranke bedarf ohnehin niemals eines Kochs.—Die pikanten Dinge, als: Pfeffergurken, Pickles u. dgl., reizen nur den Magen um mehr zu essen, als er bedarf, und sind immer entbehrlich.

Wasser ist das beste Getränk. Soll es aber sowohl zum Kochen wie zum Trinken taugen, so darf es nicht trübe sein, muß mit Seife vermischt einen Schaum bilden, darf beim Waschen die Wäsche nicht gelb färben und keinen auffallenden Geruch oder Geschmack haben. Warmes Wasser erregt Druck und Schwere im Magen und schwächt denselben. Laues Wasser, wenn man nicht daran gewöhnt ist, erregt Ekel und Erbrechen. Kaltes Wasser, aber durchaus kein Eiswasser, ist in gesunden wie in kranken Tagen das dienlichste Getränk, nur nicht bei Halsübeln und nicht in einem zu großen Uebermaße, denn trinkt man mehr davon als es den jedesmaligen Verdauungskräften des Magens angemessen ist,

so wird man statt des gehofften Vortheils sich den größten Schaden zu=
ziehen.

Gegen den Genuß aller geistigen Getränke unaufhörlich zu eifern ist
lächerlich, denn Niemand achtet darauf. Auch schaden sie an und für sich
selbst in gesunden Tagen wohl niemals, nur ihr Mißbrauch hat traurige
Folgen. Sind diese Getränke rein und unverfälscht, sind sie nicht zu jung
und haben sie hinlänglich gegohren, sind sie nicht verdorben, so läßt sich
gegen ihren mäßigen Genuß nichts einwenden. — Zu junge Weine ver=
derben den Magen, erregen Kopfschmerzen und berauschen bald. — Ver=
fälschte Weine erzeugen Gicht, Brustwassersucht und Schlagfluß. — Das
Bier, im Uebermaß getrunken, führt leichter als Wein zum Schlagfluß
oder zur Gicht, auch wird durch dasselbe die Verdauung dann noch mehr
gestört als durch zu vieles Weintrinken. Der Weingeist, sei er enthalten,
worin er wolle, bringt immer, im Uebermaaß verzehrt, die Wirkung eines
betäubenden Giftes hervor und kann alsdann durch Schlagfluß auf der
Stelle tödten. — Branntweinrausch der nicht so heftig ist, daß er auf
der Stelle tödte, erregt Erbrechen, betäubten Schlaf und hinterdrein hef=
tige Kopfschmerzen. Nicht gering ist die Zahl der Krankheiten und Lei=
den, in welche Gewohnheitssäufer endlich verfallen. Zuerst leidet ihr
Magen. Sie verlieren alle Eßlust und auch die Fähigkeit, etwas zu
verdauen. Alle Morgen leiden sie an Würgen und Erbrechen mit einem
brennenden Gefühl im Magen. Später wird ihr ganzes Nervensystem
zerrüttet, und es entsteht alsdann der Säuferwahnsinn, Epilepsie, Blöd=
sinn und Nervenschlag. — Brustentzündungen sind bei Trunkenbolden
nicht selten, aus denen bei ihnen sehr leicht die Lungensucht entsteht.
Vorzüglich die, welche schon in der Jugend Branntwein trinken, werden
frühzeitig ein Opfer dieser Krankheit, aber auch Aelteren ist sie gefährlich.
Befällt Branntweintrinker ein Fieber, so sind sie schwer zu retten. Die
furchtbaren Qualen der Brustwassersucht machen gewöhnlich dem elen=
den, verachteten Leben eines Säufers ein Ende.

Da das Brod einen Hauptbestandtheil unserer Nahrung ausmacht,
so kann man auf eine gute Beschaffenheit desselben nicht Sorgfalt genug
verwenden. Ein gutes Brod darf weder zu grob und schwarz, noch zu
fein sein. Zu lange gegohrenes Brod wird zu sauer und macht Durch=
fall; das ungegohrene oder das zu wenig gegohrene ist verwerflich, denn
in letzterem finden sich denn noch immer Streifen rohen Teigs, vorzüg=
lich aber ist das frische, noch warme Brod, wie es die Lieblingsspeise so
Vieler ist, als höchst nachtheilig und unverdaulich zu meiden. Die mit
einfachem Wasser bereiteten Brodarten sind die besten. Mit Milch an=

gerührt erregt es leicht Blähungen; mit Gewürzen und allerhand Zusatz verfertigt die Kunst eine Menge Bäckereien, die mehr für den Geschmack berechnet sind, als für die Gesundheit. Je mehr Fett, je mehr Mandeln besonders in solchem Gebäck, desto nachtheiliger wirkt es auf den Magen. —

Hier die besonderen Eigenthümlichkeiten eines jeden einzelnen Nahrungsmittels anzugeben, finde ich höchst überflüssig. Jeden Menschen lehrt ja die eigene Erfahrung besser als alles das Aufzählen dieser verschiedenen Eigenschaften, was seiner Natur zusagt oder nicht. Damit will ich jedoch nicht sagen, daß Jedermann immer essen und trinken solle, was ihm eben beliebt, im Gegentheil empfehle ich folgende allgemeine diätetische Vorschrift sehr der Beachtung, denn ein vernünftiger Genuß der Gaben der Natur muß gleich entfernt sein von peinlicher Aengstlichkeit, so wie von leichtsinniger Zuversicht.

Der Mensch ist auf eine der Pflanzen= sowie der Thierwelt entnommene gemischte Nahrung angewiesen; sich ausschließlich entweder der Pflanzen= oder der thierischen Nahrung zu bedienen, wird ihm stets Nachtheil bringen. Der Säugling freilich bedarf anfänglich der rein thierischen Milch allein zu seiner Nahrung, und die Versuche, ihn statt derselben mit Pflanzenstoffen aufzufüttern, haben sich immer als höchst verderblich für ihn gezeigt; nach einigen Monaten aber schon verträgt er Pflanzenkost neben der Milch ungemein gut. Von dem ersten Lebensjahre an bis zu dem Jünglingsalter muß bei seiner Ernährung die Pflanzenkost das Uebergewicht vor der Fleischnahrung haben; bei dem Erwachsenen aber muß dies umgekehrt der Fall sein.

Bei schwacher, schwammiger Körperbeschaffenheit meide man alles Fade oder Schwerverdauliche. Die Kost muß hier nahrhaft sein, dabei ist viel Bewegung in freier Luft erforderlich.

Vollblutige müssen alles zu Nahrhafte meiden, desgleichen fette Speisen, starke Weine, schwere Biere u. dgl.

Fettleibige dürfen nicht viel mehligte, schleimige Sachen genießen; dagegen sind Rettige, Knoblauch, Gewürze und alles dasjenige, was die Hautausdünstung und Urin=Absonderung befördert, ihnen zuträglich. Magere müssen das Gegentheil befolgen.

Diejenigen, die an Magensäure leiden, müssen wenig Pflanzen=, dagegen mehr thierische Nahrung zu sich nehmen. Diejenigen aber, welche von scharfem ranzigen Aufstoßen öfter gequält werden, müssen sich dabei lediglich an säuerliche Pflanzenkost halten.

Patienten, die an Magenschwäche leiden sowie schwächliche Personen und besonders Kranke, die sich auf dem Wege der Besserung befinden, sollten täglich einmal **recht fein gehacktes,** von allem Fett und Sehnen freies **rohes Rindfleisch** essen, das lediglich mit Salz und Pfeffer (oder auch mit Zwiebeln) dem Geschmacke des Patienten gemäß gewürzt ist.

Es ist dieses ein Nahrungsmittel, daß selbst Personen, die sonst fast nichts bei sich behalten können, ohne Furcht genießen dürfen. Man nehme dazu recht zartes Rindfleisch, und schneide vorsichtig alles Fett und alle Sehnen aus, dann schneide man es so fein als möglich, thue Salz und Pfeffer oder auch etwas Zwiebeln dazu (wenn der Patient den Geschmack liebt) und hacke es **recht fein.** Es sei noch bemerkt, daß man nicht zu wenig Salz nehmen muß, da es nur durch Salz und Pfeffer schmackhaft wird. Man muß selbst ausfinden, wie es der Patient am Liebsten genießt. Ein so zubereitetes Fleisch läßt sich selbst im Sommer, wenigstens zwei Tage lang, in einem kühlen Keller ganz frisch erhalten. Um das Fleisch leichter zu hacken, kann man etwas Wasser zusetzen.

Mit der Gicht Behaftete, Nervenschwache, Hysterische und Hypochondristen müssen alles Blähende, Fade, Schwerverdauliche, Gesalzene, Geräucherte und Alles, was ihnen Säure erzeugt, vermeiden. Ihre Nahrung muß mager, leicht und nicht erhitzend sein, auch darf sie nicht verstopfend sein.

Nicht allein der Constitution und dem Alter, sondern auch der Beschäftigung des Menschen müssen die Nahrungsmittel angemessen sein. Bei einer sitzenden Lebensart, besonders verbunden mit Geistesanstrengungen, muß die Kost sparsamer und leicht verdaulicher sein, als wie bei einem Landmanne. Was diesen sehr wohl nährt und bekommt, ist für jenen unverdaulich, und wovon jener vollkommen gesättigt wird, dabei leidet Letzterer Hunger.

Eine zu einförmige Diät taugt nichts. Immer nur ein und dasselbe zu genießen ist nachtheilig. Die Natur selbst weist uns durch die große Mannigfaltigkeit und Verschiedenheit der uns dargebotenen Nahrungsstoffe und durch die in uns gelegten verschiedenen Appetite auf die Nothwendigkeit einer Abwechselung in dieser Beziehung hin.

Auch die verschiedene Anlage der Krankheiten, sei sie durch die frühere Lebensweise erworben, oder war schon von unserer Geburt an der Keim dazu gelegt, verdient immer bei der Wahl der Nahrungsmittel die allergrößte Berücksichtigung. Nur dadurch allein kann der von schwindsüchtigen, skrophulösen, gichtischen, mit dem Stein behafteten

Eltern Geborene allen diesen Krankheiten entgehen, wenn er die in allen diesen verschiedenen Krankheiten von der Natur gebotenen diätetischen Vorschriften genau befolgt. Thut er dies nicht, so wird er durch kein anderes Mittel seinem traurigen Schicksale entgehen. — Aber auch alle diejenigen, welche an einer periodisch wiederkehrenden Krankheit (z. B. Gicht, goldenen Adern, Epilepsie u. dgl.) leiden, können in der scheinbar gesunden Zwischenzeit nie Sorgfalt genug auf eine gehörige Auswahl von Speisen und Getränken verwenden, wenn sie diesen wohlthätigen Zeitabschnitt der Ruhe nicht absichtlich verkürzen und den darauf folgenden Anfall stürmischer und gefahrdrohender machen wollen.

Ueberladung des Magens, so wie langes Fasten, besonders wenn man glaubt, dadurch die üblen Folgen der Schlemmerei beseitigen zu können, schadet immer den Verdauungskräften; gleichen Nachtheil bringt es aber auch wenn man nicht regelmäßig zu einer bestimmten Zeit seine Mahlzeiten hält. Längere Zeit ohne Nahrung zu bleiben ist jungen Leuten nachtheilig, allein im höheren Alter kann dies sogar lebensgefährlich werden. Es vermehrt die Blähungsbeschwerden, an welchen sie in der Regel ohnedies schon viel leiden, ungemein, und sehr oft beobachtet man, daß alte Leute vom Schwindel, ja sogar von Ohnmachten befallen werden, die allein in der Leere des Magens ihren Grund haben, denn ein Glas Wein, ein Stückchen Brod oder irgend eine andere feste Nahrung beugt solchen Anfällen mit Gewißheit vor.

Sich mit einigen Tassen Kaffee oder Thee und etwas Semmel bis zum Mittagessen zu begnügen, ist auch für viele andere nachtheilig; es schwächt den Appetit, verdirbt die Säfte und füllt den Magen und die Gedärme mit Wind. Im hohen Alter aber mag dies wohl nicht selten die Ursache eines schnellen unerwarteten Todes sein. Deshalb sollten besonders alle diejenigen, die spät zu Mittag essen, stets ein kräftiges Frühstück zu sich nehmen.

Gewöhnlich nimmt man ein leichtes Frühstück und ein schweres Abendbrod zu sich; umgekehrt würde dies der Gesundheit weit zuträglicher sein. Ißt man des Abends wenig, geht man nicht zu spät zu Bett, und steht Morgens bei Zeiten auf, so verlangt und verträgt man auch gewiß ein kräftiges Frühstück.

Jede bedeutende schnelle Veränderung in der Diät ist gefährlich. Was der Magen schon immer zu verdauen gewohnt war, wenn es auch sonst der Gesundheit weniger zuträglich ist, wird ihm jedenfalls auch besser bekommen, als selbst eine gesündere, aber ungewohnte Diät. Muß der äußeren Verhältnisse wegen eine solche Veränderung eintreten, so muß dies wenigstens so nach und nach als nur möglich geschehen. Der schnelle Uebergang von einer spärlichen einfachen Kost zu einer schwelgerischen Tafel ist eben so gefährlich, als wenn das Umgekehrte der Fall ist. Der ganze innere Haushalt unseres Körpers wird dadurch in Unordnung gebracht, was leicht die schlimmsten Folgen haben kann.

Wenn eine gewisse Ordnung und Regelmäßigkeit in der Diät auch immer dringend anzuempfehlen ist, so ist es doch ausgemacht, daß man einen kleinen Erceß hierin ohne allen Nachtheil begehen kann, wenn er sich nur nicht gar zu oft wiederholt. Kein Mensch wird ihn immer vermeiden können, diejenigen aber, die mit zu ängstlicher Sorgfalt sich an die diätischen Vorschriften binden, sind alsdann bei vorkommenden Fällen am meisten gefährdet, wenn sie von ihrer streng gewohnten Lebensordnung abweichen müssen. Mit steter Rücksicht auf einen gewissen Grad von Mäßigung ist es daher selbst anzurathen, nicht immer bei dieser Regelmäßigkeit zu verharren, sondern von Zeit zu Zeit sich in dieser Beziehung eine kleine Unregelmäßigkeit zu erlauben.

Von der Luft. Eine sehr häufige und immer noch viel zu wenig beachtete Quelle vieler Krankheiten, ist eine ungesunde Luft. Hier soll nicht von denjenigen Luftarten die Rede sein, welche durch Erstickung einen schleunigen Tod herbeiführen können, sondern nur von derjenigen schlechten Beschaffenheit dieser allgemeinen Lebensquelle, welche obgleich nur unmerklich, doch nicht minder gewiß die Gesundheit unseres Körpers untergräbt.

Zunächst wirkt alles dasjenige, was die allgemeinen Eigenschaften der Luft in einem hohen Grade verändert, nachtheilig auf uns ein. Hierher gehört zu große Wärme, Kälte oder Feuchtigkeit derselben. Zu große Hitze vermehrt und verdirbt die Gallenabsonderung und giebt dem Blute eine aufgelöste Beschaffenheit, daher entstehen dann Leber- und Gallenkrankheiten aller Art, sowie Gallen- und andere bösartige Fieber; desgleichen die Ruhr, Brechruhr (nicht die asiatische) u. s. w. Kälte erzeugt rheumatische und katarrhalische Beschwerden: ist sie sehr streng, dann Hals- und Brustentzündungen. Zu große Feuchtigkeit der Luft benimmt dem Körper seine Spannkraft, ist vorzüglich der matten, schwammigen Konstitution nachtheilig und erzeugt allgemeine Verschleimung der Säfte, Schleim- und Wechselfieber, und disponirt zur Wassersucht. Die Luft auf Bergen ist zwar reiner als die in der Tiefe, allein schwache und zur Entzündlichkeit geneigte Lungen (daher bei Lungenknoten und der Anlage zur Lungenschwindsucht) vertragen sie nicht, denn für solche ist sie viel zu aufregend und reizend.

Das Zusammensein vieler Menschen in einem verschlossenen Raume, wo die frische Luft keinen freien Zutritt hat, verdirbt die Luft sehr bald in einem hohen Grade und wirkt dann besonders nachtheilig auf nervenschwache, reizbare Personen, welche deshalb auch in überfüllten Kirchen, Schauspielhäusern, Gesellschaften u. s. w. so leicht unwohl, ja selbst ohnmächtig werden. Die Luftverderbniß wird aber an allen diesen Orten noch bedeutend dadurch vermehrt, wenn daselbst zugleich auch noch viele Lichter brennen, die den Sauerstoff absorbiren.

Jede Wohnung, zu welcher die Luft keinen Zutritt hat, ist ungesund und sollte nie gewählt werden. Da die Armuth in großen Städten gewöhnlich auf solche Winkel und Löcher angewiesen ist, so sind auch eben deren Wohnungen der Herd bösartiger ansteckender Seuchen. Namentlich ist es die untere Luftschicht in großen Städten, welche immer mit Dünsten und Unreinigkeiten aller Art geschwängert ist, und nur die obere Luft ist reiner und zum Athmen geschickter. Deshalb sind alle Wohnungen und besonders alle Schlafplätze auf ebener Erde nicht so gesund als im ersten Stockwerk; ja in sehr volkreichen Städten oder in der Nähe von Wasser gewährt erst der zweite Stock den Vortheil einer zum Athmen tauglichen Luft. Je luftiger ein Haus ist, desto gesunder sind die Wohnungen in demselben; bleibt es immer ängstlich verschlossen, was namentlich im Winter häufig der Fall ist, so kann sich die Luft in ihm nicht erneuern und ist dann der Gesundheit nicht mehr zuträglich. Auch die Zimmer sollten gelüftet und besonders die Fenster der Schlafzimmer den ganzen Tag über nicht geschlossen werden. Es giebt Viele, die haben eine prachtvolle Wohnung, allein zu ihren Schlafgemächern wählen sie die engsten und verstecktesten Zimmer. Daran thun sie jedoch höchst unrecht, denn nie sollte das Schlafzimmer der Luft und der Sonne entbehren, sondern stets hoch und geräumig sein. Das fleißige Lüften der Betten ist für die Gesundheit nicht minder wohlthätig. Obgleich eine gesunde Wohnung luftig und trocken sein muß, so darf sie deshalb doch keineswegs zugig sein. Feuchte Wände im Zimmer, steinerne Fußböden, schlecht schließende Thüren und Fenster bringen stets Nachtheil. Werden im Schlafzimmer die ledernen Schuhe oder Stiefeln mit grünem Schimmel bedeckt, so zeigt dies an, daß es feucht und deshalb zum Schlafgemach untauglich ist. Für die Städter sind die Sommerwohnungen von großem Nutzen, denn nichts kann vortheilhafter in Hinsicht ihrer Gesundheit für sie sein, als wenn sie wenigstens die Nacht in einer reinen unverdorbenen Luft zubringen können; sicher werden sie dadurch vor manchem sie bedrohenden Uebel geschützt.

Nervenschwache, Schwindsüchtige, Engbrüstige u. dgl., besonders aber die Hypochondristen, sollten so viel als möglich den Aufenthalt in großen Städten meiden. Ja schon oft hat man gesehen, daß diese Unglücklichen, deren Leiden durch nichts konnte gemildert werden, ganz allein durch den Aufenthalt auf dem Lande davon befreit und sie wieder heiter und lebensfroh wurden. Dasselbe gilt auch bei nervenschwachen, hysterischen, zu Krampfzufällen aller Art geneigten Frauen. Diejenigen aber, deren Verhältnisse es nicht gestatten, sich diesen wohlthätigen Genuß der Landluft zu verschaffen, die sollten doch suchen, wenigstens einen Ersatz darin zu finden, daß sie sich fleißig Bewegung im Freien machen und darauf sehen, daß ihr Haus und ihre Wohnung so luftig und so frei von jeder Luftverunreinigung gehalten werde als nur möglich.

Die Landhäuser mit dichten Baumanpflanzungen zu umgeben, ist zweckwidrig, denn es sperrt den freien Zutritt der Luft und macht sie feucht, naß, kalt und ungesund. Doppelt schädlich sind solche Wälder um die Häuser in flachen Niederungen. Ungesund als Wohnplätze sind auch die engen Thäler, besonders wenn sie sich von Süden nach Norden öffnen, denn es herrscht in und nahe bei denselben ein beständiger Zug, und die Luft ist mit Dünsten geschwängert, die sich manchmal in so ein Thal gleichsam einsperren.—Die Nähe stehender Gewässer oder Sümpfe muß so viel als möglich vermieden werden, denn aus ihnen entwickeln sich oft die Luft verpestende Dünste und erregen gefährliche und ansteckende Krankheiten. Die aber, welche genöthigt sind, einen solchen Wohnort zu wählen, müssen dann wenigstens suchen, daselbst so trocken als möglich zu wohnen, müssen eine kräftige Diät führen, und sich in jedem Betracht der größten Reinlichkeit befleißigen.

Alles Riechbare verdirbt die Luft, Wohlgerüche nicht ausgenommen; aber es giebt Vieles, was nicht riecht und dennoch dem Menschen höchst verderblich werden kann. Man entferne daher aus seinen Wohngemächern alle übelriechende, sowie alle wohlriechenden Gegenstände, besonders aber aus seinem Schlafgemach alle blühenden und riechenden Gewächse. Ganz besonders nachtheilig sind die so lieblich riechenden weiß und gelb blühenden Zwiebelgewächse, aber auch Nelken, Veilchen, Bohnenblüthe, wenn man sie in verschlossenen Zimmern zur Nachtzeit und im Schlaf einathmet, geben zu Anfällen von Schwindel, Betäubung und selbst zum wirklichen Tode Veranlassung. Eine vorzüglich große Empfänglichkeit für die nachtheiligen Einwirkungen dieser Wohlgerüche findet sich allerdings nur bei nervenschwachen Mädchen und Frauen und bei Hypochondristen. Zu den nicht riechenden, aber höchst gefährlichen

Verderbnissen der Luft in Zimmern gehört namentlich der Kohlendunst aus hartem, besonders aber aus Eichenholz, durch welchen letzteren nach Erfahrung sich die meisten Erstickungsfälle ereignet haben. Um ein solches Unglück bei dieser Feuerung zu vermeiden, sehe man sorgfältig darauf, daß die Oefen wie die Kamine einen richtigen Zug haben, und daß so lange noch Kohlen glühen, die Röhren nicht geschlossen werden. Steinkohlen, deren Dunst zwar riecht, und der deshalb auch leichter wahrnehmbar ist, sind noch gefährlicher und verlangen eine größere Vorsicht. Ein schädlicher Gebrauch ist es, wo man mit Holz einheizt, dasselbe vorher zum Trocknen hinter den Ofen zu legen; aus diesem Holze strömt, wenn es warm wird, ebenfalls eine erstickende Luftart. Der Gebrauch der Kohlenbecken, den manche Frauen sehr lieben, macht sie bleich, erzeugt Schleimfluß und kann in geschlossenen Zimmern Erstickung herbeiführen. — Gährenden Brodteig, so wie Sauerkohl-, Gurken- oder Bierfässer im Zimmer zu haben, ist immer gefährlich. Eben so nachtheilig ist das Bewohnen von Zimmern, die mit aus Terpentin und anderen Oelen bereitetem Firniß oder Farben frisch überstrichen sind.

Bedarf schon der Gesunde der frischen reinen Luft, so ist sie für Kranke noch weit unentbehrlicher, und doch läßt man ihnen so selten diese Wohlthat genießen. Nur zu allgemein herrscht das schädliche Vorurtheil, daß jeder Kranke so warm als möglich gehalten und jeder Zutritt der frischen Luft in sein Zimmer müsse verhindert werden, woher es dann aber auch kommt, daß man bei dem Eintritt in so ein Zimmer durch den Dunst und die Hitze leicht ohnmächtig werden könnte. Daß aber so eine Luft nicht die Wiedergenesung des Kranken befördern kann, ist wohl leicht begreiflich. Herzstärkender wie alle Medizin ist frische Luft für den Kranken; die für Krankenzimmer geeignete Temperatur ist 17 Gr. R. oder 70 F. Freilich muß die täglich erforderliche Lüftung und Abkühlung des Zimmers mit Vorsicht geschehen, damit den Kranken dabei kein Luftzug treffe. Außerdem muß aber auch Alles, was die Luft im Krankenzimmer nur im Mindesten verunreinigen kann, sogleich aus demselben entfernt werden.

Personen mit Schwäche der Lungen, selbst Lungensüchtigen bringt die Ausdünstung frisch geackerter Felder, der sogenannte Humusgeruch, sowie die ammoniakhaltige Luft in Kuhställen Erleichterung und Stärkung.

Von der Bewegung. Daß der Mensch bestimmt ist, im Schweiße seines Angesichts sein Brod zu essen, ist wahrlich kein Fluch, denn ihm wird ja dafür Gesundheit und froher Lebensmuth. Nicht umsonst versah uns die gütige Natur mit dem mächtigen Triebe nach Bewegung; dieser ist uns zu unserer Erhaltung gewiß eben so nothwendig als die Nahrung. Durch Unthätigkeit erschlafft der ganze Körper und öffnet einem Heere von Krankheiten die Thore. Die Verdauung wird geschwächt, die Blutbereitung fehlerhaft, die Ausscheidung der Stoffe träge und mangelhaft, und Leber-, Nieren- und andere bedeutende Unterleibskrankheiten sind die Folge davon. Nur Uebung unserer körperlichen Kräfte gewährt uns Schutz dagegen, so wie diese auch nur allein im Stande ist, die traurigen Folgen der Trägheit zu besiegen. Stubensitzen macht schwache, reizbare Nerven; doch die sich in freier Luft tüchtig bewegen, die wissen nicht, was Nervenschwäche heißt, und entgehen den Qualen der Hysterie und Hypochondrie wohl fast immer.

Ohne freie Ausdünstung der Haut kann der Mensch nie gesund bleiben. Wo aber körperliche Thätigkeit und Bewegung mangelt, da wird diese auch bald gestört werden, woraus dann Gicht, Rheumatismus und fehlerhafte Zustände aller Art nothwendig entstehen.

Unthätigkeit und Trägheit kann leicht zur Gewohnheit werden, und die geringste Bewegung wird dann nur mit Widerwillen und nach vieler Ueberwindung unternommen, wie dies so häufig bei den Hypochondristen der Fall ist, deren Leiden oft dadurch allein unbezwingbar werden. Darum sollte man es sich zu einem unerläßlichen Gebote machen, eben so wenig, als man es unterläßt täglich Speise und Trank zu sich zu nehmen, eben so wenig die tägliche Bewegung und das zwar wo möglich im Freien zu versäumen. Keine Tageszeit ist aber hierzu geeigneter, als der frühe Morgen, wodurch man auch dem so überaus schwächenden langen Liegenbleiben im warmen Bette am Besten abhilft. Eine solche frühe Morgenbewegung erheitert den Geist, weckt den Appetit und verleiht Kraft dem ganzen Körper.

Ein Träger klagt beständig über Unwohlsein im Magen, über Blähungsbeschwerden, Unverdaulichkeit u. s. w. Diese Beschwerden und Klagen aber bahnen nur den Weg zu viel ernsteren Leiden. Zu beseitigen sind sie aber nur durch tüchtige Bewegung, wovon den Kranken aber leider seine Trägheit gewöhnlich abhält.

Die beste Art der Bewegung ist immer nur in freier Luft, und das zwar zu Fuß. Das Fahren ist in der Regel ungenügend, was besonders diejenigen beherzigen sollten, welche glauben, es schicke sich nicht für reiche Leute, zu Fuße zu gehen. Kann man sein Zimmer nicht verlassen, so muß man zu allerhand Leibesübungen seine Zuflucht nehmen, und das

Billiard-, Ball- oder Kegelspiel u. s. w. muß die Stelle der Spaziergänge alsdann vertreten. Graben, Holzsägen, Hobel u. s. w. ist zwar in dieser Beziehung auch anzuempfehlen, nur hat man alsdann besonders darauf zu sehen, daß die Anstrengung und Ermüdung dabei nicht zu groß werde, was übrigens aber auch bei jeder anderen Art von Leibesbewegung stets zu berücksichtigen ist. Unter einer zweckmäßigen Leitung und bei einer gehörigen Beaufsichtigung sind für die Erwachsenen, sowohl als für die Jugend, ja selbst für das kindliche Alter das Turnen und die Schwimmübungen die passendsten kräftigsten Mittel, um den Körper abzuhärten, die Gesundheit zu stärken und ihn von Krankheitsanlagen, ja von einer Menge von Krankheiten selbst zu befreien. Will man bei Kindern das Schiefwerden, welches in den meisten Fällen auf einer theils allgemeinen, theils örtlichen Schwäche beruht, verhüten, oder das schon begonnene wieder beseitigen, so gibt es unter allen Umständen kein besseres Mittel als Turnen und Schwimmen, und löblich ist es, daß die Vorurtheile dagegen beim weiblichen Geschlecht durch das nachahmungswerthe Beispiel der höheren Stände anfangen zu verschwinden. Nichts ist aber verwerflicher als der Rath derjenigen, welche schiefwerdende junge Leute und Kinder glauben dadurch wieder grade zu machen, wenn sie diese eine lange Zeit hindurch das Bett hüten lassen, denn dadurch wird nothwendiger Weise die Schwäche des Körpers und mithin die Ursache des Uebels nur noch vermehrt. Ueberhaupt beherzige man noch die Wahrheit: Trägheit und moralischer Unwerth gehen stets Hand in Hand; und Unthätigkeit führt die Einbildungskraft auf gefährliche Abwege.

Vom Schlaf. Auch der Schlaf verlangt unsere Aufmerksamkeit. Zu wenig Schlaf schwächt und erschöpft die Nervenkraft; zu viel Schlaf macht stumpfsinnig, schwemmt den Körper auf und macht zum Schlagfluß und zur Lähmung geneigt. Also auch in dieser Beziehung darf man nicht von der Mittelstraße abweichen, jedoch unterliegt es einigen Schwierigkeiten, hierin das rechte Maaß zu bestimmen. Das Kind bedarf mehr Schlaf als der Erwachsene, der Arbeitsmann mehr als der Müßige, der Schlemmer mehr als der Enthaltsame. Jedoch wie viel Zeit ein Jeder dazu nöthig habe, ist nicht zu bestimmen: der Eine fühlt sich nach einem fünf- bis sechsstündigen Schlafe gehörig gestärkt, während ein Anderer dazu 8—10 Stunden bedarf.

Kinder kann man immer schlafen lassen, so lange sie nur wollen; für einen Erwachsenen genügen stets 6—7 Stunden, und niemals wird es ein wahres Bedürfniß sein, den Schlaf über acht Stunden hinaus zu verlängern. Die dies thun, schlafen eigentlich nicht, sondern sie liegen blos in einem halb wachen, halb träumenden Zustande da, werfen sich im Bette herum, schlummern nur etwas gegen Morgen und verträumen halb wachend alsdann die Zeit bis 9 Uhr. Wer gut schlafen will, muß am frühen Morgen das Bett verlassen. Die Natur hat zum Schlafe die Nacht bestimmt; den Tag zur Nacht und die Nacht zum Tage machen, wie es bei der vornehmen Welt Sitte ist, steht im Widerspruch mit ihren Gesetzen, weshalb auch die Strafe nicht ausbleibt, und schon manches blühende Leben ist ein Opfer dieser Unnatur geworden.

Um gut zu schlafen, und vom Schlafe gestärkt zu werden, muß man sich gehörige Bewegung im Freien machen, starken Thee und Kaffee meiden, ein leichtes Abendbrod genießen und vor Allem ein heiteres, ruhiges Gemüth besitzen. Dies sind die bewährtesten Opiate.

Hinsichtlich eines leichten Abendessens in Bezug auf einen guten Schlaf findet man zwar einzelne Ausnahmen, allein daraus darf man nie im Allgemeinen auf die Nothwendigkeit einer schweren Abendmahlzeit zur Beförderung des guten Schlafes schließen. Gewöhnlich sind es ja auch nur Solche, welchen aus Gewohnheit dies zum Bedürfniß geworden ist. In der Regel erzeugt dies immer einen unerquicklichen, unruhigen Schlaf, Druck im Magen, ängstliche Träume, selbst das Alpdrücken u. s. w.

Den Vormitternachtschlaf hält man allgemein für den stärkendsten. Ob dies sich wirklich so verhält, oder ob dies blos Sache der Gewohnheit ist, läßt sich eigentlich nicht bestimmen, doch scheint es wohl seine Richtigkeit zu haben; denn da die frühen Morgenstunden ausgemacht zur Thätigkeit und Heiterkeit die beste Zeit sind, so werden auch wohl die ersten Stunden der Nacht zur Beförderung eines erquickenden Schlafes dienen. —Sorge für einen guten Schlaf, dies ist die goldene Regel, um gesund zu bleiben und lange zu leben, denn was der Tag dem Körper an Lebensgeistern entzog, wird durch den Schlaf in der Nacht ihm wieder ersetzt.

Das Auge.

Wie man sein Auge gesund erhalten und Krankheiten desselben verhüten soll.

Es ist leichter, Krankheiten verhüten, als heilen. Dieser allgemein anerkannte Satz gilt ganz besonders in Betreff der Augenkrankheiten. Hunderte von Augenleiden entstehen aus Unkenntniß in der Behandlung und Pflege des Sehorgans; unzählige Unglückliche, welche des Gesichtssinnes zum Theil oder ganz beraubt sind, tragen selbst die Schuld daran. Eine Belehrung nach dieser Seite hin thut daher ganz besonders Noth, sie sollte von dem Lehrer in der Schule, von dem Geistlichen in seiner Gemeinde, ganz besonders aber von dem Arzte, soweit sich sein Wirkungskreis erstreckt, ertheilt werden, und gar manches Unglück und Elend wäre verhütet. In einer Schrift aber, welche von dem Auge und seinen Krankheiten handelt, darf eine solche Belehrung am allerwenigsten fehlen, und wollen wir uns daher bemühen, in diesem wichtigen Kapitel so faßlich wie möglich eine Anleitung zu geben, wie der edelste aller Sinne in seiner Kraft und Gesundheit zu erhalten ist. Um aber nicht abzuschrecken, wollen wir nicht allzuviele und kleinliche Regeln aufstellen; wollte Gott, daß nur die folgenden, wichtigsten überall gewissenhaft beobachtet würden!

Zuerst sei hier von dem in unserer Zeit leider am verbreitetsten Augenübel, von der Kurzsichtigkeit, die Rede. Wir glauben kaum, daß es zuviel gesagt sein wird, wenn man behauptet, daß fast die Hälfte der Menschen in allen civilisirten Ländern an diesem Fehler leidet, wenn man etwa die Ackerbau treibende Klasse abzieht. In den Städten braucht man sich nur auf die Straße zu stellen, und man wird die betrübende Wahrnehmung machen, daß die Hälfte der vorübergehenden jungen Leute eine Brille auf der Nase mit herumschleppt. Und, o Thorheit! sehr Viele bilden sich sogar noch etwas darauf ein, glauben ein „nobles" Ansehen dadurch zu erlangen. In den Augen des Vernünftigen aber hat eine solche Augenkrücke nichts Schönes.

Man glaube nun ja nicht, daß wir hier gegen ein unverschuldetes Uebel, gegen ein Unglück eifern. Rund heraus gesagt: die Kurzsichtigkeit ist in den meisten Fällen wissentlich oder unwissentlich **selbst verschuldet**! Werden dem Säuglinge die Spielwerkzeuge immer dicht vor die Augen gehalten; haben die Kinder in der Schule den Kopf zu nahe am Buche; halten überhaupt junge Leute beim Lesen oder Schreiben die Augen zu dicht auf das Papier; wird aus Thorheit eine Brille oder Lorgnette getragen: nun, wie darf man sich dann wundern, daß Kurzsichtigkeit die Folge ist? Gewöhnt man sich, die Dinge stets aus nächster Nähe zu betrachten, so nehmen die brechenden Körper im Auge eine solche Stellung an, daß die Gegenstände in dieser geringen Entfernung gesehen werden können; diese Stellung aber wird, eben wegen der Gewöhnung, zu einer bleibenden, und das Sehen in die Ferne, das normale Sehen, ist eine Unmöglichkeit geworden.

Es gehen nun hieraus folgende Regeln hervor:

Man suche aufs Sorgfältigste die eben angegebenen und ähnliche Ursachen der Kurzsichtigkeit zu vermeiden.

Ist diese Kurzsichtigkeit schon da, so kann man in der Jugend noch dieselbe ganz beseitigen oder doch sehr mildern. Zu diesem Ende bediene man sich der Brille so selten wie möglich. Man schaue oft und lange auf entfernte Gegenstände. Man wähle beim Arbeiten die möglichst große Sehweite und suche diese mehr und mehr zu vergrößern.

Durch Beobachtung dieser Vorschriften wird man aber auch dann noch Vieles ausrichten, wenn die Kurzsichtigkeit **angeboren** ist. Vor Allem wähle man jedoch keine zu scharfe Brille, wenn man nicht auf die Aussicht verzichten will, daß in spätern Jahren durch Flacherwerden der Hornhaut die Natur selbst das Uebel heben werde.

Bei sehr vielen Menschen, welche an **Schwäche** oder sonstiger **Verderbtheit** der Augenleiden, ist dieses Uebel schon in der allerfrühesten Periode ihres Lebens hervorgerufen. Wenn grelles Licht, rascher Temperaturwechsel, Zugluft, Staub, Rauch u. dgl. schon dem Auge des Erwachsenen sehr nachtheilig sind, um wie viel mehr muß dies bei dem noch so äußerst zarten Sehorgan der **Neugebornen** oder **Säuglinge** der Fall sein. Man lasse ja kein direktes Sonnen- oder Kerzenlicht in die Augen solcher zarten Wesen fallen; Lähmung des Sehnervs, also schwarzer Staar, würde eine sehr häufige, traurige Folge davon sein. Schon aus diesem Grunde ist die Verdunkelung des Zimmers, worin eine Wöchnerin ruht, erforderlich; nicht minder aber auch das Fernhalten von Rauch, Staub, unreiner oder Zugluft, sowie das

Erhalten der Temperatur auf einem mäßigen Wärmegrad. Man achte ferner sorgfältig auf die Kindermädchen oder Ammen, und dulde durchaus nicht, daß Säuglinge mit dem Gesichte nach oben gerichtet im Freien umhergetragen werden. Oft muß man zu seinem Bedauern sehen, wie man aus Spielerei (oder auch wohl um kleine Schreihälse zu beruhigen) Säuglinge in die Kerzenflamme blicken ließ und diese ihnen bald näherte, bald entfernte oder wohl gar vor ihren Augen tanzen ließ. Wenn da die Augen der Kinder gesund bleiben, so ist es wahrlich die Schuld der Eltern oder derer, die über sie wachen sollen, durchaus nicht.

Auch der Erwachsene soll den plötzlichen Uebergang vom hellen Licht zur Dunkelheit und umgekehrt vermeiden. Man merke sich aber besonders, daß das Licht, welches von unten, oder von der Seite her ins Auge fällt, dieses stets weit mehr angreift, als das nur von oben kommende. Sehr nachtheilig ist ferner das Arbeiten bei fehlerhafter, bei zu schwacher oder zu greller Beleuchtung. Aus diesen Sätzen ergeben sich folgende Regeln:

Man suche zu verhüten, daß Morgens beim Erwachen sogleich das volle Tages- oder Sonnenlicht ins Auge falle.

Man blicke nicht in die Sonne, schaue nicht anhaltend ins Feuer, in den Mond, auf eine hellerleuchtete Wand u. s. w.

Man schütze die Augen — besonders der Kinder — durch das Tragen einer Mütze oder eines Hutes mit etwas breitem Schirme oder Rande.

Man suche so viel wie möglich die Einwirkung der reflektirten Strahlen zu verhüten, wenn man über beschneiten Boden, auf einer von der Sonne beschienenen Chaussee oder Sandfläche gehen muß.

Das Lesen, Schreiben u. s. w. in der Dämmerung ist ganz zu vermeiden, ebenso bei flackerndem Kerzenlicht. Der, welcher bei Licht arbeiten muß, soll überhaupt sich einer Lampe mit einem Lichtschirm bedienen, dann aber nicht die Stelle benutzen, auf welche unter dem Schirm her das grellste Licht fällt.

Niemals soll man im Bette lesen. Die Beleuchtung ist dabei fast immer zu grell oder fällt von der Seite her. Außerdem aber kann man dabei die Augen selten in normaler Lage halten; man muß sie zu sehr nach einer Seite oder nach unten richten. Dadurch werden die Augenmuskeln zu sehr angestrengt, gezerrt, und Schwäche derselben ist die Folge.

Die Schulstuben (auch andere Arbeitszimmer) sollen weder zu

schwach noch zu grell beleuchtet sein. Das Licht muß von **einer** Seite (links) und mehr von oben einfallen.

Man könnte noch manche andere Regeln über diesen Punkt aufstellen; allein der Einsichtsvolle wird, wenn er sich die oben ausgesprochenen Grundsätze merkt, dieselben ohne dies auffinden. Würden aber nur die gegebenen befolgt, so dürfte man wahrlich schon sehr zufrieden sein. Eine fernere Quelle vieler Augenleiden ist der Aufenthalt in einer Atmosphäre, welche Staub, Rauch, oder sonstige beißende Dünste enthält. Manche Arbeiter, namentlich in Fabriken, können leider diesen Uebelstand nicht vermeiden. Ist es nun aber auch für Solche unmöglich, sich den nachtheiligen Einflüssen einer solchen Luft ganz zu entziehen, so vermögen sie doch dieselben bedeutend zu verringern, wenn sie ihren Augen oft eine kurze Erholungszeit gewähren und sie häufig (aber nicht, wenn sie gerade erhitzt sind) mit kaltem, durchgeseihtem Regenwasser (oder Brunnenwasser) reinigen. Man bediene sich hierzu eines weichen, leinenen Läppchens, **wische** aber nicht damit durch oder über das Auge, sondern **betupfe** es.

Zur Kühlung und Reinigung des kranken Auges soll man sich nie einer anderen Flüssigkeit bedienen, als des reinen, von allen Salzen, erdigen oder sonstigen Beimischungen befreiten Wassers, also des **durchgeseihten** Regenwassers oder, noch besser, des destillirten. Ist dasselbe zu kalt, so gieße man einige Tropfen heißer Milch hinzu, bis es den geeigneten Temperaturgrad erlangt hat. Man lege dasselbe nie mit einem Schwamm, sondern stets mit einem weichen, leinenen Läppchen auf und reinige auch nur mit einem solchen (tupfend, nicht wischend) das Auge, um jede Reizung zu vermeiden.

Bei schwachen Augen ist es besser, statt Milch etwas kölnisches Wasser zuzusetzen, ebenso ist Fenchelwasser ein sehr wohlthuendes Mittel, schwache Augen damit täglich einige Male zu waschen.

Je mehr Sekret ausgeschieden wird, desto größeres Gewicht ist auf diese Vorsichtsmaßregel zu legen. Das entfernte Sekret darf nicht von Neuem mit dem Auge in Berührung gebracht werden, deshalb ist das Läppchen sehr oft mit einem frischen zu vertauschen. Auch merke man sich, daß dieser ausgeschiedene Stoff höchst ansteckend ist, und sei deßhalb sorgfältig bedacht, daß davon Nichts in das eigene gesunde oder eines Andern Auge gelange.

Das kranke Auge soll niemals zugebunden werden. Der dadurch bewirkte Druck ist äußerst nachtheilig und steigert in den meisten Fällen das Uebel bedeutend. Man schütze dasselbe vielmehr mittelst eines großen Schirms von grünem, grauem oder blauem Papier, eines lose hängenden leinenen Läppchens und verweile bei entzündlichen Zuständen wo möglich in einem verdunkelten Zimmer.

Da das Sehorgan so eng und nah mit dem Gehirn in Verbindung steht, so muß Alles, was auf dieses mittel= oder unmittelbar einwirkt, auch auf jenes einen Einfluß ausüben. Eine mittelbare Einwirkung findet durch irgend welche Affektionen des Nervensystems Statt. Daß alle freudigen Affekte auch belebend auf das Auge wirken, ist schon durch die Redensarten: „Die Augen glänzen ihm vor Freude", „das Glück strahlt ihm aus den Augen" u. dgl. m. allgemein anerkannt. Ein Jeder kann aber diese Beobachtung auch leicht bei sich selber machen, und er wird finden, daß seine Blicke weit klarer und schärfer in die Außenwelt dringen, wenn er von Frohsinn, Hoffnung, Muth u. s. w. erfüllt ist, als sonst. Im entgegengesetzten Sinne aber wirkt alles Das, was das Nervensystem deprimirt, schwächt oder überreizt. Hierher gehören häufige Zorn= und Aergeranfälle nicht minder, als Gram, Kummer u. dgl.; hieher gehören aber auch die nervenerregenden oder abtödtenden Medikamente, welche fast alle aus den schrecklichsten Giften bestehen. Wie sehr endlich Ausschweifungen aller Art, besonders aber geschlechtliche, das Augenlicht schwächen, ist eine allgemein bekannte Thatsache. Was folgt hieraus? Regeln, welche wir hier nicht aufzuzählen brauchen, da sie von Lehrern und Erziehern, von Kanzelrednern und Schriftstellern, von Himmel und Erde gepredigt (leider aber dennoch nicht genügend beherzigt) werden. — Unmittelbar wirkt nachtheilig auf das Gehirn und dadurch auf die Augen Alles, was ersteres heftig erschüttern kann: Schläge oder Stöße auf den Kopf, Ohrfeigen u. s. w.; auch die Douche (ein leider bei vielen, namentlich Kaltwasser=Aerzten beliebtes „Heil"=Mittel!) ist hierher zu zählen.

Wie jedes andere Organ, so muß auch das Auge, nachdem es durch Anstrengung erschöpft worden, sich durch Ruhe wieder erholen. Ist dasselbe daher den Tag über in Thätigkeit gewesen, so soll es nicht auch noch einen großen Theil der Nacht hindurch angestrengt werden, namentlich, da hier noch andere Nachtheile (siehe oben) hinzukommen. Man gönne sich daher, wo immer möglich, die nöthige Nachtruhe, und man wird mit dem erfrischten Gesicht, wie ganzem Körper, gewiß mehr leisten können, als in den dem Schlafe entzogenen Stunden möglich gewesen wäre. Indeß sollten Diejenigen, welche ihre Augen besonders anhaltend gebrauchen müssen (wie beim Lesen, Schreiben, Nähen, Sticken u. s. w.) diesen auch während des Tages oft eine kurze Ruhezeit, wenn auch einer nur von einigen Minuten, gewähren. Leute, welche durch solche Beschäftigung sich ernähren müssen, haben dies um so nöthiger, da ja von der dauernden Erhaltung ihrer Sehkraft ihre Existenz abhängt.

Zu allen den bisher genannten Ursachen der Augenübel kommt nun noch eine der allerhäufigsten und wichtigsten: Die **Erkältung**, sowohl die **allgemeine** als die **örtliche**. Fast jede Krankheit, welche im Körper herrscht, zieht gern die Augen in Mitleidenschaft, keine aber so leicht und rasch, wie die Erkältung. Ein ganzes Heer von Augenleiden ist in ihrem Gefolge, und der darf sich noch glücklich preisen, welcher mit einer einfachen Entzündung davon kommt. Im vorhergehenden Theile dieses Buches wird deshalb aufs Angelegentlichste vor Erkältung gewarnt, weil dieselbe überhaupt die Quelle sehr vieler, man könnte sagen, der meisten Krankheiten ist; hier wird diese Warnung ebenso dringend wiederholt. Man vermeide vor Allem die Zugluft; strömt dieselbe direkt auf das Auge, so wird sich in den meisten Fällen sehr rasch eine Entzündung entwickeln. Dasselbe ist in noch höherem Maße der Fall, wenn die Augen sofort Morgens nach dem Aufstehen, da dieselben noch erhitzt sind, mit kaltem Wasser gewaschen werden. Mindestens eine halbe Stunde soll man damit warten. Wie nachtheilig das Verweilen in nassen Kleidern, besonders mit nassen Füßen, ist, weiß Jedermann. Auf die Augen aber hat dies meistens selbst dann einen sehr üblen Einfluß, wenn auch sonstige Krankheiten ausbleiben sollten. Hat man aber einmal nicht umhin können, sich solchen schädlichen Einflüssen (oder ähnlichen, welche alle hier aufzuzählen Ueberfluß wäre) auszusetzen, so wende man sofort nachher, ehe man noch üble Symptome verspürt, eine reichliche Applikation des Lebensweckers auf den ganzen Rücken an, und in den meisten Fällen wird die dadurch hervorgerufene Reaktion die stattgehabte schädliche Einwirkung auf den Körper eliminiren und dem befürchteten Uebel vorbeugen. Schließlich sprechen wir noch unsere innerste Ueberzeugung aus, wenn wir behaupten, daß wie andere, auch sehr viele Augenleiden nicht auftreten würden, falls ein Jeder, selbst der, welcher sich ganz gesund fühlt, im Frühjahr und Herbst eine Lebenswecker-Kur gebrauchte. Dieselbe braucht nur darin zu bestehen, daß eine reichliche Operation auf dem Rücken vorgenommen würde, welche etwa nach zehn Tagen zu wiederholen wäre und unter Umständen, abermals zehn Tage später zum dritten Male stattzufinden hätte. Gar manche schädliche Stoffe, die sich doch nach und nach im Körper ansammeln, versteckter Rheumatismus, beginnende Gichtablagerung u. s. w. würden ausgeschieden, die Nerven zu erneuter Spannkraft erweckt, die Hautthätigkeit wieder erhöht, die Blutcirkulation zu größerer Energie angeregt, und in dem Maße, wie hierdurch der ganze Organismus gereinigt und gekräftigt würde, wäre er auch gegen schädliche Einflüsse, denen wir nun einmal nie ganz zu entgehen vermögen, geschützt. Mittelbar würde dies auch von sehr wohlthätigen Folgen für das Sehorgan sein, da dessen Gesundheit ja zum großen Theil von der Gesundheit des ganzen übrigen Körpers abhängt. Genug! Wir haben hiermit unsere Pflicht erfüllt; erfülle nun auch jeder Leser die seinige, die Pflicht gegen sich selbst, zu seinem eigenen Vortheil und Segen.

Spezieller Theil.

Wir schreiten nun zu der Betrachtung der einzelnen Augenkrankheiten und der Anwendung des Lebensweckers in den besondern Fällen. Es liegt in der Natur der Sache, daß wir uns dabei nicht an die in andern augenärztlichen Werken beobachtete Reihenfolge und Eintheilung —meist auf die topographische Anatomie basirt— halten, sondern eine ganz andere Ordnung wählen. Bei unserm Heilverfahren kommt es in sehr vielen Fällen gar nicht darauf an, ob das Uebel in diesem oder jenem Theile des Sehorgans seinen Sitz hat und wie es nach dem Augenspiegel beurtheilt wird, ja Augenkrankheiten, welche nach der gewöhnlichen medizinischen Anschauungsweise sehr verschieden sind, werden auf dieselbe Art geheilt. Höchstens haben wir dabei die in dem verschiedenen Sitze begründete größere oder geringere Hartnäckigkeit in Betracht zu ziehen. Wir beginnen daher mit dem am allerhäufigsten zu findenden Augenübel, mit der

1. Augenentzündung.
(Ophthalmia.)

Eine Entzündung überhaupt besteht darin, daß die kleinsten Blutgefäße (Capillaren), durch deren Wandung im normalen Zustande die zur Ernährung der Gewebe erforderliche Bildungsflüssigkeit aus dem Blut in qualitativ und quantitativ richtiger Weise hindurchschwitzt, sich erweitert und mit Blut überfüllt haben. In solchem Zustande muß natürlich eine anders gemischte Flüssigkeit in größerer Menge hindurchtreten; diese führt den Namen: Ausgeschwitztes, Exsudat. Das Exsudat tritt zwischen die kleinsten Theilchen der Gewebe, ergießt sich auch in Höhlen, wo diese vorhanden sind. Hier bildet es sich, dauert der Prozeß länger, zu abnormen Geweben, Fasern und Zellen, oder zu Eiter um, welcher letztere schließlich jauchig zerfallen kann. So entstehen dann Geschwülste, Verwachsungen, Eiterung u. s. w. Die Symptome der Entzündung sind Röthe, Anschwellung, Hitze, Spannung, Schmerz. Die Heilung wird dadurch bewirkt, daß das Blut in dem entzündeten Theile wieder flott gemacht wird und das Exsudat zur Auffaugung (Resorption) gelangt. Auf welche Weise der Lebenswecker dies bewirkt, haben wir oben gesehen.

Die Aerzte haben heut zu Tage für jedes Gebilde des Auges eine besondere (Bindehaut-, Hornhaut-, Regenbogenhaut- u. s. w.) Entzündung, obwohl sie selbst gestehen, daß dieselbe sich sehr selten auf einen solchen Theil beschränkt. Wir bleiben hier bei der allgemeinen Ophthalmia und bringen dieselbe—weil hierauf die Verschiedenheit des Heilverfahrens beruht—nur nach ihren Ursachen in folgende Unterabtheilungen:

a. Catarrhalische Augenentzündung (O. catarrhalis).

Symptome. Juckender, brennender Schmerz; Gefühl, als wäre Sand im Auge. Die Bindehaut ist geröthet; oft etwas ins Gelbliche spielend; die Blutgefäße derselben sehr deutlich. Die Libränder und Augenwinkel oft blaßroth und etwas geschwollen. Morgens sind die Augen verklebt; die Lichtscheu ist Abends am stärksten. Das Auge ist anfangs trocken; läßt das Uebel nach, so beginnt die Schleimabsonderung.

Ursachen. Erkältung; sie erscheint in Begleitung des Schnupfens.

Verlauf. Kann bis 14 Tage dauern. Bei Vernachlässigung wird sie leicht chronisch, und geht in Schleimfluß über. Bei rechtzeitiger Anwendung des Lebensweckers geschieht das nie und die Heilung erfolgt meist schon in 2—4 Tagen.

Heilverfahren. Der Lebenswecker wird im Nacken und hinter den Ohren (bei sehr hartnäckigen Fällen auch im Rücken) angewandt. Selbstverständlich ist hier, wie bei allen folgenden, Ruhe und größte Schonung des Auges erforderlich. Man trage einen Schirm und verweile im warmen Zimmer.

b. Rheumatische Augenentzündung (O. rheumatica).

Symptome. Viel heftiger, als bei der vorigen. Schmerz reißend und stechend, nicht nur im Auge, sondern auch in der Umgebung, im Kopf, in den Ohren, Zähnen u. s. w. Die Röthe ist sehr stark; oft trübt sich die Hornhaut und die Pupille wird verengt durch Ausschwitzungsprodukte. Auf der Bindehaut ein eigenthümlicher Kranz von Aederchen. Von Zeit zu Zeit Hervorbrechen von heißen Thränen. Starke Lichtscheu, welche spät Abends am größ'en ist.

Ursachen. Rheumatismus und was denselben veranlaßt.

Verlauf. Langsamer als vorige; jedoch mit dem Lebenswecker ebenfalls sicher und in verhältnißmäßig kurzer Zeit zu heilen.

Heilverfahren. Anwendung des Lebensweckers im ganzen Rücken, auf der Bauchfläche und hinter den Ohren. Zeigt sich nach 3—4 Tagen noch keine bedeutende Abnahme der Symptome, so schnelle man noch 1—2 Züge in der Schläfengegend, jedoch gelinde, ein.

c. **Gichtische Augenentzündung** (O. arthritica).

Symptome. Schmerz bohrend und reißend, vorzüglich in den Augenhöhlenknochen. Dunkle Röthe der Bindehaut, auf welcher einzelne Aederchen schlangenförmig verlaufen. Um den Hornhautrand ein bläulicher Ring. Ein weißer, schaumiger Schleim wird abgesondert, welcher nicht erhärtet, wie der gewöhnliche. Heftige Lichtscheu; Flammensehen; das Sehvermögen ist gestört. Die Pupille kann verengt, aber auch erweitert und oval verzogen sein.

Ursachen. Gicht und ihre Urheber; eine Erkältung veranlaßt oft den Ausbruch der Krankheit. Meist bei bejahrten Leuten.

Verlauf. Jahrelange Gichtanfälle, Podagra, Chiragra, gehen meistens vorher. Dann Schmerzen in den Knochen der Augenhöhle und Prickeln im Auge, worauf sich die obigen Symptome nach und nach anreihen. Bei Vernachlässigung oder verkehrter Behandlung folgt äußerst leicht grauer oder schwarzer Staar. Wer dieses Heilverfahren gegen die bestehende Gicht anwendet, wird das Entstehen dieses Uebels schwerlich zu fürchten haben; selbst bei Erscheinen der genannten Vorläufer wird dadurch der Krankheit noch in den allermeisten Fällen vorgebeugt, oder der Verlauf doch zu einem sehr gelinden und gutartigen gemacht.

Heilverfahren. Der Lebenswecker wird in reichlichem Maße auf den ganzen Rücken, die Magengegend, im Nacken und hinter die Ohren applizirt und diese Operation wiederholt, sobald die entstandenen Pusteln ꝛc. abgeheilt sind. Dabei sehr mäßige Kost. Ist die Krankheit verschwunden, so muß dennoch mit der Operation auf Rücken und Magenfläche noch einige Zeit fortgefahren werden.

d. **Hämorrhoidal-Augenentzündung** (O. hæmorrhoidalis).

Symptome. Aehnlich den vorigen, aber gelinder. Die Schmerzen sind klopfend, nicht bohrend. Oft Blutergüsse im Innern des Auges. Befällt nur ein Auge, nicht beide zugleich.

Ursachen. Unterdrückter Hämorrhoidalfluß und Stockungen in der Leber, verbunden mit Anstrengung der Augen.

Verlauf. Chronisch, in periodischen Anfällen. Die Aufhebung der Blutstockungen hebt das Leiden stets; soll es aber gar nicht wiederkehren, so müssen die Hämorrhoiden u. s. w. gänzlich beseitigt werden, was nur durch den Lebenswecker (falls derselbe mit einiger Beharrlichkeit angewandt wird) ausführbar ist.

Heilverfahren. Applikation im Rücken, namentlich der Kreuzgegend, auf den Unterleib und die Waden, sowie in 2—3 Zügen auf das Mittelfleisch (zwischen After und Geschlechtstheilen). Das Auge selbst wird blos mit (nicht zu kaltem) Wasser gereinigt und abgekühlt.

e. **Menstrual-Augenentzündung** (O. menstrualis).

Symptome. Sehr ähnlich den vorigen; doch bilden sich hier auch kleine Geschwülste am Hornhautrande. Ferner leicht Anschwellung der Hornhaut und Augen-Wassersucht.

Ursache. Das Uebel erscheint beim weiblichen Geschlechte durch Ausbleiben der monatlichen Reinigung.

Verlauf. Wie die vorhergehende.

Heilverfahren. Wie bei der vorhergehenden, nur ist es hier in hartnäckigern Fällen auch gerathen, auf die inneren Oberschenkelflächen zu appliziren. Auf das Auge Aufschläge von kaltem Wasser. Die Menses werden auf diese Weise wieder hergestellt; bei Frauen aber, welche bereits das klimakterische Alter erreicht haben, wird der Blutandrang nach den Augen jedenfalls abgeleitet und das Uebel so in allen Fällen geheilt.

f. **Wochenbett-Augenentzündung** (O. puerperalis).

Symptome. Starke Röthe der Bindehaut und zeitweises Anfüllen der Augenkammern mit einer weißlichen Flüssigkeit. Meist nur auf einem Auge. Am häufigsten bei Wöchnerinnen.

Ursachen. Unterdrückte Milchabsonderung und gestörte Wochenbettreinigung.

Heilverfahren. Applikation des Lebensweckers auf die Kreuzgegend, den Unterleib und die innere Seite der Oberschenkel stellt die gestörten Sekretionen wieder her und heilt so das Uebel. Bei hartnäckigerm Verweilen der trüben Flüssigkeit im Auge 1—2 Züge hinter das Ohr der kranken Seite.

g. Augenentzündung der Neugebornen (O. neonatorum).

Symptome. Die Bindehaut röthet sich, das Oberlid schwillt ein wenig an; kleine Krusten an den Wimpern und des Morgens heller Schleim im Auge; dabei Lichtscheu und vermehrte Thränenabsonderung. Später schwillt das obere Augenlid stärker an und wird roth, oft bläulich; viel ätzender Schleim, der erhärtend das Auge verklebt. Dieser Schleim wird endlich eiterartig, gelblich oder grünlich; das Augenlid sehr gespannt; die Hornhaut trübe und mit Geschwürchen bedeckt. Oft erscheint dann ein Blutwasser ähnlicher Ausfluß, und wenn es erst so weit gekommen, geht meist das Auge zu Grunde.

Ursachen. Sie befällt meist die zarten Augen der Neugebornen einige Tage nach der Geburt bei schlechter Pflege und unreiner Luft. Zu starkes Licht oder plötzlicher Temperaturwechsel geben leicht Veranlassung zu diesem Uebel. Sehr häufig ist sie epidemisch.

Verlauf. Die einzelnen Stadien können längere oder kürzere Zeit währen, oft nur einige Tage, oft wochenlang. Je rascher der Verlauf, desto größer die Gefahr. Hat das Uebel erst seine höchste Stärke erreicht, so ist die völlige Heilung schwer, und es bleiben oft Narben, Trübungen und Schwäche zurück, die der Anwendung des Lebensweckers nur nach sehr anhaltendem Gebrauche weichen.

Heilverfahren. Größte Reinlichkeit, gleichmäßige Temperatur, dunkles Zimmer sind die ersten Bedingungen einer leichten und glücklichen Kur. Bei Erfüllung derselben bedarf es Anfangs nichts, als daß ein wenig von dem Oel hinter jedes Ohr gestrichen werde, um die Entzündung abzuleiten. Das Auge wird mit laulichem Wasser gereinigt. Ist das zweite Stadium schon eingetreten, so müssen einige (leichte) Einschnellungen im Nacken hinzukommen. Das Auge muß sehr oft gereinigt werden; der Schleim darf keine Zeit haben sich in größerer Menge anzusammeln. Im dritten Stadium—welches bei rechtzeitiger Anwendung obigen Verfahrens nur äußerst selten erscheint—kommt Applikation des Rückens (10—12 Züge, gelinde) hinzu. Die Eiterung hinter den Ohren in Folge der Oeleinreibung muß unterhalten werden, also neue Bepinselung, sobald dieselbe aufhören will; auf die Reinigung u. s. w. ist die größte Sorgfalt zu verwenden.

h. **Rosenartige Augenentzündung** (O. erysipelatosa).

Symptome. Gelbliche Röthe der Augenlider mit mäßiger Anschwellung. Schmerz und Lichtscheu nicht bedeutend, mehr Spannung und Druck. Thränenabsonderung reichlich. Dabei aber allgemeines Unwohlsein und oft auch Fieber. Befällt meist nur ein Auge. Alle diese Symptome können aber heftiger werden und das Uebel nimmt dann einen bösartigern Charakter an.

Ursachen. Das Uebel ist ein Rothlauf und wird am Auge wie an andern Körpertheilen meist durch eine abnorme Reizung der Haut hervorgebracht.

Verlauf. Die Krankheit kann bei gehöriger Vorsicht von selbst verschwinden; aber es können auch eiternde Geschwüre sich bilden und es kann Brand entstehen.

Heilverfahren. Operation auf dem Rücken und hinter den Ohren und den hierauf erfolgenden Schweiß wohl unterhalten, verhindert jeden übeln Ausgang. Das Reinigen des Auges muß mit warmem Wasser geschehen.

i. **Flechtenartige Augenentzündung** (O. herpetica).

Symptome. Auf der Bindehaut flechtenartige gelbliche oder bräunliche Flecken mit einzelnen vergrößerten Blutgefäßen. Das Licht wird nicht gut ertragen.

Ursachen. Fast immer entsteht das Uebel in Folge Verschwindens, resp. Vertreibung durch verkehrte (ärztliche) Mittel, einer Flechte, welche sich hiernach auf das Auge wirft.

Verlauf. Je nach dem Alter mehr oder minder langsam.

Heilverfahren. Applikation des Lebensweckers auf den Rücken, hinter die Ohren und auf den Unterleib, sowie an die Stelle, wo etwa die Flechte früher vorhanden war. Die Schärfe des Blutes wird dadurch entweder ohne Weiteres beseitigt, oder die Flechte tritt erst wieder an ihrer frühern Stelle auf und verschwindet dann bei fortgesetztem Verfahren; in beiden Fällen wird das Auge frei.

k. **Krätzige Augenentzündung** (O. psorica).

Symptome. Auf den Augenlidern ein krätzartiger Ausschlag, der sich nach und nach weiter verbreitet. Juckender Schmerz wie bei der Krätze.

Ursachen. Entweder Ansteckung durch Krätzgift oder zweckwidrige Vertreibung der Krätze, nach welcher sie sich auf die Augen wirft.

Verlauf. Wie vorige.

Heilverfahren. Reichliche Applikationen des Lebensweckers auf den Rücken, den Bauch und hinter die Ohren, dabei höchste Reinlichkeit, sowohl der Augen, wie des ganzen Körpers.

1. Storbutische Augenentzündung (O. scorbutica).

Symptome. Geschwollene, röthliche Augenlider; das Auge dunkel geröthet mit geschlängelten Aederchen; trübe Hornhaut; schmutzige Schleimabsonderung; die Thränen oft blutähnlich.

Ursache. Skorbutische Säfteentartung.

Verlauf. Wie vorige.

Heilverfahren. Reichliche, wiederholte Anwendung des Lebensweckers im Rücken, Nacken, auf Magen und Bauch und hinter den Ohren. Das Auge ist mit kaltem Wasser zu reinigen.

m. Strophulöse Augenentzündung (O. scrophulosa).

Symptome. Dunkle Röthe mit erweiterten Blutgefäßen am ganzen Augapfel; stechender Schmerz; scharfer, dünner Schleim; große Lichtscheu, am stärksten des Morgens; starke Adern auf den Augenlidern; die Lidränder schwielig, oft hart und ungleich; Hornhaut röthlich trübe. Die Befallenen tragen meist die Zeichen allgemeiner Strophulosis an ihrem ganzen Körper.

Ursache. Strophulöse Säfteentartung.

Verlauf. Wie vorige; bei langer Dauer können Geschwüre auf der Hornhaut entstehen.

Heilverfahren. Da dasselbe gegen die allgemeine, strophulöse Krankheit sich wendet, so muß bemerkt werden, daß nicht in allen Fällen eine gänzliche Kur zu erzielen ist, nimmt jedenfalls eine längere Zeit in Anspruch, besonders, wenn dieses Leiden angeerbt oder schon lange bestanden hat. Die Operation geschieht in reichlichen Zügen auf dem Rücken, Unterleib und hinter den Ohren, und man ist jedenfalls sicher, daß das Uebel keine weitern Fortschritte mache.

n. Tripper-Augenentzündung (O. gonorrhoica).

Symptome. Starke Röthe und Lichtscheu; Schmerzen in der Gegend der Augenbrauen; zäher, grünlicher Schleimausfluß und reichliche Thränen; meist die Bindehaut wulstartig um die Hornhaut aufgetrieben. Der Schleim wird bald dicker, gelblich; das Oberlid schwillt an und wird dunkelroth; endlich Geschwüre auf der Hornhaut.

Ursachen. Entweder Ansteckung dadurch, daß Trippergift in die Augen gekommen ist, oder plötzliches Aufhören, Stopfung eines vorhandenen Trippers.

Verlauf. Schneller oder langsamer, je nach den Umständen. Je rascher, desto gefährlicher. Es kann sogar, wenn nicht schleunige Hülfe kommt, das Auge verloren gehen.

Heilverfahren. Es kommt hauptsächlich darauf an, den Tripper in den Geschlechtstheilen (wieder) hervorzurufen. Dieses geschieht immer, wenn man den Lebenswecker sofort im ganzen Rücken, auf den Unterleib und die innern Seiten der Oberschenkel applizirt. Außerdem mag man 1—2 Züge hinter jedes Ohr einschnellen. Man muß sich hinsichtlich der Diät und sonstigen Vorsichtsmaßregeln genau nach den Vorschriften halten, die unter der Rubrik „Lustseuche" (Syphilis) angegeben sind. Die Geschlechtstheile müssen recht warm gehalten werden. Die Augen sind mit nicht zu kaltem Wasser zu reinigen. Dabei Ruhe und dunkles Zimmer.

o. **Syphilitische Augenentzündung** (O. syphilitica).

Symptome. Allgemeine, doch nicht zu starke Röthe des Augapfels mit einem Gefäßkranz um die Hornhaut; Schmerzen Abends, Morgens gewöhnlich keine; die Hornhaut trübt sich und später erscheinen Geschwürchen auf ihr, welche auch am freien Rande der Regenbogenhaut auftreten können; die Pupille ist verzerrt, das Sehvermögen gestört.

Ursachen. Allgemeine im Körper befindliche Venerie. Sie ist also eine ganz andre, als die vorige und ebenfalls leicht zu erkennen.

Verlauf. Aehnlich wie bei der vorigen, aber langsamer.

Heilverfahren. Applikationen ganz wie bei der vorigen, aber auch im Nacken und in hartnäckigern Fällen auch in der Schläfengegend. Dabei schmale Kost und (damit das syphilitische Gift aus dem Körper entfernt werde) sorgfältige Unterhaltung des Schweißes. Ferner weisen wir auch hier auf die Rubrik „Lustseuche" (Syphilis) hin.

p. **Egyptische Augenentzündung** (O. aegyptiaca s. bellica).

Symptome. Stimmen fast ganz, wenigstens Anfangs, mit denen bei Augenentzündung der Neugebornen überein. Auf der innern Seite des untern Augenlides hervorragende Pupillarkörper. Die Schmerzen steigern sich bald außerordentlich, und das Sehvermögen ist fast ganz aufgehoben. Wird nicht die richtige Hülfe geboten, so erreichen endlich alle Zufälle den höchsten Grad. Das obere Augenlid schwillt außerordentlich an und das untere legt sich wulstig um und schließlich geht das Auge verloren. Gewöhnlich werden beide Augen befallen.

Ursachen. Sie ist ursprünglich in Egypten zu Hause, von woher sie durch das Heer Napoleons 1798 nach Europa herübergebracht worden ist. Meist wird das Militär davon befallen, wozu schlechte Luft, Unreinlichkeit u. s. w. durch das Zusammenleben in Kasernen, Strapazen, enge Halsbekleidung, schwere Kopfbedeckung u. dgl. die Veranlassung geben. Da die Krankheit sehr ansteckend ist, kann sie sich rasch epidemieartig, verbreiten.

Verlauf. Bald sehr schnell, bald langsamer. Hat sie schon länger bestanden, so ist eine radikale Heilung sehr schwer.

Heilverfahren. Man vermeide vor Allem die begünstigenden Ursachen. Den Lebenswecker applizire man im ganzen Rücken und Nacken, auf die Bauchfläche und die Waden, sowie hinter die Ohren. Bemerkt man nach 24 Stunden noch keine Besserung, so füge man noch einige Züge auf die Schläfengegend hinzu. Das Auge wird sorgfältig und recht oft mit lauem Wasser gereinigt. Auf die Augenlider Aufschläge von kaltem Wasser, dem etwas kölnisches Wasser (Eau de Cologne), zugesetzt ist.

Anmerkung. Es gibt zwar noch einige andre Arten von Augenentzündungen; allein wir dürfen uns auf obige beschränken, da jene entweder mit der einen oder andern der beschriebenen in ihren Hauptsymptomen übereinkommen und dann auch ebenso behandelt werden, oder die Begleiter irgend einer Krankheit, z. B. der Masern, der Pocken, sind, wo sie dann bei Beseitigung dieser Krankheiten ebenfalls verschwinden, und für solche Fälle muß ich auf die in diesem Lehrbuch gegebenen allgemeinen Regeln verweisen.

2. Augenschleimfluß.
(Blennorrhœa oculi.)

Dieser Uebel hat die größte Aehnlichkeit mit einer Augenentzündung; es unterscheidet sich aber von derselben dadurch, daß hier auf der Bindehaut Papillen (Wärzchen) entstehen, welche die Röthe des Auges verursachen, während diese bei Entzündung von Gefäßen herrührt; ferner wird hier der Schleim von der Bindehaut abgesondert, bei Entzündungen aber nur von den Drüsen der Lider.

Symptome. Bindehaut sehr roth, verdickt, mit Wärzchen besetzt; heftige Schmerzen; Lichtscheu; Sehvermögen ist oft ganz gestört. Dabei beständige Schleimabsonderung. Der Schleim ist anfangs dünn, weiß, wird aber immer zäher und zuletzt eiterartig; er ist so scharf, daß er böse Geschwüre erzeugen kann. Aus der Beschaffenheit des Schleims ergibt sich die größere oder geringere Heftigkeit des Uebels. Je wässeriger derselbe ist, desto gelinder sind auch die übrigen Symptome und desto leichter die ganze Krankheit; je zäher, je mehr eiterartig der Schleim, desto heftiger und gefährlicher ist das Uebel.

Ursachen. Die Krankheit erscheint selten von selbst, meist in Folge schlecht behandelter oder vernachlässigter Entzündungen, namentlich der rheumatischen, gichtischen und skrophulösen.

Verlauf. Wird recht bald das richtige Mittel angewandt, so geht die Heilung leicht und gut von Statten; ein je höheres Stadium das Uebel aber schon erreicht hat, desto größerer Sorgfalt und Energie bedarf es, wenn keine dauernden Nachtheile zurückbleiben sollen. Bei Vernachlässigung oder verkehrten Mitteln können Geschwüre, Verwachsungen, Narben, Verdunkelungen ꝛc. bis zur Zerstörung des ganzen Auges die Folgen sein.

Heilverfahren. Applikation des Lebensweckers im ganzen Rücken, Nacken, auf der Bauchfläche und hinter die Ohren, nebst Aufschlägen von kaltem Wasser auf das Auge genügen, so lange der Schleim noch dünnflüssig ist. Hat derselbe aber schon eine zähere Beschaffenheit erlangt, so müssen die genannten Einschnellungen sehr reichlich ausfallen, dabei in der Schläfengegend 2—3 Züge und unterhalb des Auges (jedoch nicht das Lid berühren) mehrere Punktationen mit dem Lebenswecker ohne Oeleinreibung, welche letztere täglich zu wiederholen sind. In diesem Stadium dürfen auch die Aufschläge nicht kalt, sondern müssen lauwarm sein. Der Schleim ist in allen Fällen viertelstündlich mittels lauwarmen Wassers aus dem Auge zu entfernen.

3. Blutergüsse im Auge.
(Hæmorrhagiæ.)

Blutergüsse können stattfinden a) unter der Bindehaut, b) in die Augenkammer, c) zwischen Aderhaut und harten Augenhaut, selten zwischen Aderhaut und Netzhaut.

Symptome. a) Das Blut liegt zwischen der harten Haut und der Bindehaut, hat letztere aufgetrieben und schimmert durch.

b) Man sieht das Blut, wenn man ins Innere des Auges blickt; bei Beugung des Kopfes verändert es seine Lage. Wenn es sich mit der wässerigen Feuchtigkeit mischt, so erscheint eine gelbliche Flüssigkeit.

c) Ist schwerer zu erkennen: meist aber sind die Ursachen derart, daß man daraus leicht auf einen Bluterguß schließen kann. Theilweise oder gänzliche Störung des Sehvermögens; Erblicken von schwarzen, braunen oder rothen Bildern im Gesichtsfelde.

Ursachen. Mechanische: Schlag, Stoß u. s. w. Sodann Störung des Hämorrhoidal- oder Menstrualblutflusses, heftiger Blutandrang nach dem Kopfe, Neigung zu Blutungen, wie sie durch skorbutische oder gichtische Säfteentartung entstehen u. dgl.

Verlauf. Nach der Heftigkeit mehr oder minder langsam, bei gehöriger Vorsicht meist immer günstig. Das ergossene Blut wird aufgesaugt und die Krankheit ist geheilt. Will man sich aber vor Rückfällen (die gewöhnlich immer heftiger und bedenklicher werden) schützen, so muß man auf Hebung des Grundübels hinwirken.

Heilverfahren. Muß sich ganz nach der Veranlassung richten. Nur bei Ergüssen, die aus mechanischen Ursachen entstehen, kann man hinter den Ohren (und im Nacken) operiren. Bei Blutandrang nach dem Kopfe applizirt man zur Ableitung im ganzen Rücken und auf die Waden. Ist Gicht, Skorbut, Hämorrhoidal- oder Menstrualstörung die Ursache, so wende man die bei den betreffenden Augenentzündungen angegebenen Applikationen an. Im Beginne des Uebels sind kalte Aufschläge angebracht; dabei große Ruhe des Auges sowohl, wie des ganzen Körpers.

4. Wasseransammlungen im Auge.

Wir unterscheiden vier Arten: a) Serösen Erguß in und unter die Bindehaut (Chemosis); b) Wassersucht der vordern Augenkammer (Hydrophthalmus anticus); c) Wassersucht des Glaskörpers (Hydrops corporis vitrey); d) Wassersucht des ganzen Augapfels (Buphthalmus).

Symptome. a) Auf dem Augapfel erblickt man eine, meist ringförmig um die Hornhaut verlaufende, Geschwulst. Dieselbe ist nicht schmerzhaft, elastisch, gelblich, mehr oder weniger durchsichtig, auch die Lider sind gewöhnlich dabei angeschwollen.

b) Die Wassermenge in der vordern Augenkammer treibt die Hornhaut hervor und drängt die Regenbogenhaut zurück; beide erscheinen also weiter von einander entfernt. Die Hornhaut ist dabei glänzend, verdünnt, mehr gewölbt, daher Kurzsichtigkeit; bei Trübung der Flüssigkeit hört aber das Sehvermögen mehr oder minder auf.

c) Die Hornhaut ist normal, aber die Regenbogenhaut vorgedrängt. Der hintere Theil des Augapfels ist größer geworden, dabei hart; der Blick starr. Das Sehen ist gestört oder ganz aufgehoben.

d) Vereinigt die Symptome von b und c.

Urſachen. Selbſtſtändig treten dieſe Uebel nur äußerſt ſelten (a niemals) auf. Sie ſind entweder (namentlich a) Begleiter, reſp. Folgen von vernachläſſigten oder ſchlecht behandelten Entzündungen, oder haben in Allgemeinkrankheiten (Säfteverderbniß, Leberkrankheiten, geſtörten Hämorrhoidal- und Menſtrualflüſſen, zurückgetriebenen Haut- beſonders Kopfausſchlägen u. dgl.) ihren Grund.

Verlauf. Man begreift leicht, daß die Krankheit von a bis d immer bedeutender und bedenklicher wird. Iſt a nur ein unbedeutendes Uebel, ſo bieten die andern drei die größte Gefahr, wenn nicht raſch die nöthige Hülfe kommt. Schon durch den mechaniſchen Druck des angeſammelten Waſſers können die zarten Gebilde im Innern des Auges zerſtört werden; hierdurch, ſowie durch das mögliche Berſten des Augapfels iſt der Kranke des Geſichtes für immer beraubt, wenn auch nicht, wie ebenfalls geſchehen kann, dadurch Veranlaſſung zu ferneren Entartungen, die die umliegenden Theile ergreifen und noch anderweitige Gefahren bieten, gegeben wird.

Heilverfahren. Dies muß ſich ganz nach der jedesmaligen Urſache richten. Beſteht dieſelbe in einer Entzündung, ſo behandele man dieſe wie oben angegeben, aber immer ſehr energiſch. Bei Hämorrhoidal- und Menſtrualſtörungen, Krätze u. ſ. w., findet man ebenfalls die Allgemeinbehandlung unter den betreffenden Augenentzündungen. Außer dieſen müſſen hier aber immer auch Einſchnellungen hinter die Ohren und in der Schläfengegend gemacht werden, ſowie (ausgenommen bei a) trockne Punktationen unter- und oberhalb des Auges. Dabei merke man ſich noch, daß in ſolchen Fällen naſſe Aufſchläge niemals geſtattet ſind, ſondern daß das Auge mit trocknen, gewärmten Tüchern bedeckt werden muß. Weicht eine etwa vorhandene Verſtopfung nicht bald nach der Applikation des Lebensweckers, ſo nehme man einige Tage lang ein leichtes Abführmittel ein. Iſt es aber freilich erſt ſoweit gekommen, daß das Berſten des Auges jeden Augenblick erfolgen kann (was bei rechtzeitiger Anwendung unſeres Verfahrens wohl niemals zu befürchten ſteht,) ſo bleibt nichts übrig, als daß die Hornhaut durchſtochen und das Waſſer abgelaſſen werde; an eine wirkliche Heilung iſt dann aber ſchwerlich mehr zu denken. Zur Verhütung von Rückfällen iſt es bei dieſen Uebeln beſonders nöthig, noch einige Zeit nach der Geneſung mit der Allgemeinbehandlung fortzufahren.

5. Eiteransammlung im Auge.
(Hypopyon.)

Symptome. Der Eiter, gebildet durch Ausschwitzungsprodukte bei Entzündungen, lagert sich innerhalb der Kammern ab. Man erblickt denselben, wenn nur wenig vorhanden, als einen gelben Streifen am Grunde der Kammer. Je mehr sich ansammelt, desto größer wird dieser Streifen; nicht selten ist die ganze Augenkammer damit angefüllt, wo dann natürlich das Sehvermögen schwindet. Ist der Eiter ziemlich flüssig und füllt er nur einen Theil der Kammer, so folgt er den Bewegungen des Kopfes. Schmerzen verursacht der Eiter an und für sich nicht.

Ursachen. Der Eiter im Auge entsteht nur durch heftige Entzündungen, welche auch die innern Gebilde des Auges ergriffen haben.

Verlauf. Meist gutartig. Hebung der zu Grunde liegenden Entzündung bringt auch den Eiter ziemlich rasch zur Aufsaugung.

Heilverfahren. Die Behandlung der betreffenden Entzündung (siehe diese) genügt, einige Züge in der Schläfegegend beschleunigen die Resorption.

6. Geschwüre und Geschwülste der Augen.

Wir übergehen hier diejenigen, welche sich mit oder in Folge einer der oben abgehandelten Entzündung entwickeln, da in solchen Fällen die Behandlung der Entzündung genügt.

a. Das Gerstenkorn (Hordeolum.)

Eine entzündliche Anschwellung am obern Augenlidrande, die den Namen von ihrer Form hat. Verursacht oft nicht unbedeutende Schmerzen, reichliche Schleimabsonderung und Anschwellungen des ganzen Lides.

Ursachen. Reiz der Augenlider, Erkältung, Störungen der Verdauung oder der Menstruation.

Verlauf. Das Gerstenkorn verschwindet meist ziemlich bald durch Zertheilung oder Eiterung.

Heilverfahren. Eine Einschnellung hinter das Ohr der betreffenden Seite, nebst häufiger Reinigung mit lauwarmem Wasser genügt in der Regel. Bei Menstrualstörungen und Magenbeschwerden muß das Verfahren gegen diese Uebel gerichtet sein, sonst kehrt das Hordeolum öfters wieder.

b. **Eiterbläschen der Augenlider** (Eczema s. Crusta lactea palpebrarum).

Kleine, gelbliche Bläschen, welche meist auch über einen größeren Theil des Gesichts sich erstrecken, platzen, Krusten bilden, in einander fließen und bei Vernachlässigung eine bedeutende Entzündung des Auges zur Folge haben können.

Heilverfahren. Applikation des Lebensweckers im Nacken und hinter die Ohren. Dabei große Reinlichkeit, Abwaschung mit lauwarmem Wasser.

c. **Blutgeschwüre** (Furunculus und Carbunculus).

Sie unterscheiden sich nur durch ihre Heftigkeit. Unter der Haut sitzende, harte, umschriebene Geschwulst. Heftiger Schmerz, Fieber, Schaudern, Schwäche, oft Ohnmachten.

Ursachen. Säfteentartung, am häufigsten durch Ausschweifungen entstandene; Ansteckung, am gefährlichsten die durch den Stich eines Insekts, nachdem dieses an dem giftigen Aase eines Thieres gesogen hat. So daß Uebel durch den Stich oder Biß eines Insektes oder durch Verwundung eines giftigen Gegenstandes, als rostigen Nagel 2c., entsteht, so wasche man die Stelle **sofort** mit etwas Ammoniak aus, welches man, besonders bei der heißen Jahreszeit, stets bei sich tragen soll.

Verlauf. Wird nicht rasch und entschieden mit den richtigen Mitteln eingeschritten, so kann das Uebel sehr gefährlich werden, große Zerstörungen und Brand verursachen.

Heilverfahren. Kräftige Applikation des Lebensweckers im ganzen Rücken, auf die ganze Bauchfläche, im Nacken und hinter die Ohren. Ist das Geschwür erst im ersten Entstehen, so mache man fortwährende Aufschläge von kaltem Wasser. Entwickelt es sich aber dennoch immer weiter, so müssen warme Wasser- und Breiaufschläge an die Stelle treten, um die nicht mehr zu verhindernde Eiterung zur raschen Entwickelung nach Außen zu bringen. Das Geschwür muß ferner, wie jedes andere größere, möglichst bald durch einen Einschnitt geöffnet werden. Der Eiter 2c. ist durch lauwarmes Wasser abzuwaschen; die warmen Aufschläge sind fortzusetzen. Am besten macht man dieselben aus warmem Wasser, dem man die Hälfte Essig zusetzt. Der Patient genieße dabei eine nährende, kräftige Kost nebst gutem Wein. Unter dem disinfizirenden Einflusse der Lebenswecker-Operationen gehört bei Beobachtung dieser Regeln ein übler Ausgang zu den größten Seltenheiten.

d. **Hornhautgeschwüre** (Ulcera corneæ).

Sie sind oberflächlich oder tiefer eindringend, mit oder ohne Eiterbildung. Je nach der Heftigkeit begleitet sie Entzündung der Bindehaut, Röthe, Schwellung oder Krampf der Lider u. dgl.

Ursachen. Verletzungen, Catarrh, Augenschleimfluß. Sie können auf eine Entzündung folgen, die Blattern, Masern und manche ähnliche Krankheiten begleiten, oder auch durch Säfteentmischung, besonders durch Strophulosis, veranlaßt werden.

Verlauf. Je nach der Heftigkeit und dem Grundleiden. Sind sie sehr tief eindringend, eiternd und werden sie nachlässig oder unrichtig behandelt, so können Vernarbung, Trübung, Zerstörung der Hornhaut, wodurch das Sehvermögen mehr oder minder verloren geht, folgen.

Heilverfahren. Muß sich ganz nach den Ursachen richten; man sehe darüber die verschiedenen Entzündungen. Operationen hinter den Ohren und in der Schläfengegend sind hier immer von Nutzen. Reinigung des Auges mittels lauwarmem Wassers, Ruhe, gleichmäßige Temperatur, reine Luft und Abhaltung des Lichtes sind stets unumgängliche Erfordernisse.

e. **Geschwülste, gutartige, des Auges.**

Es sind hierzu die Balggeschwülste, Fett-, Faser- und Gefäßgeschwülste zu rechnen. Sie können sich an den Augenlidern, der Bindehaut, Hornhaut (seltener) und den Thränenorganen befinden. Von den bösartigen Geschwülsten (dem Krebs) sind sie theils durch ihre Farbe, Gestalt, größere Verschiebbarkeit u. s. w., theils aber dadurch zu unterscheiden, daß beim Krebs immer eine sehr große Säfteentartung im ganzen Körper vorhanden ist. Diese Unterschiede sind allerdings nicht vermögend, den Laien immer richtig zu leiten. Auch der Kenner hat, um ein bestimmtes Urtheil abzugeben, sehr oft nöthig, alle Umstände und Verhältnisse reiflich und genau zu erwägen. Die erwähnten Geschwülste können auf die verschiedenste Weise entstehen. Die mannigfachsten allgemeinen sowohl, als Lokalkrankheiten, können dazu Veranlassung geben. Wir sind aber überzeugt, daß in den allermeisten Fällen Eingriffe mit Messer, Aetzmitteln, Einträufelungen (Belladonna u. dgl.) in das Auge schuld an ihrem Entstehen sind, und daß, wenn jedes Uebel rechtzeitig nach unserer Methode behandelt würde, diese Gebilde zu den Seltenheiten gehören würden. Freilich können sie auch durch jede mechanische oder chemische Verletzung hervorgerufen werden, und in sehr seltenen Fällen angeboren sein; allein das betrifft doch nur die große Minderzahl derselben.

Aus dem Gesagten erhellt, daß ein Heilverfahren, welches sich stets nach den Ursachen und den obwaltenden Umständen richten muß, hier nicht wohl gegeben werden kann. Man wende sich in solchen Fällen immer an einen tüchtigen mit dieser Heilmethode vertrauten Arzt.

f. **Geschwülste, bösartige (Krebs), des Auges.**

Symptome. Der Augenkrebs kann sich an allen äußeren Theilen des Auges (den Lidern, der Bindehaut, der Thränendrüse), aber auch auf der Netzhaut entwickeln. Er erscheint an diesen Stellen meist als weicher Krebs, Markschwamm. Hat er seinen Sitz an den äußeren Theilen, so ist er ziemlich leicht zu erkennen. Von den andern Geschwülsten unterscheidet er sich:

a) durch sein tieferes Eindringen in die Gewebe, in Folge dessen er sich nicht leicht mit der Haut verschieben läßt;

b) durch seine Gestalt, da er höckerige (maulbeerartige) Wucherungen darstellt;

c) durch seine dunkelrothe oder auch schwarzblaue Farbe.

Auf der Netzhaut ist er —im Beginn wenigstens— weit schwerer zu entdecken. Es stellt sich mehr und mehr zunehmende Erblindung ein. Sieht man durch die Pupille, so bemerkt man einen hellen, gelblichen Schein. Später wird diese Linse nach vorn gedrängt und die Pupille verzerrt sich; der ganze innere Augapfel unterliegt der allmäligen Zerstörung.

Die Schmerzen sind stechend, Anfangs sehr gering. Da der Krebs überall in einer allgemeinen Säfteentmischung (ganz ähnlich der skrophulösen), seinen Grund hat, so hat man hieran einen ziemlich sichern Anhaltspunkt für das Urtheil.

Ursachen. Die allgemeine Ursache ist immer, wie gesagt, eine Säfteentmischung. Die Veranlassung zur Entstehung des Krebses geben in den meisten Fällen mechanische oder chemische Verletzungen, mögen es nun zufällige oder augenärztliche sein. Viel seltener entwickelt er sich freiwillig.

Verlauf. Dieses Uebel endete bisher wohl immer mit Verlust nicht nur des Auges, sondern auch des Lebens. Die oft unternommene Fortschneidung, die Ausrottung des ganzen Augapfels, nützt nichts; denn bald kehrt der Krebs an derselben oder einer andern Körperstelle wieder und wuchert dann um so rascher. Bei der Behandlung mit dem Lebenswecker ist noch eine Aussicht auf Heilung vorhanden.

Heilverfahren. Ist das Uebel schon in ein höheres Stadium getreten, so müssen auch wir von einer wirklichen Heilung abstehen, und dieses Mittel kann nur noch dazu dienen, das Leben des Patienten möglichst lange zu erhalten. Anders ist es bei beginnender Krankheit. Da mit der Säfteverbesserung die Ursache des Uebels entfernt ist, so kann auch dieses natürlich nicht fortbestehen, und da dieses Verfahren anerkannt auf die Säfteverbesserung von außerordentlichem Einfluß ist, so sieht man, daß die Genesung von dieser bisher unheilbaren Krankheit in das Bereich der Möglichkeit gehört.

Die Applikation des Lebensweckers wird daher in der Hauptsache im ganzen Rücken und Nacken, auf die ganze Magen= und Bauchfläche, auf die Oberschenkel und hinter die Ohren stattfinden müssen. Es sind indessen nach den Umständen auch hier so mancherlei Modifikationen erforderlich, daß jede solche Kur von einem guten Arzte geleitet werden muß. In allen Fällen sind jedoch gute, nährende Kost, größte Reinlichkeit am ganzen Körper und der Aufenthalt in gesunder Luft nothwendige Bedingungen für ein glückliches Gelingen der Kur.

7. Trübungen und Verdunkelungen der brechenden Augenmedien.

Von den Trübungen der wässerigen Feuchtigkeit, welche durch den Erguß fremder Substanzen in dieselbe entstehen, ist schon die Rede gewesen. Wir betrachten daher hier die Verdunkelungen der H o r n h a u t, d e r L i n s e und des G l a s k ö r p e r s.

a. Hornhaut.

Die Verdunkelungen derselben können sehr mannigfacher Art sein. In erster Reihe steht das A u g e n f e l l (Pannus), eine dunkelrothe, von Aederchen durssetzte, theilweise oder gänzliche Trübung, welche von abgelagerten Ausschwitzungsprodukten herrührt. Als Ursachen sind zu nennen: Fremde Reize, schlecht behandelte Entzündung, Skropheln, Hämorrhoidal= und Menstrualstörungen u. dgl.

Die ferneren Trübungen sind ebenfalls theils v o l l s t ä n d i g e, theils u n v o l l s t ä n d i g e oder F l e c k e n. Zu jenen gehört die b l e i c h e, n e b l i c h t e, nicht ganz undurchsichtige (Obscuratio nubosa) und die w e i ß e, u n d u r c h s i c h t i g e (Obscuratio opaca). Die F l e c k e n können größer oder kleiner sein. Bei alten Leuten entsteht oft am untern Rande der Hornhaut eine schmale, halbmondförmige

Verdunkelung, der **Greisenbogen** (Arcus senilis). Wie die vollständigen Trübungen können auch die Flecken rauchicht, neblicht, etwas durchsichtig (enubecula) oder ganz weiß und undurchsichtig (Nephelium) oder weiß, undurchsichtig und erhaben (Perla) sein. Sie sind ferner entweder oberflächlich oder tief in das Gewebe der Hornhaut eindringend. Endlich sind hierher auch noch die nach Geschwüren oder Verletzungen zurückgebliebenen Narben zu zählen. Es versteht sich von selbst, daß die Wirkungen dieser Trübungen eine größere oder geringere Beeinträchtigung des Sehvermögens bis zur gänzlichen Aufhebung desselben ist.

Die **Ursachen** sind sehr mannigfaltig. Entzündung, mechanische und chemische Verletzungen (operative Eingriffe), Einträufelungen, besonders metallhaltiger Flüssigkeiten; ferner Syphilis, Skropheln, Rheumatismus, Gicht, unterdrückte Hautausschläge, gestörte Absonderungen u. dgl.

Nur die allerwenigsten derartigen Uebel sind nach dem alten Verfahren heilbar und geheilt worden. Wenn man die Ursachen betrachtet und die Wirkung des Lebensweckers kennt, so wird man einsehen, daß derselbe auch hier das vortrefflichste und fast immer hülfreiche Heilmittel bildet. Es ist indeß in sehr vielen Fällen ziemliche Ausdauer nöthig, und nur wo schon gar zu viele anderweitige Medikamente angewandt worden, ist wenig Erfolg mehr zu hoffen.

Das **Heilverfahren** muß sich natürlich ganz nach der jedesmaligen Ursache richten und kann deßhalb hier unmöglich für alle Fälle angegeben werden, und selbst dann würde der Laie oftmals fehlgreifen. Anhaltspunkte für die vorläufige Behandlung findet man in den vorhergehenden Kapiteln; man ziehe aber sobald wie möglich einen mit dieser Methode vertrauten Arzt zu Rathe, denn je jünger das Uebel ist, desto rascher kann es beseitigt werden.

b. **Krystall-Linse.**

Die Verdunkelungen der Krystall-Linse sind allgemein bekannt unter dem Namen:

Der graue Staar (Cataracta).

Nach dem Sitze der Trübung, worin dies Uebel seinen Grund hat, theilt man den grauen Staar ein in 1) **Linsenstaare** (wo die Linse selbst getrübt, ihre Kapsel aber gesund ist) und zwar Kern-, Rinden- und Kernrindenstaare, deren Unterschied sich aus dem Namen ergibt; 2) **Kapselstaare** (wo die Linse selbst gesund, die Kapsel getrübt ist)

und zwar kann die vordere oder die hintere Kapselwand ergriffen sein;
3) **Kapsellinsenstaare**, wo die Trübung sich über Kapsel und
Linse zugleich erstreckt.

Es gibt ferner einen **weichen** und einen **harten** Staar. Jener ist entweder der **käsigte Staar**, von der Consistenz einer dicken Gallerde, oder der **flüssige (Milch-) Staar**, in welchem Falle die Linse gleichsam geschmolzen ist; dabei nimmt die Linse an Umfang zu. Beim **harten Staar** ist die Linse hornhartig, ja sie kann so hart wie Knochen oder Stein werden, wobei dieselbe sich stets verkleinert.

Der Staar kann ein **theilweiser** oder **totaler**, ein **beginnender** oder **ausgebildeter**, ein **angeborner** oder **erworbener**, ein **reiner** oder **mit andern Uebeln verbundener** sein. Alle diese Umstände hat man als Eintheilungsgründe benutzt, welche Klassifikationen wir hier aber füglich übergehen dürfen. Er befällt meist beide Augen bald nach einander.

Symptome. Die Verdunkelung entsteht in den allermeisten Fällen nur allmälig. Der Patient beginnt alle Gegenstände wie durch einen feinen Schleier zu sehen. Dieser Schleier wird immer dichter; ein Nebel lagert sich vor seine Augen, der einfach grau oder auch verschieden gefärbt sein kann. Manchmal erblickt der Kranke Feuerfunken, Strahlen u. dgl. Die Verdunkelung schreitet nun nach und nach fort bis zur völligen Blindheit, wobei jedoch meist noch Licht und Finsterniß unterschieden wird. Da die Linse in der Mitte am dicksten ist, so ist die Trübung hier am größten, der Rand mehr durchsichtig. Durch letztern bringen daher mehr Lichtstrahlen ins Auge, und der Kranke erblickt darum die seitwärts von ihm sich befindenden Gegenstände noch am deutlichsten. Aus demselben Grunde sieht der Patient an einem dunklern Ort oder wenn das Auge beschattet wird besser als bei vollem Lichte, weil im Dunkeln sich die Pupille erweitert und dann durch den durchsichtigern Linsenrand mehr Lichtstrahlen eindringen können. Staarblinde suchen daher den Schatten, tragen breitkrämpige Hüte, senken das Haupt, schließen halb die Lider u. dgl. Schmerz ist nicht vorhanden. Daß nach der Art des Staars diese Haupterscheinungen sich vielfach abändern können, versteht sich von selbst, und wird man leicht diese Modifikationen den Umständen nach bestimmen können.

Blickt man nun in das kranke Auge, so nimmt man dicht hinter der Pupille die Trübung wahr. Dieselbe ist Anfangs nur gering, nimmt aber zu im Verhältniß der Gesichtsabnahme. Die Farbe der Trübung ist weißlich, grau oder gelblich, nur selten röthlich oder braun; die

Form und der Umfang verschieden nach den oben genannten Arten. An der Regenbogenhaut und der Pupille ist keine Abnormität zu bemerken.

Ursachen. Nur sehr selten entsteht der graue Staar durch äußere Verletzungen oder Erschütterungen; wohl aber kann ein anderes Augenübel, oder vielmehr die verkehrte Behandlung desselben die Veranlassung geben. Am meisten ist auch dieses Uebel in einer Säfteentartung, bei welcher der Krankheitsstoff sich auf die wenig Widerstand bietende Linse ablagert, begründet. So können Rheumatismus, Gicht, Skropheln, Syphilis, zurückgetriebene Hautausschläge u. dgl. diesen Staar zur Folge haben. Uebrigens befällt er ältere Personen leichter, als jüngere, und das männliche Geschlecht häufiger, als das weibliche. Ist derselbe angeboren, so dünkt es uns sehr wahrscheinlich, daß die schlechte Beschaffenheit der mütterlichen Säfte die Schuld trägt.

Verlauf und Heilverfahren. Der graue Staar ist immer eines der bösesten Augenübel. Die Aerzte sagen, Naturheilung komme niemals vor und operiren deshalb das Auge, indem sie durch einen Einschnitt die Linse herausziehen oder niederdrücken. Sie gestehen indeß selbst, daß dieser äußerst gewaltsame Eingriff in ein so zartes Organ unter Hunderten von Umständen gar nicht vorgenommen werden dürfe, in Hunderten von Fällen vergebens gemacht werde. Und hat ein Staarkranker einmal wirklich durch die Operation sein Gesicht wieder erlangt, so ist es doch nur ein sehr geringer Ersatz für das gesunde Augenlicht; denn nun ist das Gleichgewicht des Sehorgans gestört, eins der brechenden Medien fehlt, und die scharfen Converbrillen vermögen dafür doch nur einen sehr geringen Ersatz zu leisten. Freilich hatten die Aerzte bis zu der Erfindung des Lebensweckers Recht; denn eine geringe Hoffnung ist besser, als gar keine, und die Materia medica besitzt kein Mittel, welches im Stande wäre, die Ernährung so zu kräftigen, die Resorption so zu befördern und den Krankheitsstoff so auszuleiten, daß in Folge dessen auch die kranke Krystall-Linse zu neuem Leben erwachte und sich wieder aufhellte. Unser Heilmittel aber vermag dies, vermag auf die Linse in derselben Weise, wie auf andere innere oder äußere Körpergebilde zu wirken, und wenn das Uebel noch nicht gar zu lange bestanden hat, der Kranke nicht zu alt ist, verkehrte Mittel noch nicht zu übel auf ihn eingewirkt haben, so dürfen wir ihm die völlige Wiedererlangung seines Augenlichtes in Aussicht stellen. Was aber das Verfahren betrifft, so sind wir genöthigt, auf das unter a Gesagte zu verweisen.

c. **Glaskörper.**

Die Verdunkelungen desselben sind ziemlich häufig. Ihr Umfang ist verschieden: Punkte, Flecken, Fäden. Je nach der Form und der Größe ist auch die Störung des Sehvermögens verschieden. Vom grauen Staar unterscheiden sie sich, da die Trübung dicht hinter der Pupille nicht vorhanden, leicht, schwerer vom schwarzen, doch gibt es auch hier manche Anhaltspunkte (siehe: Schwarzer Staar).

Meist haben sie ihren Grund in Blutergüssen und das Heilverfahren hat daher die Aufgabe, den Andrang des Blutes vom Kopfe, resp. dem Auge, abzuleiten. Daher also Applikationen des Lebensweckers im Rücken und Nacken, auf den Unterleib und die Waden. Dabei Ruhe des Auges und des ganzen Körpers, nebst einer leichten, nicht zu nahrhaften Kost. Das Auge werde beschattet, aber weder verbunden, noch mit kaltem Wasser gewaschen.

8. Die nervösen Augenübel.

Alle Theile des Auges, zu welchen Nervenfasern führen, sind solchen Erkrankungen ausgesetzt. Da die Netzhaut ganz und gar aus Nervenelementen besteht, so gehören die Krankheiten derselben stets in diese Kategorie. Es gibt eine große Anzahl von Nervenleiden des Auges, welche bald nur einen, bald mehrere Theile gleichzeitig befallen und entweder auf Schwäche, oder auf Ueberreizung der Nerven beruhen.

a) Lähmungen der (Bewegungs-) Nerven, welche die Schutz- und Hülfsapparate der Augen versorgen (s. Anatomie), können zur Folge haben.

1) Unvermögen, das obere oder das untere Augenlid zu heben.

2) Unvermögen, den Augapfel nach oben oder unten, nach Rechts oder Links zu richten (Schielen).

Diese Fehler können natürlich combinirt und complizirt sein, wobei es darauf ankommen wird, ob mehr oder weniger, und welche Nervenfasern gleichzeitig an der Lähmung Theil nehmen. Schmerz braucht nicht dabei vorhanden zu sein, doch kann auch mit diesen Nervenstörungen solcher sowohl an den Augen selbst, als an den Zähnen, den Ohren, im Kopfe oder Gesichte empfunden werden.

b) Ueberreizung der unter a) bezeichneten Nerven geben sich als Krampfzustände zu erkennen. Der Krampf kann ein stetiger sein, d. h. er kann in dauernder Zusammenziehung eines oder mehrerer Muskeln bestehen und zwar a) des Lidmuskels, wodurch

das Auge sich mehr oder weniger vollständig schließt; b) des Ober=
lidhebers, welche das Schließen des Auges unmöglich macht;
c) der Augenmuskeln, in Folge dessen der Augapfel nach einer
Richtung gestellt bleiben muß (krampfhaftes Schielen).

Der Krampf kann aber auch ein rythmischer sein, d. h. die
Zusammenziehung und Erschlaffung der Muskeln geschieht abwechselnd.
Wird a) der Lidmuskel davon befallen, so entsteht ein Zucken der
Augenlider, welches sich bis zu gewaltsamen Blinzeln steigern kann und
woran oft noch andre Gesichtsmuskeln theilnehmen. Betrifft das Uebel
b) die Augenmuskeln, so rollt der Augapfel hin und her, und
das deutliche Sehen ist dadurch gestört.

c) Allgemeine Schwäche der (empfindenden) Lid= und Au=
genmuskelnerven wird im gewöhnlichen Leben mit Augenschwäche
bezeichnet. Das Sehen ist ganz normal; aber das Auge ermüdet äußerst
leicht. Vorübergehend haben wohl die meisten Menschen schon diesen
Zustand empfunden. Nach bedeutender Anstrengung der Augen, na=
mentlich bei Nacht, wird zuerst eine Ermüdung derselben empfunden,
dann bei Fortgebrauch tritt Schwere und Schmerz hinzu, Thränen bre=
chen hervor, Doppelsehen, Verworrenheit, Verdunkelung u. s. w. Das
gesunde Auge erholt sich aus diesem Zustande bald wieder und vermag
alsdann neue Anstrengungen zu ertragen; das kranke aber verfällt nach
ganz kurzem Gebrauch in denselben und erholt sich nur langsam wieder.
Es kann diese Schwäche mit gänzlicher Empfindungslosigkeit des Lides
und der Bindehaut oder auch in andern Fällen mit Schmerzen in diesen
Theilen verbunden sein.

d) Ueberreizung der unter c) genannten (Empfindungs=)
Nerven tritt als Schmerz des Auges auf, welcher plötzlich erscheint, kür=
zere oder längere Zeit anhält und wieder verschwindet, um später wieder
in derselben Weise das Auge zu befallen. Oder sie offenbart sich in
einem hohen Grade von Lichtscheu, indem die in das Auge fallenden
Strahlen alsbald heftigen Schmerz und Krampf verursachen.

e) Lähmung oder Ueberreizung der die Regenbogen=
haut versorgenden Nerven kann sich auf dreierlei Weise zu erkennen
geben:

1) In der krankhaften Erweiterung der Pupille (Hy-
driasis). Die Pupille ist sehr groß, oft sieht man von der Regenbogen=
haut nur noch einen schmalen Saum. Das Beschatten des Auges,
welches im gesunden Zustand die Pupille enger macht, hat wenig oder
keine Wirkung. Der Augengrund erscheint, weil er stärker als normal

beleuchtet wird, bleich). Der Patient ist bei hellem Lichte geblendet und sieht nur im Halbdunkel ziemlich gut.

2) In der krankhaften Verengerung der Pupille (Myosis). Sie bildet das gerade Gegentheil von der vorigen. Eindringen von hellem Licht hat nur eine geringe oder gar keine Erweiterung zur Folge.

3) In dem rythmischen Krampf der Regenbogenhaut (Hippus). Die Pupille erweitert und verengert sich bei diesem Uebel in schnellem Wechsel. Geringe Grade haben sehr wenig Unbequemlichkeit zur Folge; steigert der Krampf sich aber, so können sowohl Gesichtsstörungen, als auch andere Augenübel (namentlich nervöse) veranlaßt werden.

Alle die genannten Nervenleiden können auf unendlich verschiedenen Ursachen beruhen, so daß es unmöglich ist, sie hier alle anzuführen. Obenan stehen diejenigen Krankheiten des Körpers, welche eine abnorme Ernährung der Nerven überhaupt bedingen. Wir nennen hier nur: Rheumatismus, Gicht, Syphilis, kaltes Fieber, Hämorrhoidalbeschwerden, Bleichsucht und gestörter Monatsfluß, unterdrückte Hautausschläge und Fußschweiße, Hypochondrie und Hysterie. Ferner Alles, was einen direkten oder indirekten abnormen Reiz auf die Augennerven ausübt: Druck an ihrem Ursprung oder Verlauf durch Verwachsung, Geschwülste u. dgl., Schreck, anhaltende Gemüthsverstimmung, Entzündungen, Zahnkrankheiten, Wurmreiz, Aetzmittel und Gifte (Belladonna) u. s. w. Endlich alle anhaltenden und bedeutenden Anstrengungen der Augen: Lesen oder Verrichtung feiner Arbeiten in zu grellem oder bei ungenügendem Lichte, zu langes Schauen durch Mikroskope oder Fernröhre u. s. w.

Man sieht leicht ein, daß das Heilverfahren auf Beseitigung des Grundübels gerichtet sein muß, und daß es daher mehr auf dieses als auf den Namen der Krankheit ankommt. Eben so klar wird es auch Jedem sein, daß es eine Unmöglichkeit ist, in dieser Beziehung alle Fälle hier abzuhandeln. Immer aber wird es nöthig sein, zu unterscheiden, ob Blutandrang nach dem Kopfe besteht oder ob Blutmangel in demselben zu den veranlassenden Momenten gehört, um — nebst der Applikation des Lebensweckers im Rücken — in jenem Falle Einschnellungen auf die Waden, in diesem hinter die Ohren vorzunehmen. Damit möge der Patient die Kur vorbereiten, bis er, falls er aus den Prinzipien dieser Heillehre das richtige Verfahren nicht selbst herzuleiten vermag, von einem mit dieser Heilmethode vertrauten Arzt Rath erlangen kann.

f. Der schwarze Staar. (Amaurosis.)

Theilweiser oder gänzlicher Verlust des Sehvermögens in Folge eines Leidens der Netzhaut oder des Sehnerven. Die partielle Blindheit (Amblyopia) ist meist nur die Uebergangsstufe zu der totalen. Die Bezeichnung: „Schwarzer Staar" ist eigentlich nur ein Gesammtnamen für äußerst verschiedenartige Sehnervenübel, die nur darin übereinkommen, daß sie den Patienten des edelsten der Sinne berauben. Das Uebel ist eben so häufig, als seine Ursachen zahlreich sind, und da hier gerade dieses Heilverfahren, im Gegensatz zu der Medizinalia, seine glänzendsten Siege gefeiert hat, so wollen wir versuchen uns etwas ausführlicher zu verbreiten.

Die Erkennung der Krankheit ist nicht gerade leicht; denn ihr Sitz ist in den Nerven, tief im Innern des Auges, welches im Uebrigen ganz normal sein kann. Verzerrung, Unbeweglichkeit oder abnorme Erweiterung der Pupille, welche nach Einigen sie begleiten soll, ist sehr häufig gar nicht vorhanden oder kann auf ganz anderen Ursachen beruhen. Die Pupille erscheint indeß manchmal trüber, als im gesunden Zustande; zuweilen erblickt man hinter ihr einen graulichen Hintergrund, welcher aber so tief im Innern des Auges liegt, daß nur von einem ganz Unerfahrenen eine Verwechselung mit dem grauen Staar möglich ist. Meist kann man aber daraus auf das Vorhandensein des Uebels schließen, daß der Kranke, wenn er einen Gegenstand betrachten will, schielt. Der Geübtere hat indessen dergleichen, immer unsichere, Anhaltspunkte nicht nöthig. Wenn er einen Blick in das kranke Auge wirft und bemerkt, wie das eigentliche Leben, der Geist, das Seelische aus demselben gewichen, wie es ihm vorkommt, als blicke er in eine todte Camera obscura, und wenn er dabei den allgemeinen Körperzustand berücksichtigt, so wird er sich sagen können: Hier hat der Verkehr der Seele mit der Außenwelt aufgehört; ihre Vermittelungsorgane, die Nerven, sind todt. — Das ist der schwarze Staar. —

Der schwarze Staar kann auf sehr verschiedene Art auftreten. Oft vergehen viele Monate oder Jahre vom Beginne des Uebels bis zur völligen Blindheit; oft erscheint letztere plötzlich. Folgende sind einige Hauptarten des traurigen Leidens, wobei zu bemerken, daß die Verschiedenheiten sich nur während der Ausbildung zeigen können; denn in dem

Schlußresultat, worin fast alle übereinkommen, der vollkommenen Blindheit, herrschen keine merklichen Unterschiede mehr.

1. Der Kranke sieht bei Tageslicht immer schlechter, endlich gar nicht mehr, erhält aber, nachdem die Sonne untergegangen, sein Gesicht wieder. Es hat ihn die Tagblindheit (Nyctalopia) befallen, und selbst im Dunkeln sieht er am Tage Nichts. Dabei ist das Auge sehr empfindlich; Lichtstrahlen reizen es zu Thränen oder Krämpfen und machen Schmerz. Scharfe, ungesunde Säfte im Körper dürfen im Allgemeinen als Ursachen bezeichnet werden.

2. Der Kranke beginnt die Gegenstände undeutlich, neblicht zu sehen. Das Licht ist ihm selbst am Tage nicht stark genug, und vom Abend bis zum Morgen unterscheidet er gar Nichts. Dieser Zustand heißt Nachtblindheit (Hemeralopia) und beruht auf Schwäche.

3. Der Kranke klagt über heftige Kopfschmerzen, namentlich in der Nähe der Augenbrauen, mit deren Stärke das Sehvermögen in umgekehrtem Verhältniß steht. Dabei Mattigkeit, Schläfrigkeit, Lähmungen einzelner Muskeln, Schwindel. Nun beginnt das sogenannte Mückensehen (Mouches volants). Schwarze Punkte und kleinere Figuren schweben im Gesichtsfelde und entweichen, wenn der Patient sie fixiren will. Die Figuren vereinigen sich, verändern ihre Gestalt; es entstehen Striche, Raupen, Schlangen, dann zusammengesetztere Zeichnungen, welche allmälig in ein schwarzes Netz oder einen Flor übergehen und die Außenwelt, wie von einem Nebel verhüllt, erscheinen lassen. Der Nebel aber wird immer dichter und endlich zur schwarzen Nacht. Zuweilen werden die Figuren auch in verschiedenen Farben oder glänzend, feurig gesehen. Dieses Leiden kann durch sehr verschiedene Ursachen bedingt sein.

4. Das Uebel hat erst einen Theil, die Hälfte, der Netzhaut befallen. Der Patient sieht daher die Gegenstände auf dem kranken Auge nur halb. Halbsehen (Hemiopia). Reizzustände liegen demselben zu Grunde.

5. Die Krankheit tritt periodisch auf, regelmäßig oder unregelmäßig. Nach Tagen, Wochen oder Monaten, in welchen der Patient ganz gut sieht, wird er plötzlich, oft zu bestimmter Stunde, blind. Die Blindheit verschwindet aber nach einiger Dauer wieder, um ebenso zur Zeit zurückzukehren. Magen- und Unterleibsübel, kaltes Fieber, Unordnung in der Menstruation u. dgl. sind gewöhnlich die Urheber.

6. Manche Frauen werden während der Schwangerschaft jedesmal staarblind. Dieser Zustand kann kürzere oder län-

gere Zeit, oft sogar bis zur Entbindung dauern. Als Ursache kann man nur eine Idiosynkrasie annehmen; entsteht das Uebel jedoch allmälig, erst gegen Ende der Schwangerschaft, so wird ohne Zweifel wohl eine Blutanhäufung im Kopfe der Grund sein.

7. Der schwarze Staar kann **angeboren** sein, und in diesem Falle beruht er wohl immer auf solchen Mißbildungen, daß an eine Heilung nicht zu denken ist. Manchmal ist er aber auch erblich, beginnt in einem bestimmten Lebensalter, und auch dann ist die Genesung nur selten zu bewirken.

Indem wir nun einen Blick auf die gewöhnlichsten der mannigfachen Ursachen werfen, bemerken wir, daß die meisten durch den Lebenswecker zu beseitigen sind; doch wird hier noch mehr als in andern Fällen das Alter des Patienten, die Dauer des Uebels und die bereits stattgefundene Behandlung von wesentlichem Einfluß auf den glücklichen Fortgang der Kur sein. Das eigentliche Verfahren muß wiederum, wie leicht einleuchten wird, dem Manne vom Fach zur Leitung überlassen werden, und können wir nur einige Andeutungen in Betreff der vorbereitenden Behandlung geben, welche aber um so wichtiger ist, als hier sehr viel auf das frühzeitige Einschreiten ankommt.

Zu der **ersten Art** von Ursachen gehören mechanische Verletzungen des Sehnerven oder der Netzhaut und Unterbrechung der Leitungsfähigkeit des erstern. Hierher sind zu zählen: **Knoten, Geschwülste und Ablagerungen** in diesen Theilen, wo Heilung nur möglich ist, wenn dieselben (wie es freilich meistens der Fall) durch Säfteentmischung (skrophulöse, gichtische, syphilitische) entstanden sind und den Nerven noch nicht verletzt haben. Ferner Zerreißung der Nerven durch heftige **Erschütterungen, Verwundungen** ꝛc., wo jeder Heilungsversuch vergeblich sein muß, plötzliche, heftige, anhaltende **Blendung**.

Man applizire den Lebenswecker vorläufig im ganzen Rücken und hinter die Ohren.

Die **zweite Klasse** der Veranlassungen wird durch wässerige, blutige oder eiterige Ergüsse gebildet. Diese werden fast immer hervorgerufen durch gestörte **Absonderung des Schweißes, der Milch, des Menstrualblutes** u. s. w. Sind dadurch noch keine wesentliche organische Verletzungen entstanden, so erfolgt nach Hebung der Ursache die Resorption des Ergossenen und mit ihr die Heilung. Operationsflächen sind Rücken und Bauch.

Blutandrang nach dem Kopfe ist eine so häufige Veranlassung der

Krankheit, daß wir ihn als eine **dritte Klasse** anführen. Herbeigeführt wird derselbe durch mancherlei Störungen der Cirkulation: Hemmung der gewöhnten Blutflüsse, Unterdrückung der Wochenbettreinigung, große, anhaltende Gemüthserschütterungen, häufiger Genuß sehr erhitzender Nahrungsmittel, viele Arzneien, besonders Gifte, wie Belladonna, Stechapfel, Opium, Mutterkorn u. dgl., Blutegel, Schröpfköpfe und Blasenpflaster am Kopfe von Personen, bei denen schon eine Anlage zu Congestionen vorhanden ist u. s. w.

Energische Ableitung durch kräftige Applikation des Lebensweckers auf den Rücken, besonders der untern Hälfte desselben, und auf die Waden, ist der erste Schritt eines richtigen Heilverfahrens.

Eine **vierte Klasse** von Ursachen wird gebildet durch Blutentmischung, wie sie entsteht bei verschiedenen **Nieren- und Leberkrankheiten**, unvorsichtig zugeheilten alten **Fußgeschwüren**, verkehrter Behandlung und Zurücktreibung von **Hautkrankheiten** (Kopfgrind, Krätze, Flechten, Friesel, Masern, Blattern und dgl.), oder dem Weichselzopf, Skropheln, Syphilis, längerem Gebrauch von **giftigen Mitteln**, namentlich Blei, Chinin und Fingerhut u. s. w.

Es kommt hier hauptsächlich darauf an, die Krankheitsstoffe durch die Haut auszuscheiden und durch Anregung der Verdauungsorgane zu erhöhter Thätigkeit in gleicher Zeit gesundes Blut zu bereiten; daher die erste Applikation des Lebensweckers im ganzen Rücken (kräftig) und auf Magen und Bauch.

Zur **fünften Klasse** ist die durch Blutmangel entstehende ungenügende Nervenernährung zu rechnen. Derselbe wird hervorgebracht durch **Blutentziehungen, Blutsturz, Blutbrechen, lange anhaltenden Durchfall, schlechte Ernährung, Ausschweifungen** u. s. w.

Die Ursachen müssen natürlich baldmöglichst gehoben werden, aber auch die Blutströmung nach dem Kopfe ist zu befördern. Die vorläufigen Operationen, durch nahrhafte Kost unterstützt, finden statt im ganzen Rücken, namentlich der obern Hälfte im Nacken und hinter den Ohren.

Wir fügen endlich noch eine **sechste Klasse** hinzu, welche verschiedene Nervenreize umfaßt, die durch Fortleitung den Sehnerven erfassen. Dahin sind zu zählen: **Rückenmarksaffektionen,**

Epilepsie, Krämpfe, heftige, langwierige Schmerzen in verschiedenen Körpertheilen, Wurm- und Steinbeschwerden u. s. w.

Nicht alle, aber viele Ursachen dieser Art sind zu beseitigen. Applikationen im Rücken, recht nahe der Wirbelsäule und direkt auf dieselbe, bei Würmern auch auf den Bauch, um den Nabel, sind zunächst vorzunehmen.

9. Augenkrankheiten, welche chirurgische Operationen erfordern oder ganz unheilbar sind.

In diesem Kapitel werden wir die hauptsächlichsten der Augenübel erwähnen, gegen welche der Lebenswecker nicht angewandt werden kann. Manche werden vielleicht meinen, daß wir dieselben hätten ganz übergehen können, allein mit Unrecht. Unser Bestreben geht dahin, das Gebiet dieses Heilverfahrens mehr und mehr genau abzugrenzen und denjenigen Männern, welche sich mit demselben befassen, anzudeuten, wo sie Erfolge zu erwarten haben und wo nicht. Es ist uns niemals in den Sinn gekommen, der Chirurgie ihr Verdienst auch nur im Geringsten zu schmälern oder zu behaupten, Operationen dürften am Auge niemals vorgenommen werden. Nur gegen das unzeitige und überflüssige Operativverfahren müssen wir uns entschieden aussprechen, und einem solchen wird eben von der gewöhnlichen Medizin in den meisten Fällen noch gehuldigt. Die Eingriffe mit Messer, Aetzmitteln ꝛc. halten wir bei einem so zarten Organe, wie das Auge, immer für roh, gefährlich und sehr zweifelhaft, und können sie als letzten Versuch nur dann billigen, wenn ohne sie das Augenlicht doch ohne allen Zweifel verloren ist. Es sind dies aber meistens nur Folgezustände, entsprungen aus Vernachlässigung oder verkehrter Behandlung der in den vorhergehenden Kapiteln abgehandelten Krankheiten, und würde man gegen dieselben immer rechtzeitig nach unseren Angaben auftreten, wahrlich die ultima ratio, welche die Chirurgie bietet, dürfte nur sehr selten in Anspruch genommen werden.

Aber auch bei solchen Operationen bietet der Lebenswecker stets noch ein vortreffliches Hülfsmittel als das beste Antiphlogisticum, welches namentlich alle so schädlichen Blutentziehungen überflüssig macht. Es gibt wohl kaum einen Fall, wo bei der Heilung einer Wunde die Antiphlogose nicht in Anwendung zu kommen brauchte, nun mögen die Herren Chirurgen sich überzeugt halten, daß dieses Mittel auch in dieser Beziehung mehr leistet, als das beste der bisher bekannten.

Wir nennen nun die einzelnen hierher gehörenden Krankheiten.

a) **Mangel des Augenlides** (eines oder beider) (Ablepharon), angeboren oder (durch Verletzungen, fressende Geschwüre) entstanden.

b) **Mangel der Wimpern und Augenbrauen** (Madarosis). Ist gewöhnlich ein Folgezustand nach syphilitischen und anderen Geschwüren, Entzündungen, Blattern u. dgl.

c) **Mangel der Regenbogenhaut** (Irideremi), angeboren oder (durch Verletzungen) entstanden.

d) **Mangel der Pupille** (Atresia pupillæ), angeboren und (meist durch vernachlässigte heftige Entzündungen) entstanden.

e) **Spaltung des Augenlides** (Coloboma palpedræ), angeboren oder (durch Verletzung) erworben.

f) **Durchbohrung der Hornhaut** (Perforatio corneæ), meist durch ein zerstörendes Geschwür bewirkt.

g) **Spaltung der Regenbogenhaut** (Coloboma iridis), angeboren.

h) **Verwachsung der Libränder mit einander** (Ankyloblepharon), angeboren oder entstanden, durch Verschwärung, Verwundung, Aetzung und Operationen.

i) **Verwachsung der Lider mit dem Augapfel** (Symblepharon), wie h.

k) **Verwachsung der Regenhaut** nach vorn oder hinten (Synechia), nach Entzündungen und Verschwärung.

l) **Hasenauge** (Lagophthalmus) verkürzte Augenlider, meist nach Eiterungen, Knochenfraß und Brand.

m) **Einwärtsgekehrte Augenlider** (Entropium), angeboren oder durch Entzündungen, Verletzungen, Aetzung, Krampf u. s. w.

n) **Auswärtsgekehrte Augenlider** (Ectropium), Herenauge, meist durch heftige Entzündung oder Strophulosis.

o) **Hornhautbruch** (Keratocele). Die Hornhaut ist verdünnt und durch den Druck der inneren Feuchtigkeiten blasenförmig vorgetrieben. Nach Geschwüren.

p) **Vorfall der Linse** (Dislocatio lentis), wobei die Linse häufig ganz in die vordere Augenkammer tritt, meist durch heftigen Stoß oder Schlag auf das Auge oder den Kopf.

q) **Vorfall der Regenbogenhaut** (Phtosis iridis). Die Regenbogenhaut tritt in und durch eine Oeffnung in der Hornhaut, welche durch mechanische Verletzung, Staaroperationen oder Geschwüre entstehen kann.

r) **Vorfall des Augapfels** (ophthalmoptosis), wobei in Folge heftiger Erschütterungen oder gewaltthätiger Verletzung der Augapfel zum Theil oder ganz aus der Augenhöhle heraustritt.

s) **Hornhauterweichung** (Malacia corneæ). In Folge von Entzündungen, Verletzung der Nerven u. s. w. Da dabei die Ernährung größtentheils aufgehoben, ist an Heilung wohl schwerlich zu denken.

t) **Erweichung der harten Haut** (Slerectasia). Siehe s.

u) **Erweichung des Glaskörpers** (Synchisis corporis vitrei). Immer in Folge anderer Krankheiten, welche die Ernährung dieses Körpers hindern. Energisches Einschreiten gegen die Grundkrankheit kann im Beginn das Uebel noch heben.

v) **Verletzungen** (Læsiones), mechanische oder chemische. Hieb-, Stich- und Schnittwunden, Eindringen fremder Körper, lebende Thiere, Aetzmittel u. s. w. Sie können die **Lider** (hier auch Verbrennung), die **Bindehaut, harte Haut, Horn-, Regenbogen- und Aderhaut,** die **Linse** oder auch den ganzen **Augapfel** betreffen.

w) **Das Schielen** (Strabismus), beruhend auf angeborner oder erworbener Fehlerhaftigkeit in den Muskeln oder deren Nerven, Gewohnheit und Krampfzustände, welcher letztere heilbare Fall schon im vorigen Kapitel erwähnt wurde.

x) **Kurzsichtigkeit** (Myopia), von welcher in Abschnitt 4 die Rede war.

y) **Weitsichtigkeit** (Presbyopia), begründet in zu geringem Brechungs- oder Accommodationsvermögen der betreffenden Augenmedien.

z) **Thränensackfisteln** (Fistulæ sacci lacrymalis). Besteht in einer widernatürlichen Oeffnung des Thränensacks in eine der Gesichtshöhlen oder nach der Wange. Ist das Uebel in Folge einer allgemeinen Krankheit, wie Syphilis, Stropheln u. dgl. entstanden, so wird die Bekämpfung dieser auch die Beseitigung der Fistel bewirken; meist aber ist auch dieses Leiden ein Ausgang verkehrt behandelter Entzündungen, des Knochenfraßes u. dgl., oder beruht auf dem Vorhandensein von Geschwülsten im eigentlichen Thränenkanal.

Man sieht, daß noch eine bedeutende Menge von Augenkrankheiten vorhanden ist — und wir übergehen noch mehrere selten vorkommende—

deren Heilung wir mittels dieses Verfahrens nicht übernehmen, man sieht aber auch gleichzeitig, daß die allermeisten nicht ursprüngliche Uebel, sondern in Folge anderer Krankheitsprozesse (resp. deren naturwidrigen Behandlung), welche so leicht und vollkommen durch diese Heilmethode hätten beseitigt werden können, entstanden sind. Die Anzahl dieser verderblichen Folgekrankheiten wird sich unfehlbar auf ein Minimum reduziren, wenn überall Aerzte und Laien der Wahrheit die Ehre geben und diesem Heilverfahren bei den Augenübeln, wie überall, die ihm gebührende erste Stelle einräumen wollten. Von Unzähligen, an allen Orten unseres Erdballes geschieht dies allerdings bereits; möge es bald allenthalben der Fall sein zum Heile der leidenden Menschheit!

Das Ohr.

Wie soll man Krankheiten des Gehörs möglichst verhüten?

Wenn man viele und zumal die wichtigsten Organe des Gehörs tief in den Schädelknochen, dem Felsenbeine, verborgen und somit scheinbar ziemlich vor äußern Insulten und anderen krankmachenden Einflüssen gesichert liegen, so stehen dieselben doch, mit der Außenwelt theils in ganz direktem, theils in indirektem Zusammenhange. Wir brauchen in dieser Beziehung nur an die anatomischen Verhältnisse des äußeren Gehörganges und der eustachischen Ohrtrompete zu erinnern. Gleichsam durch diese beiden Pforten ist den Ohrenkrankheiten in mannigfachster Weise Thür und Thor geöffnet und darum ist es auch, an dieser Stelle wohl angebracht, daß wir einige Verhaltungsmaßregeln namhaft machen, durch deren Befolgung manche gefährliche und schmerzhafte Erkrankung des Ohres sicher zu verhüten ist. Außerdem ist aber gut ersichtlich, daß das Ohr in Folge seiner Lage, nur zu leicht in krankhafte Mitleidenschaft hineingezogen werden muß, wenn benachbarte Organe erkrankt sind. Wie Erkältungen im Allgemeinen eine hervorragende, ja die gewöhnliche Ursache von Erkrankungen abgeben, so ist auch das Gehör dasjenige Organ, welches in empfindlicher Weise auf Temperaturwechsel reagirt und erkrankt.

Durch die Behandlung mit dem Lebenswecker sind wir in den Stand gesetzt, aufs schnellste und sicherste die Folgen einer Erkältung zu eliminiren; denn wir führen die gestörte Hautthätigkeit schnell zur Norm wieder zurück und können so nach Entfernung der krankmachenden Ursache auch den Effekt der Ursache, die Krankheit, rasch beseitigen oder gar vermeiden. Daher denn auch die großen und schönen Erfolge der exanthematischen Heilmethode. Es sind nun an dieser Stelle folgende einfache Verhaltungsmaßregeln wohl zu beherzigen.

I. Man vermeide jederzeit, besonders aber in den Herbst-, Winter- und Frühlingsmonaten sorgfältig die Zugluft. Ist man genöthigt, sich derselben auszusetzen zu müssen, so verstopfe man, zumal bei vorhandener Disposition zu Ohrenkrankheiten die Ohren mit etwas Baumwolle. Hat aber trotzdem eine Erkältung stattgefunden, so applizire man sofort auf der Halswirbelsäule und zwischen den Schulterblättern reichlich den Lebenswecker und sorge wenigstens über Nacht für reichliche Transpiration.

Ganz besonders vermeide man auch das Sitzen neben einer zerbrochenen Fensterscheibe oder einem schlecht schließenden Fenster, da hierbei die kalte Zugluft nicht nur durch die Fallopische Röhre zum inneren Ohre, sondern auch direkt in den äußeren Gehörgang gelangt.

Ferner treibe man bei windigem Wetter und Abends die Höflichkeit nicht allzuweit, indem man Besuchende bis vor die Hausthüre begleitet, denn gerade hier ist meist die Zugluft am stärksten. Wir können hier nicht unterlassen von einer verbreiteten, thörichten Unsitte dringend zu warnen, nämlich zur heißen Sommerzeit Thür und Fenster gleichzeitig zu öffnen, um sich der momentan erquickenden und erfrischenden Zugluft auszusetzen. Mancher bleibt ungestraft, viele aber büßen Zeit Lebens; denn es bedarf wohl kaum der Erwähnung, daß durch dieses thörichte Benehmen nicht allein Ohrenkrankheiten, nein noch viel gefährlicheren Erkrankungen edler innerer Organe der allerbeste Vorschub geleistet wird.

II. Viele Menschen haben die üble Gewohnheit, des Morgens, sobald sie das warme Bett verlassen haben, Gesicht, Hals und Ohren mit kaltem Wasser abzuwaschen. Es ist dies oft eine recht angenehme und erquickende Prozedur. Allein diese kurze Erfrischung wird zuweilen theuer bezahlt. Denn der Temperaturwechsel ist zu plötzlich und zu intensiv, die Blutcirculation kommt hierdurch in bedenkliche Alteration und Entzündungen, zunächst des äußeren Gehörganges mit ihren möglichen, tiefer gelegenen Folgezuständen sind eine häufige Folge. Daher die Regel, erst eine halbe Stunde, nachdem das Lager verlassen worden, die Waschung vorzunehmen; denn alsdann ist sie ganz ungefährlich, weil der Körper hinreichend abgekühlt ist.

III. Hüte man sich, so viel es geht, vor Durchnässungen des ganzen Körpers. Nach einer stattgehabten Durchnässung beeile man sich mit dem Wechsel der Kleidungsstücke und reibe stets vor dem Wechsel den ganzen Körper mit weichem Flanell so lange, bis leichte Hautröthe erfolgt. Auch hier ist sehr anzurathen, den Lebenswecker längs der ganzen Wirbelsäule zu appliziren.

IV. Während der rauhen Jahreszeit trage man ein weiches flanellenes Hemd auf unbedecktem Körper.

V. Eine häufige Ursache ganz plötzlicher Erkrankungen, besonders des äußeren Gehörganges, gibt das unvorsichtige Abschneiden der Haare bei feuchter und stürmischer Witterung ab. Hat man sich die Haare abschneiden lassen, so soll man bei stürmischem Wetter wenigstens einen Tag lang das Zimmer nicht verlassen.

Es ist eine recht leidige Angewohnheit Vieler, (namentlich das schöne Geschlecht stellt ein großes Contingent) mit Instrumenten aller Art, Haarnadeln, Federn, ꝛc. in dem äußeren Gehörgange herumzubohren, um auf die schnellste und sicherste Art selbst die subtilsten Spuren von Ohrenschmalz zu entfernen. Wir wollen hier nicht weiter von den leicht möglichen tieferen Verletzungen, besonders des Trommelfells sprechen, sondern nur mit wenig Worten anführen, welches der Effekt auf den äußeren Gehörgang selbst sein muß. Der Gehörgang ist mit einem äußerst zarten Häutchen ausgekleidet und dieses wird bei nur einigermaßen heftigen Insulten sofort bluten. Das Blut gerinnt und wird für den äußeren Gehörgang ein fremder Körper, der nothwendig eine Entzündung herbeiführen muß, sofern diese nicht schon durch den mechanischen Insult allein zu Wege kommt. Dieser Unsitte allein haben Viele Jahre lang dauernde eiterige, mit Harthörigkeit oder gar Taubheit verbundene Ohrenflüsse zuzuschreiben. Daher soll auf diese Art der Gehörgang nicht von Staub und Ohrenschmalz gereinigt werden, sondern dies bewerkstelligt man am zweckmäßigsten auf folgende Weise. Man legt den Kopf auf eine Seite und läßt wenige Tropfen lauwarmes Olivenöl, Milch oder Kamillenthee von einer zweiten Person einträufeln. Diese Flüssigkeiten müssen etwa $\frac{1}{4}$ Stunde im Gehörgange verweilen; denn durch dieselben wird das verdickte Ohrenschmalz aufgelöst und läßt sich alsdann leicht, ohne Schaden dadurch entfernen, daß man das Ohr reichlich mit lauwarmer Milch oder Kamillenthee ausspült.

Die zeitweilige Reinigung des Gehörganges ist gewiß gut; denn wenn dieselbe vernachlässigt wird tritt Schwerhörigkeit ein, weil die Schallwellen die dicke Lage von Ohrenschmalz schlecht durchdringen, sie werden gleichsam wie die Tritte durch den Teppich gedämpft. Allein diese Reinigung soll nicht öfter, wie höchstens alle Monate einmal vorgenommen werden; doch läßt sich nicht für Alle ein bestimmter Zeitabschnitt angeben, da bei dem einen Menschen nur spärlich, beim andern reichlich Ohrenschmalz abgesondert wird und viele Verhältnisse das vermehrte Eindringen von Staub begünstigen z. B. das Müllergeschäft, die Farbfabrikation ꝛc.

Nahe verwandt mit der eben geschilderten Unsitte ist eine andere, welche besonders von Kindern häufig muthwilliger Weise geübt wird, wir meinen das Hineinstecken kleiner Gegenstände in den äußern Gehörgang.

Bevorzugt sind bei diesen schlechten Spielereien Hülsenfrüchte und kleine Kerne. Die passiren leicht den Gehörgang, quellen aber bei längerem Verweilen in demselben beträchtlich auf, so daß einestheils ihre Entfernung schwer, oft nur mit Hülfe des Messers möglich ist, dann aber erzeugen sie fast ohne Ausnahme eine sehr heftige, mit hochgradiger Anschwellung verbundene Entzündung des Gehörganges, welche selten ohne Eiterung verläuft. Kommt nun zu diesen starken Eingriffen noch der, daß das Kind mit Höllensteinauflösungen oder Lösungen von anderen giftigen Metallsalzen behandelt wird (die gewöhnlichste Behandlungsweise), so darf man sich sicher nicht wundern, wenn nicht zu reparirender Schaden angestiftet wird. Daher soll man die Kinder auf das nachdrücklichste vor solchen bösen Spielereien warnen und sie scharf beaufsichtigen. Die Prophylaxis ist hier leicht, die Behandlung schwer und der endliche Ausgang oft sehr traurig, nämlich unheilbare Taubheit. Aus demselben Gesichtspunkte verbiete man auch den Kindern das Liegen im Grase oder auf der bloßen Erde, weil darin die Möglichkeit nahe liegt, daß Insekten in den äußeren Gehörgang kriechen, welche ebenfalls sowohl schwer herauszubefördern sind, als auch wiederum sehr leicht die Veranlassungen zu Entzündungen und Eiterungen geben.

Ein Rachenkatarrh sollte niemals vernachlässigt werden, vielmehr sofort und zweckmäßig zur Behandlung kommen. Ist dieser beseitigt, so ist natürlich hiermit auch die Möglichkeit einer Erkrankung des Ohres aufgehoben. Warmes Verhalten, Einwickeln des Halses in Watte, Vermeiden aller reizenden, namentlich spirituöser Getränke und häufiges Gurgeln mit lauer Milch beseitigt denselben in den allermeisten Fällen sehr rasch. Vor allem aber darf derselbe nicht gering angeschlagen oder gar gänzlich außer Acht gelassen werden. Zumal leiden Kinder in den ersten Lebenstagen und Lebensjahren gern an Rachenkatarrh und gerade hier ist eine sorgfältige Behandlung am dringendsten angezeigt, will man mißliche Folgen vermeiden. Endlich mögen hier noch einige Worte, welche sich auf eine über die ganze Erde verbreitete Unsitte beziehen, ihren Platz finden, wir meinen die Unsitte, Kinder mit sogenannten Ohrfeigen zu bestrafen. Das an sich so zarte Gehörorgan ist bei Kindern natürlich durch jeden rohen Schlag, den dasselbe trifft, leicht und schwer verletzlich. Wer aber vermag es und zumal in gereizter Stimmung, im Zorne, die Kraft einer Ohrfeige abzuwägen? Früher war das Ohrfeigen in der Schule allgemeine Sitte, jetzt ist es schon besser geworden und auch die Fälle von lebenslänglicher Taubheit bei Kindern kommen seltener zur Beobachtung, immerhin kommen sie aber noch vor. Man kann Kinder auf so viele andere Weise bestrafen, daß man, wenigstens in Rücksicht auf ein so wichtiges Organ, wie das Gehör ist, das „Ohrfeigen" ganz unterlassen sollte.

Eine, wenn auch seltener von schlimmeren Folgen begleitete weitere Unsitte bildet das Zupfen an den Ohren — auch dieses sollte füglich unterbleiben — weil es wenigstens schaden kann.

Der eben angeführten Regeln sind zwar nur wenige, aber doch lebt in uns die Ueberzeugung, daß ihre Befolgung vielen und großen Segen bringen wird. Möge sie daher Jeder zu eigenem Nutz und Frommen beherzigen und halten!

1. Die feuchte Flechte oder Honigflechte (Eszema) der Ohrmuschel.

Das Eczem der Ohrmuschel ist gewöhnlich eine Theilerscheinung eines Eczem der behaarten Kopfhaut und basirt wohl immer auf einer allgemeinen Säfteverderbniß. Dasselbe entsteht aus zahlreichen, heftig juckenden und auf hochgerötheten Boden emporschießenden, kleinen Bläschen, deren Inhalt bald zu dünneren oder dickeren Schuppen und Borken vertrocknet. Diese Ausschlagsform ergreift am liebsten den äußeren oder convexen Theil der Ohrmuschel, ist bei Kindern sehr häufig, bei Erwachsenen seltener.

Behandlung. Besonders mit stark ätzenden Substanzen behandelt, ist das Uebel ein sehr langwieriges, schmerzhaftes, ekelerregendes, kann durch den langen Säfteverlust sehr schwächen, zu tieferen Erkrankungen edler, innerer Organe führen und hinterläßt, mit Aetzmitteln behandelt, stets häßliche, gestreifte Narben.

Eine rationelle Behandlung soll sich auf große Reinlichkeit (öfteres Abwaschen mit lauwarmem Kamillenthee oder reinem Wasser mittels reiner Leinwand oder eines sehr feinen Badeschwammes) und energische Applikation des Lebensweckers im Nacken und Rücken bis über die Mitte der Wirbelsäule hinab beschränken. Dabei vermeide man stark gesalzene Speisen und sorge durch unschädliche Mittel für hinreichenden Stuhlgang. Dauer der Behandlung bis zur Heilung: 3—6 Wochen.

2. Die einfache Flechte der Ohrmuschel (Herpes).

Man versteht hierunter eine nicht ansteckende Form kreisrunder Bläschen auf entzündetem Grunde, welche zwischen sich Strecken gesunder Haut haben. Die Bläschen vertrocknen in 8—14 Tagen zu platten Krusten. Kommt diese Ausschlagsform an der Ohrmuschel vor, so finden sich ähnliche Formen gewöhnlich an andern Stellen des Kopfes (Stirn, Wange) oder am Halse. Da diese Krankheit mit Fieber, Appetitmangel, Mattigkeit, Kopfschmerzen und Frost verbunden ist, so ist dies ein Beweis, daß es kein lokales Leiden ist, daß vielmehr hierdurch die Natur das Bestreben an den Tag legt, irgend einen Krankheitsstoff aus dem Körper zu entfernen.

Behandlung. Diese soll nur das Naturbestreben unterstützen. Daher reichliche Applikation des Lebensweckers im Verlaufe der Wirbelsäule und auf den Unterleib. Gewöhnlich reicht bei gutem diätischen Verhalten (leicht verdaulicher Nahrung, Reinlichkeit) eine einmalige Applikation zur Heilung aus.

3. Die fressende Flechte oder kriechende Flechte (Lupus) der Ohrmuschel.*)

Diese Form basirt auf einer Neubildung mikroskopisch kleiner Zellen (Epithelialzellen), welche unter Entzündungserscheinungen zu Stande kommt und gewöhnlich von den Haarbälgen und Talgdrüsen der Haut ihren Ausgangspunkt nimmt. Der Lupus hat das Eigenthümliche, daß er an manchen Stellen das normale Gewebe zum vollständigen Schwunde bringt, während an anderen Stellen neues Gewebe gebildet wird. Bei seiner Weiterentwicklung schont er keine Gewebsgattung und vernichtet schonungslos aber langsam Haut, Knorpel und Knochen. Sein Lieblingssitz ist in allen Theilen des Gesichtes, vorzüglich Nase und Ohrmuschel und er beruht immer auf einer verdorbenen

---

*) Eine bisher von den Aerzten für **unheilbar** gehaltene Abart des Lupus, welche stets auf syphilitischer Diathese beruhen soll, und welche auch mit Vorliebe die Ohrmuschel befällt, kommt ungemein häufig in den nördlichen Küstenländern vor, wo sie sich **erblich** fortpflanzt. In Schottland wird diese Krankheit "Sibbens", in Schweden und Norwegen "Radesyge", in Holstein „Marschkrankheit", in Kurland von den lettischen Bauern „französische Krankheit" genannt. In Tausenden von unglücklichen Familien ist diese schreckliche Krankheit heimisch und obwohl von den Aerzten für unheilbar gehalten, sind bis jetzt doch schon Tausende von Fällen vorgekommen, wo Patienten verhältnißmäßig schnell, aber stets dauernd von diesem scheußlichen Uebel durch den Lebenswecker geheilt wurden.

Säftemischung, sehr häufig der Syphilis. Sein Verlauf ist ein sehr langsamer und seine Dauer kann auf Jahre berechnet werden.

Behandlung. Die Behandlung von Seiten der Aerzte mit den allerstärksten und tiefzerstörenden Aetzmitteln (Mineralsäuren, kaustisches Kali, Höllenstein) mag zwar die Narbenbildung etwas beschleunigen, macht die Narbe aber auch sehr häßlich und ist durchaus nicht ohne Gefahr für den Gesammtorganismus, besonders in solchen Fällen, wo eine constitutionelle Ursache (Syphilis) zu Grunde liegt. Denn durch die zu schnelle und gewaltsame Verheilung wird nur zu oft das Leiden auf innere, lebenswichtige Organe versetzt, woraus nur langes Siechthum oder schneller Tod resultiren kann. Darum mögen die bedauernswerthen Kranken, welche an diesem Uebel leiden, sich wohl vor jeder gewaltsamen Heilung hüten!

Grundanzeige für die Behandlung ist Verbesserung der Säftemasse. Ist erst die Ursache gehoben, dann ist es leicht auch den Effect zu beseitigen. Man genieße nur leichte Nahrung, die aber doch viel Nahrungsstoff enthalten muß: frische Gemüse, frisches Fleisch, weichgesottene Eier 2c., vermeide jede stark gesalzene und kräftig gewürzte Speise und sorge besonders in der Frühlingszeit (März, April) für reichliche Stuhlentleerung, welche am leichtesten durch eine Abkochung von Sassafras-Wurzeln oder Rinde zu bewerkstelligen ist. Daneben wende man ausgiebige Applikationen des Lebensweckers an. Die erste Applikation geschehe über den ganzen Rücken, die zweite an der hinteren Seite des Ober- und Unterschenkels, die dritte auf Brust und Oberarme, die letzte auf den Unterleib. Nach vier Applikationen ist in den meisten Fällen das Uebel r a d i k a l gehoben. Oertlich beobachte man große Reinlichkeit, und bedecke die verschwärende Fläche mit weicher Leinwand.

Außer den eben geschilderten Ausschußformen kommen, wie schon erwähnt, in seltenen Fällen noch andere vor, welche aber alle schnell der angegebenen Behandlungsweise weichen. Bevor wir nun zur Besprechung der Krankheiten des Ohrknorpels übergehen, wollen wir noch einer häufigen, auf das spärliche Bindegewebe zwischen Haut und Ohrknorpel lokalisirten Krankheit, nämlich des

4. Blutaustritts zwischen Haut und Ohrknorpel
(Thrombus auricularis).

erwähnen. Diese Krankheit kommt am häufigsten bei Geisteskranken (Blödsinnigen) in Folge anhaltenden Zerrens am Ohrläppchen vor und kann auch bei Vernünftigen aus einer kräftigen Ohrfeige resultiren.

In Folge des anhaltenden leichten oder des einmaligen heftigen Insultes werden die zarten Wände der Blutgefäße der Ohrmuschel zerrissen und es tritt Blut in verschiedenen Quantitäten zwischen Haut und Knorpel. Das gerinnende Blut wirkt als ein fremder Körper und erzeugt eine Entzündung der Haut, des Bindegewebes und des Knorpels. Hierdurch entsteht oft eine bedeutende Anschwellung und Verdickung des Ohrläppchens, stets aber große Schmerzhaftigkeit desselben. Das in Folge der Entzündung gesetzte Exsudat (Ausgeschwitzte) wird gewöhnlich in bleibendes Bindegewebe umgestaltet, welches stets die Neigung hat, sich zusammen zu ziehen oder zu verkürzen. Hierdurch kommen bedeutende Verunstaltungen oder Verdickungen der Ohrmuschel zu Stande.

Behandlung. Im Beginne des Leidens Applikation des Lebensweckers hinter und unterhalb des äußeren Ohres, und 4 oder 5 Tage später kalte Wasserumschläge bis zur nächsten Operation und sofort nach längerem Bestehen Applikation des Lebensweckers hinter und unterhalb der Ohrmuschel und in der ganzen Nackengegend und warme Wasserumschläge 4 oder 5 Tage später. Mit dieser Erkrankung verwandt sind die

5. Gefäßerweiterungen (Teleangiectasiae) der Ohrmuschel.

Dieses Uebel ist gewöhnlich angeboren oder in der frühesten Lebenszeit erworben und kommt nur sehr selten bei Erwachsenen zur Beobachtung. Im letzteren Falle sind Hämorrhoiden, Contusionen oder Wunden die Ursache. Das Uebel ist anatomisch in Erweiterung der Endverzweigungen der Schlagadern, Blutadern und der Lympfgefäße begründet.

Das Aussehen ist meist bläulich roth, oder weißlich-roth, weil die ausgedehnten Blutadern oberflächlicher wie die Schlagadern liegen. Sie bilden bald kleinere und größere Geschwülste, und fühlen sich weich und elastisch an. Uebt man einen Druck auf die Geschwulst aus, so verkleinert sie sich, so lange aber nur, wie der Druck dauert. Plötzliches Zerreißen von Gefäßen mit nachfolgenden, oft erschöpfenden Blutungen machen diese Geschwülste, besonders da sie im zartesten Kindesalter auftreten, nicht ungefährlich.

Behandlung. Andrücken der Ohrmuschel an den Schädel mittels einer leinernen oder flanellenen Binde beschleunigt die Heilung. Zur Hebung und Regelung des Blutlaufes in der Ohrmuschel: Applikation des Lebensweckers rings um das Ohr. Ein bis zwei Applikationen genügen in der Regel zur vollständigen Heilung.

6. Die Entzündung des Knorpels der Ohrmuschel (Perichondritis und Chondritis).

Das Knorpelgewebe hat nur sehr wenige Blutgefäße, welche die sogenannte Knorpelhaut, d. h. die den Knorpel umhüllende Ernährungshaut, in den Knorpel als feine Gefäßreiserchen hineinsendet. Daher kann eine Entzündung des Knorpel nur secundär nach Entzündung der Knorpelhaut erfolgen. Eine primäre Knorpelentzündung anzunehmen, entbehrt jeder anatomischen Grundlage. (Ebenso läßt sich annehmen, daß eine Entzündung der Knorpelhaut den Knorpel selbst stets in Mitleidenschaft ziehen muß.)

Mit einer solchen Entzündung sind Geschwulst und Auflockerung des Knorpelgewebes, welche zur Eiterung oder zu Neubildung von Knorpel, Bindegewebe und Knochen führen können, verbunden. Das Leiden hat meistens einen sehr langsamen Verlauf und erregt oft nur ganz unbedeutende Schmerzen. Folgen sind theilweise Zerstörung des Knorpels oder Formveränderungen desselben. Die Geschwulst, die fix localisirten geringen Schmerzen lassen dies Uebel mit keinem anderen verwechseln.

Ursache sind gewöhnlich scrophulosis und rhachitis (allgemeine Knochenerweichung, englische Krankheit).

Das Uebel kommt, auf die Ohrmuschel allein beschränkt, sehr selten in Folge heftiger mechanischer Insulte vor, gewöhnlich in Begleitung von Knorpelleiden in anderen Körperregionen.

Behandlung. Diese muß vorzüglich das Grundleiden ins Auge fassen und dahin zu streben suchen, daß die Constitution verbessert wird, da gewöhnlich scrophulose und rhachitis zu Grunde liegen. Ist das Uebel durch mechanische Insulte entstanden, so genügen Ruhe und in der Regel eine einmalige Applikation des Lebensweckers zur Herstellung.

Krankheiten des äußeren Ohres (des äußeren Gehörganges und des Trommelfells).

Als häufigste Erkrankungen des äußeren Gehörgangs coincidiren die aus den verschiedensten Ursachen resultirenden Entzündungen. Wohl an jeder Entzündung des äußeren Gehörganges muß in Folge seiner Lage das Trommelfell partizipiren. Vom rein praktischen Gesichtspunkte aus ist es gewiß am besten, die verschiedenen Entzündungen nach ihrer Ursache allein zu classificiren, da nur sie für die Behandlung maßgebend sein kann und darf.

Schon früher haben wir hervorgehoben und betont, daß die Ohrenerkrankungen im Allgemeinen nicht als örtliche Leiden aufzufassen, vielmehr aus allgemeinen oder Constitutionserkrankungen herzuleiten sind. Dies gilt ganz besonders auch von den entzündlichen Affectionen des äußeren Gehörganges und des Trommelfells. Nicht allein die scrophulose, die rhachitis, das Rheuma, die Gicht, Hämorrhoidalstockungen sind Ursachen dieser Erscheinungen, sondern sie sind auch Folgeerscheinungen vieler ganz acut auftretender und verlaufender Erkrankungen, namentlich des Typhus, der Masern, des Scharlachs, der Pocken und bei Ergriffensein der Knochen nach der Syphilis. Allein auch die einfache Erkältung spielt hier eine große Rolle, zu häufig ist eine Ursache gar nicht streng nachweisbar. In letzterem Falle darf die Behandlung natürlich nur nach den ersichtlichen Symptomen geschehen.

Die Symptome aller dieser Erkrankungen sind charakteristisch und meist nur einer Deutung fähig, da der Herd der Erkrankung dem Gesichte zugänglich ist.

Von einem eigentlichen Catarrh kann bei den Entzündungen des äußeren Gehörganges nicht die Rede sein, da, wie wir gesehen haben, derselbe von keiner eigentlichen Schleimhaut überkleidet ist, sondern von einer Uebergangshaut, welche zwischen äußerer Haut und Schleimhaut die Mitte innehält.

Wir wollen nun in Folgendem, nach den Ursachen gruppirt, die Erkrankungen des äußeren Gehörganges und des Trommelfells näher betrachten.

1. Entzündung des äußeren Gehörganges in Folge mechanischer Reize.

Ursachen. Am häufigsten ist verhärtetes und eingetrocknetes Ohrenschmalz die Ursache, entweder in Folge vernachlässigter Reinigung, oder in Folge von Stockungen und Verhärtungen der zur Absonderung des Ohrenschmalzes bestimmten Drüsen. Außerdem geben Veranlassung ins Ohr gelangte fremde Körper, besonders Insekten und Hülsenfrüchte, alsdann unmäßige und allzuscharfe Einspritzungen, übertriebenes Reinigen der Ohren, zumal mit scharfen Instrumenten, wodurch direkte Verletzungen möglich sind.

Krankheitsbild. Der Kranke fühlt einen anhaltenden, heftigen, brennenden oder stechenden Schmerz in einem oder beiden Ohren. Der äußere Gehörgang sieht hochroth aus, ist geschwollen, glänzend und im späteren Verlaufe wird eine dünne Flüssigkeit abgesondert. In vernachlässigten Fällen können Geschwüre und heftige Eiterung erfolgen. Seltnere Begleiterscheinungen sind Fieber, Kopfschmerz, Schlaflosigkeit und große Unruhe. Das Gehör an sich ist nur in seltenen Fällen, nämlich bei starkem Mitergriffensein des Trommelfells oder zu massenhafter Ansammlung des Ohrenschmalzes alterirt. Bei zweckmäßiger und schneller Behandlung hat das Uebel keine schlimme Folgen und ist schnell beseitigt.

Behandlung. Verhärtetes Ohrenschmalz soll zunächst durch lauwarmen Kamillenthee, Milch oder mildes Oel erweicht und alsdann durch vorsichtiges Ausspritzen oder Ausspülen entfernt werden. Anderweitige fremde Körper müssen sehr schonend und vorsichtig mit einer kleinen Pinzette entfernt werden, worauf man ebenfalls das Ohr behutsam reinigt. Die entzündlichen Erscheinungen verschwinden sehr rasch nach einmaliger Applikation des Lebensweckers hinter dem Ohre und im Nacken. Es ist rathsam, während der Erkrankung ein weiches Tuch oder Watte um die Ohren zu tragen, um jede Erkältung sorgfältigst zu vermeiden.

Die gewöhnliche Dauer der Krankheit beschränkt sich bei dieser Behandlung nur auf wenige Tage.

2 Entzündung in Folge einfacher Erkältung.

Ursachen. Plötzlicher Temperaturwechsel. Hier sind besonders hervorzuheben: die Zugluft, das Sitzen neben einer zerbrochenen Fensterscheibe; kaltes Waschen des Kopfes bei allgemein erhitztem Körper;

das Eindringen kalter Flüssigkeiten in den äußeren Gehörgang, unterdrückte Fußschweiße.

Krankheitsbild. Plötzlich auftretende Röthung und Schwellung des äußeren Gehörganges; dumpfes, wenig schmerzhaftes Gefühl im Ohre. Bisweilen glaubt man plötzlich einen Knall im Ohre zu hören. Das Trommelfell hat seine normale Farbe mit einer rothen vertauscht. Gewöhnlich sind Zahnschmerzen mit diesem Leiden verbunden oder anderweitige Störungen, wie Schnupfen, Husten ꝛc., welche gewöhnlich Folgen von Erkältungen sind. Im späteren Verlaufe des Uebels kann es zur Sekretion und Eiterung kommen, ja das Trommelfell kann dauernd verdickt werden. Bei zweckentsprechender Behandlung ist indeß das Uebel schnell gehoben.

Behandlung. Verweilen in mäßig erwärmtem Zimmer. Man befördere thunlichst die Transpiration und applizire einmal den Lebenswecker hinter dem Ohr (6—8 Einschnellungen). Bei dieser Behandlung ist das Uebel in wenigen Tagen beseitigt.

3. Rheumatische Entzündung.

Krankheitsbild. Sie wird mit der eben beschriebenen Entzündung häufig verwechselt, ist aber auch zuweilen mit ihr komplizirt. Zur Unterscheidung beider dient der Umstand, daß bei der rheumatischen Entzündung der äußere Gehörgang fast carmoisinroth, dagegen bei der durch Erkältung entstandenen mehr violetroth erscheint. Zugleich ist sehr heftiger Schmerz, besonders Abends und Nachts vorhanden. Der Kranke leidet häufig zugleich an rheumatischen Kopfschmerzen, Zahn- und Gliederschmerzen und fast constant sind der äußere Gehörgang und das Trommelfell nicht allein ergriffen, sondern das mittlere und innere Ohr leidet mehr oder minder mit. Daher ist denn gewöhnlich auch ein höherer oder niederer Grad von Schwerhörigkeit, Ohrenklingen und Ohrensausen mit diesem Leiden verbunden. Wie bei fast allen rheumatischen Krankheiten, so ist hier die Sekretion eine sehr spärliche und zu einer eigentlichen Eiterung kommt es nur in sehr seltenen Fällen.

Der Verlauf ist selten acut, meist ein sehr schleppender. Dies Leiden ist eins der häufigsten von allen Ohrenleiden und, obwohl das höhere Alter besonders davon heimgesucht ist, kommt es doch in jeder Altersstufe vor.

Ursache. Rheumatismus.

Behandlung. Man halte alles Nasse und Kalte vom Ohre sorgfältig fern, besonders vermeide man das Waschen der Ohren mit kaltem

Waſſer. Man begünſtige ſo viel wie möglich die Transpiration und halte ſich während des ganzen Verlaufes der Krankheit ſtets im warmen Zimmer auf. Rheumatiſche Affektionen werfen ſich ſehr gern auf die Nerven (Nervenſcheiden); darum ſei man hier ſehr vorſichtig, um einestheils ſpäter Schwerhörigkeit oder gar Taubheit zu vermeiden, dann aber auch damit man den überaus ſchmerzhaften Alterationen des Antlitznerven, die ſo gern dieſem Leiden folgen, vorbeugen.

Die Anwendung des Lebenswecker erfolge ſofort beim Beginne des Leidens, und zwar auf dem ganzen Rücken, dem Unterleibe und hinter dem Ohre in ausgiebiger Weiſe. Genügt eine einmalige Applikation zur Herſtellung nicht (der gewöhnliche Fall), ſo erfolge in 10tägigen Pauſen eine zweite oder dritte Applikation. Durch den Lebenswecker iſt es möglich, das Leiden zu coupiren oder abzuſchneiden, ſtets aber erfolgt die Herſtellung weit kürzer, wie bei jeder anderen Behandlungsweiſe.

4. Die gichtiſche Entzündung (deflammatio arthritica).

Die gichtiſche Ohrenentzündung iſt wohl nie auf den äußeren Gehörgang und das Trommelfell allein beſchränkt, ſondern vielmehr auf alle, das Gehörorgan zuſammenſetzenden Gebilde verbreitet. Sie iſt, Gottlob! ſelten, befällt nur das höhere Alter, beſonders alternde Frauenzimmer in den klimakteriſchen Jahren, d. h. in den Jahren, wo allmälig die Menſtruation verſiegt. Das Uebel tritt entweder ſehr acut oder chroniſch auf. In beiden Fällen iſt der Schmerz äußerſt heftig und ſtrahlt in die Schläfen und das innere Felſenbein aus, ſo daß die Patienten den Schmerz ſtets tief in das Gehirn hinein verlegen. Der äußere Gehörgang iſt hochroth, heiß und ganz trocken; das Trommelfell glänzend, in acuten Fällen roth, in chroniſchen ſchiefergrau gefärbt. Das Gehör iſt wegen Mitergriffenſeins innerer, in der Paukenhöhle, oder dem Labyrinth gelegener Organe, ſtets alterirt und meiſt auch das Allgemeinbefinden in Folge der heftigen Schmerzen und der Schlafloſigkeit ſchlecht. Bei längerem Beſtehen hat das Uebel gewöhnlich unheilbare traurige Folgen und gewiß iſt, daß die im Alter ſo ſehr häufige Schwerhörigkeit lediglich eine Folge dieſes in der Behandlung vernachläſſigten Uebels iſt.

Urſachen. Gicht (beſonders Podagra und Chiragra) d. h. Gicht der Füße und Hände und die Momente, welche einen plötzlichen Gichtausbruch veranlaſſen, beſonders Erkältung.

Behandlung. Sie muß hier hauptſächlich auf das Grundleiden, die Gicht, gerichtet ſein. Bei ſehr mäßiger Nahrung, zeitweiſen Fußbä-

bern mit Senfmehl muß der Lebenswecker reichlich über den ganzen
Rücken, den Unterleib, den Nacken und hinter den Ohren angewendet
werden. Sobald die Pusteln vertheilt sind, muß die Applikation aufs
Neue erfolgen. Wir können nicht dringend genug anempfehlen,
bei Zeiten gegen Anfälle der Gicht durch unser Heilverfahren einzu-
schreiten, weil hierdurch sicher das arge Uebel vermieden wird.

5. Skrophulöse Entzündung (Infl. scrophulosa).

Krankheitsbild. Sie ist eine der häufigsten Erkrankungen des
kindlichen Alters und basirt stets auf skrophulöser Säfteentmischung.
Die Zeichen allgemeiner Skrophulose sind stets vorhanden: vorwaltende
Neigung zu Erkrankungen der Lympfdrüsen; gedrungene Körper-
entwicklung bei bleicher Hautfarbe, oder schlanker Körperbau
mit fast durchsichtiger weißer Haut, rothen Wangen und schwacher
Musculatur bei großer geistiger Erregbarkeit und Befähigung.
Die Ohrenentzündung neigt mit Vorliebe zur Eiterung und
hat das Charakteristische, daß sie Jahre lang währt und als-
dann zu wahren Geschwüren des äußeren Gehörganges führt. Der
Eiter wird sehr reichlich abgesondert und hat meist einen üblen, scharfen
Geruch. Die Diagnose ist fast immer, wenn man den allgemeinen
Körperbau berücksichtigt, sehr leicht.

Behandlung. Die Behandlung ist sehr langwierig und schwierig,
und erfordert viel Zeit und Geduld. Tilgung der Säfteentartung ist
die Hauptsache. Gute Nahrung, besonders Fleisch-, Eier- und Milch-
kost, frische Gemüse, große Reinlichkeit und Baden in lauwarmem Wasser, Aufenthalt in trockener gesunder Luft sind unerläßliche Bedingung
zur Heilung. Oertlich beobachte man die minutiöseste Reinlichkeit. Die
Anwendung des Lebensweckers gegen das lokale Leiden geschieht hinter
dem Ohre und im Nacken; in Betreff der Behandlung der allgemeinen
Strophulose verweisen wir auf Drüsenanschwellung. Seite 32. Wir
bemerken hier noch, daß fast keine Krankheit von den Aerzten so viel miß-
kannt und schlecht behandelt wird, wie gerade diese. Würde unser Verfahren ganz allgemein in Anwendung gebracht, gewiß würde die Zahl der
secundär durch dieses Leiden taub Gewordenen eine vorherrschend kleine
sein.

6. Scorbutische Entzündung.

Krankheitsbild. Das Wesen dieser Krankheit beruht weniger auf
einer entzündlichen Alteration, besonders in ihrem Beginne, als vielmehr auf einer Neigung zu Blutungen in Folge sehr wässeriger Blutbe-

schaffenheit, wodurch alsdann indirect entzündliche Erscheinungen hervorgerufen werden. Als Affection des Ohres allein kommt die Krankheit gar nicht vor, sondern stets sind zugleich scorbutische Prozesse an anderen Körpertheilen zugegen: auf dem Zahnfleische, der Mund- und Nasenhöhle, der Lunge, dem Magen und besonders der äußeren Haut. Die zarten Gefäße des äußeren Gehörganges und des Trommelfells zerreißen bei scorbutischer Dyscrasie leicht und geben dann zu ganz profusen Blutungen Veranlassung. Das geronnene Blut wird Ursache einer Entzündung. Der Scorbut ist leicht kenntlich an der lividen Gesichtsfarbe, dem gedunsenen rothen Zahnfleische und den Blutungen in das Gewebe der Haut (Petechien). Nur wenn gleichzeitig eine Blutung in das mittlere oder innere Ohr mit consecutiver Entzündung stattfindet, ist die Gehörfunktion gefährdet oder dauernd aufgehoben. Ist dies nicht der Fall und ist es möglich die scorbutische Blutbeschaffenheit ad normam zurückzuführen, so wird in den meisten Fällen auch das Gehör dauernd nicht beeinträchtigt bleiben und der ganze Prozeß im Ohre schnell gehoben sein. Sei es nun in Folge mangelhafter Ernährung des Gehörnerven allein, oder in Folge allgemeiner Nervenschwäche, stets ist, sobald Blutungen aus dem Ohre im Scorbut eingetreten sind, das Gehör sehr bedeutend geschwächt oder es treten gar ganz abnorme Gehörempfindungen auf.

Ursache. Verdorbene und bereits in Zersetzung übergegangene Nahrungsmittel, besonders faulendes Wasser, schlechte Luft und feuchte Wohnungen sind in der Regel die ursächlichen Momente. Daher ist die Krankheit noch jetzt und war es früher noch weit mehr, auf Schiffen heimisch.

Behandlung. Dieselbe kann natürlich nur auf die causa morbi (die veranlassende Ursache) gerichtet sein und hat ihren Schwerpunkt in dem diätetischen Verhalten, welches freilich bei den meisten Betroffenen schwer zu verbessern ist.

7. Die syphilitische Entzündung.

Krankheitsbild. Die syphilitische Entzündung des äußeren Gehörganges und des Trommelfells, mit der in der Regel tiefere Erkrankungen des mittleren und inneren Ohres verbunden sind, ist ein überaus häufiges Leiden. Kommt bei einem in der Blüthe des Lebens stehenden Individuum **plötzlich** oder **ganz allmälig** eine entzündliche Eiterung des Ohres vor, so soll man stets wenigstens an zu Grunde liegende Syphilis denken. Dasselbe gilt von Kindern; denn

gerade die hereditäre (vererbte) Syphilis lokalisirt sich sehr gern auf das
Ohr. Die syphilitische Entzündung hat das Eigenthümliche, daß die
entzündete Fläche kupferroth aussieht. Außerdem sind stets noch
andere, nicht verkennbare Symptome latenter Syphilis zugegen. Bei
Erwachsenen: Rosenkranzartige harte Anschwellung der Nacken-, Hals-,
Achsel- und Leistendrüsen; chronischen Rachenkatarrh (die Bedeutung
desselben bei Krankheiten des Mittelohres werden wir noch später genauer kennen lernen); hartnäckige Hautausschläge, Knochenauftrei-
bungen am Brustbein, Schienbein oder den Schädelknochen, tiefere Augenleiden.

Der aus dem Ohre ausfließende Eiter ist dünnflüssig, schmutzig gelb
und oft stinkend. Sehr häufig ist das Trommelfell durchbrochen und die
Eiterung wird von den Knochenwänden des Mittelohres unterhalten.
Das Allgemeinbefinden ist stets einmal durch die Grundkrankheit an sich,
dann auch durch den starken Säfteverlust ein schlechtes und die Ge-
müthsstimmung vorwiegend eine traurige, ja melancholische.

Das Uebel währt immer sehr lange, so lange, bis die allgemeine
Seuche getilgt ist und wird sehr häufig durch giftige Medikamente fort
und fort unterhalten oder gar verschlimmert. Die Behandlung
kann nicht blos eine örtliche sein, obwohl örtliche Reinlichkeit wesentliche
Bedingung zur Heilung mit ist, sondern muß hauptsächlich auf das
Grundübel gerichtet sein. Die Behandlung besteht neben dem richtigen
diätetischen Verhalten in allgemeiner Anwendung des Lebensweckers und
wir können hier den vielen Leidenden die frohe Versicherung geben, daß
durch sie ohne Nachtheil für die Gesundheit dauernde Heilung möglich ist und bei consequenter Befolgung der angegebenen Vorschriften so
schnell erfolgt, wie durch keine andere Kurmethode.

**8. Entzündungen in Folge verschiedener anderer Constitu-
tionalanomalien, (Hämorrhoiden, Menstruationsanomalien, Bleichsucht, übermäßiger Gebrauch differenter
Arzneimittel).**

Diese Erkrankungen veranlassen freilich nur selten Alterationen des
äußeren Ohres—häufiger sind sie Veranlassung zu nervösen Ohrenleiden—wenn sie aber eine Entzündung oder Eiterung des äußeren Ohres
veranlassen, so werden dieselben dauernd nur dann beseitigt werden können, wenn mit Rücksicht auf das Grundübel das Kurverfahren geleitet
wird. Gerade, weil heutzutage von den Aerzten geradezu geleugnet
wird, daß diese Uebel das Ohr überhaupt beeinflussen könnten, sind auch

ihre Erfolge so häufig nur schnell vorübergehend, oder es wird gar bei einer rein lokalen Behandlung mit den beliebten differenten Mitteln das Uebel noch verschlimmert. Uns wenigstens sind sehr viele Fälle bekannt, wo eine hämorrhoidale, chlorotische oder merkurielle Ohrenentzündung Jahre lang von den verschiedensten Aerzten ohne jede Besserung behandelt wurden, und doch schwand das Uebel nach wenig Wochen durch dieses, die Ursache streng berücksichtigendes Heilverfahren.

Was die hämorrhoidale Entzündung anlangt, so tritt dieselbe bei ausgesprochener hæmorrhois dann meist zuerst auf, wenn bisher gewohnte periodische Blutverluste aus den Mastdarmvenen plötzlich aufhörten und so gleichsam das Ohr stellvertretend (auf metastatischem Wege) erkrankt. Die Entzündung an sich hat nichts Eigenthümliches und nur das gleichzeitige Vorhandensein der hæmorrhois gestattet den Schluß auf hämorrhoidale Entzündung. Die hæmorrhois, charakterisirt durch Knoten am After und von Zeit zu Zeit eintretende Blutungen und Schleimabgang aus dem Mastdarm, halten wir keineswegs für ein Leiden, welches aus mechanischer Blutstauung resultirt, vielmehr für eine, durch einen spezifischen Krankheitsstoff bewirkte Dyscrasie (dyscrasie hæmor). Das Uebel ist am häufigsten im mittleren und höheren Lebensalter und befällt mit Vorliebe vollsaftige Personen der höheren Stände.

Die Behandlung besteht in Applikation des Lebensweckers hinter dem Ohre, in der Kreuzgegend, dem Unterleib und den Waden. Die Anwendung des Lebensweckers muß beharrlich bis zum vollständigen Verschwinden des Leidens durchgeführt werden. Gleichzeitig ist viele Bewegung in frischer Luft, eine leicht verdauliche Nahrung und das Vermeiden aller Spirituosen bringend anzurathen.

Seltener noch wie die Hämorrhoiden geben Menstruationsanomalien während des ersten Erscheinens und beim Sistiren der Menses und die Bleichsucht ursächliche Momente zu Ohrenentzündungen ab. Auch hier muß die Behandlung auf Bekämpfung des Grundleidens gerichtet sein, wodurch das Leiden schnell und dauernd gehoben wird.

Von den Arzneimitteln ist es besonders das Quecksilber, welches, wenn es lange Zeit gebraucht wird, zunächst einen Rachen- und intensiven Mundkatarrh hervorruft, der sich durch die Eustachische Ohrtrompete auf die Paukenhöhle fortsetzen und so indirect eine Entzündung des Trommelfells und des äußeren Gehörganges bewirken kann. Außerdem aber resultiren aus dem vielen Quecksilbergebrauch die mannigfachsten Nervenleiden und die Nerven des Ohres werden fast nie ganz verschont.

Die Behandlung muß neben Ausscheidung des Giftes aus dem Körper auf allgemeine Kräftigung des Körpers gerichtet sein und beides wird durch methodische und ausgiebige Applikation des Lebensweckers am Zweckmäßigsten erzielt.

9. Entzündungen in Folge acuter fieberhafter Krankheiten (Typhus, Masern, Scharlach, Pocken ꝛc.)

Im Verlaufe der genannten Krankheiten treten sehr häufig plötzlich, besonders nach Erkältung oder nach anderartigen Schädlichkeiten metastatische Entzündungen des äußeren Ohres und zwar bisweilen von Anfang an heftig und mit bösartigem Charakter auf. Am berüchtigsten sind in dieser Hinsicht der Typhus und die Masern. Diese Krankheiten haben an und für sich nur das Eigenthümliche, daß sie wegen der allgemeinen Schwäche sehr wenig Neigung zur Heilung kundgeben und leicht tiefere und bleibende Zerstörungen bewirken. Gerade im Stadium der Wiedergenesung sind diese gefürchteten Complikationen am häufigsten. Die Behandlung sei von vorn herein eine energische. Man schnelle den Lebenswecker hinter den Ohren, im Genick und im Verlaufe der ganzen Wirbelsäule kräftig und wiederholt ein. Dabei bewahre man den Kranken aufs sorgfältigste vor allen Schädlichkeiten, namentlich Erkältungen und Diätfehlern, und umhülle die Ohren mit Watte.

10. Entzündung bei Neugeborenen.

Besonders schwächliche (skrophulöse) Kinder werden häufig von einem übelriechenden Ausflusse aus den Ohren befallen. Derselbe besteht aus dünnem, in Zersetzung begriffenem Eiter und verursacht gewöhnlich einen ziemlich hohen Grad von Schwerhörigkeit. Der Gehörgang ist entzündet roth, das Kind fiebert, leidet an Appetitmangel und ist sehr unruhig.

Die Behandlung bestehe in der sorgfältigsten Reinigung durch laues Wasser, zweckmäßige Nahrung (Mutter oder Ammenmilch) und in gelindern Fällen in einfachem Aufstreichen meines Oeles hinter das Ohr, in schwereren — gleichzeitig in einigen leichten Einschnellungen des Lebensweckers im Nacken und Rücken. Das Uebel dauert bis zu seiner Heilung gewöhnlich lange Zeit und hinterläßt oft sehr schwierig zu beseitigende Schwerhörigkeit.

Wir könnten an dieser Stelle noch mehrere entzündliche Leiden des äußeren Ohres besprechen, da indessen dieselben nur wenige charakteristische Unterschiede aufzuweisen haben, und auch ferner die Behandlung nicht wesentlich differiren, so werden die angegebenen Krankheitsbilder Jeden leicht in den Stand setzen, wohl jede Entzündung mit Glück zu behandeln und zu beseitigen. Daher gehen wir zu den anderweitigen Erkrankungen des äußeren Ohres, welche primär nicht auf einer einfachen Entzündung basiren, über.

11. Furunkel (Blutschwären) im äußeren Gehörgange.

Krankheitsbild. Bei hinreichender Erweiterung des äußeren Gehörganges erblickt man eine erhabene, umgrenzte, dunkelrothe Entzündungsgeschwulst, welche bei der Berührung sich hart anfühlt und sehr schmerzhaft ist. Diese Geschwulst hat meist die Größe einer Linse oder Erbse. Allmälig spitzt sich die Geschwulst zu, wird an der Spitze weich, bricht endlich auf und ergießt mit Blut vermischten Eiter. Begleiterscheinungen sind in seltenen Fällen, leichtes Fieber, Kopfschmerzen und bei entstandener Verengung des Gehörgangs Schwerhörigkeit, Ohrensausen und Ohrenklingen. Der Furunkel währt meist 5—7 Tage und dauert nur bei chronischem Verlaufe mehrere Wochen.

Ursachen. Das Uebel entsteht gewöhnlich ohne nachweisbare Ursache. Manche Menschen werden sehr häufig nach geringen Erkältungen davon heimgesucht. Bisweilen liegt eine krankhafte Blutbeschaffenheit zu Grunde.

Behandlung. Damit der ganze äußere Gehörgang und das Trommelfell nicht in entzündliche Mitleidenschaft gezogen werden, ist häufige Reinigung des äußeren Gehörganges durch laues Wasser oder Kamillenthee sehr anzurathen. Daneben verstopfe man das Ohr sorgfältig mit Watte und hüte das Zimmer. Zur Abkürzung der Krankheitsdauer schneele man behufs Ableitung einige Mal den Lebenswecker hinter dem Ohre ein.

12. Polypen des äußeren Gehörganges und des Trommelfells.
(Pecudometamorphosis polyposa.)

Krankheitsbild. Ein Polyp ist eine Afterneubildung, welche ihren Sitz auf Schleimhäuten oder diesen nahe verwandten, absondernden Häuten hat. Der Polyp sitzt gewöhnlich auf einem dünnen Stiele und ist stets von einer eigenen Haut umhüllt. Die Gestalt ist gewöhnlich eine birnförmige, doch theilen sich auch die Polypen an ihrer Spitze beerenartig und gehen, wenn äußere Reize hinzutreten, leicht in Eiterung über. Die Polypen des äußeren Gehörganges haben viele Aehnlichkeit mit secundär, syphilitischen Feigwarzen (condylomen) und sitzen entweder mit ihrer Grundfläche auf dem Trommelfell oder den Seitenwandungen des äußeren Gehörganges fest. Stets ist bei einiger Größe der Neubildung Schwerhörigkeit zugegen, ja es fehlen auch in einigen Fällen Schmerzen nicht.

Ursachen. Eiterflüsse des Ohres bei Miterkrankung des Trommelfells. Häufig ist keine definitive Ursache nachweisbar.

Behandlung. Sitzt der Polyp an den Wänden des äußeren Gehörganges, so ist die Beseitigung desselben durch das Messer ungefährlich und hilft am schnellsten; wurzelt dagegen der Polyp auf dem Trommelfell, so ist vor jedem chirurgischen Eingriffe streng zu warnen. Hier paßt der Lebenswecker, der bis zum Verschwinden des Polypen consequent in der äußeren Umgebung des Ohres anzuwenden ist. Derselbe ist natürlich überall auch da anzuwenden, wo lang dauernde Ohreiterungen die Ursache der Polypen abgegeben haben, oder, wo erst durch die Gegenwart des Polypen eine Eiterung erregt wurde, zur radikalen Beseitigung der letzteren.

13. Spezielle Würdigung der Krankheiten des Trommelfells.

Krankheitsbild. Die anatomische Lage des Trommelfells schließt in sich, daß dasselbe an allen Erkrankungen des äußeren Gehörganges, der Trommelhöhle und gewöhnlich auch des Labyrinthes Theilnehmen muß. Das Trommelfell ist sehr gefäß- und nervenreich und hierin liegt der Grund, daß der Uebergang einer Erkrankung auf dasselbe sich gewöhnlich ganz plötzlich und durch sehr heftige Symptome: unerträglicher Kopfschmerz, Ohrenklingen, Ohrensausen, Fieber, Schmerzen tief im Ohre, plötzliche Ohnmachten, zu Delirien kund gibt. Besichtigt man in solchen Fällen dasselbe, so erscheint es dem Auge hochroth, oder blau-roth, mit feinen deutlich abgegrenzten dunkleren Recherchen, den ausgedehnten Blutgefäßen.

Entwickelt sich eine Krankheit des Trommelfells chronisch, so treten die eben beschriebene Symptome nur ganz allmälig auf und erreichen in der Regel auch nie die Höhe wie in acuten Fällen. Es präsentirt alsdann eine schiefergraue Oberfläche.

Bisweilen ist das Trommelfell in Folge langwieriger Eiterungen des äußeren Gehörganges oder der inneren Ohrorgane mit warzigen Wucherungen der kleinen Geschwüre bedeckt, welche zu Durchlöcherungen desselben führen können. Das Gehör leidet stets bei Durchbohrungen des Trommelfells, aber es ist nicht nothwendig, daß dasselbe sehr erheblich alterirt ist, besonders bei ganz kleinen Oeffnungen, welche die Schallleitung durch die Gehörknöchelchenkette nicht wesentlich stören.

Haben krankhafte Prozesse auf dem Trommelfell lange Zeit bestanden und sind dieselben durch starke, metallische, zusammenziehende Mittel behandelt worden, so tritt eine beträchtliche Verdickung desselben ein, welche neben bedeutender Schwächung des Gehöres in den meisten Fällen auch abnorme Gehörsempfindungen und schmerzhafte Zufälle im Gefolge hat.

Behandlung. Dieselbe muß stets eine sofortige, energische und bis zum Ablauf des Krankheitsprozesses andauernde sein. Man reinige den äußeren Gehörgang häufig, behutsam aber hinlänglich von allen Sekreten mittels lauen Wassers, womit man denselben wiederholt anfüllt und verstopfe ihn zum Schutze gegen kalte Luft durch Watte.

Den Lebenswecker applizire man reichlich hinter dem Ohr, im Nacken und in alten und hartnäckigen Fällen auch über den ganzen Rücken und die Waden. Dabei vermeide man alles, was Wallungen zum Kopfe verursacht, namentlich starke und erhitzende Bewegungen und Spirituosen. Daneben ist es sehr zweckmäßig, durch milde, vegetabilische Mittel für reichliche und regelmäßige Stuhlentleerung zu sorgen. Sorgfältig vermeide man alle stark wirkenden Eintröpflungen oder Einspritzungen.

Krankheiten des Mittelohres.

1. Der acute Katarrh der Paukenhöhle.

Krankheitsbild. Wir haben schon früher hervorgehoben, daß nur das mittlere Ohr von einer wahren Schleimhaut ausgekleidet ist, mithin auch allein nur katarrhalisch krankhaft affizirt werden kann. Jeder Katarrh ist zunächst mit vermehrter Sekretion (Absonderung) verbunden, indem dasselbe entweder abnorme große Mengen von Schleim führt, oder in dem in einem späteren Stadium die Schleimkörperchen die Metamorphose in Eiterkörperchen eingegangen sind. Begleiterscheinungen des Katarrhs sind Schwellung und Wulstung der Schleimhaut. Durch die vermehrte Sekretion der Schleimhaut wird dieselbe, indem stets der oberste Belag derselben (das Epithel) abgestoßen wird, gleichsam in eine wunde Fläche umgewandelt und dadurch ist die Möglichkeit gegeben, daß die Schleimhautflächen mit einander verwachsen oder wenigstens verlöthet werden können. Erinnern wir uns daran, daß der Cubikinhalt der Paukenhöhle ein nur sehr geringer ist, daß sich schon im gesunden Zustande die Schleimhautflächen an vielen Stellen fast berühren, so wird es uns erklärlich sein, daß bei den katarrhalischen Affektionen Verlöthungen und Verwachsungen zu den gewöhnlichsten Erscheinungen und Folgen gehören müssen.

Die Erscheinungen des acuten Katarrhs sind charakterisirt meist durch ganz **plötzliche Abnahme** des Gehöres oder gar ausgesprochene Taubheit (oft im Verlaufe eines oder weniger Tage). Der Kranke hört ein fortwährendes Hämmern und Läuten in den Ohren, der innere Schleimhautüberzug des Trommelfells ist geröthet und gewöhnlich sind **Schlingbeschwerden, Nachen- und Nasenkatarrh** gleichzeitig vorhanden. Zunächst wegen der nahen Nachbarschaft der Gehirnhäute und der Paukenhöhle, ganz besonders aber wegen der direkten Verbindung der Gefäße der harten Hirnhaut mit den Gefäßen, welche das Mittelohr versorgen ist es ersichtlich, daß Hirnerscheinungen: Kopfschmerz, Fieber, ja Delirien mit der acuten Form des Katarrhs gewöhnlich verbunden sind und ganz besonders bei Kindern kann leicht eine Verwechselung mit einer entzündlichen Krankheit der Hirnhäute stattfinden.

Ursachen und Verlauf. Aus den anatomischen Thatsachen ist ersichtlich, daß in Folge von katarrhalischen Erkrankungen der Nachen- und Nasenschleimhaut, Katarrhe der Paukenhöhle durch **direkte Fortleitung durch die Eustachische Röhre** nicht nur entstehen können, sondern sehr häufig entstehen müssen. Da nun acute Erkrankungen der Nachen- und Nasenhöhle (Schnupfen) meist durch Erkältung, seltener Syphilis oder unmäßigen Jodgebrauch hervorgerufen werden, so ist hiermit schon von selbst gegeben, daß bei naßkalter, zu Katarrhen überhaupt disponirender Witterung auch Katarrhe des mittleren Ohres am häufigsten zur Beobachtung kommen. Nächstdem ist nicht zu leugnen, daß das Katheterisiren der Eustachischen Röhre, zumal wenn es roh und ungeschickt ausgeführt wird, durch direkten mechanischen Insult einen Paukenhöhlenkatarrh verursachen kann. Häufig endlich ist eine direkte Ursache nicht nachweisbar. Bei ungeeigneter Behandlung ist der Uebergang des acuten Katarrhs in den chronischen die gewöhnliche Folge. Der Kranke erhält alsdann wohl für einige Zeit das Gehör wieder, allein dasselbe nimmt, sei es in Folge des chronischen Katarrh an sich, sei es in Folge stattgehabter Verwachsungen von Jahr zu Jahr bis zur vollen Taubheit mehr ab, wenn nicht der noch schlimmere Ausgang, Fortleitung des Krankheitsprozesses auf die Gehirnhaut oder das Ge-

hirn selbst schon früher eintritt und dem Leben in den meisten Fällen ein
Ende macht. Bei geeigneter Behandlung ist indeß das Leiden we‐
der langdauernd, oder von bleibenden Gehörstörungen gefolgt und für
das Leben gefährlich.

Behandlung. Die Vermeidung des Uebels durch sorgfältiges Ver‐
hüten der das Leiden hervorrufenden Ursachen ist leicht. Ist das Uebel
aber ausgebrochen, so muß schleunigst eine energische Behandlung ein‐
treten. Jeder Schnupfen oder Rachenkatarrh, der als Begleiterscheinung
auch das Leiden unterhält, muß zweckmäßig behandelt werden. Das
Zimmer ist bis nach völlig abgelaufenem Prozesse nicht zu verlassen und
damit die Transpiration der Haut möglichst unterhalten werde, soll das‐
selbe bei Tag und Nacht geheizt sein. Warme Kleidung, resp. Bede‐
ckung und der reichliche Genuß von Fliederthee muß den Schweiß un‐
terhalten.

Der Lebenswecker werde sofort kräftig hinter den Ohren, im
Nacken bis über die Mitte des Rückens hinab und auf die Waden appli‐
zirt. Gemeiniglich genügt eine einmalige Applikation, im anderen Falle
muß dieselbe nach Abheilung der ersten Anwendung wiederholt werden.
Vor der Anwendung von Medikamenten durch den Ohrkatheter müssen
wir auf das nachdrücklichste warnen.

2. Der chronische Katarrh der Paukenhöhle.

Krankheitsbild. Die anatomischen Veränderungen bestehen in
Schwellung der das Mittelohr auskleidenden Schleimhaut, welche
Schwellung bei jeder neuen Congestion (Blutandrang zum Mittelohr)
stärker und deutlicher ausgesprochen ist. Gleichzeitig ist übermäßige Ab‐
sonderung eines weißen, zähen Schleimes vorhanden. Dieser einfache
chronische Katarrh ist wohl die häufigste aller Ohrenkrankheiten, denn er
kommt sowohl in der frühesten Kindheit, im höchsten Greisenalter und
bei beiden Geschlechten gleich häufig vor.

Es ist nicht schwierig, diesen Prozeß sicher zu erkennen. Denn das
Trommelfell wird an seiner, dem Mittelohr zugekehrten Fläche stets in
den Krankheitsprozeß mit hineingezogen. Die Feinheit des Trommel‐
fells gestattet aber, Krankheitsvorgänge selbst an seiner inneren Fläche
genau und deutlich mit dem Auge zu erkennen. Beim chronischen Ka‐
tarrh hat das Trommelfell eine **schiefergraue Färbung** und nur
bei noch ziemlich frischen Fällen erscheint es **matt glänzend und
gelb bis rostbraun** verfärbt. Die Farbe des Trommelfells ist
weiß, ja zuweilen glänzend, perlmutterartig glänzend,

wenn dünne Krusten von Kalk auf die innere Ohrfläche deſſelben ſich abgelagert haben. Natürlich büßt das Trommelfell hierdurch ſeine Elaſticität mehr, weniger ein; würde man in dieſen Fällen den ſehr gefährlichen Verſuch wagen, durch die Luftdouche daſſelbe vorzubauſchen, würde die ſpröde und leicht zerreißlich gewordene Haut in den meiſten Fällen zerreißen. Ein noch anderes Ausſehen gewinnt das Trommelfell dann, wenn Verwachſungen und Verklebungen zugegen ſind — eine ſehr häufige Folgeerſcheinung des chroniſchen Katarrhs der Paukenhöhle. Es ſieht alsdann höckerig oder gefalten aus bei gleichzeitiger abnormer Verfärbung und der normal vorſpringende Hammergriff erſcheint eingezogen.

Eine Begleiterſcheinung des chroniſchen Paukenhöhlenkatarrh iſt in den meiſten Fällen ein chroniſcher Rachenkatarrh.

Die ſubjektiven Erſcheinungen ſind ſehr mannigfach.

Gewöhnlich beſteht das Leiden viele Jahre, ehe die Kranken endlich Hülfe nachſuchen und hat meiſt ganz unmerklich begonnen. Die häufigſte Klage iſt allmälig immer ſtärker werdende Harthörigkeit und zwar hat dieſelbe entweder ganz allmälig zugenommen oder hat ausnahmsweiſe durch eine plötzliche Schädlichkeit plötzlich bedeutend zugenommen. Neben dieſem allgemeinſten Symptom leiden die Kranken an den verſchiedenſten, früher als nervös gedeuteten Allgemeinerſcheinungen: Schwindel, Ohrenbrauſen, Widerwillen gegen geiſtige Beſchäftigungen oder gar an allmäliger Abnahme der Geiſteskräfte an Veränderungen in der Gemüthsſtimmung, Kopfſchmerzen u. dgl. mehr. Auch dieſe ſogenannte nervöſe Erſcheinungen ſind nicht ſchwer zu deuten, wenn man bedenkt, mit wie viel Organen des Kopfes, beſonders des Gehirns das Mittelohr in direkter Nerven- und Blutverbindung ſteht. Hierin mag auch der Grund für die ſicher conſtatirte Erblichkeit dieſes Uebels, ohne daß gleichzeitig eine erbliche conſtitutionelle Krankheit vorliege, zu ſuchen ſein.

Der chroniſche Paukenhöhlenkatarrh ſetzt außer den beſchriebenen anatomiſchen Veränderungen noch eine große Menge der Feinheit der betroffenen Organe entſprechende ganz ſubtile pathologiſche Producte, welche ohne Zweifel oft mächtig das Gehör beeinfluſſen müſſen, deren einzelne Momente aber lange nicht mit Sicherheit zergliedert ſind, vielmehr größtentheils nur durch wahrſcheinliche Hypotheſen gedeutet werden können. So kann zunächſt die Stelle der Gehörknöchelchen durch Eiter- oder Schleimabſonderungen aus der normalen Lage gebracht, die Gelenkverbindung der einzelnen Gehörknöchelchen kann gelockert oder fester werden, ja in eine starre ungelenkige Verbindung verwandelt werden. Das Gehör wird hierdurch ohne Zweifel ganz bedeutend gestört, ja kann vielleicht ganz verloren gehen; allein ebenso wenig wissen wir denselben physiologisch mit Sicherheit zu deuten. Entartungen am runden und eirunden Fenster (vide anatomie) und den übrigen noch feineren Organen des Mittelohres haben ohne Zweifel große Beeinträchtigung des Gehöres stets zur Folge; jedoch wir können dieselben weder sicher am Lebenden erkennen, noch sicher deuten und es ist daher müßig, dieselben ganz speciell zu erörtern, zumal die Behandlung der einzelnen Krankheitsvorgänge des Mittelohres im Wesentlichen dieselbe ist.

Ursachen und Verlauf. Der chronische Paukenhöhlenkatarrh geht wohl immer aus einem acuten hervor und wir können daher hinsichtlich der ursächlichen Momente auf das über den acuten Catarrh gesagte verweisen. Der Verlauf ist ein sehr langwieriger und währt, wird die Krankheit sich selbst überlassen, meist bis ans Lebensende. Eine Fortleitung des Processes zu den benachbarten Hirnhäuten kann dem Leben plötzlich ein Ende machen.

Behandlung. Die Behandlung dieses sehr verbreiteten Leidens Seitens der Aerzte durch Medikamente, durch den Ohrkatheter, oder wie die anderen Manipulationen alle heißen, ist, wie die Erfahrung unumstößlich dargethan hat, stets ohne Heil- oder Besserungserfolg und es ist noch ein sehr günstiges Resultat, wenn durch die directe Insulte nicht das Uebel bedeutend verschlimmert wird. Die Behandlung durch den Lebenswecker hat stets Erfolge aufzuweisen, ist aber eine sehr schwierige und verlangt viel Zeit und Geduld. Vorzüglich muß auf die Ursache, welche einen ursprünglichen acuten Catarrh veranlaßte, volle Rücksicht genommen werden. Ist eine bestimmte Ursache nicht nachweisbar, so behandle man das Leiden nach den beim acuten Catarrh angegebenen Principien. Jeder mit der Krankheit verbundene Rachen- und Mundkatarrh muß sorgfältig behandelt werden. Die Applikation des Lebensweckers geschehe reichlich in der ganzen Umgebung des Ohres und je nach der vorliegenden Ursache über den Rücken, die Bauchfläche und die Waden. Die Anwendungen müssen so lange wiederholt werden bis eine weitere Besserung nicht mehr ersichtlich ist. Reizlose Diät und sorgsame Regulirung des Stuhlganges und der Hautthätigkeit sind wesentliche Bedingungen für eine glückliche Behandlung. Ist das Trommelfell durch Eiterung im Mittelohr bereits durchlöchert, so beobachte man eine vorzügliche lokale Reinigung des äußeren Gehörganges mittels warmem Wassers und verschließe denselben nach geschehener Reinigung durch Watte, oder einem Stückchen frischen Speck, was in allen solchen Fällen noch besser ist, als Watte.

Krankheiten des inneren Ohres.

Wir sind hier zum Dunkelsten, zum unerforschtesten und unzugänglichsten Kapitel in der ganzen Heilkunde angelangt und Gottlob! sind nach den jetzigen und jüngsten Forschungen die directen Erkrankungen des Ohrennerven und der Organe, in denen er sich ausbreitet, sehr selten und betragen vielleicht nur 1|10 Procent der Ohrenerkrankungen überhaupt. Es gab eine Zeit und diese ist noch bei den meisten Aerzten maßgebend, wo man aus Unkenntniß der Sache, nur, um dem unerforschten und unbekannten Leiden einen Namen zu geben, mehr denn die Hälfte aller Ohrenkrankheiten mit dem Namen nervös bezeichnete. Eine exacte Beobachtung, eine ziemliche Anzahl von Sektionen und die physiologischen Experimente an Thieren haben das Heer der nervösen Ohrenleiden auf die richtige anatomische Grundlage, katarrhalische Zustände der Paukenhöhle nebst ihren Ausgängen zurückgeführt und die Seltenheit der Erkrankung des Ohrennerven zu Evidenz bewiesen.

Krankheitsbild. Die anatomischen Veränderungen entsprechen keineswegs der Intensität der Krankheitserscheinungen.

Bei den Sektionen (Leichenöffnungen) hat man am allerhäufigsten entzündliche Ausschwitzungen in den Endverzweigungen des Hörnerven, ganz besonders in den halbzirkelförmigen Canälen aufgefunden; weit seltener wurde Entzündung des Hörnerven oder seiner Scheide von seiner Endausbreitung beobachtet. Beispiele von Neubildungen in der Ausbreitung des Hörnerven sind nur einige wenige bekannt. Es liegt auf der Hand, daß ein andauernder Catarrh der Paukenhöhle schließlich auch Ernährungsstörungen des inneren Ohres herbeiführen muß, einmal wegen der directen Verbindung beider Höhlen, dann auch besonders durch den Druck, welchen die Platte des Steigbügels bei Schleim- oder Eiteransammlung im Mittelohr indirect auf die überaus zarten Organe des inneren Ohres ausüben muß.

So sehen wir denn auch hier wieder, daß die entzündlichen Erscheinungen die vorwaltenden sind. Das innere Ohr erhält sein Blut durch die sogenannte innere Ohrarterien (Arteria auditiva interna), welche direct aus dem Gehirne hervorkommt. Das vom inneren Ohre zurückgeführte Blut ergießt sich in die großen Blutleiter der harten Hirnhaut. Es ist somit klar, daß Blutlaufsstörungen in den Theilen des inneren Ohres einmal den Blutlauf im Gehirne beeinflussen werden, dann aber auch das Störungen im Blutlaufe des Gehirns auf die Circulation im inneren Ohre einwirken müssen. Diese Thatsache wird durch die Beobachtung bestätigt. Nach erschöpfenden Krankheiten, großen Blutverlusten, bei bleichsüchtigen Frauen, bei Herzkrankheiten finden wir fast stets abnorme Empfindungen des Gehörs, Ohrensausen, Ohrenklingen, Ohrenschmerzen 2c. Allein diese Leiden verschwinden, sobald der Blutlauf wieder normal geworden ist.

Bisweilen treten solche Blutlaufsstörungen ganz plötzlich ein beim Schlagfluß, nach einer heftigen Erkältung, zumal bei menstruirenden Frauen, nach den heftigsten Gemüthsbewegungen und die fast ausnahmlose Folge ist unheilbare Taubheit.

Wie der Gesichtsnerv ganz plötzlich durch eine heftige Lichterscheinung dauernd gelähmt werden kann, so auch der Hörnerv nach plötzlichen heftigen Lufterschütterungen, z. B. den Knall einer Kanone; doch gehören glücklicher Weise diese traurigen Ereignisse zu den größten Seltenheiten. Ist der Gehörnerv oder seine Ausbreitung in irgend einer Weise erkrankt, so ist das Gehör stets tief ergriffen, gewöhnlich erloschen. Man kann freilich alle Abstufungen von geringer Schwerhörigkeit bis zur vollendeten Taubheit beobachten, allein die Art der Erkrankung ist leider gewöhnlich eine solche, daß das unglückliche Individuum vollständig taub ist. Plötzliche Erkrankungen des Gehörnerven repräsentiren bisweilen ganz das Bild eines heftigen Blutandranges zum Gehirn oder gar eines Schlaganfalles: plötzlicher Schwindel, Erbrechen, Ohnmachtsanfälle, Ohrensausen und Behinderung der Bewegung und hinterlassen—Taubheit.

Im Uebrigen ist das allgemeinste Symptom der Krankheiten des inneren Ohres: ganz bedeutende, entweder allmälig oder plötzlich entstandene Schwerhörigkeit oder Taubheit bei vollständig normaler Beschaffenheit der dem Gesichte zugänglichen Organe des Ohres.

Die hier angeführten Symptome sind die uns bekannten, einzig annähernd zuverlässigen, und wir sind der festen Ueberzeugung, daß bei der total verborgenen Lage des inneren Ohres eine sichere Diagnose niemals—oder vielleicht in sehr seltenen Fällen nur möglich ist.

Ursachen. Hierhin gehören zunächst alle die Momente, welche Blutlaufsstörungen im ganzen Körper und besonders im Gehirne hervorrufen, alsdann Erkältungen, plötzliche, heftige Schallerschütterungen und Fortleitung von Krankheitsprocessen der Paukenhöhle.

Behandlung. Ein großer Ohrenarzt sagt: „Bei den Krankheiten des inneren Ohres müssen wir es ruhig gehen lassen wie es Gott gefällt" und dies ist gewiß wichtig, sobald man diese Leiden mit den, von den Aerzten gebrauchten Medikamenten bessern oder heilen will. Man kann nicht behaupten, daß dieses Heilverfahren in allen Fällen mit völligem Erfolge gekrönt wurde, aber sicher in den meisten Fällen und man darf annehmen, daß in den wenigen nicht glücklichen Fällen, in einigen noch Resultate hätten erzielt werden können, würde die Kur mit der nöthigen Ausdauer fortgesetzt worden sein. Ist das Leiden ein von der Paukenhöhle her fortgeleitetes, so muß unter Bezugnahme der ursächlichen Momente dieselbe Behandlung wie beim acuten oder chronischen Catarrh des Mittelohres auf das allerenergischste eintreten. Ist es wahrscheinlich, daß das Leiden nur im inneren Ohre seinen Sitz hat, und ist es ursächlich aus einer Erkrankung des Gesammtkörpers, also z. B. Typhus, Erkältung, erschöpfende Blutungen herzuleiten, so wird wohl in allen Fällen ein dem Wesen der Grundleiden entsprechende Allgemeinbehandlung, wird sie mit Consequenz durchgeführt, daß Uebel vollständig heben können.

Glaubt man annehmen zu dürfen, daß das Leiden ein sogenanntes nervöses sei, daß es in Folge von Blutlaufsstörungen im Gehirn, in Folge heftiger Lufterschütterungen in Form von Schallwellen, oder aus noch andern Gründen der Hörnerv und seine Ausbreitung krankhaft ergriffen sei, so muß man zur Herstellung eines normalen Kreislaufes im Gehirn durch Ableitung des Blutes nach anderen Körperstellen hin sorgen, bei gleichzeitiger consequenter und energischer Applikation des Lebensweckers im N a c k e n und im Gesammtverlaufe des Rückenmarkes.

Wir könnten an dieser Stelle viele Beispiele von unzweifelhaften Erkrankungen des inneren Ohres anführen, welche, nachdem sie Jahre lang, ohne jeden Erfolg ärztlich behandelt worden waren, endlich in unserm Heilverfahren Heilung resp. Besserung fanden.

Beachtungswerthe Auszüge aus meiner Correspondenz.

Zum Schlusse sei es mir noch erlaubt, einige Auszüge aus Briefen, die ich innerhalb der letzten fünf Jahre bekam, meinen Freunden und Gönnern vorzulegen. Ich habe mich dabei nur auf einige Briefe beschränken müssen, da ich jedes Jahr mehrere tausende aus allen Theilen der civilisirten Welt bekomme. Die Correspondenz, die ich vor länger als 5 Jahren bekam, habe ich dabei ganz unberücksichtigt gelassen, weil sonst das Lehrbuch zu groß würde.

John Linden.

Providence, R. J., 28. December 1876.
Herrn John Linden in Cleveland!

„Wenn die Noth am größten,
Ist Gottes Hülfe am Nächsten."

Dieses alte deutsche Sprichwort hat sich an mir bewahrheitet. Als ich mir von Ihnen vor 8 Wochen Ihre Heilmittel und Buch kommen ließ, hatte ich schon über 5 Monate lang an Rheumatismus gelitten und mußte fast immer das Bett hüten; ich hatte wenig Hoffnung, daß es mir gut thun würde, allein zu meiner und meiner Familie größten Freude war ich nach 2maliger Applikation so weit geheilt, daß ich ohne Stock gehen, und meine Geschäfte wieder besorgen konnte. Jetzt fühle ich gesunder, als seit 10 Jahren, ich bin wieder jung geworden, wie meine Frau sagt.

Nächst Gott, habe ich Ihnen für meine Heilung zu danken, mögen Sie noch lange gesund bleiben, damit Sie der leidenden Menschheit mit Ihren Heilmitteln hülfreich sein können.

Ich verbleibe mit besonderer Achtung und Dankbarkeit Ihr
Ignatius Ravens.

Chicago, 23. September 1876.
Geehrter Herr Linden!—Wollen Sie mir gefälligst abermals 6 Glas Oleum senden; ich lege $7.00 bei. Sie werden sich erinnern, daß ich im Monat Mai 2 Instrumente und 6 Flaschen Oleum von Ihnen kaufte,

ich kann Ihnen den besten Erfolg mittheilen, noch nie ist mir ein Fall
fehlgeschlagen. Bitte schicken Sie das Oleum sofort, ich habe 30 Pa=
tienten in Behandlung, ich warte mit Sehnsucht.

Ihre ergebenste   Mrs. Koenke.

Brenham, Texas, 3. September 1876.

Herrn Linden!—Die mir vor 6 Wochen geschickten 6 Flaschen Oel,
Lebenswecker und Lehrbuch sind seiner Zeit richtig angekommen. Heute
wollte ich Sie bitten, mir per Expreß für einen Freund, der 5 Meilen
von hier wohnt, 1 Lebenswecker, 1 Lehrbuch und 2 Flaschen Oel zu schi=
cken, wofür ich $9.50 beilege. Nachdem ich meine Frau in 10 Tagen
vom langwierigen Rheumatismus geheilt hatte, sind mehrere Patienten
zu mir gekommen, und haben mich gebeten, bei ihnen den Lebenswecker
anzuwenden, was ich auch jedesmal that, und zwar in jedem Falle mit
überraschendem Erfolg. Zwei unserer Doktoren kamen auch, und sahen
sich den Lebenswecker und das Oel an und schüttelten bedenklich den
Kopf. Ein Nachbar von mir brachte seinen Sohn, der auch schon län=
gere Zeit an einer rheumatischen Lähmung des Beines gelitten hatte,
und nach 2maliger Applikation war er geheilt.

Diese Heilmethode sollte überall bekannt sein — warum lassen Sie
nicht in unseren Texas Zeitungen annonciren?

Schicken Sie die bestellten Gegenstände sobald als möglich. — Sie
werden bald von mir wieder hören.

Mit freundschaftlichem Gruße, Ihr
            Balthasar Schmidt.

Miser Station, 11. September 1876.

Werthester Herr Linden!—Hiermit sende ich Ihnen $1.75 für eine
Flasche Oel. Seien Sie so freundlich und schicken es bald als möglich.
Vielleicht können Sie Sich noch erinnern, daß ich vor 2 Jahren von
Ihnen den Lebenswecker, Buch und Oel bezog. Es hat große Dienste
geleistet, ich kann es mit gutem Gewissen recommandiren.

Bitte schicken Sie das Oel sobald als möglich an

Ihren ergebensten   Ch. Walker.

Titusville, Pa., Oct. 1876.

Freund Linden!—Abermals muß ich Sie um Zusendung von 2
Flaschen Oel (per Post) bitten, ich lege $3.50 bei. Es geht nichts über
diese von Ihnen eingeführte Heilmethode — ein jeder Familienvater

sollte den Lebenswecker im Hause haben, ich glaube fest, daß ich meinem 12jährigen Sohn durch Anwendung desselben das Leben gerettet habe. Schicken Sie das Oel g l e i ch , ich habe keinen Tropfen mehr.

  Ihr ergebenster   M a t h i a s M ö h r e n b r i n k.

            Stacyville, 18. April 1876.

Werther Herr!—Senden Sie mir für einliegendes Geld von Ihrem viel geschätzten Oel. Der Lebenswecker hat sich schon sehr gut belohnt in meiner Familie und auch bei Anderen. Mein Schwager hatte letzten Herbst ein heftiges Brustleiden, er meinte, er hätte die Lungenkrankheit. Ich wollte bei ihm den Lebenswecker versuchen, aber er meinte, das kleine Ding richte nichts aus. Er ging zu etlichen Doktoren hin, aber es wurde immer schlimmer. Dann ging er nach Chicago und verdokterte $120, aber Alles half nichts. Da nahm er seine Zuflucht zu dem kleinen Instrumente; ich behandelte ihn 2 Monate alle 10 Tage und jetzt ist er ganz gesund, er kann sich nicht genug darüber wundern, daß so ein kleines Ding die Krankheit so schnell aus dem Körper ziehen kann.

  Ihr ergebenster Freund   M a r t i n D e c k e r.

            Columbia, S. Carolina, Mai 1876.

Herr Linden!—Heute wollte ich Ihnen nur mittheilen, daß ich meine Frau und eine meiner Töchter durch den Lebenswecker und Oel, das ich von Ihnen vor 6 Monaten bekam, gründlich vom Fever and Ague geheilt habe, nachdem ich schon viel Geld für Doktor und Apotheker bezahlt hatte, ohne Nutzen. Ich habe auch das Mädchen eines hiesigen sehr reichen Amerikaners von der Diphtheria befreit. Es ist merkwürdig, was der Lebenswecker für eine Heilkraft besitzt.

Schreiben Sie mir doch gleich, ob Sie auch englische Lehrbücher haben, der Amerikaner wird dann 1 Lebenswecker, Buch und Oel bestellen, er meint, eine solche Erfindung solle überall bekannt sein.

  Mit Hochachtung   F r i e d e r i c h v o n H...

           Butler, Montgomery Co., Ill., 30. März 1876.

Herrn J. Linden!—Ihre neue Heilmethode ist für meine Frau und für mich von großem Nutzen gewesen. Ich möchte nicht mehr ohne dieselbe sein. Auch bei Anderen habe ich den Lebenswecker mit dem besten Erfolge gebraucht, und die Leute sind ganz erstaunt über die wunderbare Heilmethode. Ich halte dieselbe für die wohlthätigste Erfindung, die noch für Leidende gemacht ist. Für einliegende $1.75 senden Sie mir per Post eine Flasche Oleum. Achtungsvoll J. Hamilton.

Leeds (England), April 1876.

Werther Herr!—Schicken Sie mir abermals 3 Lebenswecker, 3 englische Lehrbücher und 25 Flaschen Oel, wofür ich den Betrag in einem Wechsel, zahlbar in New York, beilege. Da ich durch den Lebenswecker und Oel schon so Manche gänzlich kurirt habe, die von den Aerzten als unheilbar erklärt waren, so macht dieses Heilverfahren hier eine ordentliche Sensation. Warum haben Sie keine Niederlage in England? Sie könnten hier eine sehr ausgedehnte Praxis bekommen.
Achtungsvoll John A. Benedict.

Deep River, Poweshiek Co., Jowa, 23. Jan. 1877.

Werther Herr Linden!—Ungefähr 1 Jahr zurück habe ich mir durch Carl Schneider ein Instrument, Buch und Oel kommen lassen. Damals hatte ich sehr wehe Augen und da sie trotz aller Medizin und hoher Doctor-Rechnung nicht besser wurden, so wandte ich den Lebenswecker an, und nach dreimaligem Gebrauche waren sie geheilt. Ich bin gewiß, daß der Lebenswecker der beste Doctor in der Welt ist. Einliegend $8.00, wofür Sie mir 1 Lebenswecker, Buch und Oel schicken wollen für meinen Nachbar, dessen Frau ich kurirt habe. Mit Achtung grüßt Sie Ihr dankbarer Freund Peter Roth.

Bahia (Brasilien), Juli 1876.

Herrn J. Linden!—Hochgeehrtester Herr!—Vor 8 Monaten sandten Sie mir einen Lebenswecker, 1 Buch und 3 Flaschen Oleum, die ich in gutem Zustande bekommen habe. Noch nie habe ich Geld ausgegeben, wovon mir so viel Nutzen zu Theil wurde, als von dem Gelde, das ich Ihnen für Ihre Heilmittel bezahlte. Es hat mich, meine Frau und 3 Kinder von einem hier einheimischen Fieber kurirt, gegen welches sonst gar nichts hilft. Einige meiner näheren Bekannten habe ich auch gegen Fieber und gegen andere Krankheiten behandelt und immer zum großen Erstaunen der Kranken selbst, wurden sie in kurzer Zeit geheilt. Hätte ich sie nicht selbst behandelt, so würde ich kaum an die Möglichkeit glauben, daß dieses kleine Instrument mit dem Oel so viel Heilkraft besäße. Schicken Sie mir bald 3 Lebenswecker, 3 Lehrbücher und 20 Flaschen von Ihrem Oleum, wofür ich einen Wechsel auf London beifüge. Einige meiner Bekannten, die ich behandelt habe, wollen unter allen Um-

ſtänden auch dieſe Heilmittel im Hauſe haben.   Es grüßt mit Hochach=
tung, Ihr Ergebenſter   Wilhelm VanDuſen.

Charlotte, North Carolina, 2. Juni 1876.

Herrn John Linden!—Ich halte es für meine Pflicht, mein Zeug=
niß zu Ihrer ohnehin ſchon großen Liſte von Zeugniſſen beizufügen in
Betreff des wunderbaren Reſultats Ihrer Heilmethode. Im Juli 1874
wurde ich durch einen Schlaganfall von den Zehen bis zum Rückgrat ge=
lähmt. Meine Aerzte verſchrieben Medikamente bis ihre Kunſt am
Ende war, aber keine Beſſerung trat ein—im Gegentheil wurde ich im=
mer ſchlimmer. Endlich riethen ſie mir, irgend eine Anſtalt zu beſuchen,
wo man für die Behandlung ſolcher Krankheiten beſonders eingerichtet
wäre. Ich ging deßhalb im November 1874 nach dem berühmten
National Surgical Institute at Indianapolis, Ind., und blieb vier
Wochen lang dort. Ich mußte Maſchinen anlegen, um mich zu ſtützen,
aber es half nichts. Als ich nach meiner Heimath in Taylorsville in
Tenneſſee zurückkehrte, ſetzte ich die Kur nach den Vorſchriften des In=
ſtituts fort bis zum Oktober 1875, wurde aber dabei ſo hülflos, daß ich
meine Beine nicht bewegen konnte, ohne ſie mit den Händen aufzuheben.
Um dieſe Zeit wurde ich mit Ihrer neuen Heilmethode bekannt, und be=
zog von Ihnen einen Lebenswecker, Oel und Buch. Ich habe das In=
ſtrument ſeit jener Zeit in Zwiſchenräumen von 10 Tagen angewandt,
und bin jetzt ſo weit hergeſtellt, daß ich ganz gut an einem Stocke gehen
kann, und auf geraden Wegen gehe ich ohne Stock. Ich bin häufig
drei bis vier Meilen weit gegangen ohne große Beſchwerde. Ich habe
meinen Fall deßhalb ſo ausführlich beſchrieben, weil ich ihn für einen
außergewöhnlichen halte, und weil der Lebenswecker an mir ein Wunder
gethan hat, das ganz gegen meine größten Erwartungen und Hoffnungen
war. Ich behandele jetzt meine Schwägerin, die ſchon lange krank iſt,
und wie es ſcheint werde ich denſelben Erfolg erzielen, wie in meinem
Falle. Für einliegende $8.50 ſchicken Sie per Poſt einen Lebenswecker,
Buch und Oel an Hiram J. Norris, Charlotte, N. C.

Achtungsvoll   Jacob H. Norris von Titusville Tenn.

Blairstown, Iowa, 14. Dec. 1874.

Geehrter Herr Linden!—Ich hätte gern, daß Sie im Chriſtlichen
Botſchafter bekannt machen laſſen, daß es kein ſichereres Mittel gibt
gegen die Halskrankheiten als der Lebenswecker; Selbſterfahrung hat
mich dieſes gelehrt in jüngſter Zeit.   H. C. Bühre.

Lewiston, 28. Dec. 1874.

Herrn John Linden!—Ich danke Ihnen vielmals für die Auskunft, die Sie mir gegeben haben, auf welche Weise ich von meiner Brustkrankheit geheilt werden könne. Ich habe Ihre Vorschrift genau befolgt, und konnte nach zwei Wochen wieder in meinem Küfer-Shop arbeiten, was ich seit 3 Monaten nicht mehr gekonnt hatte. Ihr Lebensweder ist mit keinem Gelde zu bezahlen, ich bin froh, daß ich ihn habe. Leben Sie wohl. Ihr   Heinrich Burkel.

Naperville, 14. April 1875.

Werther Herr John Linden!—Einliegend finden Sie $4.50 für 3 Flaschen Oleum. Senden Sie dieselben per Expreß. Der von Ihnen empfangene Lebensweder hat schon sehr viel Gutes gethan, und sollte billigerweise in jeder Familie sein.

In Achtung und Liebe   Charles Haac.

Ludlow, 15. April 1875.

Herrn Linden!—Mein offenes Bein habe ich so behandelt wie sie es mir geschrieben hatten. Obgleich ich schon vier Jahre lang damit geplagt war, so ist es doch 3 Wochen nach der ersten Behandlung gut geworden. Jetzt bin ich schon 9 Monate besser, und habe noch nichts wieder davon gespürt. Ich habe auch meinen Sohn mit dem Lebensweder gepridt, und Oel darauf gestrichen, als er an der Halsbräune krank war, und auch er ist gleich darauf gesund geworden.

Ergebenst   John Pregel.

Martagarta, Wis., 14. März 1874.

Geehrter Herr Linden!—Ich danke Ihnen viel tausendmal für den Lebensweder und die Belehrung, die Sie mir gütigst zukommen ließen. Ein junger Mann von 19 Jahren hatte die Krämpfe so arg, daß ihn beim Anfalle zwei Mann halten mußten. Die Doctoren konnten nichts mehr für ihn thun; deßhalb probirte ich den Lebensweder, und nach drei Applikationen am ganzen Körper ist er nun wieder ganz gesund. Ein Mann, welcher vom Schlag gerührt war, wurde ebenfalls durch den Lebensweder gesund. Es wird mir immer die größte Genugthuung sein, den Lebensweder so viel wie möglich den Kranken anzurathen und überall bekannt zu machen.

Nochmals tausend Dank. Ihre   Karoline Fischenich.

Galveston, Texas, 30. Juni 1875.

Lieber Herr Linden!—Ich habe leider zu lange gewartet mit diesem Briefe, den ich schon vor vier Wochen schreiben wollte. Nun habe ich kein Oel mehr, und brauche es so sehr nothwendig. Schicken Sie mir doch gleich per Post eine Flasche, und per Expreß einen Lebenswecker und Buch, sowie sechs Flaschen Oleum. Die Leute leiden hier viel an einer Art Sumpffieber, und Ihr Lebenswecker und Oel kurirt es sofort. Schicken Sie mir die eine Flasche Oel sofort per Post. Einliegend finden Sie $16.00. Ihr Johann F. Mayer.

New Orleans, 7. Mai 1875.

Werther Herr Linden!—Hiermit wünsche ich Ihnen mitzutheilen, daß ich den Lebenswecker, Buch und Oel erhalten habe. Ich habe den besten Erfolg davon, der nur zu wünschen ist, an meinen Sohn gesehen. Er hatte die Fits, verbunden mit Geistesschwäche. Auch habe ich den Lebenswecker bei meiner Nachbarin angewandt (im Beisein eines Arztes), die an der Wassersucht leidet, und Gott sei Dank, sie wird auch gesund. Ich schicke Ihnen $5.00 in einer Money Order für Oel, denn ich bin ganz und gar aus, ich habe Alles verbraucht. Ich grüße Sie Achtungsvoll und Gott segne Sie. Adam Eisenhauer.

Turnersville, Nov. 1875.

Mein lieber Herr Linden!—Sie haben mit dem Lebenswecker, Oel und Buch, das Sie mir vor zehn Wochen schickten, wieder Freude und Hoffnung für die Zukunft in meine Familie gebracht. Ich bin ein Schmied und muß mich hart plagen, um meine 9 Kinder, von denen das älteste, ein Mädchen, 14 Jahre alt ist, meine Frau und mich selbst zu ernähren. Mit Gottes Hülfe war ich aber noch nie in Noth gekommen, bis ich vor sechs Monaten eine rheumatische Lähmung in meinem rechten Arm bekam. Anfangs hielt ich es nur für eine kleine Erkältung, nahm aber doch gleich den Doctor, weil ich nicht arbeiten konnte. Allein trotz allen Medizinirens und Einreibens wurde ich von Tag zu Tag schlimmer, bis ich es fast vor Schmerz nicht mehr aushalten konnte. Meine Schmiede stand verlassen da, und ich hatte mit Noth zu kämpfen. Da hörte ich von den merkwürdigen Kuren, den Ihr Lebenswecker gemacht hatte, und schnell entschlossen, ließ ich mir einen kommen. Ich habe ihn jetzt vier Mal nach Vorschrift angewandt und kann seit einer Woche wieder arbeiten. Dank Gott, daß ich soweit wieder gesund bin. Es kommt mir vor, als sei mir das Leben zum zweiten Male geschenkt.

Meine Frau war schon vor Sorgen für die Zukunft in lauter Verzweiflung—jetzt aber hüpft und singt sie im Hause herum, als sei sie wieder ein junges Mädchen geworden. Alle meine Bekannten wundern sich über meine rasche Heilung, und ein Jeder will das kleine Wunderding sehen. Mein Doctor sagt freilich, es sei Zufall, daß ich gesund geworden wäre, ich weiß es aber besser. Ich habe Ihnen diesen Brief geschrieben, weil ich glaubte, es wäre unrecht, wenn ich Ihnen nicht mittheilte, wie glücklich ich und meine Frau durch den Lebenswecker geworden sind. Nun leben Sie wohl. Meine Frau sagt, ich sollte Sie bitten, Ihre Frau von ihr zu grüßen, was ich recht gern bestellen wollte, wenn ich nur wüßte, ob Sie auch eine Frau hätten. Mit inniger Dankbarkeit verbleibe ich Ergebenst Fridolin Habermann.

Dysart, Jowa, 12. Mai 1875.

Werther Freund Linden!—Ich habe Ihren Lebenswecker und Ihr Oel mit großem Vortheil gebraucht. Ich hatte beinahe mein Gehör verloren, aber nach mehrmaliger Anwendung hob sich das Uebel gänzlich, und ich kann jetzt wieder so gut hören, als jemals. Seien Sie so gut und schicken Sie mir für einliegende $8.00 1 Lebenswecker, 1 deutsches Lehrbuch und 1 Flasche Oleum. Ihre neue Heilmethode ist in dieser Gegend fast noch gar nicht bekannt.

In aller Achtung Ihr Freund
John J. Aschenbrenner.

Omaha, Nebraska, 17. September 1875.

Herrn John Linden!—Sie fragen mich in Ihrem Briefe vom 3. v. M., mit welchem Erfolge ich den Lebenswecker und Ihr Oel in der Behandlung von „Kaltem Fieber" (sogenannten Schüttelfieber) angewandt habe. Hierauf kann ich Ihnen nur antworten, mit ausgezeichnetem Erfolge! Da ich früher, ehe ich mein Oleum von Ihnen bezog, niemals Erfolg bei fever and ague hatte, ist es um so auffallender, daß ich mit Ihrem Oleum die glänzendsten Resultate erzielte. Ich werde in Zukunft niemals anderes Oleum anwenden, als das Ihrige. Freundschaftlich
Dr. John B.......

Hudson, 14. December 1875.

Herrn Linden!—Schicken Sie mir gefälligst 2 Flaschen von Ihrem Oleum per Expreß C. O. D. Ich kaufte von Ihnen Lebenswecker,

Lehrbuch und Oleum vor ungefähr 3 Jahren, später bekam ich nochmals Oleum von Ihnen. In der Zwischenzeit habe ich von Anderen Oel bekommen, aber es hatte lange nicht die gute Wirkung als das Ihrige. Ich werde in Zukunft nur solches Oel kaufen, das von Ihnen kommt, um sicher zu sein, daß ich reines, gutes Oel habe.

Achtungsvoll   Mrs. M. J. Tanner, M. D.

New York, 6. Juli 1874.

Hochgeehrter Herr Linden!—Auf besonderen Wunsch eines meiner Gemeinde-Mitglieder, des Schreinermeisters Rudolphi, wollte ich Ihnen mittheilen, daß derselbe nach fünf monatlichem Leiden (einer sehr heftigen Augenentzündung) durch Anwendung gewisser von Ihnen bezogenen Heilmitteln (Lebenswecker und Oleum Baunscheidtii) nach 3maliger Anwendung völlig kurirt wurde. Diese Kur ist um so merkwürdiger, da 3 wirklich gute Aerzte ihn 4 Monate lang behandelten und schließlich ihre Meinung dahin aussprachen, daß er wahrscheinlich nie von seinen Leiden befreit werden würde.

Ich selbst bin nie ein Freund von den sogenannten Patent-Medizinen gewesen und habe immer darauf gesehen, daß meine Gemeinde-Mitglieder bei vorkommenden Krankheiten einen **guten** Arzt zu Rathe ziehen sollten; da ich jedoch so oft im „Weltboten" über diese neue Art, Krankheiten zu heilen, gelesen hatte, so beredete ich Herrn Rudolphi selbst, sich die Heilmittel kommen zu lassen und bei Ihnen die Art der Behandlung in seinem Falle zu erfragen. Wir sind genau nach Ihrer Angabe zu Werke gegangen und nächst Gott, dankt er Ihnen seine Genesung.

Außerdem habe ich nach Angabe Ihres Lehrbuches, (das ich mit großem Interesse gelesen habe) einen anderen Mann, der schon jahrelang an Rheumatismus gelitten hatte, behandelt. Das Resultat in diesem Falle war so unerwartet, daß ich fast täglich Fragen in Betreff dieser Heilmethode beantworten muß. Gestern habe ich zum ersten Male einen Mann, der das kalte Fieber hat, mit dem Lebenswecker behandelt. Herr Rudolphi hat mir das Instrument zur Verfügung gestellt. Da das Oleum bald auf die Neige geht, so werde ich nächstens eine Bestellung machen und Ihnen über meinen Erfolg in Behandlung des Fiebers mittheilen.

Herr Rudolphi und seine Frau schicken Ihnen ihren besten Dank für Ihre freundliche Anleitung. Mögen Sie stets so guten Erfolg erzielen, als bei ihm. Mit diesem innigen Wunsche verbleibe ich mit aufrichtiger Hochachtung Ihr   Hermann S., Pastor.

Sweet Valley, Pa., 31. Juli 1875.

Werther Herr!—Einliegend finden Sie $1.75, wofür Sie mir eine Flasche Oel per Post senden wollen. Schicken Sie mir aber eine Flasche, die ebenso gut ist, als die, welche Sie mir vor einiger Zeit mit dem Instrument schickten.

Ich litt sehr an heftigem Nasenbluten und Schmerzen im Rücken, nachdem ich aber den Lebenswecker eine kurze Zeit gebraucht hatte, verschwand dies Uebel gänzlich.

Meinen Neffen, der schon längere Zeit an einem Augen-Uebel gelitten hatte, heilte ich mit 2 Applikationen.

Ich könnte noch viele Fälle anführen, wo ich Ihren Lebenswecker und Ihr Oel mit großem Nutzen gebraucht habe.

Ich verbleibe Ihr   J. N. White.

———

Hancock, 7. August 1875.

Geehrter Herr Linden!—Mein kleines 4jähriges Töchterlein bekam einen Anfall von Diphtheria, und da ich schon ein Kind daran verloren hatte trotzdem ich zwei geschickte Doktoren gehabt hatte, so war ich in großer Angst. Meine Frau lief gleich nach einer Nachbarin, die einen von ihren Lebensweckern hatte und die schon mehrere Kinder geheilt hatte, und bat sie gleich mitzukommen und das Instrument anzusetzen. Sie setzte es dem Kinde auf den Hals und auf die Brust an und bestrich die Stelle mit dem Oel.

Nach einigen Stunden fühlte das Kind schon bedeutend besser und die Frau Nachbarin setzte das Instrument am nächsten Morgen auf dem Rücken an, und nach zwei Tagen war das Kind ganz besser.

Meine Frau will auch ein Instrument und Oel haben und ich möchte Sie deshalb bitten, mir dasselbe und ein deutsches Buch, was einem die nöthige Anleitung gibt, zu schicken, wofür ich eine $8.00 Money-Ordre beifüge. Die Nachbarin hat mir aber gesagt, ich sollte Ihnen ausdrücklich schreiben, mir von Ihrem eigenen Oel zu schicken, und durchaus Keines, das von Deutschland käme.

Da hier schon so viele Kinder an der Diphtheria gestorben sind, und da alle, die die Frau Nachbarin behandelt hat, gesund geworden sind, so hat der Lebenswecker viel von sich reden machen, und wenn ich erst meinen Lebenswecker habe, so werden noch mehrere Bestellungen von hier gemacht. Schicken Sie mir aber kein schlechtes importirtes Oel, sondern das von Ihnen selbst angefertigte.

Mit besonderer Achtung verbleibe ich Ihr

Gustav Niemann, Architekt.

Fielden, 22. Juli 1875.

Geehrter Herr!—Indem Ihre letzte Sendung Oleum mit besten Erfolgen aufgebraucht worden, ersuche ich Sie, mir umgehend per Post für den einliegenden Betrag von $5.00 weitere 4 Flaschen Ihres Oleums übermitteln zu wollen. Hoffentlich ist Ihnen meine Correspondenz nebst Beilage letztes Frühjahr geworden, und ist es hier daher unnöthig weitere Lobpreisungen in Betreff Ihres so vielseitig anempfohlenen Oleums hinzuzufügen. Mit aller Achtung verbleibe ich Ihr ergebener

J. Luscher, prot. Pastor.

St. Louis, 1. December 1872.

Geehrtester Herr Linden!—Wenn Sie Ihre Correspondenz und ihre Bücher nachsehen, so werden Sie finden, daß ich heute vor einem Jahre sechs Flaschen von Ihrem selbst bereiteten Oel bestellte, die ich auch am 11. Dec. empfing. Ich machte damals die Bestellung lediglich, um genau auszufinden, ob ihr Oleum wirklich so heilsame Wirkungen hervorbringt, wie Sie behaupten, und wie ich von Anderen habe loben hören.

Ich halte es für meine Pflicht, in Betreff dieser Sendung Oel, Ihnen das Folgende mitzutheilen, um gewissermaßen das Mißtrauen gutzumachen, was ich eine Zeitlang gegen Sie und Ihr Geschäft hegte, das durch die unverschämten Verleumdungen erzeugt war, die wahrscheinlich aus Brodneid gegen Sie in Form von Pamphleten, Circularen ꝛc. in die Welt gesandt wurden. Eine dieser Flaschen Oel behielt ich selbst, die anderen fünf schickte ich an fünf Freunde, die in verschiedenen Plätzen wohnten, nämlich in San Francisco, in Lawrence, Mo., in Hamilton, La., in Charleston, South Carolina, und in Baltimore. Da diese Herren mit der neuen Heilmethode genau bekannt sind, so ersuchte ich sie ausdrücklich, mir über die Wirkung Ihres Oeles im Vergleich zu dem Oele, das sie aus anderen Quellen bezogen hatten, genaue Mittheilungen zu machen, da es mir darum zu thun sei, zu ermitteln, welches das wirklich echte und das heilsamste sei. Ich selbst habe Ihr Oleum in meiner Familie verschiedene Male angewandt, und ich muß zugestehen, daß es besser und wirksamer und in jeder Beziehung allem anderen Oele, das ich bis jetzt gebraucht habe, bedeutend vorzuziehen ist. Da ich das Oleum im Winter bekam, so war es besonders auffällig, daß Ihr Oel ganz hell und klar blieb, wenn es der Kälte ausgesetzt war, während das importirte, sowie einige andere Sorten Oleum, die dicht neben dem Ihrigen standen, steif und dick wurden und wie

Schweinefett aussahen. Aus diesem Umstand schließe ich, daß Ihr Oleum aus besseren und feineren Substanzen zusammengesetzt sein muß, als alles andere, das ich gebraucht habe.

Wie Sie aus beigefügten Briefen sehen können, sind alle meine Freunde derselben Ansicht, und sie wollen kein anderes Oleum mehr gebrauchen.

Es ist ja auch ganz handgreiflich, daß ein in Deutschland fabricirtes Oleum keine solche Heilkraft haben kann, als ein mit specieller Rücksicht auf die hier besonders herrschenden Krankheiten und auf unser Klima fabricirtes. Ein jedes Kind kann ja diese Thatsache begreifen.

Indem ich Sie bitte, mir für beiliegende $7.00 sechs Flaschen Ihres **selbst bereiteten** Oels zu schicken (per Expreß oder per Post), kann ich nicht umhin Ihnen gleichzeitig meine Anerkennung und meinen Dank auszusprechen und Ihnen fernerhin den besten Erfolg zu wünschen.

Ich verbleibe mit besonderer Hochachtung Ihr

Ferdinand H. M. Schröder.

Charleston, 27. Juli 1872.

Lieber Freund Schröder! — Bis jetzt habe ich mich noch nicht bei Dir bedankt für die mir im vergangenen December zugesandte Flasche Oleum, allein, da Du von mir ein Urtheil über dasselbe verlangtest hinsichtlich der Qualität desselben im Verbrauch zu anderen, und namentlich dem importirten Oele, so wollte ich auch so lange warten, bis ich im Stande war, Dir Rede und Antwort zu stehen. Als ich die Flasche Oleum empfing, dachte ich: „das ist nun einmal wieder so eine von Freund Schröders Grillen". Ich würde es sofort ungeöffnet in einen Winkel gestellt haben, hättest Du es mir nicht geschickt, doch da ich durch Dich zuerst mit dem Baunscheidtismus bekannt wurde und da Du mein Lehrmeister in dieser Heilmethode gewesen bist, so glaubte ich es Dir schuldig zu sein, wenigstens **einen** Versuch machen zu müssen. Ich hatte häufiger importirtes und anderwärtig auf bombastische Weise angepriesenes Oleum ohne Erfolg und sogar mit großem Nachtheil und Schaden benutzt, weshalb ich das mir von Dir gesandte nicht bei meinen Kindern anwenden wollte. Als ich aber im März selbst an einem Anfall von Rheumatismus litt, wandte ich es bei mir an, und war zum Nächsten über den fabelhaft günstigen Erfolg erstaunt. Die Wirkung war so überraschend, daß ich das Oleum bei meinem jüngsten Kinde anwandte, als es sehr heftig an Halsbräune litt. Auch hier fand ich dasselbe günstige Resultat. Im April und Mai behandelte ich den 18jährigen Sohn meines Nachbars, der seit 1½ Jahren an einer unerklärlichen, schmerzlosen Lähmung des rechten Beines litt, und den ich schon öfters mit dem importirten Oleum behandelt hatte, ohne irgend einen Erfolg zu erzielen. Als ich an ihm zwei Monate lang mit dem Oleum von Linden operirt hatte, war er gänzlich hergestellt, so daß er seit 10 Wochen im Store seines Vaters beschäftigt ist, wobei er von Morgens bis Abends auf den Beinen ist.

Durch diese Erfolge bin ich zu der festen Ueberzeugung gekommen, daß das Linden'sche Oleum in der That ausgezeichnet und nicht zu übertreffen ist, und sobald mein jetziger Vorrath zu Ende geht, werde ich von ihm beziehen. Nun habe ich Dir meine Ansicht und mein Urtheil über Linden's Oleum geschrieben, jetzt verlange ich aber auch, daß Du mir dein Urtheil über dasselbe offenherzig mittheilst.

Mit alter Freundschaft grüßt Dich Dein
Thaddeus Herman.

Charleston, 15. Februar 1873.
Herrn John Linden in Cleveland.

Geehrter Herr! — Durch meinen Freund Schröter von St. Louis bekam ich vor mehr als einem Jahre eine Flasche von Ihrem selbst bereiteten Oleum. Die mit Ihrem Oleum erzielten Erfolge waren so außerordentlich günstig, daß ich fernerhin meinen, wenn auch nur geringen, Bedarf von Ihnen beziehen werde. Ohne Ihnen schmeicheln zu wollen, will ich sagen, daß ich das Ihrige, allen andern bis jetzt von mir benutzten bedeutend vorziehe, — wenn ein Jeder, der diese neue Heilmethode gebraucht, Ihr Oleum nur einmal probirt, wird sicher kein anderes in Zukunft haben wollen.

Einliegend $5.25, für welche ich Sie bitte, mir per Post 3 Flaschen Ihres Oleums zuzusenden.

Hochachtungsvoll zeichnet Thaddeus Herman.

Cleveland, 21. Februar 1873.
Herrn Thaddeus Herman, Charleston.

Hochgeehrter Herr! — Ihre freundliche Zuschrift vom 15. d. M. nebst Einlage von $5.25 habe ich gestern empfangen. Für das darin ausgesprochene günstige Urtheil über mein Oleum bin ich Ihnen sehr dankbar. Ihr Freund, Herr Schröder, von St. Louis hatte mir Ihren an ihn gerichteten Brief vom 27. Juli v. J. zugesandt. Er selbst hatte sich ebenfalls sehr günstig über mein Oleum ausgesprochen und auf mein

Ansuchen mir erlaubt, seinen Brief in der nächsten (14ten) Auflage meines Lehrbuches publiziren zu dürfen. Meine ergebene Anfrage geht nun dahin, ob Sie mir in Betreff Ihres Briefes an Herrn Schröder und des an mich gerichteten Briefes eine gleiche Erlaubniß ertheilen wollen? Wenn Sie wünschen, werde ich Ihren werthen Namen nur durch die Anfangsbuchstaben andeuten.

Die drei Flaschen Oleum sende ich heute an Sie per Post ab und wünsche guten Erfolg.

Ihrer freundlichen Antwort entgegensehend, verbleibe ich Ihr Ergebenster
John Linden.

———

Charleston, 28. Februar 1873.

Werther Herr Linden!—Die mir am 21. d. M. zugesandten 3 Flaschen Oleum sind in gutem Zustande hier angelangt. Mit Vergnügen erlaube ich Ihnen den an meinen Freund Schröder geschriebenen Brief sowie den an Sie gerichteten Brief zu publiziren, auch können Sie meinen vollen Namen angeben, ich sehe nicht ein, weshalb ich mich geniren sollte meine Ansicht über Ihr Oleum offen auszusprechen.

Mit Hochachtung verbleibe ich Ihr
Thaddeus Herman.

———

Constantinopel (Türkei), 9. Sept. 1876.

Hochverehrtester Herr Linden!—Sie haben mir vor ungefähr drei Jahren einen Lebenswecker, ein Lehrbuch und vier Flaschen Oleum nach Salonica (Türkei) geschickt, die auch in gutem Zustande angekommen sind, seit der Zeit bin ich nach Constantinopel versetzt, wo ich jetzt wohne. Obgleich wir in der Türkei berühmte Mediciner haben, so muß ich doch zu Gunsten Ihres Lebensweckers und Ihres Oeles sagen, daß dasselbe in vielen Fällen mehr vermocht hat, als die besten Aerzte. Einige Kranke, die von guten Aerzten als unheilbar erklärt wurden, habe ich versuchsweise mit Ihrer Heilmethode behandelt und geheilt.

So hatte z. B. der einzige Sohn eines hohen Beamten seit Jahren ein scrophulöses Augenübel; der Vater war mit ihm, nachdem er die hiesigen Aerzte vergebens gebraucht hatte, nach Bucharest, nach Wien und nach Pesth gereist, und die dortigen Aerzte consultirt, allein trotz aller angewandten Mittel fand durchaus keine Besserung statt, und der Vater gab die Hoffnung auf, das Uebel beseitigen zu können.

Nun hatte ich in Ihrem Lehrbuche einen ähnlichen Fall gelesen, wo der Patient durch ihre Heilmethode kurirt war. Ich sprach mit dem

Vater darüber, und erbot mich seinen Sohn zu behandeln, da die Kur keineswegs schaden könne. Nach dreimaliger Applikation des Lebensweckers und Oleums war die Entzündung total verschwunden, jedoch setzte ich das Verfahren noch 4 Wochen lang fort, und der junge Mann (damals 18 Jahre alt) ist ganz von seinem Uebel befreit. Natürlich machte diese Kur unter der höheren Klasse ungemeines Aufsehen, was sich aber noch ganz bedeutend steigerte, als ich einen älteren Hofbeamten durch Ihr Heilverfahren von der Gicht befreite. Ich könnte noch manchen Fall von Heilung chronischer Krankheiten aufführen, doch genug für heute. Ihr Instrument und eine Flasche Ihres Oleums befindet sich jetzt im Besitze eines bei Hofe angestellten Arztes, der es, nach seiner eigenen Angabe, schon mehrere Male mit ausgezeichnetem Erfolge angewandt hat. Ich schicke Ihnen heute einen Wechsel für $75 Gold, der Ihnen von dem benannten Wechselgeschäft in New York ausbezahlt werden wird. Senden Sie mir dafür 4 Instrumente, 2 deutsche und 2 englische Lehrbücher, und für den Rest von Ihrem Oleum. Verpacken Sie es aber recht solid, damit es in gutem Zustande ankommt. Drei dieser Instrumente sind für einige meiner Bekannten bestimmt. Schade daß Ihr Buch nicht in unserer Landessprache übersetzt ist. Ich rechne auf baldmöglichen Empfang obiger Bestellung. Mit besonderer Hochachtung zeichnet ergebenst   Joachim von Uslar—Gleichen.

Cork (Irland), 2. Februar 1875.

Herrn J. Linden!—Geehrter Herr!—Beigefügt finden Sie Anweisung für $16, wofür ich mir zwei Instrumente nebst Zubehör (englische Bücher) erbitte. Dieses Heilverfahren hat mir und meinen Freunden schon viel geholfen; es wundert mich oft, daß dasselbe hier noch so wenig bekannt ist. Mit Achtung, Ihr   James Richter.

Johnstown, 24. Januar 1875.

Geehrter Herr Linden!—Ich behandele jetzt einen armen Mann, Vater von 3 Kindern, welcher in der Kohlenbank sich das Rückgrat beschädigte, und die entsetzlichsten Schmerzen in seinen Schenkeln schon zehn Monate litt. Ein Allopathischer Arzt gab ihm täglich Einspritzungen von Morphin in beide Schenkel, wodurch er zwei Stunden lang betäubt wurde, wenn er aber zu sich kam, hatte er seine Schmerzen wieder. Als ich ihn einmal besuchte, bat er mich, ich sollte Ihren Lebenswecker bei ihm anwenden, was ich auch that. Schon nach der ersten Anwendung fühlte er bedeutende Linderung, und jetzt ist er, Gott sei Dank, ohne alle Schmerzen. Er ist so froh und weiß mir gar nicht genug zu danken. Seine Frau sagte mir, man hätte ihn früher täglich drei Häuser weit hören können, so laut hätte er geschrieen.— Ich habe schon manchen Kranken mit Ihrem Lebenswecker und Ihrem Oel geheilt, den die Aerzte vergebens behandelten.

Ich verbleibe mit aller Hochachtung   Mrs. John Geis.

Dundee, den 17. Januar 1875.

Geschätzter Freund Linden!- Ihr Lebenswecker und Ihr Oel hat abermals eine glänzende Probe bestanden. Ein Mädchen, 21 Jahre alt, hatte die Gelbsucht, von der sie trotz aller angewandten Mittel nicht befreit werden konnte. Da sie die Tochter sehr reicher Eltern war, so wurden die besten Aerzte consultirt, aber vergebens, und die Eltern wußten nicht was sie thun sollten. Da sagte ich ihnen, daß ich glaubte, sie curiren zu können, ich zeigte der Mutter das Instrument und sagte ihr, wie sie es gebrauchen sollte. Nach vier Wochen war sie gesund, und nun war das Erstaunen groß. Ich denke noch viele Freunde für Ihr wunderbares Heilverfahren zu gewinnen. Ich habe auch noch einen alten 63jährigen Mann vom Podagra geheilt, daß ihn schon Jahre lang gepeinigt hatte. Jetzt ist er ganz munter und hat seit acht Monaten keine Schmerzen mehr gehabt. Bleiben Sie gesund und munter,

Ihr Freund,   August Bolden.

Fort Snelling, 9. Mai 1877.

Hochgeehrter Herr Linden!—Seit mehr als einem Jahre hatte meine Frau (43 Jahre alt) an Schmerzen im ganzen Körper gelitten, die von einem Körpertheile nach dem andern zogen.

Eine 4malige Operation mit dem Lebenswecker und Oel auf der ganzen Rückenfläche, auf die Magengegend und auf die Waden hat diesen Schmerz ganz vertrieben, und sie hat schon seit 7 Monaten keine Schmerzen mehr gehabt.

Mit vielem Danke verbleibe ich Ihr ergebenster

John Meyersohn.

Neapel (Italien), 25. Juli 1876.

Herr J. Linden.

Werther Herr!—Als ich dieses Frühjahr durch Cleveland kam, um mit meiner Familie nach Europa zu reisen, nahm ich mir, wie Sie Sich noch erinnern werden, von Ihnen 1 Lebenswecker, Buch und 2 Flaschen

Ihres Oleums mit. Ich wandte es zum ersten Male bei meiner Frau an, die fürchterlich an der Seekrankheit litt, und merkwürdiger Weise wurde sie bald davon befreit. Die Folge war, daß meine Frau die Operation bei anderen Damen auf dem Schiffe machen mußte, und immer war der Erfolg ein guter. Jedoch schmolz mein Oel=Vorrath dadurch zusammen, und da meine Frau nicht wieder auf das Schiff gehen will, ohne einen Vorrath von Ihrem Oel zu haben, so schicken Sie gefälligst s o f o r t per Expreß C. O. D., 6 Flaschen an unten stehende Firma in New York, die es mit anderen Sachen mir zuschicken werden. Auf meiner Rückkehr werde ich jedenfalls bei Ihnen vorsprechen, ich hätte nie geglaubt, daß das kleine Instrument so werthvoll sein könnte.

Achtungsvoll Ihr Robert M. Dayton.

Harmonie, 5. Januar 1877.

Werthester Herr Linden!—Als ich bei Ihnen den Lebenswecker bestellte, hatte ich schon lange Zeit am Wechselfieber gelitten und schon viel Medizinen genommen, wurde aber dabei nicht besser. Der Lebenswecker hat in zwei Wochen mich von diesem Uebel befreit, was nun schon bald ein halbes Jahr fort geblieben ist. Dieses Fieber ist hier sehr verbreitet, und da ich so schnell besser geworden bin, so habe ich schon vier andere Fieberkranke mit dem Lebenswecker behandelt, und alle vier sind gänzlich geheilt, wobei aber mein Oel fast ganz aufgebraucht ist. Schicken Sie mir doch per Post 2 Flaschen Oel für die einliegenden $3.50. Möge Gott Sie noch lange am Leben lassen, damit Sie noch viele Kranke durch Ihren wunderbaren Lebenswecker heilen können!

Theodore von Reichen.

Frederika, 7. Februar 1877.

Herr Linden!—Meine Frau hatte schon seit 3 Jahren fast regelmäßig jeden 14. und 15. Tag das sogenannte sick headache und konnte es trotz aller Medizin und allen Doktoren nicht los werden. Durch 4malige Anwendung Ihres Lebensweckers ist sie wunderbarer Weise geheilt und seit 9 Monaten hat sie es nicht wieder gehabt.

Hermann Goldberg.

Santiago (Chili), 21. März 1877.

Geehrter Herr Linden!—Ich bitte Sie dringend mir für einliegende $10 von Ihrem Oel sobald als möglich zu schicken. Ich habe fast nur noch eine halbe Flasche und muß sparsam damit umgehen, bis ich wieder von Ihnen bekomme.

Ich habe vor einigen Monaten einen älteren Herrn behandelt, der schon 10 bis 11 Monate an einer Rückenmarks-Krankheit litt (so sagten wenigstens seine Aerzte) und nach 6 Wochen war er total curirt, so daß er durchaus keine Schmerzen mehr fühlt. Wir brauchten nur sehr wenige Doktoren, wenn jede Familie Ihren Lebenswecker und Oel gebrauchen wollte. Joseph Sarago.

Greenock (Schottland), 30. Mai 1877.

Mein lieber Linden!—Uebermachen Sie mir 6 Flaschen Oleum, wofür Sie beifolgend das Geld empfangen. Schicken Sie es auf dieselbe Weise wie früher. Achtungsvoll

Henry A. Wise.

Dundee (Schottland), December 1875.

Herrn Linden!—Für einliegende $12.00 bitte ich, mir einen Lebenswecker, ein englisches Lehrbuch und vier Flaschen Oleum zu schicken, letzteres muß aber ebenso gut sein, als das frühere.

Einer meiner Freunde hat sein Oleum immer aus Deutschland bezogen, er hat sich aber überzeugt, daß das Ihrige bei Weitem besser ist, deßhalb habe ich 4 Flaschen bestellt, so daß ich ihm zwei Flaschen ablassen kann. Mit Achtung John M. Jamieson.

Craigsville, 25. November 1876.

Geehrtester Herr John Linden! - Hiermit wollte ich Ihnen meinen Dank aussprechen für den guten Rath, den Sie mir in Betreff meiner Krankheit gegeben haben. Ich befolgte Ihren Rath pünktlich, und in $2\frac{1}{2}$ Wochen war ich von meinem Leiden befreit. Nun könnte man annehmen, daß der Lebenswecker mit meiner Heilung nichts zu thun gehabt hätte, und daß ich auch ohne denselben besser geworden wäre—so meinte nämlich der Doctor, der mich vier Monate lang behandelt hatte, ohne mir gut zu thun, und dem ich 70 Dollar für seine Recepte bezahlt hatte—allein nun hatte derselbe Doctor noch einige (3) Kranke, die er auch schon so lange behandelt hatte, ohne ihnen gut zu thun, und einer nach dem anderen schickten zu mir, und ich applizirte bei jedem von ihnen den Lebenswecker und das Oel 3 Mal, und siehe da! sie wurden auch besser. Da fragte ich einmal den Doctor, ob diese drei auch nur durch Zufall besser geworden wären oder ob der Lebenswecker ein besserer Doctor sei als er, da wurde er böse, und sagte, es sei lauter Quacksalberei. Ja, sagte ich, wenn der Lebenswecker ein Quacksalber ist und er heilt mich in 2½ Wochen, nachdem Sie mich für $70 in vier Monaten nicht heilen konnten, was sind Sie denn?

Diese Kuren haben hier ordentlich Aufsehen gemacht, und ich habe schon viele Fragen deshalb beantworten müssen.

Meine drei geheilten Leidensgefährten wollen nun aber auch jeder einen Lebenswecker nebst Zubehör haben. Schicken Sie mir also drei Lebenswecker, zwei englische und ein deutsches Lehrbuch und sechs Flaschen Oel. Ich lege ein Postoffice Money Order für 27 Dollars bei, sollte es nicht genug sein, so schicke ich noch den Rest das nächste Mal.

Ihr dankbarer Matthäus Böhm.

Galveston, Texas, 28. Dec. 1876.

Geehrter Herr Linden!—Mein Freund Johann Mayer hat mir Ihre Addresse gegeben--er hat mich mit Ihrem Lebenswecker und Oel vergangenen Sommer von einem hier so sehr grassirenden Fieber geheilt, nachdem mich schon mehrere Aerzte vergebens behandelt hatten — ebenso hat er meine Frau von Rheumatismus befreit. Nun möchte ich auch einen Lebenswecker, ein Lehrbuch und zwei Flaschen Oel haben, wofür ich Ihnen hiermit zehn Dollars schicke.

Ich bitte sehr, dieselben so schnell als möglich an mich abzusenden und verbleibe mit besonderer Achtung Herman Saundel.

Sandhurst, Australien, 12. Mai 1876.

Geehrter Herr Linden!—Anbei schicke ich Ihnen eine Anweisung von 4 Pfund Sterling auf die Englische Bank in London, wofür Sie mir wieder zwei Instrumente, ein englisches und ein deutsches Lehrbuch), und für den Balanz Cleum schicken wollen. Wenn Sie das Paket an einen Spediteur in Liverpool (England) senden, so wird dadurch die Fracht billiger sein, als wenn Sie es, wie früher, durch einen New Yorker Spediteur besorgen lassen.—Ihre Heilmittel haben hier schon viel Gutes gethan, ich freue mich immer, wenn ich meinen Nachbaren dadurch nützlich sein kann, was sehr häufig geschieht.

Mit Hochachtung Wenzel Bigeler.

Odense (Dänemark), 19. Juni 1876.

Herrn Linden!—Ein Freund in Kopenhagen, den ich kürzlich besuchte, hat mir Ihren Lebenswecker gezeigt und soviel Rühmendes davon erzählt, daß ich auch einen haben möchte. Senden Sie mir also einen Lebenswecker, ein deutsches Lehrbuch und das dazu gehörende Oel (zwei Flaschen), wofür ich Ihnen 10 Dollars beilege. Mein Freund sagt, daß es so viel kostet. Wenn der Lebenswecker und das Oel nur um die Hälfte so gut ist, als mein Freund sagt, so ist es wunderbar, daß Ihre Heilmethode nicht schon über den ganzen Erdball verbreitet ist.

Einen baldigen Empfang entgegen sehend, verbleibe ich Hochachtungsvoll
             Erhard Jonason.

———

         Richland, 28. Februar 1877.

Geehrter Herr Linden!—Meine Tochter habe ich so behandelt, wie Sie mir gerathen haben; ich hatte Anfangs kein Vertrauen zu dieser Heil=Art, allein da ich schon so viel gedoktert hatte und da sie die Gelb=sucht schon so lange gehabt hatte, so entschloß ich mich zu dem Lebens=wecker. Ich wollte Ihnen aber mittheilen, daß meine Tochter jetzt ganz davon befreit ist, sie hat eine frische gesunde Farbe, rothe Backen und ist so munter, daß es eine helle Freude ist, sie anzusehen. Wer an Gelb=sucht leidet, muß nur den Lebenswecker gebrauchen, um gesund zu werden.   Mit Achtung Ambrosius Hartmann.

———

        Alameda, Calif., 15. Januar 1877.

Werther Herr Linden!—Seit 4 Jahren hatte ich an Dyspepsia ge=litten und wurde schließlich unfähig, meinem Geschäfte vorzustehen. Bei aller angewandten Medizin wurde ich immer schlimmer. Endlich war ich so krank, daß ich an keine Besserung glaubte. Da rieth mir ein Freund, ich solle Ihre neue Heilmethode anwenden, und um sicher zu gehen, schrieb er erst an Sie um von Ihnen Rath zu holen, wie er den Lebenswecker anwenden sollte. Es sind jetzt 3 Monate, nachdem er an mir zum ersten Male nach Ihrer Angabe den Lebenswecker ansetzte und jetzt bin ich, Gott sei Dank, gänzlich kurirt. Ich habe gar keine Schmer=zen mehr, und fühle 10 Jahre jünger.

Jetzt will ich aber auch ein solches Instrument haben, und deshalb bitte ich Sie, mir ein Instrument, eine Flasche Oel und ein deutsches Lehrbuch per Expreß zu senden. Ich lege $8.00 in diesen Brief. Schicken Sie es recht bald.

Mit großem Danke verbleibe ich Ihr gehorsamer
            Hermann J. Wolff.

Baltimore, Md., 24. December 1875.

Geehrter Herr Linden!—Einliegend schicke ich Ihnen eine Draft auf New York für 25 Dollars, wofür Sie mir umgehend per Expreß 2 Lebenswecker, 1 deutsches und 1 englisches Lehrbuch und für den Rest von Ihrem eigenen Oleum schicken wollen, aber kein „importirtes", weil letzteres, wenn es jemals eine heilende Kraft besessen hat, dieselbe verloren haben muß, bis es hierher kommt. Ebenso wünsche ich Lebenswecker mit vergoldeten Nadeln. Benachrichtigen Sie mich sogleich, mit welcher Expreß Co. Sie die Sachen abgeschickt haben.

Achtungsvoll Bernhard von F........

Corfu, Griechenland, 20. Januar 1876.

Geehrter Herr Linden!—Die vor ungefähr 2 Jahren von Ihnen empfangenen Heilmittel sind ein Segen für Viele gewesen. Sie würden sich freuen, wenn Sie die überraschenden Resultate in verschiedenen gefährlichen Krankheiten sehen könnten. Man wundert sich über die nie fehlenden Erfolge, namentlich bei den hier häufig anzutreffenden Rheumatismus und Gicht. Uebrigens habe ich nie ein Geschäft daraus gemacht, Kranke zu heilen, wenn aber ein Bekannter oder sonstiger Kranke kommt, der schon alles Mögliche und Unmögliche angewandt hat, ohne Linderung zu spüren, dann kann ich nicht „Nein" sagen. Somit geht aber mein Oleum seinem Ende entgegen, und deshalb schicken Sie doch gleich an die Firma C. G. u. Co. in New York 1 Lebenswecker, 1 deutsches Lehrbuch und 6 Flaschen Oleum, diese Herren werden Ihnen den Betrag auszahlen. Ergebenst
Hermann Anton Seiler.

Union Hill, 31. März 1876.

Geehrter Freund Linden!—Meinen herzlichen Dank für Ihren werthen Rath, den Sie mir gaben. Ich habe eine große Kur vor 4 Wochen an einem Knaben von 15 Jahren gemacht, der am letzten Tage des alten Jahres in den River fiel und 5 Wochen lang im Bette zubrachte. Als die Doktoren ihn nicht heilen konnten, schickten die Eltern zu mir, und als ich zu ihm kam, hatte er die Unterleibs-Entzündung sowie einen starken Husten, der mit Auswurf verbunden war, Tag und Nacht. Ich operirte ihn mit dem Lebenswecker und Oel 3 Mal und jetzt ist er so gesund und munter, wie nie zuvor.

Haben Sie die Güte und schicken Sie mir für einliegende Postoffice-Order 6 Flaschen Oleum sobald als möglich.

Herzlich grüßt Ihr ergebener

Jacob Schmidt.

―――

Southport, 17. März 1876.

Werther Herr Linden! — Schließlich will ich Ihnen noch mittheilen, daß mein Bruder, der schon über ein Jahr an den Folgen eines Schlaganfalls litt, durch 4malige Applikation Ihres Lebensweckers und Oeles fast ganz hergestellt ist — wenn ich ihn noch 2 Monate behandelt habe, wird er ganz besser sein. Georg Taubmann.

―――

München, 5. Oktober 1876.

Herrn Linden! — Schicken Sie mir gefälligst umgehend 6 Flaschen von Ihrem Oleum, wofür Sie beifolgend 7 Dollars empfangen.

Die Qualität Ihres Oleums ist bedeutend besser als das hiesige, ich habe viel mehr Erfolg mit dem Ihrigen.

Besorgen Sie mir das Oleum sobald als möglich, und addressiren Sie dasselbe wie früher. Hochachtungsvoll

Moritz Herman.

―――

Natal (Brasilien), Februar 1877.

Lieber Herr Linden! — Schicken Sie mir unter untenstehender Adresse 1 Lebenswecker, 1 deutsches Buch und für den Rest des Geldes Oel.

Einliegend schicke ich Ihnen 15 Dollars. Ihr Lebenswecker und Oel wirken ausgezeichnet. Gehorsamst

John W. Holz.

―――

Watertown, 8. November 1874.

Werther Herr Linden! — Ich halte es für meine Pflicht Sie zu benachrichtigen, welche Wunder Ihr Lebenswecker und Oleum in meiner Familie that. Drei meiner Kinder, im Alter von 4, 6 und 8 Jahren hatten einen Cholera ähnlichen Anfall, woran hier schon sehr viele Kinder gestorben waren, selbst wenn sofort ärztliche Hülfe bei der Hand war. Meine 3 Kinder hatten einen so heftigen Anfall, daß der Doktor, der die uns gegenüber wohnenden Kinder behandelte, zu uns herüber kam, die Achseln zuckte und meinte, es sehe gefährlich aus. Er verschrieb Medizin, die ich aber gar nicht machen ließ, sondern den Lebenswecker und Oleum anwandte und jetzt sind sie alle drei so gesund wie die Fische im Wasser.

Von den vier Kindern, die der Doktor uns gegenüber behandelte, sind zwei gestorben. Ohne den Lebenswecker würden heute meine Kinder unter der Erde sein. Ein Farmer, der einige Meilen von hier wohnt, und der auch einen Lebenswecker und Oel hatte, **aber nicht von Ihnen**, hatte uns besucht und sich darnach erkundigt, auf welche Weise wir unsere Kinder behandelt hatten. Ich setzte ihm alles auseinander, denn 2 von seinen Kindern litten an demselben Uebel, ich sagte ihm aber gleich, er solle lieber etwas von meinem Oel mitnehmen, da ich nicht glaubte, daß sein Oel so gut sei als das meinige. Er aber lachte und sagte, er habe einen gedruckten Zettel bekommen, der ganz deutlich auseinander gesetzt habe, daß nur das importirte Oel echt und heilbringend sei, daß aber das Linden'sche Oel gar nichts werth sei. Nun, sagte ich, „dem Menschen sein Wille ist sein Himmelreich", meine Kinder sind, Gott sei Dank, mit Linden's Oel geheilt und ich will Ihnen nur wünschen, daß ihre Kinder mit dem importirten Oel auch kurirt werden. Zwei Wochen darauf hat er beide Kinder an einem Tage begraben. Als einige Tage darauf sein jüngstes Kind dieselbe Krankheit bekam, holte er sich meine Flasche Oel und wandte bei diesem Kinde Ihr Oel an, und 8 Tage darauf war es kreuzfidel und munter.

Nun sagen Sie selbst, ist das nicht wunderbar?

Vielen, vielen Dank von mir und meiner Frau für Ihr unübertreffliches Oel und Lebenswecker.

Ich verbleibe Ihr ewig dankbarer

Peter John Mayer.

———

Highland, Ill., 27. Juli 1876.

Alter Freund Linden!—Da ich seit zwei Jahren keine Bestellung bei Ihnen gemacht habe, so müssen Sie glauben ich wäre todt, oder ich wäre Ihnen böse. Das letztere war auch so halb und halb der Fall, denn durch die vielen heftigen und ehrenrührigen Angriffe, die von Cleveland aus und von Baunscheidt selbst gegen Sie in den Zeitungen und in Circularen und Pamphleten veröffentlicht wurden, in denen man Sie direct angeschuldigt, ein gesundheitsgefährliches Oleum zu verkaufen, kam ich selbst zu dem Glauben, daß die Anschuldigungen wahr sein müßten, um so mehr, da Sie sich dieses Alles gefallen ließen, ohne gerichtliche Schritte einzuleiten, diesen Skandal zu endigen. Ich bezog deßhalb von anderer Quelle ein importirtes Oleum, jedoch fand ich, daß es in jeder Beziehung schlechter war, als das Ihrige. Letzte Woche war Rev. N. bei mir, der mir klar machte, daß Sie von Endenich aus

verleumdet wurden aus reinem Brodneid, daß man dort Alles aufzu=
bieten entschlossen sei, Sie in Ihrem Geschäfte zu ruiniren, um dann
das Feld in Amerika allein zu haben. Jetzt bin ich fest überzeugt, daß
Rev. R.'s Ansichten correct sind, und somit werden Sie mich und meine
Freunde wiederum zu Kunden haben. Weßhalb Sie sich aber die ent=
ehrenden Verdächtigungen, die tagtäglich von Cleveland aus gegen Sie
in die Welt geschickt werden, so ruhig gefallen lassen, kann ich nicht be=
greifen; ich will annehmen, daß Sie andere, mir ganz unbekannte
Gründe dazu haben. Vielleicht denken Sie auch wie der Löwe in der
Fabel: „Was ein E . . . von mir spricht, das achte ich nicht!" Doch
genug hiervon. Leid thut es mir nur, daß ich, als ein alter Geschäfts=
freund, an Ihre Geschäfts=Redlichkeit nur einen Augenblick zweifeln
konnte. Einliegend eine Postoffice Money Order für $13, wofür Sie
mir per Expreß 12 Flaschen Ihres selbst bereiteten Oleums schicken wol=
len. Dieses Oleum soll für mehrere meiner hiesigen Freunde und für
mich selbst sein. Ich denke, ich werde Ihnen bald wieder schreiben.

Mit Achtung, Ihr alter Freund   John B. Harting.

Lewisville, Monroe Co., Ohio, 23. März 1875.

Herrn J. Linden!—Ich sende Ihnen hiermit $3.70, wofür Sie
mir per Post 2 Flaschen Ihres Oeles schicken wollen.

Ich bin mit den Erfolgen sehr zufrieden; außer anderen Kuren, die
mir bei meiner Frau und Kindern geglückt sind, habe ich auch meinen
Sohn, 7 Jahre alt, durch 2malige Applikation von der Gelbsucht ge=
heilt.   Lewis Stegner.

Sherman, 22. Februar 1877.

Herrn John Linden!—Für einliegenden Betrag senden Sie mir
gefälligst 1 Lehrbuch, 1 Lebenswecker und 2 Flaschen Oel. Ich habe den
Lebenswecker und Ihr Oleum seit 7 Jahren gebraucht und habe noch
immer guten Erfolg bei allen Krankheiten gehabt, mit Ausnahme von
Schwindsucht.   Ihr   Wm. N. Blackamore.

Clearport, 8. Februar 1877.

Werthester Herr Linden!—Das Gläschen Oleum, welches ich vor
etlichen Wochen von Ihnen bekam, habe ich mit dem besten Erfolg auf=
gebraucht. Schicken Sie mir sofort noch 2 Gläschen per Post, wofür
der Betrag beiliegt.   Ihr Freund   Gottlieb Kihler.

Douglas, Kanf., 10. Februar 1877.

Herr John Linden.

Geehrter Herr! — Schicken Sie mir sofort 2 Flaschen von ihrem Oleum. Ich habe mit Ihrem Instrument und Oleum einige der merkwürdigsten Kuren gemacht, in Fällen, wo man es niemals erwartet hatte. Gelegentlich will ich Ihnen ausführlicher über die großartigen Resultate und über die von mir behandelten Fälle schreiben.

Achtungsvoll L. W. Benepe.

Sunny Side, 14. December 1874.

Werther Herr Linden! — Hiermit sende ich Ihnen per P.-stoffice Money Order $36, wofür Sie mir Lebenswecker, englische Lehrbücher und Oleum senden wollen.

Obgleich mir schon zu verschiedenen Malen importirtes und anderes Oleum billig zum Verkaufe angeboten wurde, so habe ich mich doch nur **einmal** verleiten lassen, importirtes Oleum zu kaufen, was noch obendrein um $1.00 per Flasche theuerer war als das Ihrige. Mir wurde vorgesprochen, daß, da es **theuerer** sei als das Ihrige, es auch unbedingt **besser** sein müßte, und ich ließ mich durch solche Argumente fangen. Nachdem ich dieses importirte Oleum 3 Mal gebraucht hatte, war ich überzeugt, daß es dem Ihrigen bei Weitem nicht gleich kam, und ich wollte das importirte nicht wieder anwenden, selbst wenn ich kein anderes bekommen könnte, lieber würde ich es aufgeben, diese Heilmethode anzuwenden, denn die von mir damit behandelten Kranken wurden kranker als sie vorher waren. E. W. van Spangeler

---

Hoppemal, 14. Juni 1875.

Geehrter Herr Johann Linden! — Die letzte Sendung bekam ich am 5. Juni und ich habe mich gleich mit dem Lebenswecker einschnellen lassen, da ich schon längere Zeit an den furchtbarsten Kreuzschmerzen gelitten hatte, so daß ich kaum liegen oder stehen konnte. Nach einmaliger Operation wurde ich gleich bedeutend besser, und nach der zweiten war ich, Gott sei Dank, hergestellt. Mit Gruß Ihr

Cornelius Schröder.

Nebraska, Pa., 13. Januar 1877.

Geehrter Herr Linden! — Ich ersuche Sie freundschaftlichst, mir für einliegendes Geld 2 Flaschen Oel sofort per Expreß zuzusenden, da ich ohne dasselbe nicht für eine kurze Zeit sein kann oder will, weil dieser

edele werthgeschätzte Lebenswecker bei mir und meiner Familie in ver=
schiedenen Krankheiten schon große Erfolge und Zeugnisse seiner Vor=
trefflichkeit gezeigt hat. Ihr ergebenster Freund
Peter Young h.

Strawn, Kansas, 18. December 1876.
Herrn John Linden, Cleveland, O.!—Ich habe den Lebenswecker
und Ihr werthgeschätztes Oleum schon seit mehreren Jahren in vielen
Fällen angewandt, wo es immer gute Dienste geleistet hat in meiner Fa=
milie sowie an mir selbst. Ich bin letzten Sommer von Missouri hier=
her gezogen, wo meine Frau sich auf der Reise ein biliöses Fieber zuge=
zogen hatte. Ich wandte den Lebenswecker sogleich an, aber das Fieber
ließ nicht nach, als ich ihn aber 4 Tage darauf wieder anwandte, ließ
das Fieber gleich ganz nach und sie hat es seither nicht wieder bekommen.
Augenblicklich gebrauche ich den Lebenswecker an einer Nachbarsfrau, die
schon siebenzehn Jahre an den Hämorrhoiden leidet, und von der schon
mehrere Doktoren behauptet haben, sie könne nicht curirt werden. Jetzt
nachdem ich sie nur verhältnißmäßig kurze Zeit behandelt habe, erklärt
sie ganz besser zu sein, ich will aber die Operationen noch einigemale wie=
derholen, um die Kur gründlich zu machen.
Für einliegende $6.00 senden Sie mir per Expreß 4 Flaschen Ihres
Oleums. Freundschaftlichst John P. Saueressig.

Cleburn, Texas, 1. Januar 1877.
Werther Herr Linden!—Das mir übersandte Instrument und Oel
habe ich häufiger angewandt, und in jedem einzelnen Falle hat es die
Krankheit beseitigt. Für einliegenden $1.85 schicken Sie mir per Post
sofort 1 Flasche Oel. Robert W. Ellis.

Sandusky, 10. Januar 1877.
John Linden in Cleveland.
Werther Herr!—Einliegend 5 Dollars für 4 Flaschen Oel, die Sie
mir per Expreß schicken wollen. Das vergangene Frühjahr war ich auf
North Baß Island, wo ich einer Patientin in einer Sitzung das In=
strument 700 Mal einschnellte. Diese Patientin war im höchsten Grade
strophulös, litt an Epilepsie und Lähmung. Hunderte von Dollars
waren bei ihr vergebens verdoktert, ehe sie Epilepsie und Lähmung be=
kam. Dann wurde sie nach dem Surgical Institut in Indianapolis
geschickt, wo sie 100 Dollars bezahlen mußte, ehe die Kur anfing. Dann

— 207 —

wurde sie nach Cleveland geschickt, wo sie von einigen der besten Aerzte längere Zeit behandelt wurde, aber alles ohne ihr Linderung zu verschaffen. Man hielt sie für unheilbar, ich habe sie jetzt 4 Monate lang behandelt und sie ist hergestellt, ihr Nervensystem ist aber noch schwach, sie ist aber stark und hat eine blühende, gesunde Gesichtsfarbe.
Achtungsvoll   W. D. Lindsley.

———

Boomville, 28. Dec. 1876.

Werther Freund Linden!—Senden Sie mir abermals einen Lebenswecker, ein englisches Lehrbuch und eine Flasche Oel, wofür ich den Betrag beilege.

Seitdem ich meine Frau vor fünf Jahren mit Ihrem Lebenswecker und Oleum von einer Krankheit geheilt hatte, die alle Doctoren in unserm County Kopfbrechen machte, und aller Medizin trotzte, hat Ihr Lebenswecker hier sich einen guten Namen erworben.

Mit den besten Wünschen, Ihr Freund   J. S. Sturtevant.

———

Rockport, Ind., 26. December 1876.

Werther Herr Linden!—Ich habe kürzlich einen Patienten mit überraschendem Erfolg behandelt. Er litt an Epilepsie und theilweiser Lähmung, und die Doctoren hatten erklärt, er könne nicht geheilt werden. Jetzt ist er aber durch den Lebenswecker kurirt, und nun habe ich sehr viel Arbeit für den Lebenswecker.

Schreiben Sie mir umgehend, wie billig Sie mir acht Dutzend Flaschen Oel überlassen können.   T. M. Smith, M. D.

———

Calvert City, Ky., 15. Dec. 1876.

Werther Herr Linden!—Schicken Sie mir drei Flaschen Oel per Expreß, wofür ich $4.50 beilege. Ich habe Ihr Nadelinstrument und Ihr Oel vier Jahre lang gebraucht, und ich möchte nicht gern ohne dasselbe sein.

Wir hatten hier diesen Herbst die Lungenentzündung so stark, daß im Umkreise von zwei englischen Meilen innerhalb sechs Wochen ungefähr zwanzig Personen trotz Doctor und Apotheker daran starben. Da wir in unserer Familie zehn Personen sind, so waren vier von dieser Krankheit befallen, die ich mit dem Lebenswecker und Oel behandelte, und alle wurden gesund. Die Doctoren machen sich über den Lebenswecker lustig, aber die Kuren, die ich mit demselben gemacht habe, können sie nicht wegläugnen.   Mit Hochachtung   Elijah Wilson.

Freetown (Sierra Leone), West Africa, 15. Dec. 1876.

Geehrter Herr Linden! — Gottes Segen werde Ihnen zu Theil für Ihre Bereitwilligkeit, mit der Sie „unser mühsames Wirken zu erleichtern suchten" (wie Sie sich selbst ausdrückten), indem Sie uns im vorigen Jahre mit den bei Ihnen bestellten drei Lebenswecker, zwei deutsche und ein englisches Buch und zwölf Gläser Oel ein Geschenk machten. Sie glauben wohl schwerlich, wie sehr unser „mühsames Wirken" in der That durch die Anwendung der Lebenswecker erleichtert wurde! und wie viel Dank uns durch Heilung unglücklicher Menschen zu Theil wurde. Oft, wenn wir auf Reisen sind, und die Eingeborenen wissen, daß wir kommen, werden uns Kranke entgegen gebracht, um sie zu heilen, und wenn wir dann eine solche Gegend wieder besuchen, so wissen diese Menschen gar nicht, wie sie uns danken sollen. Daß wir durch die Heilung kranker Familien-Mitglieder freundliche Aufnahme und aufmerksame Zuhörer bekamen, die wir sonst schwerlich so leicht zu Freunden gemacht haben würden, läßt sich gar nicht läugnen.

Außerdem haben wir auch oft Gelegenheit gehabt, unsere unwissenden und bedauernswürdigen Eingeborenen von Krankheiten zu heilen, womit sie schon lange behaftet waren, und gegen die sie seit Monaten, oft sogar seit Jahren allerlei Zauberei und Quacksalberei vergeblich angewandt hatten.

Außerdem hat der Lebenswecker mir selbst große Dienste erwiesen. Als ich im Juli v. J. im westlichen Theile des Staates Sulan reiste und noch eine halbe Tagereise von Uje entfernt war, überfiel mich ein Unwohlsein verbunden mit starkem Erbrechen, ich bekam bald darauf ein Fieber, das mit Hitze und Frost abwechselte. In diesem Zustande verbrachte ich zwei Stunden lang, unter einem großen Baume liegend, und wurde so schwach, daß ich meine Kräfte und meine Besinnung schwinden fühlte. Mein Begleiter, ein junger zum Christenthum bekehrter Eingeborner, dem ich den Gebrauch des Lebensweckers schon früher gelehrt hatte, nahm das uns stets begleitende Instrument aus meinem Reisesack, und applizirte dasselbe bei mir auf dem Magen, dem Rücken, den Waden, auf den Armen und in der Gegend des Herzens. Gegen Abend fühlte ich so weit besser, daß ich die Reise fortsetzen konnte und nach einigen Stunden kamen wir an eine Hütte, deren Bewohner uns freundlich aufnahmen und bis zum nächsten Nachmittag beherbergten, wo wir dann unsere Reise fortsetzten und noch denselben Abend Uje erreichten. Seit dieser Zeit ist mir Ihr Lebenswecker ein ganz unzertrennlicher Gefährte geworden; ich muß aufrichtig gestehen, ich würde sehr bedauern, wenn die Verhältnisse mich jemals zwingen würden, ohne einen Lebenswecker zu reisen. Dieses ist auch die Ansicht der anderen beiden Missionären, die im Besitze Ihres werthvollen Lebenswechers sind.

Wir haben mehrere bekehrte Eingeborene, die uns in der Verbreitung des Christenthums wesentliche Dienste thun, und die den Gebrauch des Lebensweckers kennen; leider haben wir aber nur einige derselben, und unser Oel-Vorrath neigt sich dem Ende zu. Wir haben deßhalb beschlossen, einen neuen Vorrath kommen zu lassen. Schicken Sie also an unser Missions-Haus in London zwölf Lebenswecker, acht englische und vier deutsche Bücher und hundert Flaschen Ihres schätzbaren Oe.es. Lassen Sie also Alles sehr sorgfältig verpacken; die Kiste wird im englischen Zollhause n i ch t geöffnet, sondern uns zugeschickt, wie Sie sie verpackt haben. Unsere Missions-Anstalt hat bereits Nachricht von dieser Bestellung, und wird Ihre Rechnung, die Sie ihr schicken wollen, prompt zahlen. Zögern Sie aber ja nicht zu lange mit der Absendung, da wir mit Sehnsucht den Empfang erwarten. Wenn Sie mir einen besonderen Gefallen erweisen wollen, so legen Sie für mich Ihre Photographie bei, ich möchte mir gern eine Vorstellung von dem Aussehen des Mannes machen können, der uns Gelegenheit gegeben hat, unsere Mitmenschen behülflich sein zu können. Möge Gott Ihr Wirken zum Wohle der leidenden Menschheit segnen. Mit christlichem Gruße verbleibe ich Ihr S e b a s t i a n G e r k e, Missionär.

Warschau (Rußland), 15. Mai 1877.

Hochgeehrter Herr Linden!—Die mir vor einem Jahre gesandten zwei Lebenswecker und vierzehn Flaschen Oleum habe ich seiner Zeit richtig und in gutem Zustande d r e i M o n a t e n a c h d e r e n A b s e n d u n g bekommen. Woran die Verzögerung lag, kann ich nicht sagen. Ihr Oleum hat ganz ausgezeichnet gewirkt, besser, bei Weitem besser als dasjenige, was man hier verkauft, und was von Endenich bei Bonn am Rhein fabricirt ist. Der Unterschied ist in der That so auffallend, daß mehrere meiner Freunde mir keine Ruhe ließen, bis ich einem Jeden eine Flasche Ihres Oleums abließ. Dadurch bin ich nun aber in die Nothwendigkeit versetzt, eine neue Bestellung zu machen, namentlich, da es abermals drei Monate nehmen möchte, ehe ich die Kiste bekomme. Senden Sie mir also vierundzwanzig Flaschen Ihres Oleums, drei Lebenswecker und drei d e u t s c h e Lehrbücher; wofür ich Ihnen wieder einen Wechsel auf Lübeck schicke. Adressiren Sie die Kiste an dieselbe Firma in Lübeck, an die Sie die vorige Kiste schickten.

Ihre Instrumente sind gleichfalls den deutschen vorzuziehen, da sie eleganter sind, und vergoldete Nadeln haben. Wenn Sie in Warschau eine Niederlage Ihrer Heilmittel etablirten, so könnte es nicht fehlen, daß Sie gute Geschäfte machten, denn da diese Heilmethode hier schon bekannt ist, und da Ihre Lebenswecker, und besonders Ihr Oleum dem deutschen so sehr vorzuziehen, so könnte ein solches Unternehmen gar nicht fehlschlagen. Sollten Sie diesen Vorschlag der Erwägung würdig halten, so bin ich gern erbötig, mit einem hiesigen guten Hause derartige Unterhandlungen einzuleiten.

Mit außerordentlicher Hochachtung verbleibe ich Ihr ergebener
George Herman Mayer.

London, 19. Juni 1877.

Herrn John Linden!—Einliegend Wechsel auf New York für 22 Dollars. Schicken Sie mir sofort 2 Instrumente, 1 deutsches und 1 englisches Lehrbuch und 8 Flaschen Oel, aber von demjenigen, welches Sie selbst bereitet haben, das andere will ich unter keiner Bedingung haben. Achtungsvoll
Bernhard v. Goltz.

Trimble, 27. März 1876.

Herr Linden!—Einliegend schicke ich Ihnen $9.50, wofür ich mir per Expreß 1 Lebenswecker, 1 Buch und 2 Flaschen Oel erbitte.

Meine Frau war seit 16 Jahren am Asthma leidend, wir haben mehrere Aerzte gebraucht ohne allen Erfolg — im Gegentheil wurde sie immer schlimmer. Endlich beredete mich ein Nachbar, Ihre Heilmethode zu versuchen, was ich auch that, und seitdem ist sie zusehends besser geworden. Wenn ich die Kur noch einige Zeit fortsetze, wird sie ganz besser sein. Ich wollte Ihnen dieses mittheilen, weil ich schon ganz an Wiederherstellung meiner Frau zweifelte.

Mit Achtung   S. H. Johnson.

Greenville, 11. Januar 1877.

Werther Herr Linden!—Ihre Heilmittel haben sich noch bei jedem Gebrauche als ausgezeichnet bewährt — ich möchte nicht ohne dieselben sein, da sie mehr geleistet haben, als ein guter Doctor. Schicken Sie mir per Expreß drei Flaschen von Ihrem Oleum, ich lege den Betrag bei.   Balthaser Green.

Beardstown, 16. Januar 1877.

Geehrter Herr John Linden!—Ich habe den Lebenswecker sammt Ihrem Oleum in meiner Familie seit 7 Jahren gebraucht und es hat uns wunderbare Dienste geleistet. Ich habe es jetzt bei vier meiner Kinder, die das Scharlachfieber hatten, mit großem Erfolge angewandt. Nun habe ich aber noch vier Kinder, bei denen es noch nicht ausgebrochen ist, die aber, wie ich glaube, kriegen es auch noch, und ich habe fast kein Oel mehr. Schicken Sie mir also per Post sogleich zwei Flaschen von Ihrem echten Oel aber e i l i g, e i l i g, denn ich muß es g l e i c h haben. Es schickt Ihnen ein freundlicher Gruß Ihr

Henry Hobrock.

West Union, 16. Januar 1877.

Herrn J. Linden!—Das mir gesandte Instrument und sechs Flaschen Oel sind richtig und in gutem Zustande angekommen. Für einliegende $8.00 schicken Sie mir ein Instrument und Oel und ein deutsches Lehrbuch. Ich behandele jetzt einen jungen Mann von 23 Jahren gegen Epilepsie—den ersten Anfall bekam er, als er 16 Jahre alt war; seitdem hat er jeden Tag ohne eine einzige Ausnahme, wenigstens ein Mal, Anfälle gehabt, oft aber auch bis zu fünf Anfälle täglich. Er ist ein stark gebauter junger Mann, aber die Doctoren haben ihn so lange behandelt, bis er vor Schwäche fast nicht mehr gehen konnte, und die Anfälle mehrten sich. Wenn er die Anfälle hat, macht er die Hände fest zu, und Niemand kann sie öffnen. Sein Vater hat schon mehrere Hundert Dollars an ihn verdoktert, aber vergeblich. Seit ich ihn mit dem Lebenswecker behandelt habe, ist er kräftig geworden; er kann eine so schwere Tages-Arbeit thun, als irgend Jemand Anders, und wie er selbst sagt, hat er einen Appetit, wie ein Pferd. Seit zwanzig Tagen hat er nur vier Anfälle gehabt, die aber leichter waren, als früher, und bei längerer Behandlung hoffe ich ihn gänzlich wieder herzustellen.

Mit Freundschaft sende ich Ihnen meinen Gruß.

John Heiferman.

Chicago, Ill., 11. Februar 1877.

Mein lieber Freund Linden!—Wenn ich erst heute auf Ihre ermunternde Zuschrift vom 17. Mai v. J. antworte, so geht daraus aber durchaus nicht hervor, daß ich beabsichtigte, Ihren Wunsch, über den Erfolg des Lebensweckers Nachricht zu geben, nicht gern erfüllte. Da Sie mir aber damals selbst schrieben, daß das mir übersandte Oleum von ganz besonderer Qualität sei (wie Sie es bereits mehrere Jahre fabricirt hätten), so wollte ich auch erst abwarten, ob sich Ihre Ansicht bei praktischer Anwendung auch bewahrheite.

Die mir damals gesandten zwölf Flaschen sind bis auf eine und eine halbe aufgebraucht. Ich habe über den Erfolg der Anwendung desselben genaue Beobachtungen angestellt, und bin zu der Ueberzeugung gekommen, daß Ihr Oleum allen von mir bisher benutzten bedeutend vorzuziehen ist. Die Vorzüge Ihres Oleums bestehen meiner Ansicht nach in Folgendem:

1. Es wirkt kräftiger und rascher.

2. Es läßt keine Narben oder Verhärtungen nach, wie dies häufig der Fall ist bei dem importirten und anderem Oleum.

3. Obgleich es kräftiger und rascher wirkt, erzeugt Ihr Oleum durchaus kein schmerzliches oder unbehagliches Gefühl, wie es bei dem anderen so häufig der Fall ist.

4. Es zieht den im Körper befindlichen Krankheitsstoff viel rascher und radikaler aus dem Körper, wodurch es auch die Krankheiten rascher beseitigt.

5. Ich habe noch nie wahrgenommen, daß die Anwendung Ihres Lebensweckers und Oleums die allergeringste nachtheilige Folge für den Patienten gehabt hätte, was aber schon häufiger bei dem Gebrauche des importirten und anderen sogenannten Oleums der Fall gewesen ist.

6. Sogleich nach, und oft schon während der Anwendung Ihres Oleums durchströmt den Patienten ein erwärmendes und belebendes Gefühl, und eine sofortige Linderung der etwaigen Schmerzen tritt ein. Dieses wird von fast allen Patienten, die schon früher mit anderem Oele behandelt sind, besonders hervorgehoben, und meine eigene Erfahrung bestätigt es auch.

7. Mit Ihrem Oleum habe ich einige Krankheiten, wie z. B. Fever and Ague, Gelbsucht, Asthma, immer schnell und sicher geheilt, was bei Anwendung anderer Art Oele nicht der Fall war.

8. Ihr Oleum beseitigt die kleinen Leiden des menschlichen Körpers, wie z. B. rheumatische Zahn- und Kopfschmerzen, Ohrenreißen, Diarrhöe, Magenaffectationen u. s. w., jederzeit schnell und sicher, und ist allein aus diesem Grunde allem anderen vorzuziehen.

9. Wenn man das importirte oder irgend ein anderes Oleum im Winter der Kälte aussetzt, so gerinnt es, während das Ihrige hell und klar bleibt.

10. Kinder und schwächliche Personen fürchten sich häufig vor der

Anwendung des Lebensweckers. Ich habe also schon seit Jahren Versuche gemacht, die einzureibende Stellen mit einem Stück Wollenzeug oder mit einer Bürste zu reiben, und dann das Oel einzureiben, allein fast immer ohne Erfolg, während ich mit Ihrem Oleum immer Erfolg hatte.

11. Ihr Oleum ist um die Hälfte billiger und dabei um das Doppelte besser und wirksamer als das sogenannte importirte.

12. Die Qualität Ihres Oleums ist immer gleichmäßig und wer es einmal versucht hat, wird niemals mehr anderes gebrauchen wollen.

Doch nun muß ich schließen. Von ganzem Herzen wünsche ich, daß Ihre Heilmittel bald ein ganz unentbehrliches Haushalts-Bedürfniß werden möge für Jeden, dem das Wohl seiner Familie am Herzen liegt.

Mit aller Freundschaft verbleibe ich Ihr

Bernhard M. Koenecke.

Toronto, 2. Januar 1877.

Lieber Linden!—Freundschaftlichen Gruß zuvor. Ich schicke Ihnen heute $15.00, wofür Sie mir 1 Lebenswecker, 1 Flasche Oel und 1 deutsches Lehrbuch und 6 Flaschen Oel extra schicken wollen. — Im vergangenen Jahre habe ich 53 Patienten mit Ihrer Heilmethode behandelt, von denen ich noch 7 in Behandlung habe und 46 sind gründlich geheilt.

Nachstehend schicke ich Ihnen eine Liste nebst Angabe der Krankheiten und der Zahl der Applikationen die ich bei jedem Geheilten machte.

1. Ein junges Mädchen von 21 Jahren litt seit 4 Jahren an einem skrophulösen Ausschlag im Gesicht, am Hals ꝛc. Die Doktoren hatten sie über 2 Jahre lang erfolglos behandelt. Dreimalige Applikation auf den Rücken, bis zum Rückgrat, auf den Schultern, den Oberarm und den Waden beseitigte das Uebel.

2. Ein Vater von 7 Kindern hatte seit mehr als 20 Jahren eine Augenentzündung, die ihn schrecklich entstellte. Die Augenlider waren immer ganz roth. Dieselben Symptome zeigten sich bei 2 seiner Kinder. Den Vater kurirte ich mit dem Lebenswecker durch 8 verschiedene Applikationen, während bei den beiden Kindern (15 und 17 Jahre alt) dreimalige Applikation genügend war.

3. Ein 45 Jahre alter Mann (Advokat) hatte schon längere Zeit an Nervenzucken, Kopfschmerz verbunden mit Unfähigkeit über einen Gegenstand ernstlich nachzudenken (wie er sich selbst ausdrückte) wurde durch fünfmalige Applikation geheilt.

4. Dessen Cousine, eine Frau von 35 Jahren, wurde durch zweimalige Anwendung von heftigen **Gliederreißen** befreit, woran sie schon mehrere Jahre gelitten hatte.

5. Ein 11jähriges Mädchen hatte seit längerer Zeit einen heftigen **Schmerz im Genick**, der sie verhinderte den Kopf frei zu bewegen. Blutentziehung, Pflaster, Salben und Mixturen hatten nichts bewirkt, aber der Lebenswecker beseitigte das Uebel gründlich nach dreimaliger Anwendung.

6. Ein Mann von 58 Jahren hatte schon 7 Monate lang an **Schwerhörigkeit und Sausen in den Ohren** gelitten. Dreimalige Anwendung befreite ihn von dem Uebel.

7. Eine Frau von 40 Jahren und Mutter von 9 Kindern bekam ganz plötzlich eine **Lähmung im rechten Arm**, die fast schmerzlos war. Da sie guter Hoffnung war, behauptete der Doktor, der sie trotz aller Medizinen nicht kuriren konnte, daß sie nicht eher geheilt werden könnte bis nach der Geburt des Kindes. Trotz allerdem heilte sie der Lebenswecker noch vor der Geburt durch dreimalige Anwendung.

8. Ein junges Mädchen und eine Frau behandelte ich mit Erfolg wegen **unterdrückter Menstruation**.

9. Drei Personen hatten das sogenannte **kalte Fieber** (fever and ague). Nach dreimaliger Applikation waren 2 und nach viermaliger Applikation auch der 3. kurirt.

10. Eine Frau von 45 Jahren hatte schon Jahrelang an sogenannter **Migräne** oder *sick headache* verbunden mit Erbrechen, gelitten. Ich wandte den Lebenswecker auf dem Rücken, Schultern, Waden, am Rande der Fußsohlen und auf der Magengegend an, eine dreimalige Applikation hob das Uebel auf, und seit 5 Monaten ist sie davon befreit, während sie früher regelmäßig alle 2 Wochen 3 Tage lang daran litt.

11. Vier Personen wurden durch einmalige Anwendung des Lebensweckers von einem heftigen **Zahnschmerz** befreit.

12. Ein sehr bejahrter Mann litt schon längere Zeit an heftigen **Schmerzen in dem Rückgrat**, so daß er Nachts nicht liegen konnte. Eine zweimalige Anwendung heilte das Uebel.

13. Von **Rheumatismus und Gicht** kurirte ich 5 Personen von verschiedenem Alter durch zwei- bis sechsmalige Anwendung des Lebensweckers.

14. Eine bejahrte Frau (61 Jahre alt) hatte schon lange Zeit an im ganzen Körper herumziehenden Schmerzen gelit-

ten. Zwei Doktoren hatten sie Monate lang behandelt und ihr haarklein auseinander gesetzt, woher ihre Krankheit käme, was der lateinische Namen für dieselbe sei, und hatten sie mit Pillen, Mixturen, Pflaster und Salben behandelt, aber die arme Frau konnte das Bett nicht verlassen. Ihr Sohn kam endlich zu mir und ersuchte mich, sie mit dem Lebenswecker zu behandeln. Ich sagte meiner Frau, an welchen Theilen des Körpers die Frau zu operiren sei, und sie operirte die bettlägerige Frau 3 verschiedene Male. Jetzt besorgt letztere ihre Haushaltung und kennt keine Schmerzen mehr. Diese Kur hat hier ganz besonderes Aufsehen erregt. Namentlich sind die beiden Doktoren ganz aufgebracht darüber und behaupten, daß die Frau auch ohne den Lebenswecker gesund geworden wäre, allein die Frau selbst behauptet, daß sie gleich unmittelbar nach der ersten Anwendung Linderung gefühlt hätte.

15. Ein 15 Jahre alter Knabe wurde durch einmalige Anwendung von heftigen S e i t e n s c h m e r z e n befreit, die er schon mehrere Wochen gehabt hatte, und die der Arzt nicht vertreiben konnte.

16. Drei Personen habe ich von F l i m m e r n v o r d e n A u g e n, N i e d e r s i n k e n d e s l i n k e n A u g e n l i d e s und A u g e n e n t z ü n d u n g befreit durch ein- und zweimalige Anwendung.

17. Ein hiesiger Schneidermeister bekam oft heftige Anfälle von M a g e n k r ä m p f e n. Da es trotz aller Medizin immer schlimmer wurde, so operirte ich ihn während eines heftigen Anfalles auf die Magengegend, Waden und Fußränder, und in Zeit von 10 Minuten waren die Schmerzen weg, die sonst immer 8 Stunden lang angehalten hatten. Ich operirte diesen Mann später auf dieselbe Weise 4 Mal in Zwischenräumen von 2 Wochen, und noch hat er keinen Anfall wieder gehabt.

18. Ein Mädchen von 18 Jahren hatte schon 5 Jahre starkes H e r z k l o p f e n, so daß sie häufig sich nicht von der Stelle bewegen konnte. Ich behandelte sie 9 Mal mit dem Lebenswecker und obgleich es noch nicht g a n z verschwunden ist, so hat sie doch keine Beschwerde mehr davon.

19. Ein Prediger vom Lande litt schon mehrere Jahre an K r a m p f a d e r a u s d e h n u n g, was ihm solche Schmerzen bereitete, daß er Nachts nicht schlafen konnte. Es war ihm seit vier Monaten nur 3 Mal möglich gewesen, die Kanzel zu besteigen. Endlich wandte er sich an mich. Nach dreimaliger Anwendung des Lebensweckers konnte er täglich einen Spaziergang von mehreren Meilen machen, — jetzt halte ich ihn für geheilt, habe ihm aber gerathen, noch eine Zeit lang jeden Monat einmal den Lebenswecker anzuwenden.

20. Ein ganz eigenthümlicher Fall kam mir im Monat März vor. Ein junger Mann hatte ein ganz unerträgliches Jucken an den Füßen, Beinen bis zum Schenkel und beiden Armen. Man konnte keine Hautirritation wahrnehmen, und doch mußte er sich fortwährend scheuern, so daß häufig das Blut kam. Vertrauend auf die nie fehlende Wirkung des Lebensweckers, operirte ich ihn auf den Rändern der Fußsohle, Waden, Armen und Rücken, und zu meinem nicht geringen Erstaunen verlor sich das Jucken mehr und mehr, nach dreimaliger Anwendung war es ganz verschwunden.

21. Ein 12jähriges Mädchen war furchtbar von Würmern geplagt, so daß sie sogar zuweilen Krämpfe bekam. Ich operirte viermal auf dem Rücken und um den Nabel herum. 24 Stunden nach der ersten Anwendung verlor sie eine große Masse sogenannter Madenwürmer und mehrere Spulwürmer, einige von beträchtlicher Länge. Dieses Kind ist jetzt ganz gesund.

22. Ein junger Mann von 25 Jahren litt sehr an Blasen- und Urinbeschwerden. Da alle angewandten Mittelchen fehlschlugen, besuchte er mich. Nach dreimaliger Anwendung des Lebensweckers war er hergestellt.

23. Ich habe 9 Kinder mit überraschendem Erfolg gegen Croup, Husten, Diphtheria, blauen Husten und Brustentzündung behandelt. In allen diesen Fällen operirte ich leicht am Hals, auf den Kehlkopf und den oberen Theil der Brust. Dabei ließ ich die Kinder häufig heiße gekochte Milch trinken.

Ich könnte Ihnen noch manchen interessanten Fall erzählen, wo ich kaum auf einen günstigen Erfolg gerechnet hatte, und wo zu meiner Freude Ihre Heilmittel ihre bekannte Wirksamkeit beurkundeten.

Für heute Adieu. Mit Gruß und Handschlag Ihr

Joachim Nederer.

Oskaloosa, Jowa, 28. Aug. 1873.

Herrn John Linden!—Einliegend sende ich ihnen eine Post Office Money Order für $3.25, wofür Sie mir gefälligst umgehend zwei Flaschen von Ihrem Oleum schicken wollen. Der Erfolg, den ich mit Ihrem unvergleichlichen Lebenswecker und Ihrem Oele hatte, ist so großartig, daß man ihn fast fabelhaft nennen sollte.

Achtungsvoll J. S. M. Neilson.

Vicksburgh, 25. October 1873.

Geehrter Herr Linden!—Senden Sie mir gefälligst eine Flasche Oel, wofür ich $1.60 beilege – Ihr Lebenswecker und Oleum haben mir viel genützt, ich werde es stets mit dem größten Vertrauen anwenden.

Mit Hochachtung Ihr Clement Gindici.

Jackson, Pa., 23. April 1874.

Werthester Freund!—Ich schicke hier 5 Dollars für Oel, was ich sobald als möglich haben möchte; ich bin ganz aus, und einige Patienten warten darauf. Ihr Lebenswecker hat sich immer als durchaus zuverlässig bewiesen; selbst in solchen Fällen, wo die Doctoren nicht heilen konnten, hat der Lebenswecker die Krankheiten überwunden.

Ihr Freund George F. Miller.

San Antonio, Texas, 2. Juni.

Werther Herr Linden!—Schicken Sie mir gleich per Post eine Flasche Ihres Oleums. Ich habe durch Ihre Heilmittel meine Gesundheit wieder erlangt, und kann ich dieselben mit gutem Gewissen einem Jeden, der krank ist, empfehlen. Frank Wondracek.

Hastings, 29. Nov. 1873.

Herrn Linden!—Einliegend $1.75, wofür Sie mir eine Flasche Oleum per Post zuschicken wollen. Wir halten Ihren Lebenswecker und Ihr Oel sehr hoch in Ehren, und wir möchten nicht ohne Ihre Heilmittel sein. John W. Potter.

Greenville, 10. December 1872.

Herrn Linden!—Von Ihren Heilmitteln habe ich in Krankheitsfällen mehr Nutzen gehabt, als von allen Medizinen und Doctoren. Da mein Oel zur Neige geht, bitte ich Sie, mir zwei Flaschen per Post zu senden, wofür der Betrag beigelegt ist. A. F. Nelson.

Suspension Bridge, 25. Januar 1874.

Geehrter Herr Linden!—Im vergangenen Monat habe ich Ihren Lebenswecker und drei Flaschen Ihres Oleums bekommen. Schicken Sie mir für einen Freund einen Lebenswecker, ein deutsches Lehrbuch und sechs Flaschen Oleum; den Betrag lege ich bei. Durch Ihre Heilmittel habe ich meine Frau von sehr heftigen Krämpfen befreit, die allen Doctoren und Medizinen lange Zeit getrotzt hatten. Außerdem habe ich auch noch andere Krankheiten damit beseitigt zur großen Freude und Ueberraschung der Kranken selbst.   Achtungsvoll

Joseph Winter.

———

Buffalo, N. Y., 18. Jan. 1874.

Werthester Herr Linden!—Ich habe kürzlich zwei kranke Freunde mit Ihren Heilmitteln von ihren Leiden befreit, bei denen die sogenannten importirten Mittel keine Besserung hervorbrachten, trotz deren mehrmaliger Anwendung. Die Wirkung Ihres Oleums war in der That so auffallend, daß der eine Patient aus Aerger, daß er so viel Geld für sein „importirtes Oleum" nutzlos ausgegeben hatte, seine Flasche aus dem Fenster warf. Schicken Sie mir per Expreß sechs Flaschen Ihres Oleums, ein jeder meiner beiden geheilten Patienten will zwei Flaschen haben, und die anderen zwei sind für mich.

Mit alter Freundschaft verbleibe ich Ihr

Herman Meyer.

———

Trenton, 28. Februar 1874.

Herrn John Linden!—Die mir vor einiger Zeit gesandten Lebenswecker, Lehrbuch und Oleum sind richtig angekommen. Meine Frau habe ich nach den angegebenen Vorschriften mit sehr gutem Erfolge behandelt. Mein Kind bekam ein Halsübel, das der einmaligen Anwendung Ihres Lebensweckers sofort wich. Schicken Sie mir für einliegende $1.60 eine Flasche Ihres Oleums.   Peter H. Yatey.

———

St. Peter, 2. März 1874.

Herr Linden!—Wollen Sie die Güte haben, mir so geschwind, als es Ihnen möglich ist, einen Lebenswecker nebst Zubehör zu schicken; ich möchte Sie aber dringend bitten, uns von dem besten Oleum zu senden, das ist die Hauptsache, wenn der Lebenswecker Gutes wirken soll. Das früher von Ihnen erhaltene Oleum war wirklich gut und hat vorzügliche Dienste geleistet, unter Anderen wurde ein Patient, der an einer Nervenkrankheit litt und den einige Doctoren aufgegeben hatten, geheilt. Schicken Sie ja das beste Oel.   C. Mahl.

———

Cherry Creek, 24. October 1873.

Werther Herr Linden!—Schicken Sie mir per Expreß C. O. D. drei Flaschen Oleum. Wir haben Ihre Heilmittel in unserer Familie mit den günstigsten Resultaten benutzt, und haben das größte Vertrauen

in dieselben. Eine Freundin von mir, die Frau unseres Pastors, ist seit längerer Zeit leidend, und die Aerzte gestehen zu, daß sie ihr nicht helfen können. Auf ihren Wunsch habe ich sie mit Ihren Heilmitteln behandelt, und zwar erst zwei Mal; die Frau sagt selbst, daß sie schon jetzt fast ganz gesund fühle. Ich denke, wenn ich die Kur noch einige Zeit fortsetze, wird sie gänzlich kurirt.
    Mit Hochachtung   Mrs. J. Scofield.

           Herkimer, 9. November 1877.
 Werthester Herr Linden!—Bitte, schicken Sie mir zwei Flaschen von Ihrem hochgeschätzten Oleum. Wir sind sehr wohl zufrieden mit Ihrer Heilmethode. Meine Frau und ich sind beide hoch betagt, und sind schon seit Jahren kränklich gewesen. Durch Anwendung Ihrer Heilmittel sind wir wieder gesund geworden, und fühlen wieder, als wären wir noch jung. Ich wünsche Ihnen Gesundheit und ein langes Leben.
              Paul Starke.

          Bachtown, 29. November 1873.
 Geehrter Herr John Linden!—Ich habe mit Ihrem Lebenswecker und Oleum ausgezeichnete Kuren gemacht. Ein Kind hatte die Halsbräune sehr stark, aber als ich es nur einmal mit dem Lebenswecker gepricht und von Ihrem Oel darauf gestrichen hatte, war es in zwei Tagen ganz gesund. Bei mehreren Kranken habe ich damit Gicht, Rheumatismus, Nervenkrankheiten, Neuralgie u. s. w. besser kurirt, als der beste Doctor. Schicken Sie mir noch sechs Flaschen Oleum per Expreß C. O. D.
 Ich grüße Sie mit einem recht herzlichen Leben Sie wohl!
              Friedrich Boas.

         Alpha, Gundy Co., Mo., 13. Juli 1876.
 Geehrter Herr Linden!—Ich habe mich bereden lassen, in meiner Praxis versuchsweise Ihren Lebenswecker und Ihr Oleum zu gebrauchen. Ich wandte es zum ersten Male bei einem Patienten an, der seit siebenzehn Jahren an einem skrophulösen Augenübel gelitten hatte, und an dessen Heilung schon mehrere Aerzte vergebens versucht hatten; das zweite Mal wandte ich es gegen chronischen Rheumatismus an, womit der Patient schon fünfzehn Jahre geplagt war. Ich habe während meiner langjährigen Praxis noch nie einen Kranken mit so viel Genugthu-

ung behandelt, als diese beiden, und noch nie habe ich ein Mittel gekannt, dem eine Krankheit so schnell weicht, als Ihre Heilmethode.

Schicken Sie mir sofort per Expreß C. O. D. einen Lebenswecker, ein englisches Buch und zwei Glas Oel.

Achtungsvoll   James B. Benton, M. D.

Union Hill, N. J., 21. Sept. 1874.

Geehrter Herr Linden!—Senden Sie mir sogleich zwei Glas Oleum per Post, wofür ich den Betrag einschließe. Von der Wirksamkeit Ihrer Heilmethode gebe ich folgendes Zeugniß:

Mary Roßbach, eine Frau in Newark, war seit einem Jahre ganz blind am grauen Star, nach zwölfmaliger Applizirung ist sie so weit hergestellt, daß sie ihr kleines Kind in einem Kinderwagen ausfahren kann. Nächstens mehr. Dank dem lieben Gott dafür. Der Herr wolle uns Weisheit und Gnade geben, Gutes thun zu können.

Ihr Ergebenster   Jacob Schmitt.

Harlem, 29. Okt. 1875.

John Linden!—Werther Herr!—Einliegend schicke ich Ihnen $15, wofür Sie mir ein Instrument, ein englisches Buch und für das Uebrige Oel schicken wollen. Erlauben Sie mir, Ihnen einen merkwürdigen Fall zu erzählen. Meine Nachbars Frau war schon sehr lange krank gewesen, und der Doctor sowohl als ihr Mann hatten keine Hoffnung mehr, daß sie besser werden könne. Ich beredete meinen Nachbar, daß er mir erlaube, den Lebenswecker bei seiner Frau anzuwenden. Er meinte aber, da sie doch sterben müsse, wolle er ihr den Trubel und die Unannehmlichkeit nicht mehr machen. Endlich überredete ich ihn, und ich behandelte sie mit dem Lebenswecker sechs Wochen lang. Resultat: Die Frau ist ganz gesund; sie steht ihrem Haushalte vor, wie jede andere Frau.

Sie können leicht denken, daß der Mann und seine Frau, sowie deren große Kinder, sich freuen, allein Sie sollten den Doctor sehen, was der für ein grimmiges Gesicht zieht, wenn er gefragt wird, wie es der Frau geht. Für heute Adieu. Ergebenst Ihr

Feodore L. Heine.

San Francisco, 12. Juni 1877.

Werther Herr Linden!—Es war schon lange meine Absicht, Ihnen mitzutheilen, wie sehr meine Bemühungen, Kranken durch Anwendung

Ihrer Heilmethode Linderung und Besserung zu verschaffen, mit Erfolg gekrönt wurden. In meiner eigenen Familie habe ich Ihren Lebens=wecker in mehreren Krankheiten, als Rheumatismus, Hals=krankheiten und Stickhusten, mit dem besten Resultat ange=wandt, und diese Kuren haben denn auch mehrere Nachbaren veranlaßt, bei mir Hülfe zu suchen. Ich habe auch ganz gern eine hülfreiche Hand geliehen und in allen Fällen den Lebenswecker nach der im Lehrbuche angegebenen Vorschrift applizirt; dabei aber immer gesagt, daß ich nicht mit Gewißheit sagen könne, ob der Lebenswecker auch in dem gegenwär=tigen Falle Wirkung hätte. Aber ich muß sagen, daß mir noch kein ein=ziger Fall vorgekommen ist, dem der Lebenswecker nicht gewachsen gewe=sen wäre. So z. B. hatte ein 72jähriger Greis die **Lungenent=zündung** (nach Aussage seines Doctors), der nicht geheilt werden könne. Auf seinen Wunsch behandelte ich ihn mit dem Lebenswecker, und in zwei Wochen war der alte Mann im Stande, seine Tochter zu Fuß zu besuchen, die 4½ Meilen von hier entfernt wohnt. Eine unge=fähr 55 Jahre alte Frau hatte schon drei Jahre lang **blöde Augen**, kein Doctor oder Apotheker konnte ihr helfen. Der Lebenswecker hat ihre Augen durch drei Operationen hergestellt. Ich könnte noch eine lange Liste von Kuren schreiben, aber Sie wissen ja, ohne daß ich es Ih=nen sage, daß der Lebenswecker fast jede Krankheit besiegt.

Sie werden binnen Kurzem von hier mehrere Aufträge bekommen, denn ein Jeder, den ich behandelt und kurirt habe, will auch ein so wun=derbares Nadel=Instrument haben, um in vorkommenden Fällen der Krankheit damit zu Leibe zu gehen.

Schicken Sie mir per Expreß vier Flaschen Oleum. Einliegend den Betrag in Greenbacks.

Fahren Sie nur fort, der Menschheit mit Ihren ausgezeichneten Heilmitteln Hülfe zu bringen, und der Segen Gottes wird Ihnen nicht fehlen.

Mit Gruß und Handschlag, Ihr Ferdinand Hummel.

Union Hill, 31. März 1876.

Geehrter Freund Linden!—Vor mehreren Wochen habe ich eine auffallende Kur an einem Knaben von fünfzehn Jahren gemacht. Der=selbe war vor einem Jahre in den Fluß gefallen und hatte sich eine starke Erkältung zugezogen, die nicht weichen wollte. Ich habe ihn drei Mal operirt; er kam nach jedesmaliger Operation in Schweiß, und das letzte

Mal wurde der Körper mit kleinen Eiterbläschen sehr stark überzogen. Jetzt ist der Knabe so gesund wie jemals.

Auch habe ich einen alten Mann gegen Gicht behandelt, die nach zweimaliger Operation verschwand.

Für einliegende Money Order schicken Sie mir sechs Flaschen Oel per Expreß. Herzlich grüßend, Ihr Ergebenster

Jakob Smitt.

———

Seymour, 23. Febr. 1876.

Herrn Linden! — Einliegend schicke ich Ihnen eine Post Office Money Order für $6, wofür Sie mir gefälligst per American Express vier Flaschen Oel schicken wollen. Ich habe verschiedene schwere Krankheitsfälle bei alten und jungen Leuten behandelt, die die Doctoren nicht heilen konnten, wie z. B. Wechselfieber, Neuralgia, Rheumatismus, Herzkrankheit, Asthma 2c. Da hier gegen Ihre Heilmethode ein Vorurtheil herrscht, das von den Doctoren warm gehalten wird, so bekomme ich nur selten einen Kranken zu behandeln, der noch im Entferntesten eine Hoffnung hat, durch Medizinen kurirt zu werden. Wenn aber die Herren Doctoren nicht mehr helfen können, dann kommen sie zu mir. Da ich bis jetzt noch in jedem einzelnen Falle Erfolg gehabt habe, selbst bei Nervenfieber, so hoffe ich, das Vorurtheil wird bald schwinden.

Achtungsvoll   Thomas McCollum.

———

Dodge City, Kansas, 18. September 1876.

Herrn John Linden! — Vielen Dank für die gewünschte Auskunft. Für mich und meine Kinder sind Ihre Heilmittel ein Segen gewesen, sie haben uns wesentliche Dienste geleistet. Einliegend $1.50 für 1 Flasche Oleum.   J. Geo. Dieter.

———

Springfield, Green Co., Mo., 17. Juli 1876.

Mr. Linden! — Für einliegende $1.85, wollen Sie mir per Post sogleich 1 Flasche Oleum schicken; meine älteste Tochter leidet sehr am Asthma, und ich habe sie so weit mit dem besten Erfolg behandelt. Ich habe Ihr Oleum schon seit vielen Jahren gebraucht, und es hat noch in jedem Falle seine Schuldigkeit gethan.

Mrs. M. A. E. Neff.

———

Quincy, Ill., 19. Juli 1876.

Werther Herr Linden! — Inliegend finden Sie $1.50 für eine

Flasche Oleum. Bitte, senden Sie mir dieselbe so schnell wie möglich, weil ich darauf warte.

Der von Ihnen empfangene Lebenswecker hat uns schon viel Gutes gethan, indem er sich immer als glänzendes Heilmittel zeigte und heilt, was alle Doktoren nicht zu heilen vermögen. Derselbe sollte in jeder Familie vorhanden sein, indem viele Doktor-Rechnungen dadurch gespart werden, wir zuletzt gar keine Doktoren mehr brauchten und viel mehr Leute gesund bleiben würden. Was mich anbetrifft, so wollte ich meinen Lebenswecker nicht um $500 verkaufen, wenn ich keinen andern wieder bekommen könnte.

Richtigen Empfang wünschend, zeichnet Achtungsvoll

H. J. Kramer.

Milwaukee, 29. Februar 1876.

Herrn John Linden! - Der Lebenswecker kam seiner Zeit in unsern Besitz und haben wir denselben mit Erfolg bei unsern Kindern in diesem Monat angewandt. Dieselben, resp. 3 und 5 Jahre alt, hatten den sogenannten Croup und sind jetzt wieder vollständig durch Ihren Lebenswecker hergestellt. Freundschaftlichst W. L. Heinrich.

Highland, 16. November 1872.

Mein lieber Freund Linden!— Ihr Oleum hat sich vortrefflich bewährt. In jedem einzelnen Falle hat es eine wirklich überraschende Wirkung hervorgerufen. Ich behandelte zwei Advokaten, die schon lange gedoktert hatten, ohne Linderung zu spüren. Der eine litt an Asthma und der andere an einem Brustübel. Beide wurden schnell und radikal geheilt. Ich möchte Sie um sofortige Zusendung von 2 Lebensweckern, 2 englischen Lehrbüchern und 8 Flaschen von Ihrem Oleum bitten. Den Betrag entnehmen Sie C. O. D.

Mit besonderer Hochachtung Sie grüßend, verbleibe ich Ihr ergebener John Ersch.

St. Elmo, Jl., 22. August 1876.

Herrn John Linden!—Ihr Oleum hat in allen Fällen ganz ausgezeichnete Dienste geleistet. Ich habe einige Kranke geheilt, die schon lange gedoktert hatten; einer derselben wundert sich, daß Sie Ihre Heilmethode nicht mehr bekannt machen; freilich ist sie hier durch die vielen glücklichen Kuren, die ich in sehr schwierigen Fällen gemacht habe, schon sehr bekannt.

Senden Sie mir sogleich 3 Lebenswecker, 1 deutsches und 2 englische Lehrbücher nebst Oleum und 12 Flaschen Oleum extra. Den Betrag lege ich in einer Postoffice Money-Order bei.

Mit Hochachtung verbleibe ich Ihr
Joseph Camborn.

———

Greenboro, 1. April 1876.

Geschätzter Herr Linden!—Ich bitte Sie, mir sofort 1 Flasche Oleum per Expreß zu schicken. Ihre Heilmethode hat sich ausgezeichnet bewährt. Mein Vater, der einige Male einen Schlaganfall hatte, wurde von den übeln Folgen durch Anwendung des Lebensweckers und Ihres Oeles geheilt. Mein Kind hatte den Croup, und eine Operation auf den Hals und Kehlkopf stellte es wieder her. Meine Frau hatte schon seit Jahren an Rheumatismus gelitten, ich habe sie 4 Mal operirt und jetzt ist sie ganz davon befreit. Gott segne Ihr Wirken; Sie thun der Menschheit viel Gutes. Mit Achtung Ihre
S. H. Ingham.

———

Boston, Mass., 19. April 1876.

Werther Herr Linden! – Mit den mir vor ungefähr 9 Monaten gesandtem Instrument und 3 Flaschen Oleum, habe ich in der That einige ganz überraschende Kuren gemacht. Mit der Heilmethode war ich schon in Teutschland bekannt und hatte dieselbe in meiner Familie angewandt. Als ich in 1870 nach Amerika auswanderte, nahm ich einen Lebenswecker und 6 Flaschen Oel mit, da diese aber nicht so lange aushielten, wie ich erwartet hatte, so ließ ich mir von einem Freunde, der von Deutschland kam, abermals 6 Flaschen mitbringen. Im vergangenen Jahre wurde aber mein Lebenswecker dienstunfähig und deshalb ließ ich mir von Ihnen einen, nebst 3 Flaschen Oleum, kommen. Ihr Lebenswecker mit vergoldeten Nadeln ist eine ganz werthvolle Verbesserung über den plumpen in Teutschland fabrizirten und Ihr Oleum ist mir um ein Bedeutendes lieber als das, was ich aus Teutschland bekam. Von letzterem habe ich noch 1½ Flasche, brauche es aber nicht mehr, seitdem ich das Ihrige angewandt habe. Es wirkt schneller, es läßt keine unangenehme Geschwüre oder Verhärtungen nach, wie das Deutsche, und heilt Krankheiten leichter und gründlicher als das Deutsche. Wesentliche Dienste leistet Ihr Oleum bei Halskrankheiten. Zwei meiner Kinder litten schon in Teutschland häufig an Bräune und anderen Halsübeln, die kein Doktor kuriren konnte, und gegen die ich das deutsche Oleum lange

Zeit vergebens angewandt hatte. Da ich in anderen Krankheiten so außerordentlichen Erfolg mit Ihrem Oleum hatte, versuchte ich auch bei diesem Halsübel, und zu meiner größten Freude und Erstaunen war dasselbe verschwunden und ist bis jetzt noch nicht wieder aufgetreten. Ich werde in Zukunft nur Ihr Oleum gebrauchen, da ich das Deutsche fast für werthlos halte. Schicken Sie mir per Expreß C. O. D., einen Lebenswecker, Lehrbuch und 3 Flaschen Oel, ein hiesiger aus Deutschland gebildeter Arzt, will es in seiner Praxis anwenden.

Mit aller Achtung zeichnet

Hans v. Hardenberg.

Atlanta, 28. August 1876.

Werther Herr Linden!—Einliegend $7.00, wofür Sie mir gleich 6 Flaschen Oel per Expreß schicken wollen. Vor 2 Jahren bekam ich von Ihnen 6 Flaschen Oel, die ausgezeichnet waren — ich hatte niemals Grund mit dem Erfolge unzufrieden zu sein, im Gegentheil waren die Erfolge ganz gut. Wie es aber zu gehen pflegt, — „Wenn's dem Esel zu wohl wird, so geht er aufs Eis" — und so ließ ich mich dann auch von einem Bekannten bereden, daß das importirte noch einmal so gut sei als das Ihrige.

Ich ließ mich also bereden von dem „importirten" Oel durch meinen Freund 5 Flaschen zu bestellen, die mich $12 kosteten. Gleich nach den ersten Versuchen überzeugte ich mich, daß Ihr Oel bedeutend besser sei, namentlich ist das Ihrige unübertrefflich gegen das Schüttelfieber, es ist mir noch kein Fall vorgekommen, wo das Fieber nicht hat weichen müssen, während ich mit dem „importirten" von sieben Kranken keinen einzigen heilen konnte.

Mit freundschaftlichem Gruß verbleibe ich Ihr

George M. Eckstein.

Macon Station, 23. Mai 1874.

Herrn John Linden!—Schicken Sie mir per Expreß 2 Flaschen Oleum. Ich habe durch Ihre Heilmethode meinen Sohn kurirt, der schon lange Zeit ein Rückenmarks-Leiden hatte, das der Kunst der Aerzte Trotz geboten hatte. Durch 5malige Anwendung Ihres Lebensweckers und Ihres Oeles habe ich ihn ganz hergestellt. Den Aerzten habe ich über 200 Dollars bezahlt und die Medizinen habe ich auch nicht umsonst bekommen. Ich wollte aber mit Allem zufrieden sein, wenn sie ihn nur kurirt hätten. Jetzt sagen diese gelehrte Herren, der Junge wäre auch ohne Ihren Lebenswecker gesund geworden — warum haben sie ihn denn nicht gesund gemacht? Außerdem habe ich auch noch 2 andere Patienten, die der eine von meinen Doktoren über ein halbes Jahr ohne Erfolg behandelt hatte, durch den Lebenswecker hergestellt. Nun sieht mich der Herr Doktor aber nur von der Seite an, allein das macht mir nichts aus. Er kann mich nicht krank hexen, und wenn ich von seiner Medizin keine einnehme, kann er mich auch nicht krank machen.

Bleiben Sie gesund und munter

Mathias Kirschenstein.

Springfield, Mo., 5. Juni 1876.

Herrn John Linden!—Einliegend sende ich Ihnen $1.75 für ein Glas Oel, das Sie mir per Post zuschicken wollen.

Meine Schwester hatte das Wechselfieber im hohen Grade, sie konnte es nicht los werden, bis ich ihr den Lebenswecker empfahl, der das Fieber auch brach, und bis jetzt hat sie es noch nicht wieder bekommen. H. Ball, jr.

Farlinville, Kansas, 24. Jan. 1875.

Herrn Linden!—Ich sende Ihnen heute $1.60 für eine Flasche Oel. Wir gebrauchen Ihren Lebenswecker als unsern Doctor mit dem besten Erfolg. Meinen Mann hat er vom Flecktyphus befreit und mich von Magenkrämpfen. Er hat sich als ein treuer Freund in jedem einzelnen Falle bewährt. Achtungsvoll

Elmina S. Milton.

Alta City, Utah, 12. Aug. 1875.

Herrn John Linden!—Schicken Sie mir gefälligst per Post ein Glas Ihres Oleums, wofür ich $1.85 beilege. Ihr Lebenswecker und Oel sind für mich von großem Nutzen gewesen, denn ich bin sicher, daß sie mein Leben gerettet haben. Der Ihrige

A. Pohlston.

Bristol, Me., 10. Sept. 1876.

Herr Linden!—Geehrter Herr!—Ich bekam von Ihnen vor ungefähr einem Jahre einen Lebenswecker und Oel, den ich in meiner Familie zu unserem großen Nutzen anwandte. Einer meiner Nachbaren, dessen Frau aus irgend einem unerklärlichen Grunde seit mehreren Jahren geistesschwach oder vielmehr zeitweise geisteskrank,

dabei litt sie aber auch körperlich, was wohl der Grund ihrer Geisteskrankheit war, hatte schon einige Jahre lang gedoktert, aber ohne
Erfolg, und drei Doctoren hatten erklärt, daß ihr nicht geholfen werden
könne. Ihr Mann, der einige der wunderbaren Kuren kannte, die ich
mit Ihrem Lebenswecker gemacht hatte, bat mich sehr dringend, ich möchte
seine Frau auch mal behandeln. Anfangs weigerte ich mich, da ich
durchaus kein Vertrauen dazu hatte, daß der Lebenswecker in einer so
schwierigen Krankheit Nutzen bringen könne. Endlich gab ich zögernd
nach und behandelte sie nach der im Buche angegebene Regel. Schon
nach der zweiten Operation war die Frau bedeutend besser, und nach
zehn Applikationen war sie ganz geheilt. Dies ist nun schon fünfzehn
Monate her, und sie hat keinen Rückfall bekommen. Körperlich ist sie
stark und kräftig, und ihr Geist ist so klar wie er nur sein kann. Ihre
Heilmethode ist hier noch neu, aber es wird nicht lange dauern, so wird
sie sich hier einbürgern. Ich habe jetzt fünfzehn Patienten zu behandeln. Ich thue mein Bestes, sie hier bekannt zu machen, wozu die günstige Kuren das Ihrige beitragen.

Freundschaftlichst grüßt Ihr Harvey Gane.

Allsboro, Ala., 27. Juni 1877.

John Linden Esq.!—Ich bekam von Ihnen Lebenswecker, Lehrbuch und Oel in 1872 und habe den Lebenswecker mit den besten Erfolgen angewandt. Er hat in jeder Weise gethan, was Sie für ihn beanspruchen, noch immer hat er die Patienten gesund gemacht. Schicken
Sie mir per Expreß C. O. D. drei Glas Oel.

John McAllister.

Norma, Mo., 24. Mai 1875.

Lieber Herr Linden!—Schicken Sie mir für einliegende $3.00 zwei
Flaschen Ihres Oleums. Wir sind mit den Erfolgen Ihrer wunderbaren Heilmethode sehr zufrieden. Wir alle wünschen, daß zum Wohle
der Menschheit Ihr Lebenswecker in jeder Familie einheimisch wäre, wir
würden dann nicht eine solche große Anzahl kranker und kränklicher
Menschen haben. Ich halte es für meine Pflicht, Ihren Lebenswecker
und Oleum stets im Hause zu haben, so daß im Fall einer eintretenden
Krankheit sofort Hülfe geleistet werden kann. T. J. Kennedy.

Madison, 10. Februar 1875.

Herr Linden!—Schicken Sie mir 1 Glas Oleum, ich lege $1.60
bei. Ich habe Ihren Lebenswecker schon für eine große Anzahl verschie-

dener Krankheiten gebraucht, aber er hat sich noch immer als der beste
Doktor bewährt. John Stevenson.

Chicago, Ill., 10. Juni 1875.

Lieber Freund Linden!—Schicken Sie mir per Expreß C. O. D.
2 Glas von Ihrem Oleum sobald als es Ihnen möglich ist. Der Lebenswecker bewirkt wunderbare Heilungen der Kranken, ich habe noch in
jedem einzelnen Falle selbst bei solchen Kranken, die schon lange medizinirt haben und wo kein Mittel anschlagen wollte. Ich will Ihnen jedoch keine Einzelheiten über die verschiedenen Kuren schreiben, werde
aber später einmal ausführbar berichten, was für Erfolg ich mit dem
Lebenswecker gehabt habe. Achtungsvoll Ihr Freund

Rev. Peter De Vries.

Elmhurst, Du Page County, Ill., 5. Februar 1877.

Werther Herr Linden!—Ich habe vor zwei Jahren einen Lebenswecker von Ihnen bekommen und bin recht gut zufrieden damit, da er
mir schon viele gute Dienste geleistet, und manche Doktor-Rechnung gespart hat. Ich habe zwei Flaschen Oel verbraucht. Einliegend sende
ich ihnen drei Dollars mit der Bitte, mir so bald als möglich zwei Flaschen Oel per Expreß zu schicken.

Achtungsvoll Friedrich Blume.

Sun Prairie, 5. Januar 1877.

Geehrter Herr Linden!—Anbei $1.50 für eine Flasche von Ihrem
werthvollen Oel, weil ich es nicht entbehren kann, da es für meine Familie die beste Heilmethode ist. C. H. Jones.

Corning, Holt Co., Mo., 7. Mai 1877.

Geehrter Herr Linden!—Gottes Segen zum Gruß! Haben Sie
die Güte und senden Sie mir ein Instrument, Oel und ein englisches
Buch per Expreß. Geehrter Doktor, ich muß Ihnen noch wissen lassen,
daß ich vor fünf Wochen einen Mann, der zwölf Jahre an Rheumatismus gelitten hatte, und kein Doktor ihm helfen konnte, behandelte;
der Lebenswecker hat ihn kurirt. Bei der ersten Applikation hatte der
Mann keine Schmerzen mehr und hatte die Nacht gut geschlafen. Der
Mann ist 66 Jahre alt. Achtungsvoll John H. Hogrefe.

Corning, Holt County, Mo., 8. Mai 1877.

Geehrter Herr Linden!—Die Gnade Gottes zum Gruß! Heute kam John Miller zu mir und bat mich, ihm den Lebenswecker zu besorgen. Er leidet am Rheumatismus. Haben Sie die Güte und senden Sie mir ein Instrument, Oel und ein englisches Buch, und ein Glas Oel Extra. Wenn Sie das erste noch nicht abgeschickt haben, so werden Sie es zusammen schicken; es spart Kosten.

Herzlich grüßt Ihr Ergebenster   John H. Hogrefe.

Leavenworth City, 18. Februar 1871.

Herrn Linden!—Wollen Sie die Güte haben und mir zwei Glas Oel zusenden. Sende per Post. Adresse: John Beck, Leavenworth City, Kan., Box No. 1238. Das Oel ist sehr gut und erfüllt seinen Zweck.   Achtungsvoll grüßend   John Beck.

Marshaltown, 1. April 1875.

Werther Herr!—Seien Sie so gut und schicken Sie mir eine Flasche Oel für eingelegtes Geld ($1.50) per Expreß.

Obgleich wir erst für ungefähr sieben Wochen den Lebenswecker nebst Oel von Ihnen erhielten, so ist es doch schon jetzt, als wenn wir nicht mehr ohne ihn fortkommen können, denn er leistet uns gute Dienste.

Achtungsvoll   G. Pageler.

Mendota, 8. April 1877.

Geehrter Freund Linden!—Seien Sie so gut und schicken Sie mir für das einliegende Geld ein Fläschchen Oel, da ich jetzt nichts mehr habe, und nicht weiß, was in meiner Familie vorfallen kann, denn ich möchte nicht gern ohne das Oel und den Lebenswecker im Hause sein. Ich will Ihnen einen Fall schreiben. Vorigen Winter wurde unsere 17jährige Tochter krank; sie wurde ganz steif und hatte dabei Schmerzen, oft in der einen und bald in der anderen Seite. Wir gingen zum Arzt, aber anstatt, daß Besserung eintrat, wurde es immer schlimmer mit Ihr, wir hatten den Tod mit ihr vor Augen, und Keiner dachte, daß sie darüber käme. In unserer Angst griff ich zum Lebenswecker, ich sagte, wenn es denn nicht hilft, schaden kann es auch nicht. Ich applizirte ihr recht derbe auf den Nacken und auf die Brust; als es eingetrocknet war, brachten wir sie wieder zu Bett und sie bekam gleich Ruh, da faßte ich wieder Muth; so habe ich ihr den zweiten Tag wieder zwischen die andere Plätze applizirt und von der Zeit an alle zehn Tage, und sie ging

mit raschen Schritten ihrer Genesung entgegen und ist jetzt munter, als=
blos sie klagt immer, sie sei so müde.

Es war hier ein Freund, der sagte, wir sollten nicht von Linden
sein Oel nehmen, er nannte Jemanden (auch einer aus Cleveland; der
Name ist mir wieder entfallen), da könnten wir eine Flasche für einen
Dollar bekommen, und thät besser ziehen wie das von Linden.

Ich lasse mich aber nicht irre machen; ich habe immer Ihr Oel ge=
habt, und es hat mir gute Dienste gethan, und nehme es auch noch fer=
nerhin, so lange sie welches haben. Jetzt muß ich schließen.

Seien Sie vielmal gegrüßt. Adolph Mengedoth.

Mount Pleasant, 17. Nov. 1876.

Werther Herr Linden!—Seit ungefähr drei Jahren bin ich im Be=
sitz Ihres unschätzbaren Heilverfahrens, nemlich dem Lebenswecker. Ich
bin ein Mann von 58 Jahren und habe seit dem Jahre 48 das linke
Bein oberhalb des Kniegelenkes verloren. Mein Handwerk ist Schnei=
der; ich schicke dieses blos voraus, damit Sie sehen, daß Sie es nicht
mit einem Gelehrten zu thun haben. Vor drei Jahren bekam ich den
Rheumatismus und so fürchterlich, daß ich nicht im Stande war, mich
nur im Geringsten zu bewegen oder im Bette zu wenden. Da erfuhr
ich, daß Herr Jackson dasselbe Leiden gehabt hatte und durch den Le=
benswecker geheilt worden war. Ich schickte deshalb zu ihm, und ließ
ihn ersuchen, zu mir zu kommen, damit ich mit ihm sprechen könnte, was
für ein Instrument es sei, da ich niemals etwas davon gehört hatte.
Nachdem er mir alles erzählt hatte, bat ich ihn, mir doch auch ein solches
zu verschaffen, weil ich glaubte, daß er mit Ihnen besser bekannt sei.
Er versprach es zu thun; jedoch sagte er: es nehme eine Woche Zeit,
bis ich das Instrument bekommen könnte, und so wollte er mir das sei=
nige setzen. Damit war ich zufrieden und um ein Uhr Nachmittags
kam er. Als ich zur Operation fertig gemacht war, so sagte er: ich
wäre gut bei Leibe und könnte eine gute Menge vertragen, und so ap=
plizirte er mir über 300 Schläge. Als er fertig war, so sagte er, ich
sollte aufstehen, ich glaubte, er wollte mich necken, jedoch er behauptete es,
und stand ich vom Stuhle auf und meine Schmerzen waren fort. Ich
konnte es gar nicht begreifen, denn der Wechsel war zu rasch. Ich war=
tete nun mit Sehnsucht auf die Ankunft meines eigenen Instruments.
Und als es ankam, so sah ich das Bücher dabei waren. Und da ich in
meinem ganzen Leben ein großer Freund von wissenschaftlichen Büchern
gewesen, so können Sie denken, mit welcher Begierde ich das große Buch,

ergriff. Ich habe es nicht nur ein, sondern viele Male gelesen, und je=
mehr ich las, kam ich zu der Ueberzeugung, daß es nicht anders sein konnte.
Ich ließ mir deshalb es noch einmal setzen und habe ich seit dieser Zeit
nichts mehr von Rheumatismus verspürt. Mein Schwiegersohn lag zu
derselben Zeit in Cincinnati an der Kopfgicht hart darnieder. Er hatte
zwei erfahrene Aerzte zu seiner Behandlung und als diese ihn soweit
hatten, daß er das Bett verlassen konnte, so sagten sie, er sollte auf das
Land gehen, und wenn das Uebel wiederkehren sollte, so sollte seine Frau
ihn auszieben, in einen Waschzuber setzen und so lange kaltes Wasser
über ihn schütten, bis es nachlassen thäte. Ich miethete deshalb ein
Haus und nahm sie heraus. Samstag (gerade eine Woche darauf),
Abends acht Uhr, kam meine Frau ganz athemlos nach Hause und sagte,
daß Siegmund seine Krankheit wieder bekommen habe. Ich las gerade
im Buche, und so schlug ich diese Behandlung auf, um meine Instruktion
daraus zu entnehmen. Als ich dahin kam, bot sich mir ein schlimmer An=
blick dar. Er lag auf dem Bett mit sammt den Kleidern, sein Kopf war
sehr angeschwollen, sein Gesicht war ganz braun und er war besinnungslos.
Ich nahm einen Mann zu Hülfe, entkleidete ihn und setzte das Instru=
ment nach Vorschrift ungefähr vierzig Mal auf; in einer halben Stunde
kam er zu sich und am andern Morgen spürte er weiter nichts mehr, als
das Brennen der operirten Stellen. Kurze Zeit darauf bekam sein äl=
testes Kind, ein Mädchen von sechs Jahren, das Scharlachfieber im höch=
sten Grade; es starben damals sehr viele Kinder. Ich wandte den Le=
benswecker mit der von Ihnen gebotenen Vorsicht an, und am andern
Morgen, als ich nach ihr sehen wollte, war sie so weit, daß sie mich er=
schrecken und Spaß mit mir machen wollte, und ehe die zehn Tage um
waren, war sie ganz gesund. Voriges Jahr bekam dasselbe Kind das
Nervenfieber; auch dieses wurde mittels des Lebensweckers geheilt, und
ist sie jetzt munter und gesund. Meine Frau hatte das Gallenfieber,
und obgleich ich keine bestimmte Anleitung hatte, so habe ich es doch un=
ternommen, weil ich nicht anders konnte, und habe ich alle die einzelnen
Worte, welche Sie in ihren Erfahrungen und Abhandlungen fallen ge=
lassen haben, gesammelt und mit in Verwendung gebracht, so daß die
Krankheit gründlich gehoben wurde und sie ganz gesund ist; sie ist kräf=
tiger denn je. Ich habe nemlich ein ganzes Vermögen mit ihr verdoktert;
sie hat alle Fieber durchgemacht, das kalte, das schleichende, Nervenfieber
und wie sie alle heißen mögen; auch hatte sie große Drüsengeschwüre,
kurz, sie war acht Jahre krank, und jetzt kann sie ihre Arbeit ganz al=
lein besorgen.

Wenn ich alle die Heilungen anführen wollte, die ich seit zwei Jahren gemacht habe, so könnte ich viele Bogen schreiben. Jedoch zwei Fälle muß ich Ihnen anführen. Eine Frau von 52 Jahren war so augenkrank, daß ihr Mann alle Augen-Aerzte von Cincinnati, die ihn empfohlen wurden, zu Rathe zog, trotzdem wurde sie immer blinder; zuletzt war sie ihres Augenlichtes gänzlich beraubt und hatte in sechs Wochen keinen Tag gesehen. Da kam dieser Mann zu mir und bettelte und bat, ich sollte doch seiner Frau helfen. Ich suchte alle erdenklichen Entschuldigungen hervor, weil ich es nicht annehmen wollte; aber er ließ mir keine Ruhe. Den dritten Tag nach der Operation bekam sie Licht; ich sagte ihr, daß sie die Augen sorgfältig schützen und nicht gleich in das Licht sehen sollte. Nach viermaliger Anwendung ist sie geheilt, thut ihre Hausarbeit, kann nähen und lesen. Der zweite Fall war der meiner Nachbarin. Sie hatte seit achtzehn Jahren einen Salzfluß rings um die Sitzgegend. Ihr Mann hatte sie in die Stadt genommen und alle hervorragenden Aerzte gebraucht, aber vergeblich; dabei hatte sie die Harnruhr, wie die Aerzte gesagt hatten. Jetzt ist sie mit dem Lebenswecker kurirt, bis auf einige kleine Flecken.

Es zeichnet mit aller Hochachtung und Verehrung

Christian Pechstedt.

Fond du Lac, Wisc., 16. Aug. 1875.

Hochgeschätzter Herr Linden! — Vorerst muß ich um Entschuldigung bitten, daß ich so lange geschwiegen habe. Am 27. Juni bin ich wieder zu Hause angekommen, und da Vater und Mutter schwach und kränklich sind, so bekam ich wieder meinen Antheil Trubel; doch der Lebenswecker hat sie bald hergestellt.

Beiliegend erlaube ich mir noch, ein kleines Gedicht zum Lobe Ihrer Heilmethode beizufügen.

> Ein Hoch dem biederen deutschen Mann,
> Der so die Schmerzen lindern kann;
> Ob andre schimpfen und ihn schmäh'n,
> So soll mein Lob an ihn ergeh'n.
>
> John Linden, der euch doch bekannt,
> Durch seine Kuren in dem Land,
> Er ist der kranken Menschheit Freund,
> Mit der er's treu und redlich meint.
>
> So Viele hat er schon geheilt,
> Und vielen guten Rath ertheilt;

Stets rasch und gut ist seine Kur,
Das sag' ich euch, probiret nur.

Von allem Schmerz uns zu befrein,
Und uns zu halten schön und rein,
Des Lebensweckers Nabelschaar,
D'rum bietet er sie golden dar.

Es liegt in seinem weisen Plan,
Verbessert euch zu bieten an,
Das Instrument und auch das Oel,
Drum jeder seine Waare wähl'.

Er liebt nur Recht, thut seine Pflicht,
Wie seine Waare für ihn spricht;
Ich hab's probirt, und sage euch,
Es kommt ihr keine andre gleich.

Auch ich aus inn'rem Herzensdrang,
Sag' dir, Herr Linden, meinen Dank;
Dein Instrument und gutes Oel,
Auch ich für immer mir erwähl'.

Von dessen Güte überzeugt,
Wie es mein Liebchen heute zeigt,
Kann ich nicht umhin, dir zum Ruhm,
Empfehlen dich dem Publikum.

Schließend empfiehlt sich Ihnen Hochachtungsvoll,
   Ihre Ergebene   Anna Lethert.

Metropolis, Massac Co., Ill., 8. Mai 1877.

Hierdurch wollte ich Sie freundlichst ersucht haben, mir für den einliegenden Postschein, lautend auf $1.75, gefälligst ein Fläschchen Oel sobald als thunlich zugehen zu lassen.

Eines Arztes bedurfte ich nicht mehr, seitdem ich den Lebenswecker im Hause habe. Ein heftiges heißes Fieber, das mich im letzten Herbste ergriffen hatte, wurde durch zwei, kurz aufeinander folgende Operationen schnell und sicher geheilt, und seit jener Zeit habe ich mich stets der besten Gesundheit erfreut. Trotzdem wünsche ich aber doch (gemäß der Weisung im Buche) eine zweimalige Applizirung an meinem Körper jetzt vorzunehmen.   Achtungsvoll   A. Krueger, Pastor.

Farina, Fayette Co., Ill., 11. Jan. 1877.

Geehrter Herr Linden! — Da mir das Oel plötzlich ausgegangen ist, ich jedoch in der allernächsten Zukunft dessen benöthigt sein werde, so ersuche ich Sie höflichst, mir für die einliegende $1.75 gefälligst umgehend ein Fläschchen desselben zu schicken.

Den Lebenswecker würde ich um keinen Preis hergeben, denn er ist mir lieber als alle Aerzte zusammen genommen, sowohl wegen seiner Billigkeit, als auch besonders wegen seiner sicheren Kuren, die er bewirkt. Mit freundlichem Gruß Ihr

A. Krueger, Pastor.

———

Syracuse, N. Y., 10. Feb. 1871.

Herrn I. Linden, Cleveland!—Werther Herr Linden!—Einliegend finden Sie $2.50, für welchen Betrag Sie mir wiederum zwei Fläschchen Oel, wo möglich mit der Post, sofort schicken möchten.

Versuchte den Lebenswecker in verschiedenen Krankheiten, sogar in schwierigen Fällen, wurde aber in der That durch den Erfolg überrascht. Ein Glied meiner Gemeinde bekam einen Nervenschlag, durch Anwendung des Lebensweckers und des von Ihnen mir beigegebenen Oels ist der Mann in kurzer Zeit wieder hergestellt worden.

Sollte Ihnen irgend einmal eine Aussage zu Ehren Ihres Oeles von Nutzen sein, werde ich zu Diensten stehen.

Mit herzlichem Gruße schließend und in Kürze dem Empfange des Oels entgegensehend, zeichnet in Liebe und Achtung Ihr

Aler. Oberländer,

No. 215 Lodi Str., Syracuse, N. Y.

N. B. Th. Kemter, M. D., in Rome, eine meiner früheren Gemeinden, empfing von mir den zweiten Lebenswecker nebst Oel und findet ihn auch sehr gut. A. O.

———

Halletsville, Laracca County, Texas, 3. April 1875.

Werther Herr Linden!—Ich hatte unlängst an Sie geschrieben, um Oel, welches ich richtig erhielt, hatte Ihnen auch bemerkt von den zwei Kuren—der Wassersucht und den Schlangenbiß—und bewillige Ihren Wunsch gerne, es in Ihr nächstes Zeugnißbuch aufzunehmen. Seit dieser Zeit sind mir wieder andere Erfahrungen vorgekommen.

Kürzlich wünschte eine junge schwangere Frau von mir, welche meinte, sie habe einen fressenden Wurm im Rücken, und er gehe hin und her und verursachte ihr viel Schmerzen, sie mit dem Lebenswecker zu operiren; es fand sich auf dem Rücken eine kleine rothe Erhöhung vor, welche bald schmerzhaft, bald kitzelnd war, und aus der, beim Oeffnen, Wasser, mit Blut gemischt, kam. Einige Stunden nach der Operation mit Lebenswecker und Oel kam wirklich auf leisen Druck ein todter Wurm hervor, er war weich und ungefähr einen viertel Zoll lang; durchs Vergrößerungsglas sah ich seine Gestalt ganz deutlich; er hatte eine Art rauhe Ringe um seinen Körper, die sich nach der Bauchseite in Füße verlängerten, und am Kopfe zwei schwarze Augen. Der Schmerz war verschwunden. Eine andere Frau, welche zu wenig Nahrung in einer Brust für ihr Kind hatte, ist mit der Anwendung Ihrer Methode zufrieden gestellt.

Schicken Sie mir ein Lehrbuch, Lebenswecker mit vergoldeten Nadeln und Oel, und noch drei Fläschchen Oel extra; können jedoch alle vier Fläschchen in e i n e m Paket machen.

Mit Achtung Ihr Freund   J o h a n n T r a u g o t t P o h l.

Metropolis, Ill., 16. Sept. 1873.

Geehrter Herr Linden! — Bei meiner ausgedehnten Praxis, die ich bereits erreicht, wird das mir zuletzt gesandte Oleum Baunscheidtii nächstens zur Neige gehen; weshalb ich Sie hiermit höflichst ersuche, für die einliegende Order auf $2.70 mir zwei Fläschchen desselben baldmöglichst zugehen zu lassen.

Unser Städtchen Metropolis ist bis dato zwar mit Cholera und andere Epidemien verschont geblieben, dafür herrschen aber Wechselfieber, Ruhr ꝛc. mit um so größerer Macht. Man sagt, daß in keiner der früheren Herbste das kalte Fieber hier mit solcher Heftigkeit aufgetreten sei. Höchst erfreulich aber ist die Erfahrung, daß dasselbe, wenn es den Körper noch nicht zu schwach gemacht, f a s t i n j e d e m F a l l e nach einmaliger Operation mittels des Lebensweckers gewichen ist. Schon auf dem Lande weiß man jetzt, daß ich mit meinem Instrument des Fiebers Herr bin, und man hat deßhalb schon damit begonnen, mir von den Patienten dieser Art zuzuschicken.

Im Laufe weniger Tage habe ich kürzlich meinen Hauswirth, dessen Frau nebst Tochter vom kalten Fieber befreit, wodurch ich wenigstens ein Hauptziel bei ihnen erreicht habe, daß diese nemlich von den vorzüglichen Eigenschaften des Lebensweckers vollständig überzeugt scheinen. Im Uebrigen aber sind bereits der Fälle, in welchen ich Gesundheit erzielte, zu viel, um hier in der Kürze einzeln aufgeführt zu werden. Was ich Ihnen aber früher schrieb, das bleibt — F r e u d e , h e r z l i c h e F r e u d e b e i j e d e r G e n e s u n g e i n e s K r a n k e n.

Dies und die möglichst große Verbreitung eines so herrlichen Heilverfahrens ist auch nur der Zweck, den ich bei meinen Kuren zu erreichen

strebe; als Doktor=Kosten lasse ich mir im besten Falle nur das Oel be=
zahlen. Ich verbleibe mit dem herzlichsten Gruße
Ihr ergebener   A. K r ü g e r, Pastor.

Evansville, 6. April 1877.

Geehrter Herr J. Linden!—Sein Sie so gut und schicken Sie mir
zwei Fläschchen gutes Oel. Ich habe einen Patienten, der schon fünf
Jahre alle Doktor gebrauchte und ist schlimmer geworden. Den Kran=
ken habe ich seit Weihnachten in der Kur und der Lebenswecker greift
immer gut an. In Zeit von zwei Minuten sind die Stiche wie Strick=
nadelsköpfe; wenn ich das Oel darauf bringe, dann sind die Nadelstiche
wieder alle weg und ist kein Jucken und kein Beißen da. Das erste
Mal, als ich den Lebenswecker ansetzte, hatte ich noch von Ihrem Oel,
das hat gut gearbeitet. Hernach kaufte ich drei Fläschchen Oel von ei=
nem Mann aus Philadelphia, welcher mich versicherte, es wäre von Ihrem
Oel; ich glaube aber, daß von Ihrem Oel nicht ein Tropfen darunter
war. Ich werde mich ferner hüten vor Lügner und Betrüger. Sein
Sie so gut, schicken Sie mir gutes Oel. Wenn ich den Mann kurire,
macht es dem Lebenswecker einen guten Ruf. Behandeln Sie mich, wie
früher, dann bin ich zufrieden.
Ihr getreuer Freund   K a r l K o p p.

Town Boffald, Wis., 1. Juli 1877.

Geehrter Herr Linden!—Den Lebenswecker, den ich von Ihnen er=
hielt, habe ich mit gutem Erfolg angewandt. Späterhin will ich Ihnen
die Einzelheiten beschreiben, was die Krankheit war. Jetzt bitte ich, mir
noch eine Flasche Oel zu schicken. Ich habe mit geschickten Aerzten ge=
sprochen, die den Lebenswecker als eine gute Heilmethode betrachten und
mir den besten Erfolg wünschten. Ich will Ihnen von Zeit zu Zeit
von dem Erfolg benachrichtigen.
Achtungsvoll Ihr ergebener   W i l h e l m S c h l a b i s k e.

Columbus, 8. Oktober 1876.

Werther Herr Linden!—Ich möchte Sie bitten, mir ein halbes Du=
tzend Flaschen Oel zu schicken, denn ohne dem Lebenswecker und Oel kann
ich nicht sein. Ich habe schon viel Geld verdoktert, aber alle Doktor kön=
nen mich nicht kuriren, und auch habe ich schon viele Patentmedizinen
gebraucht, aber das Alles hilft nichts. Der Lebenswecker hilft mir immer
wieder auf die Beine; wenn ich den nicht gebraucht hätte, so wäre ich

von den Würmern schon längst verzehrt. In der Hoffnung, daß Sie das Oel bald schicken werden, verbleibe ich Ihr ergebenster
Henry Diedrichs.

Potter, Wood Co., Ohio, 6. Oktober 1874.

Herr John Linden!—Hiermit übersende ich Euch die Summe von $1.85 für ein Fläschchen von Ihrem Oel, welches Sie mir so bald als möglich zusenden wollen. Ich hatte letzten Monat Gelegenheit, den Lebenswecker zu gebrauchen in meiner Familie, für das Halsweh, oder in Englisch Diphtheria genannt; brauchte denselben in drei Fällen, gerade im Anfang, und entfernte das Uebel sogleich; beim ersten Fall ließen wir es zu lange anstehen, dieweil wir dasselbe nicht gerade kannten und dann den Lebenswecker nicht stark genug brauchten, und ging die Heilung somit gar langsam; verloren dann die Geduld, dieweil die Frau, nebst dem drei Jahre alten Halswehkranken, noch vier Monate alte Zwillinge zu pflegen hatte, welche noch nicht ganz über die Cholera Infantum waren, riefen den Arzt, welcher zwei Mal kam, und es schien, die Gefahr wäre jetzt vorbei. Des Kindes Hals schwoll aber wieder und dann brauchten wir den Lebenswecker, um das Uebel schließlich zu vertreiben. Der Kleine ist wieder recht lustig; die Frau, ihre Schwester, 14 Jahre alt, und die Zwillinge, welche vier auch den Anfall hatten, kamen ganz leicht davon, und verdanke ich die leichte Heilung dieses Uebels, welches oft gefährlich wird, zunächst unserem himmlischen Vater und dann dem Lebenswecker; finde den Lebenswecker immer als einen guten kleinen Hausarzt, wenn derselbe nach den Vorschriften gebraucht wird.

Mit Gruß verbleibe ich Euer
Gottlieb Ballmer.

Bell Creek, 19. April 1875.

Geehrter Herr Linden!—Seit ich den Lebenswecker erhielt, habe ich Ihnen noch nicht geschrieben über die Kuren, die ich mit dem Lebenswecker gemacht habe. Zahnweh, oder Ohrenschmerz, das sind nur Nebensachen. Ich habe zehn Jahre gelitten an Rheumatismus. In der kurzen Zeit bin ich schon kurirt. Frau Matheus hatte sieben Jahre lang an Augenkrankheit gelitten, die letzten zwei Jahre war sie beinahe blind. In zweimonatlicher Behandlung war sie so weit, daß sie schon Hausarbeit verrichten konnte. Schicken Sie mir zwei Flaschen Oleum per Post, einliegend $3.75. Das Geld ist noch rar. Viele hoffen auf eine gute Ernte, so daß sie sich auch einen Lebenswecker anschaffen können.

Ihr ergebener
Gerhard Hashoff, Schmied.

Aurelia, 29. März 1875.

Werther Herr Linden! — Sie werden in diesem Briefe $1.85 finden, welches ich einschließe. Bitte gefälligst, schicken Sie mir ein Fläschchen Oleum. In unserer Gegend hier sind viele Kinder, die an Lungen= fieber leiden, und der Lebenswecker zeigt sich als der beste Doktor. Mein kleiner Sohn, vier Jahre alt, hatte es sehr schlimm. Zwei Anwendun= gen des Lebensweckers haben ihn kurirt. Bitte, schicken Sie mir das Oel gleich nach Empfang dieses Briefes.

Freundlich grüßend unterzeichnet   Peter Meyer.

Preston, 4. April 1874.

Werther Herr John Linden!—Es ist sehr lange her, daß ich nicht ge= schrieben, da aber das Oel alle ist, so bin ich gezwungen wiederum zu schreiben; ich bin soweit gut hergestellt, der Rheumatismus ist weg. Einen Mann habe ich mit dem Lebenswecker kurirt, der hatte den Rheu= matismus so böse, daß er stetig das Bett hüten mußte und vor Schmer= zen schrie. Drei Applicationen haben ihn völlig geheilt. Sein Sie so gut und schicken Sie mir zwei Fläschchen Oel für das Geld, welches der Brief enthält. Später werde ich für mehr schicken.

Ihr Freund   Heinrich Zink.

Stillwasser, 8. Juni 1875.

Geehrter Herr Linden!—Abermals komme ich mit einer Bitte, Sie möchten so gütig sein und uns so bald wie irgend möglich drei Flaschen Ihres Oels zu schicken, da wir nemlich kaum noch eine halbe Flasche ha= ben von den dreien, welche Sie uns letzten Herbst geschickt haben; und wir haben uns vorgenommen, keinen Tag ohne dasselbe zu sein; denn seit wir Ihre Heilmethode anwenden, haben wir noch nie einen Doktor im Hause gehabt, und zuvor haben wir für unsere Kinder sehr viel den Arzt im Hause gehabt; nun kuriren wir alle Krankheiten mit dem Le= benswecker.

Nun möchte ich Ihnen, lieber Herr Linden, noch berichten, wie es mir ging. Ich litt nemlich von meinem fünften bis zu meinem fünf= zehnten Jahr an schlimmen Augen, vergeblich brauchten meine lieben Eltern die besten Augen=Aerzte in der Schweiz; sehr oft war ich beinahe blind. Endlich in meinem fünfzehnten Lebensjahr wurden meine Au= gen geheilt; die Natur half viel dazu bei. Nun, dieses Frühjahr bekam ich zu meiner größten Angst wieder schlimme Augen, denn alte Leiden kehren gern wieder, und so kehrte denn auch in meinem dreißigsten Le=

bensjahre dieses Augen-Uebel wieder. Gleich wandte mein lieber Mann den Lebenswecker auf dem Genick und hinter den Ohren bei mir an; und siehe, in zwei Tagen waren meine Augen, Gott sei Dank, radikal geheilt. Auch bei meinem lieben Mann und unsern drei Knaben hat sich der Lebenswecker noch immer mit dem besten Erfolg erwiesen.

Die herzlichsten Grüße von uns Allen im Namen meines lieben Mannes. Achtungsvoll
R. Rütimann.

———

Weston, 20. Dec. 1871.

Werther Herr Linden!—Meinen Gruß zuvor. Haben Sie die Güte und senden Sie mir drei Fläschchen Oel auf die alte Adresse.

Ich erhalte immer alles ganz richtig, und muß Ihnen sagen, daß der Lebenswecker sich als der beste Arzt beweist. Ich gebe Gott allein die Ehre, daß er den Menschen solche Erkenntniß dazu geschenkt hat.

Ihr Freund verbleibend C. Burkhardt.

Areauum, O., 16. März 1875.

Herrn John Linden!—Geehrter Herr!—Wollen Sie so gut sein und mir wieder einen Lebenswecker, ein Glas Oel und ein englisches Buch schicken sobald Sie können. Senden Sie per Expreß.

Es ist das beste Ding, daß man im Hause haben kann. Mein Onkel war so viel geplagt mit dem kranken Kopfweh und er hatte sein Gehör dadurch verloren, aber durch die Anwendung des Lebensweckers hat er sein Gehör wieder vollständig bekommen und ist auch gesund von seinem Kopfweh. Achtungsvoll Friedrich Miller.

Red Bud, Randolph Co., Ill., 27. März 1874.

John Linden, Esq., Cleveland, Ohio!—Geehrter Freund!—Während ich Ihre Rechtfertigung im Weltboten gelesen, erhalten Sie einliegend einen Beweis meines Vertrauens zu Ihrem Oleum oder Oel, und belieben Sie für einliegende $4.75 in Money Order, mir umgehend per Post drei Fläschchen Oel gefälligst zu übersenden. Seitdem ich das letzte Instrument von Ihnen bezogen, habe ich Ihnen noch einige Kunden zugewiesen, und werde ich solches auch ferner thun, so oft ich Gelegenheit dazu finde, zumal ich bisher noch stets zur Zufriedenheit bedient wurde. Freundschaftlichst zeichnet, Hochachtungsvoll

J. C. Noll, evang. luth. Pastor.

Minneapolis, 17. Nov. 1876.

Werther Herr Linden!—Haben Sie die Güte und schicken Sie mir einen Lebenswecker mit vergoldeten Nadeln, ein englisches Lehrbuch und ein Glas Oel.

Ich habe den Lebenswecker seit fünf Jahren in meiner Familie gebraucht mit gutem Erfolg, und da nun unser Familien-Arzt sich von der Wirkung desselben überzeugt hat, so hat er mich beauftragt, ihm einen schicken zu lassen. Seien Sie so gut und schicken denselben on Express Collection. Hochachtungsvoll Wilhelm Bummert.

Chicago, 3. Mai 1876.

Geehrter Herr Linden!—Eine freudige Nachricht kann ich Ihnen mittheilen. Unser sehr krankes Kind (Doktoren sagten, es hätte die Leberkrankheit) lag beinahe am Sterben, ist jedoch durch die Anwendung des Lebensweckers gänzlich geheilt.

Es grüßt Ihre Dankbare Mrs. Koenker.

Naperville, 11. Okt. 1877.

Herrn John Linden!—Das letzte von Ihnen ganz ausgezeichnete Oel haben wir verbraucht, und können wir Ihnen versichern, daß es uns sehr gute Dienste geleistet hat. Bitte um Zusendung von noch fünf Fläschchen, und wollen Sie so gut sein und schicken es so bald wie möglich. Es zeichnet mit Hochachtung Charles Haß.

Hoppethale, 1. November 1876.

Geehrter Herr Linden!—Ich ersuche Sie freundschaftlich, mir für hier einliegendes Geld Oel zu schicken, da ich ohne dasselbe nicht für eine kurze Zeit sein kann oder will, weil dieser edle, werthgeschätzte Lebenswecker bei mir und meiner Familie in verschiedenen Krankheiten schon große Erfolge von seiner Vortrefflichkeit gezeigt hat.

Ihr ergebenster Freund Cornelius Schröder.

Humboldt, Richardson Co., Nebraska, 9. Sept. 1876.

Hrn. John Linden, Cleveland, O.—Geehrter Herr!—Einliegend erhalten Sie eine P. O. Money Order für $1.50, wofür Sie mir gefälligst eine Flasche Oleum senden wollen. Der Lebenswecker hält uns alle so gesund, daß wir ihn wenig zu gebrauchen haben, aber bei alledem nicht für $500 per Jahr ohne ihn thun wollten. Bis jetzt hat er noch Alles geholfen, wofür wir ihn gebraucht haben. Schicken Sie per Expreß.

Ergebenst Louis Waldter.

Osgood, 17. Mai 1875.

Herrn John Linden!—Haben Sie die Güte und schicken mir umgehend durch Adams Expreß Co. drei Flaschen Oleum.

Wir haben den Lebenswecker von Ihnen gekauft im Februar 1869 und mit gutem Erfolg in fast allen Krankheiten angewandt. Meine Frau war sehr schwach für mehrere Jahre, so daß sie fast keine Speisen genießen konnte; nach einigen Anwendungen des Lebensweckers besserte sich ihr Appetit, und sie kann jetzt alle Speisen verdauen. Auch für Gicht haben wir ihn angewandt mit Erfolg. Sie konnte ihren Arm fast gar nicht gebrauchen, jedoch ist sie jetzt fähig, alle Arbeiten damit zu verrichten.   Ergebenst Ihr   C. Henry Fröhlke.

Tionesta, 8. Mai 1874.

Werther Herr Linden!—Der Mann, welcher den Lebenswecker eiligst gewünscht, war in großer Noth, da er ein Gewächs am rechten Knie an der Innenseite hatte, und eben mit dem Trost vom Arzt zurück kam, daß er eine Art Knochenkrankheit hätte und müßte das Bein mit einer feinen Säge abgeschnitten werden, denn keine Medizin in der Welt könnte es heilen. Nun bat mich der Mann, den Lebenswecker zu probiren, und, indem ich wußte, daß es keinen Schaden brächte, so sagte ich ihm, ich bin kein Arzt, aber ich will es thun, so gut ich kann, und in der nächsten Woche war der Mann bei mir, um den Lebenswecker zu haben, und zeigte mir in fast toller Freude sein Bein, und es war wieder ganz gesund. Da mich nun die Umstände zwingen, an Sie zu schreiben, so sende ich Ihnen $1.60 für ein Gläschen Oel. Schicken Sie es baldmöglichst.   Euer Freund   Sebastian Blum.

Grayson Springs, 7. Feb. 1875.

Geehrter Herr Linden!—Ich bin so glücklich, Ihnen melden zu können, daß die Kur mit Ihrer Heilmethode hier gute Früchte trägt. Ich habe in verschiedenen Fällen und an mehreren Personen den Lebenswecker nebst Oel vorschriftsmäßig angewandt und immer das beste Resultat erreicht. Ich für meinen Theil, nachdem ich fünf Jahre lang an einem rheumatischen Schmerz in den Schultern litt, befinde mich jetzt schon ziemlich wohl.

Senden Sie mir noch zwei Flaschen Oleum; einliegend finden sie den Betrag.   Achtungsvoll   John Lemmink.

Des Moines, 13. Nov. 1876.

Werther Herr Linden!—Ungefähr zwei Monate zurück habe ich ein Instrument nebst Zubehör von Ihnen erhalten. Da ich das Instrument kommen ließ, um meine Frau von einem alten Leberleiden zu heilen, und bis so weit von Erfolg gekrönt worden ist, so spreche ich hierfür meinen besten Dank aus, und wünsche, daß die Menschheit sich mehr herbeilassen würde, den Lebenswecker zu gebrauchen.

Einliegend finden Sie $8 und ersuche ich Sie freundlichst, mir noch ein Instrument, englisches Buch und Oel zu schicken. Mit herzlichem Gruß zeichnet Achtungsvoll Henry Heers.

———

Monticello, Ill., 15. Feb. 1876.

Herr Linden!—Ich kann nicht umhin, Ihnen mitzutheilen, wie Großes der Lebenswecker, welchen mein Bruder von Ihnen gekauft, gewirkt hat. Er hatte eine Krankheit, Epilepsie genannt, hatte drei verschiedene Doktoren; aber alle ihre Mühe war umsonst. So sagte ihm nun eine Frau, er solle den Versuch machen mit einem Lebenswecker. Er that so, und nach viermaligem Gebrauch desselben war er gänzlich hergestellt und so gesund wie vorher. Diese Umstände veranlassen mich, von Ihnen einen Lebenswecker zu kaufen mit zwei Flaschen Oel.

Möchten Sie die Güte haben und mir solches sobald wie möglich schicken. Sehr Achtungsvoll John Maier.

———

Pinckney, Warren Co., Mo., 20. Juli 1874.

Geehrter Herr John Linden!—Hiermit kann ich Sie von der Kraft des Lebensweckers und Oels benachrichtigen bei Schlangenbiß. Mein Sohn, 14 Jahre alt, wurde am 13. d. Mts. in dem linken Fuß, nahe am Rande, an der Außenseite desselben, von einer Schlange gebissen, und ein anderer Biß war über dem ersteren, an der unteren Seite des Enkelknochens (die Schlange wird „Spraten Viper" genannt). Wir waren im Felde, ungefähr 150 Schritt vom Hause, und sowie der Biß vollzogen war, lief er gleich nach Hause, und legte sich, denn er konnte nicht stehen; da sagte er mir, daß die Schmerzen schon über halbwegs in der Wade heraufgezogen seien, und da die Angst und der Schmerz immer größer wurde, so griff ich zum Lebenswecker, und schlug oberhalb der Schmerzen quer über das Bein auf der Wade und bestrich reichlich mit Oel; dann, nach ein oder zwei Minuten, fragte ich, und er sagte mir, daß die Schmerzen nicht weiter heraufgingen, so setzte ich das Instrument dicht nebeneinander auf der Wade herunter und auf der Stelle, wo er gebiffen war, und die Schmerzen zogen sich alle herunter nach dem Biffe, und dann nahm ich eins von den Gläsern, wo das Oel darin war, und schliff ein Loch in den Boden, und setzte den Hals vom Glase auf das untere Loch und sog, daß ungefähr ein viertel Zoll Wasser im Halse der Flasche war, das gab große Linderung. Dann bestrich ich wieder gut mit Oel, weil schon Alles eingezogen war. Nach einer viertel oder halben Stunde setzte ich wieder das Instrument nebeneinander auf (nicht zu zimperlich) und wieder mit Oel bestrichen; dann wurde ihm übel, und ich setzte das Instrument auf der Magen- und Herzgegend, dann folgte Erbrechen—dem Ansehen nach, war es Galle. Ungefähr zwei Stunden nach dem Beißen setzte ich die Flasche auf den oberen Biß und sog, bis ungefähr einen halben Zoll Wasser im Halse der Flasche war, da waren bereits alle Schmerzen verschwunden; das war Abends neun Uhr. Damit hat er ruhig die ganze Nacht geschlafen. Am nächsten Morgen wurde er wieder mit Oel bestrichen, weil der Fuß angeschwollen und sehr steif war; dann habe ich das Instrument auf den Rücken und Schultern gesetzt und mit Oel eingerieben und mehrmals das Bein mit Oel bestrichen, und die Schmerzen verschwanden ohne Anhalten.

Mein Sohn ist ganz gesund und er ist von den Bissen der Schlange kurirt durch den Gebrauch des Lebensweckers, Oel und das Aussaugen, denn diesen Morgen hat mein Sohn schon wieder gepflügt.

Ich habe gesehen im Lehrbuch, daß bis jetzt noch kein Fall von einer Kur gegen Schlangenbiß angegeben ist. Ich habe es so gemacht, wie oben geschrieben, und ersuche Sie, Herr Linden, daß Sie das Publikum darüber benachrichtigen, daß durch den Gebrauch des Lebensweckers und Oel—aber reichlich—und durch Aussagen, der Biß einer giftigen Schlange geschwind und radikal kurirt wird.

Achtungsvoll, Ihr   Henry Busse.

Springfield, Jll.

Geehrter Herr Linden! — Ich kann Ihnen mit Freuden und herzlichem Danke berichten, daß mein l. Vater durch den Gebrauch des Lebensweckers wieder hergestellt und sich gegenwärtig sehr wohl befindet. Auch sind wir Ihnen zu großem Danke verpflichtet, für den freundschaftlichen und guten Rath, welches Sie so gütig waren, ihm mitzutheilen. Umstände lassen es aber nicht gut zu, daß er eine große Reise augenblicklich unternehmen kann, und wäre es auch nicht nöthig, wenn sein Zustand so bleibt wie jetzt. Wir können nun Ihren Lebenswecker bestens empfehlen.   J. H. R....

Monticello, Jll., 23. Aug. 1875.

Geehrter Herr Linden!—Inliegend finden Sie den Betrag für zwei Flaschen Oeles und bitte, Sie möchten mir dasselbe baldmöglichst schicken, denn ich möchte nicht gerne einen Tag ohne dasselbe sein. Etwa ein Jahr zurück habe ich von Ihnen einen Lebenswecker gekauft und muß Ihnen zu meiner Verwunderung sagen, daß derselbe unterdessen sehr große Dienste geleistet hat. Nur eines will ich erzählen: Kürzlich brachte man zu mir einen etwa 50 Jahre alten Mann auf einem Wagen, der mit Rheumatismus so behaftet war, daß er kaum etliche Schritte gehen konnte. Er legte sich sogleich der Länge nach auf den Bauch, denn anders, sagte er mir, könne er nicht liegen. Der Mann erzählte ferner, daß er schon lange gedoktert habe, aber die Sache wurde nicht besser, sondern immer schlechter. Ich brauchte nach Ihrer Vorschrift den Lebenswecker, und als er in zehn Tagen wieder zu mir kam, war er bereits wieder hergestellt; und auf zweimaliges Anwenden des Instrumentes war er wieder ganz gesund wie vorher. Auf solche Art zeugt der Lebenswecker von sich selbst, und sein Zeugniß ist wahr. Warum sind so viele Doktoren dem Teufel gleich? Antw.: Weil sie gegen das Gute streiten.
W. H.....

Hallettsville, Lavaca Co., Texas, 17. Januar 1875.

Werther Herr Linden!—Ihre letzte Sendung vom 11. September v. J. habe ich den 26. Sept. richtig erhalten und danke bestens.

Noch einige Bemerkungen über Kuren.

Nachdem ich nach Ihrem Oele sandte, wurde einer meiner Knaben von einer über zwei Fuß langen Kupferschlange in den Mittelfinger der linken Hand gebissen, und da ich gerade abwesend war, so verging fast eine halbe Stunde, ehe ich hörte, was geschehen war. Die Geschwulst war während der Zeit, obwohl der Arm gebunden, schon weit nach dem Ellbogen vorgerückt und hart. Meine Frau hatte gleich den Lebenswecker nebst Oel auf den Finger angewandt, wodurch der größere Schmerz beseitigt war; auch griff ich nach der alten Sitte (in solchem Falle) und gab ihm Whiskey. Nach einer Stunde der ersten Operation klagte er über Uebelkeit und Leibweh, wonach ein starkes Erbrechen erfolgte; nachdem klagte er über Beklemmung und Schmerzen in der Brust nach der linken Seite, ich operirte den Rücken, Bauch und die Hand mit dem Finger wieder, worauf der Junge einschlief. Nachdem er ungefähr zwei Stunden geschlafen, erwachte er, hatte geschwitzt und fühlte sich besser; aber das Einschnellen an Hand und Finger mußte ich von Zeit zu Zeit erneuern, und nach jeder Anwendung blieb der wiederkehrende Schmerz um die doppelte Zeit aus, so hatte ich meinen letzten Tropfen Oel gut angewandt.

   Gleich darauf eine andere Kur.

 Eine junge Frau wurde von der Wassersucht befallen, welche schnell weiter griff. Die Eßlust war vergangen und mehr Reiz zum Trinken hatte sich gefunden. Die Geschwulst war von den Zehen bis zur Hälfte der dicken Beine, und die Hände begannen zu schwellen. Unterdessen war Ihr Oel angekommen. Ich operirte dieselbe auf Rücken und Nierengegend, Bauch und Waden, wo auf jeden Nadelstich eine Wasserperle folgte, sie hatte darnach einen ruhigen Schlaf (welcher schon lange gefehlt hatte) und viel geschwitzt. Auch hatten die Beine die Todtenkühle verloren und wurden wärmer. Bis zum zehnten Tag war schon bedeutende Besserung; nach der zweiten Anwendung folgte ein starker Blasenausschlag, und einige Tage später erfolgte die reguläre Entbindung. Sie fühlt sich jetzt gesund und besser als lange Zeit bevor. Diese Kuren habe ich theils nach dem Lehrbuche und theils nach eigenem Gutachten gemacht; sollte ich aber in dem einen oder anderen gefehlt haben, so möchte ich auch Ihr Urtheil hören.

  Mit Achtung   John Tr. Pohl.

   Cattleville, St. Charles Co., Mo., 16. April 1869.

 Mein lieber Herr Linden! — Schon längere Zeit beabsichtigte ich Ihnen zu schreiben, und Sie mit den Resultaten bekannt zu machen, welche ich bei der Anwendung des Lebensweckers in verschiedenen Krankheiten, sowohl in meiner Familie als auch in denen meiner Nachbarn, gehabt habe.

 Ein starker Anfall von Ruhr, verbunden mit Erbrechen, wurde geheilt nach einmaliger Anwendung auf dem Rücken und Unterleibe.

 Ein heftiger Anfall von Durchfall, dem ich selbst unterworfen war, konnte durch keinerlei Medizin, welche ich zu verschiedenen Malen einnahm, beseitigt werden, bis die Anwendung des Lebensweckers auf dem Rücken und Unterleibe mich davon befreite.

 Acht Fälle von Wechselfieber und zwei von Gallenfieber, welche in einem Zeitraume von drei Jahren in denselben Familien ausgebrochen, wurden immer in der nämlichen Woche, in welcher die Krankheit ausbrach, durch ein- oder mehrmalige Anwendung des Lebensweckers auf dem Rücken und dem Unterleibe vollständig geheilt. Einer dieser Fälle verschwand sogleich bei der ersten Anwendung, bei den übrigen wurde der Lebenswecker mehrmals in kurzen Zwischenräumen angewandt. In keinem dieser Fälle kehrte die Krankheit wieder zurück, und die Genesenden fühlten vollständig wohl.

Durchfall, Halsbräune und unaufhaltbares Erbrechen eines Säuglings wurde sofort gehoben in jedem einzelnen Falle, durch Anwendung des Oeles, welches sorgfältig eingerieben wurde, und zwar mit und ohne Anwendung des Lebensweckers.

Außer den oben angegebenen Fällen, wurde alles Unwohlsein meiner Familie, welchen Namen und Charakter dasselbe auch hatte, mittelst Ihrer Heilmethode jedesmal erfolgreich beseitigt.

Ich wohne nun seit 1834 in dieser Gegend, und verlor während dieser Zeit sieben Kinder, darunter einen Sohn, 20 Jahre alt, und einen Enkel; sie starben trotz der besten ärztlichen Hülfe und trotz sorgfältigster Verpflegung, und ich war immer in Angst, irgend eine Krankheit würde meine Familie heimsuchen. Jetzt aber greife ich mit der größten Zuversicht zu dem Lebenswecker, und der „kleine schwarze Doktor" hat mich noch nie getäuscht, und war in allen Fällen das Mittel zur wiederhergestellten Gesundheit und Lebenskraft. Wahrlich, kein Geld könnte mich bestimmen, ohne denselben in meiner Familie zu sein.

Ein schwaches und krankes Kind von Heinrich Glocke, 1½ Jahre alt, hatte einen heftigen Anfall von Lungenentzündung. Ich hatte wenig Hoffnung, daß das Kind die Krankheit überstehen werde. Die Anwendungen wurden auf dem Rücken, auf der Brust und besonders an den Stellen gemacht, wo das Kind hauptsächlich Schmerzen zu haben schien, ebenso auf den Waden und auf dem Unterleibe, weil dasselbe auch zu gleicher Zeit an heftigem Durchfall litt. Dieselben wurden am vierten Tage wiederholt. Die Krankheit wurde gänzlich gehoben, das Kind erfreute sich nachher einer besseren allgemeinen Gesundheit, und wurde stärker und kräftiger, als es je zuvor gewesen.

John Schneider, Sohn von Jakob Schneider, 18 Jahre alt, wurde am Begräbnißtage seiner Mutter von einer Lungenentzündung ergriffen, welcher Krankheit die Mutter selbst erlag, trotzdem die beste ärztliche Hülfe und die sorgfältigste Pflege angewendet wurde. S i e s t a r b. Der Sohn wurde nun mit dem Lebenswecker durch seinen Vater behandelt, und — e r s t a r b n i c h t.

In heftigen Krankheiten, bei denen eine Krisis am siebenten oder neunten Tage den Kranken entweder zum Tode oder zum Leben wendet, sollte man sich nicht mit einer einzigen Anwendung begnügen. Es ist beſſer, die Einſchnellungen der Nadeln am vierten Tage zu wiederholen, und man ſollte immer bedenken, daß häufige kruſtartige Hautausſchläge während der Krankheit von ungemeiner Wichtigkeit ſind, bis zu dem Zeit=punkte, wann die Kriſis vorüber iſt. Sollten die kruſtartigen Hautaus=ſchläge nicht reichlich nach der erſten Applikation mit dem Lebensweker erfolgen, ſo ſollte man bei allen gefährlichen Krankheiten, wo ſchnelle Hülfe nothwendig iſt, in Zwiſchenräumen von drei bis vier Stunden die Einſchnellungen machen, und das Oel anwenden, bis die Ausſchläge an den gehörigen Stellen des Körpers erſcheinen. Man ſollte der Krank=heit nie erlauben, ihre volle Macht auszuüben, oder ſich in ihrem Cha=rakter zu verändern, wenn es verhütet werden kann.

Ich fühlte, als wäre ich verpflichtet geweſen, ſo umſtändlich zum Nutzen der Leſer Ihres Lehrbuches zu ſchreiben; denn Unerfahrenheit macht oft traurige Fehler in der Anwendung des Inſtruments.

Oft kann eine Heilung erzielt werden ohne die Einſchnellungen der Nadeln, durch wiederholte Einreibungen des Oeles.

Bitte mir gefälligſt ein Dutzend Fläſchchen Oel zu ſenden, den Be=trag dafür finden Sie in einer P. O. Money Order eingeſchloſſen. Schiken Sie per Expreß nach St. Charles. Empfangen Sie hiermit die beſten Wünſche und Grüße von Ihrem   C h r i s t i a n   F e y.

Dexter, 28. Juni.

Werther Herr Linden!—Ich wünſche Ihnen Gottes Segen zum Gruß. Schon lange wollte ich, meinem Verſprechen gemäß, etwas ſchreiben über die Krankheit meiner Frau. Wie Sie ſich hoffentlich noch erinnern werden, war ich letztes Jahr einmal mit meiner Frau bei Ihnen, um Sie um Rath zu fragen. Die Doktoren ſagten immer, ſie habe die Gebärmutter=Waſſerſucht oder Eierſtoks-Waſſerſucht, keiner konnte ihr aber helfen. Der Lebensweker allein hat ſie kurirt. Daß ſie ſich jetzt einer guten Geſundheit erfreut, hat ſie nur dem Lebensweker zu verdanken. Gott die Ehre! Dieſes Frühjahr kam ein junger Mann zu mir, der ſchon ein Jahr an Augenentzündung litt, und mit dem ei=nen Auge beinahe nichts mehr ſehen konnte. Er hatte ſchon viele Aerzte gebraucht, doch keiner konnte ihm helfen. Ich habe das Inſtrument viermal an ihm gebraucht. Jetzt ſind ſeine Augen geſund. So hat dieſes werthvolle Inſtrument bei mir ſchon recht oft ſeinen Zweck erreicht. Wollen Sie ſo gut ſein und mir nach Empfang dieſer Zeilen per Expreß zwei Flaſchen Oel ſchiken? Ich komme, wenn ich nicht gehindert werde, nach der Ernte nach Cleveland, oder ſchike Ihnen das Geld. Ich habe meinen Wohnort verändert. Ich wohne jetzt in Michigan, früher wohnte ich in Ohio. Achtungsvoll Ihr Freund

John Vögler.

Salt Lake City, 16. Januar 1873.

Herrn John Linden.—Werther Herr!—Ich habe Ihnen eine Geld-Order für $1.75 gesandt für eine Flasche von Ihrem Oleum, zahlbar an J. Linden. Ich bin erfreut, überrascht und erstaunt über die wunderbaren Kuren, welche ich mit Ihrem Instrument gemacht habe. Wenn Sie es wünschen, werde ich die von mir behandelten Fälle genauer beschreiben. Achtungsvoll Ihr William Ruffel.

Westnutken, Westmoreland Co., Pa., 1. April 1873.

Werther Herr Linden!—Seien Sie so gut und senden Sie mir wieder einen Lebenswecker, vier Flaschen Oel und ein deutsches Lehrbuch. In diesem Brief sind $13..25. Zwei Flaschen Oel sind für mich und zwei Flaschen zu dem Instrument. Mein Lebenswecker hat einen solchen guten Namen bei meinen Nachbarn erhalten, daß, sobald sie das Geld haben, ein jeder einen kommen lassen will. Sie werden mit jedem Tage besser überzeugt von den guten Diensten, die er leistet. Ich für meinen Theil will keinen bessern Doktor mehr haben, er kann jede Krankheit kuriren, es macht ihm keinen Unterschied.

Es grüßt Sie freundlich, Josua Vögele.

Metropolis, Ill., 3. Sept. 1873.

Geehrter Herr Linden!—Ihr geschätztes Schreiben vom 26. August nebst dem gewünschten Oel habe ich am vorgestrigen Tage richtig erhalten. Zu der von Ihnen beabsichtigten Publicirung meines vorigen Briefes durch die öffentlichen Blätter gebe ich von ganzem Herzen meine Zustimmung, indem der herrliche Gedanke, daß in Folge dessen der Lebenswecker vielleicht da und dort in die Häuser der Kranken seinen segenbringenden Einzug feiern könnte, mich mit Freude und Wonne erfüllt. Möge der allgütige Vater im Himmel seinen Segen dazu geben! —Freude, wahre aufrichtige Freude ist in uns jedesmal das erste Gefühl bei der Nachricht von der Genesung eines mit dem Lebenswecker behandelten Kranken. Innerhalb der letzten 14 Tage durften wir diese aufmunternde Erscheinung an drei erwachsenen Personen und einem Knaben im Alter von zehn Jahren wahrnehmen, welche sämmtlich durch einmalige Applizirung des Instruments an den vorgeschriebenen Stellen vom Wechselfieber befreit wurden, mit dem sich zwei von ihnen schon mehrere Wochen, ja Einer sogar seit Anfang Juli herumgeschleppt hatten, ohne daß die sogenannten Herren Doktoren, deren Hülfe sie vordem in Anspruch nahmen, dem Fieber mittels ihrer bekannten Gifte auch nur für einige Tage Einhalt thun konnten. Ganz besonders erfreulich noch ist hierbei der Umstand, daß der zwei volle Monate hindurch vom Fieber geplagte Bauschreiner Wm. Walter von hier, durch seine Heilung von seinem Unglauben hinsichtlich des Lebenweckers gründlich, wie er selber sagt, kurirt worden ist. Wenn meine Frau mir bei ihrer gestrigen Rückkehr von dem Besuch eines kleinen Patienten mit freudestrahlendem Antlitz verkündete, daß die äußere Erscheinung der applizirten Stellen (besagter Kranke wurde vorgestern behandelt) ohne Zweifel auf einen glücklichen Erfolg schließen ließe, ebenso auch, daß ihr bei diesem Anblick ein Freudenstrahl die Brust durchzuckt hatte — so sage ich Ihnen, verehrtester Herr Linden, hiermit, daß ich dem allgütigen Gott in meinen Gebeten nicht genug danken kann für seine allweise Fügung, die nicht allein jenes segensreiche Instrument erfinden und durch Sie auch in diesem Lande verbreiten ließ, sondern auch Anstalt traf, daß dasselbe noch rechtzeitig, vor meinem gänzlichen Untergange, zu meiner Wiederherstellung in meine Hände gelangte.

Sie herzlich grüßend, zeichne ich mit vorzüglicher Achtung,

Ihr ergebener   A. Krüger, Pastor.

Meadows, McLean Co., Ill., 26. Aug. 1873.

Werther Herr Linden! — Inliegend finden Sie den Betrag für zwei Flaschen Ihres Oeles. Schicken Sie es baldmöglichst. Es hat sich in allen Fällen, wo ich es probirt, sehr gut bewährt, und ich möchte nicht ohne dasselbe sein.   Ihr ergebenster

Charles Klein.

Hastings, 26. Aug. 1873.

Herrn J. Linden! — Geehrter Herr! — Ich wünsche, daß Sie mir wieder vier Flaschen Oel per Expreß senden. Ich habe eines Ihrer Nadelinstrumente für die Behandlung meiner Familie und meiner selbst. Ich schrieb vor etwa anderthalb Jahren an Sie wegen meiner Krankheit, und habe gefunden, daß diese Behandlungsweise vollständig Alles leistet, was Sie versprochen haben. Ich habe während der letzten sechs Jahre mehr als tausend Dollars für Aerzte und Arznei bezahlt, muß aber bekennen, daß die Behandlung mit dem Lebenwecker mir und mei=

ner Familie mehr genützt hat, als alles andere. Mein Fall ist ein alter, von wenigstens 16jähriger Dauer; zuerst war ich lahm im Rücken, dann vor fünf Jahren zog es in mein rechtes Bein und Hüfte. Ich wurde von den besten Aerzten dieses Staates behandelt, aber leider ohne Erfolg, bis ich endlich durch Ihre Heilmittel Hülfe erlangte. Es wurde mir angerathen, Krücken zu gebrauchen, allein ich that es nicht, und habe nun schon seit länger als einem Jahre keinen Stock mehr gebraucht. Heute habe ich wieder ein so gutes, gesundes und kräftiges Bein wie früher, und kann ich diesen Erfolg nur Ihnen und Ihrer Heilmethode zuschreiben. Ich wünsche Ihnen den besten Erfolg und werde auch Ihre Heilmethode Allen empfehlen, welche an Rückenmark- und Hüftkrankheiten, sowie anderen chronischen Uebeln leiden.

Wenn ich Ihnen irgendwo zu Diensten sein kann, werde ich bereit sein, und verbleibe Ihr Freund,   James A. Morse.

Matagorta, Texas, 14. Sept. 1873.

Geehrter Herr Linden! — Vor zehn Monaten bezog ich von Ihnen ein Instrument, Lehrbuch und Oel, dessen Applizirung mich von einer gefährlichen Krankheit errettet hat, wofür ich Ihnen den größten Dank schuldig bin. Jetzt wünsche ich wieder ein Instrument, nebst Lehrbuch und zwei Flaschen Oel für meinen Nachbar, welcher das Instrument verschiedene Mal mit Erfolg gebraucht hat. Bitte schicken Sie es sobald als möglich. Einliegend finden Sie $10.

Achtungsvoll,   Karoline Fischenik.

Cincinnati, 27. Sept. 1873.

In diesem Brief schicke ich Ihnen $1.60 für ein Flacon Oel. Ich habe ein Instrument und Lehrbuch von Ihnen. Bitte senden Sie es sobald als möglich, denn mein Nachbar hat die Gelbsucht und hat schon fünf Doktoren gehabt, aber ohne Erfolg; deßhalb habe ich ihm angerathen, den Lebenswecker zu probiren. Meine Tochter hatte letztes Jahr die fallende Krankheit, sie ist durch den Lebenswecker wieder besser geworden.   Fried. Klausing.

Bethel, 13. Oct. 1873.

Geehrter Herr Linden! — Senden Sie mir gefälligst wieder ein Fläschchen Oel für einliegende P. O. Geldanweisung. Ich schätze das kleine Instrument so hoch, daß ich es nicht für den zehnfachen Preis ablassen wollte. Achtungsvoll,

G. C. Holt, North Bethel, Maine.

Perry, 18. Oct. 1873.

Geehrter Herr Linden!—Ich habe Ihr Heilmittel (den Lebenswecker) letzten Winter mit Erfolg gebraucht, bin aber noch nicht ganz gesund. Der Lebenswecker hat mir mehr geholfen als alle Medizin. Ich bitte Sie, mir für einliegende $3.20 zwei Fläschchen Oel sobald als möglich zu senden. Es grüßt Sie Ihr ergebener Freund,

Franz Webel.

Marysville, Kansas, 25. Oct. 1873.

Herrn John Linden!—Werther Herr!—Schicken Sie gefälligst sechs Fläschchen gutes Oel. Inliegend ist eine Geldanweisung für $5, werde den Rest umgehend senden. Seit etlichen Jahren, wo wir Ihre Heilmethode in unserer Familie brauchen, haben wir nicht allein sehr viel Geld für Medizin und Doktoren, sondern auch viele Mühe und Sorgen, welche bei Krankheitsfällen nie fehlen, gespart.

Achtungsvoll, Chas. F. Köster.

St. Joseph, Mo., 29. Oct. 1873.

Werther Herr Linden!—Da wir vor 2½ Jahren einen Lebenswecker bekommen haben, das Oel aber verbraucht ist, so haben Sie die Güte, uns eine Flasche Oel zu senden für die einliegende Geldanweisung von $1.60, wie Sie es im Botschafter angezeigt haben. Noch möchte ich sagen, daß der Lebenswecker sich schon gut bezahlt hat, denn ich hatte ein Leiden, wo keine Medizin helfen wollte, aber der Lebenswecker hat mich kurirt, und so könnten wir noch mehr Zeugnisse geben.

In aller Hochachtung zeichnet, Hermann Köpsel.

Matagorta, Texas, 2. Nov. 1873.

Geehrter Herr Linden!—Bitte senden Sie uns für einliegende $13.00, von Ihrem Oel. Wir sind sehr zufrieden mit dem Erfolg des Lebensweckers und wünschen, daß ein Jeder, der mit irgend einer Krankheit behaftet ist, denselben anwenden möchte; wir fühlen uns verpflichtet, diesen wahren Familien-Schatz allen Leidenden, selbst solchen, welche alle Hoffnung auf Genesung durch medizinische Mittel aufgegeben haben, bestens zu empfehlen.

Mit größter Hochachtung, Peter u. Karolina Fischenik.

Matagorta, Texas, 20. Nov. 1873.

Werther Herr Linden!—Haben Sie die Güte, mir wieder einen Lebenswecker nebst zwei Fläschchen Oel und ein englisches Lehrbuch zu senden. Mein liebes Instrument hat einen guten Ruf und hat schon manchem Menschen große Schmerzen gelindert. Unsere Nachbarn lachten uns anfangs über den Gebrauch des Lebensweckers aus, wie man sich wohl denken kann, aber nun sehen sie, daß wir mit demselben alle Krankheiten kuriren und in unserer Familie die Doktor=Rechnungen sparen. Ihre Freundin, Karolina Fischenik.

Danville, Ill., 12. Dec. 1873.

Geehrter Herr Linden!—Senden Sie gefälligst umgehend ein Fläschchen Oleum. Ihr kleines Instrument (der Lebenswecker) thut große Dienste in unserer Stadt. Wir haben Kuren von Rheumatismus bewirkt, welche durch andere Medizinen nicht bewirkt werden konnten und von den Aerzten als schlimme Fälle aufgegeben waren. Senden Sie wie früher an meine Adresse nach Danville, Ill. Schicken Sie gefälligst auch Preisliste für Instrument, Oel, ꝛc.

Ich verbleibe Ihr John P. Randall.

Lockport, N. Y., 13. Dec. 1873.

Werther Freund John Linden!—Inliegend finden Sie $1.50 für eine Flasche Oleum. Senden Sie es unter folgender Adresse: Rev. Friedrich Lohmeyer, Lockport, N. Y. Der von Ihnen empfangene Lebenswecker hat uns schon sehr viel Gutes gethan, und sollte billig in jeder Familie sein. In Achtung und Liebe,

Friedrich Lohmeyer.

St. Louis, Mo., 25. Dec. 1873.

Geehrter Herr Linden!—Da ich seit sechs Monaten einen von Ihren Lebensweckern in meiner Familie gebrauche, und denselben als zweckmäßig für verschiedene Krankheiten gefunden habe, so gebe ich Ihnen bei Jedermann die besten Empfehlungen. Meine Frau hatte das Wechselfieber über ein Jahr, die Herren Doktoren hatten sie schier in das Grab gebracht. Durch mehrmalige Anwendung des Lebensweckers ist sie Gott sei Dank nun wieder gesund. Auch mir hat der Lebenswecker schon sehr gute Dienste gethan. Ich habe seit einiger Zeit einen Blutandrang nach dem Kopfe, bisweilen Blutspeien, und heftiges Kopfweh. So oft ich das Instrument gut auf den Waden und dem Rücken anwende, läßt das Blutspeien immer nach, hingegen ist der Urin während der Applikation ganz grünlich, auch habe ich Nachts Zucken in den Gliedern, daher möchte ich Sie um nähere Auskunft bitten über den

Gebrauch des Lebensweckers bei meinem Blutspeien; die etwaigen Kosten werden Sie mir gefälligst mittheilen und ich werde Ihnen das Geld baldmöglichst senden. Achtungsvoll, Jakob Jud, Maschinist.

Urbana, Jll., 16. Jan. 1874.

Herrn John Linden!—Werther Herr!—Für die einliegende Geldanweisung von $3.20 senden Sie mir gefälligst wieder zwei Flaschen Oleum mit umgehender Post. Die Dame, für welche wir das letzte Instrument bestellt hatten, ist jetzt von ihrem chronischen Rheumatismus, an welchem sie über 12 Jahre gelitten, soweit hergestellt, daß sie bereits wieder ohne Krücken gehen kann. Achtungsvoll,

R. A. Webber.

Fieldon, Jll., 20. Jan. 1874.

Geehrter Herr Linden!—Ihre drei an mich versandten Lebenswecker, sowie das dazu gehörende Oel (August 1873), haben sowohl in meiner als den zwei andern Familien die befriedigendsten Wirkungen hervorgebracht; vor einigen Tagen habe ich sogar meinen 13jährigen Sohn durch circa 100 Schläge auf Nacken, Rückgrat und Schultern ohne weitere ärztliche Hülfe vom Fleckfieber (cerebro spinal meningitis) gerettet, während dahier bei ärztlicher Behandlung schon mehrere Patienten daran gestorben sind. Ihr Oel, das anfangs hier als unecht und werthlos angefochten wurde, hat sich selbst zu Ehren verholfen, und ersuche ich Sie deshalb für einliegende $5.00 um eine neue Sendung desselben, per Post, unter der Adresse, Rev. J. Lüscher, Fieldon, Jersey Co., Jll. Ihnen den besten Erfolg in Ihrem Berufe auch fürs begonnene Jahr wünschend, zeichnet mit aller Hochachtung, Ihr Ergebener

J. Lüscher, prot. Pastor.

Gardner, Mass., 25. Jan. 1874.

Herrn J. Linden!—Werther Herr!—Beigeschlossen finden Sie den Betrag für eine Flasche Oleum; das meinige ist vollständig verbraucht, und ich kann durchaus nicht ohne dasselbe sein. Wenn irgend etwas in meiner Familie vorfällt, so greife ich sogleich zum Lebenswecker, und ich bin sicher, ein günstiges Resultat zu erlangen. Bitte senden Sie das Oel sobald als möglich und verbinden Sie dadurch

Ihren Ergebenen Joseph Dumas.

Hot Springs, Ark., 29. Jan. 1874.

Herrn John Linden!—Ich habe eins von Ihren vergoldeten Instrumenten gekauft, aber das Oel ist bereits verbraucht. Bitte schicken Sie mir für den beiliegenden Wechsel von 85.00 wieder eine Quantität Oleum nach Hot Springs, Ark. Ich bin sehr zufrieden mit dem Erfolg und möchte nicht mehr ohne das Instrument und Oel sein, nicht für das Zwanzigfache des Kaufpreises.

Achtungsvoll, Robert Thornton.

Stonyville, 8. Feb. 1874.

Werther Herr Linden!—Letztes Frühjahr war meine Frau mit der Gicht sehr geplagt, und da der Arzt ihr keine Linderung verschaffen konnte, gebrauchte ich an ihr den Lebenswecker und der hat sie, Gott sei Dank, in kurzer Zeit vollständig wieder hergestellt. Um dieselbe Zeit war eins meiner Kinder und auch ein Kind meines Nachbors sehr schlimm mit dem Fleck-Fieber befallen. Die Doktoren vermochten ihnen keine Linderung zu verschaffen, aber der Gebrauch des Lebensweckers rettete sie, wie ich und mein Nachbar glauben, vom frühen Tode. Senden Sie mir gütigst ein Instrument, den Lebenswecker, und zwei Flaschen Oel nebst Lehrbuch. Ich übersende Ihnen hiermit den Betrag.

Martin Decker.

Nebraska City, 8. Feb. 1874.

Herrn John Linden!—Geehrter Herr!—Ihr Geehrtes vom 1. Dec. '73 mit der Sendung in gutem Zustand richtig erhalten, und stelle an Sie abermals die Bitte, mir nachstehende Sendung gefälligst an die Expreß-Office in Nebraska City zu übermitteln, und zwar: Ein Instrument (Lebenswecker), ein deutsches Lehrbuch (letzte Auflage) und Oel soweit die Baarschaft des beiliegenden Betrags reicht, den Irrthum bei der ersten Sendung vom 24. Sept., und den Restbetrag von 88 Cents bei der letzten Sendung vom 1. Dec. 1873 begleichen Sie. Auch sind Leute, welche blos das Instrument zu haben wünschen, ohne Buch und Oel; theilen Sie mir den Preis eines solchen mit.

Ihre Heilmethode findet hierorts und Umgegend guten Anklang, und deren Ruhm durch ihre vortreffliche Heilung schwerer Krankheiten verbreitet sich sehr schnell. Ich habe diese Methode schon drei Jahre in Deutschland und fünf Jahre in Nebraska City bei meiner zahlreichen Familie mit dem besten Erfolge bei den schwersten Krankheiten gebraucht, und habe auch schon anderweitig meinen Mitmenschen in den gefährlichsten Krankheitsfällen erfolgreiche Hülfe geleistet. Die Gattin eines Herrn Müller, bei Appleton, Wisconsin, welche ich von einer schweren Hals= und Brustkrankheit, an der sie schon sieben Jahre litt, und schon höchst lebensgefährlich war, gelegenheitlich ihres Besuches bei ihren Eltern durch vier Total=Einschnellungen geheilt hatte, theilte mir dieser Tage brieflich mit, daß sie im Besitze dieses edlen Heilverfahrens von Ihnen ist, und daß sie sich noch niemals ihrer Gesundheit so gefreut hat wie jetzt seit der vollständigen Genesung durch den Lebenswecker. Ihr Leben verdankt sie diesem, weil sie durch ärztliche Behandlung nicht genesen und einem schnellen, sichern Tode entgegengeführt wurde.

Hier lege ich $17.00 für Deckung der Reste und der neuen Bestellung bei. Richtigen Empfang wünschend, zeichnet Achtungsvoll,

Jos. Kuwitzky.

Liverpool, N. Y., 15. Feb. 1874.

Geehrter Herr Linden!—Ich ersuche Sie freundschaftlichst mir für inliegendes Geld Oel zu schicken, da ich ohne dasselbe nicht für eine kurze Zeit sein kann oder will, weil dieser edle, werthgeschätzte Lebenswecker bei mir und meiner Familie in verschiedenen Krankheiten schon große Erfolge und Zeugnisse gezeigt hat. Schicken Sie mir's nach Liverpool, Onondaga County, N. Y.

Ihr Ergebener Georg Rißler.

Rock City, 18. Feb. 1874.

Werther Herr J. Linden!—Hiermit schicke ich Ihnen $13.00 für das Oel, das Sie mir geschickt haben. Ich danke Ihnen für Ihre Pünktlichkeit und verbleibe der Ihrige, George Raymer.

N. B.—Den Knaben, von dem ich Ihnen geschrieben, habe ich völlig geheilt mit dem Lebenswecker vom Veitstanz. Was zwei Aerzte nicht thun konnten, das hat der Lebenswecker vollbracht. Ehre dem Ehre gebührt. Achtungsvoll, G. R.

Man hört in uns'rer argen Welt,
Wie Leute von gemeinen Sachen
Ein gar so großes Wesen machen,
Um zu erwerben nur viel Geld.

Allein die Sach', die unser Bestes will,
Die uns ein neues, frisches Leben,

Voll Wonne und voll Glück kann geben,
Da schweigen sie so gerne still.

Drum nehmt der Schwester Wort nicht g'ring,
Da sie, von heil'ger Pflicht beseelet,
Die große Wahrheit euch erzählet
Von dem berühmten Wunderding,

Das Ost und Süd, und Nord und West
Durchfliegt als höh'rer Machtvollstrecker,
Benannt als deutscher Lebenswecker,
Der Niemand hoffnungslos verläßt.

Wie mancher, der schon lange krank,
Fast alle Medizinen hat probiret,
Die ihn ins beff're Jenseits bald spediret,
Ja nur um seines Geldes Klang.

Da denkt er mit erlosch'nem Blick,
Umstrahlt vom letzten Hoffnungsschimmer,
Wie eines höh'ren Sternsgeflimmer,
An einen Talisman zurück.

Im Nu ist dieser auch schon da
Und stichelt scherzend seinen Rücken,
Bereit ihn baldigst zu beglücken,
Was immer noch so treu geschah.

O staunt und höret was er schafft,
Er bringt in die erkalt'ten Glieder
Ein beff'res Blut und Wärme wieder,
Und neuen Muth und neue Kraft.

Er faßt den kranken Körper an
Und öffnet sorgsam dessen Poren,
Daß er entzückt wie neu geboren
Am Sonnenlicht sich freuen kann.

Selbst das Gehör, das Augenlicht,
Das größte, schönste Gut auf Erden,
Das kann durch ihn gerettet werden,
Wenn sonsten jede Hülf' gebricht.

Er heilt die Uebel alle gar,
Wie es doch schon seit vielen Jahren
Die Kranken weit und breit erfahren,
Für die er Trost und Retter war.

Noch einen Rath, den nehmet an
Vom treuen, warmen Schwesterherzen,
Entledigt euch der fernern Schmerzen
Mit diesem wunderreichen Talismann.

Verschwend't nicht ferner euer Geld
An Medizin und Spekulanten,
Die meistens Geist- und Stammverwandten
Des größten Humbugs in der Welt.

Herrn John Linden in Cleveland,
Er kann euch guten Rath ertheilen,
Wie ihr die Uebel all' könnt heilen,
Nur muthvoll sich zu ihm gewandt.

Das beste Oleum das kann
Er jede Zeit euch eiligst schicken,
Sein Glück ist, Menschen zu beglücken,
Da er ein bied'rer Ehrenmann.

Aus pflichtschuldiger Dankbarkeit gewidmet von der genesenen

Anna Lethert.

Walnut Grove, Martin Co., Minn., 29. Juni.

Geehrter Herr Linden!—Das letzte Oel kam nach langer Reise doch noch glücklich an, nebst der gewünschten Belehrung, wofür ich Ihnen meinen herzlichsten Dank sage. Zugleich benachrichtige ich Sie, daß ich so glücklich war, den Knaben welcher die „Fits" nebst zurückgetretener Krätze hatte, sowie dessen Vater, welcher acht Jahre an Asthma litt, glücklich herzustellen, und zwar den Knaben bei 2½ Monat regelmäßiger Behandlung.

Diese beide Kuren bringen mir nun freilich auch Anfragen von andern Leuten, welche nach dieser Methode behandelt zu sein wünschen, was mich nach eingebrachter Ernte und Dreschen der Frucht, welches mich wieder unabhängiger stellt, bewegen wird, jedem solchen Anfragen zu willfahren. Wir leben hier in einem County an der westlichen Grenze des Staates, erst seit wenigen Jahren organisirt und noch schwach besettelt. Aerzte sind nicht näher als 20—30 Meilen zu haben und diese sind nichts besonderes, und doch vertheuert es die Kuren, so daß mancher lieber unter schweren Leiden sich hinschleppt, ehe er als neuer Anfänger zum theuern Doktor geht, und der ihm am Ende doch nicht hilft. Zwar bin ich nun erst recht kein Doktor, traue mir doch gesunden Menschenverstand zu, die gegebenen Anweisungen gut zu verstehen und werde mich in schwierigen Fällen wie vorgeschrieben an Ihre Güte um Belehrung wenden. Noch bemerke ich, daß ich meine Tochter, welche seit fünf Jahren an Rheumatismus litt und welche viele Doktoren gebrauchte, auch Monate lang unfähig war, das Geringste zu thun, mit einer starken Anwendung gänzlich hergestellt habe. Dies gibt mir Muth und Vertrauen, auch andern die Wohlthat der Gesundheit wiederzugeben zu versuchen. Entschuldigen Sie die Ausführlichkeit, ein andermal kürzer.

Ihr ergebener   G. M. Wetzel.

Twin Lake, Martin County, Minn., 20. Febr.

Geehrter Herr Linden!—Einliegend finden Sie $1.75, wofür Sie mir gefälligst eine Flasche Ihres Cleums senden wollen. Ich habe mit Glück das Verfahren in meiner Familie angewandt und zwar gegen Augengicht, wo ich bis zu Ankunft des Instrumentes einen sogenannten guten Doktor gebrauchte, welcher die Sache immer mehr verschlimmerte. Meine Tochter von siebenzehn Jahren war fast erblindet und hat eine einmalige Anwendung im Nacken und hinter den Ohren dieselbe ganz hergestellt. Ebenso habe ich Kopfweh und andere Krankheiten in meiner Familie kurirt.

Ihr ergebener   G. M. Wetzel.

Arenzville, Caß County, Ill., 30. März 1872.

Mein lieber und werther Herr Linden! — Mit dem Lebensweder habe ich hier bei veralteten Kopf- und Rückenleiden, Zahnschmerzen, Augenkrankheiten, Rheumatismus, Gicht, Ruhr und Wechselfieber gute Erfolge gehabt. Mein Gutachten über denselben nach eigener, selbst erprobter Erfahrung geht dahin, daß ich mein Instrument nebst Cleum gegen alle Gelehrsamkeit sämmtlicher Aerzte eines ganzen Countys zusammengenommen, nicht vertauschen möchte und gerade darum, weil in solchen Fällen, wo die ärztliche Kunst ein Ende hat und der leidende Patient seinem Schicksal hilflos überlassen bleibt, der „Lebensweder" sich als wirklich seinem Namen entsprechend zeigt und hilft. Bitte, senden Sie mir umgehend ein Instrument nebst Zubehör und ein Fläschchen Oel inclusiv für Einlage.

Mit freundlichem Gruß ergebenst

Franz Spitzer,
Lehrer der Ev. Luth. St. Peters Gemeinde zu Arenzville.

Cuyahoga Falls, Ohio.

Geehrter Freund Linden!—Ich ergreife die Feder, um Ihnen zu schreiben und Ihnen und Ihrer Familie Gottes reichen Segen zum Gruß zu wünschen. Es sind seit meinem letzten Dortsein schon über 2 Jahre verflossen, und habe ich in dieser ganzen Zeit nichts von Ihnen gehört und gesehen. Das Oel, welches ich mir damals geholt habe, ist verbraucht und will und kann ich nicht mehr ohne dasselbe sein. Der „Lebenswecker" ist mein und meiner Familie einziger Doktor, und wie ich zu meiner Freude aufrichtig versichern kann, auch Lebensretter. Da Medizin für Rheumatismus, von welchem ich in Folge des ungesunden Klimas sehr häufig geplagt werde, gar nichts hilft, so habe ich meine Zuflucht zum „Lebenswecker" genommen und habe noch nie bereut, denselben in meiner Familie eingeführt zu haben. Meine Frau lag vor zwei Jahren drei bis vier Wochen an dem kalten Fieber hart darnieder und litt fürchterliche Schmerzen. Alle Medizin verschlimmerte den Zustand meiner Frau. Auf Anrathen kaufte ich mir den „Lebenswecker". Nach einmaliger Operation meiner Frau auf Rücken und Schultern stellten sich die Schmerzen ein. Da meine Frau die Erlaubniß zur Anwendung des Instruments auf Bauch und Magen, auf welche Theile, um die Heilung zu einer vollständigen zu machen, es angewandt werden mußte, nicht gab, so trat nach einem Monat, Nachts 12 Uhr, ein schrecklicher Magenkrampf ein. Meine Frau war dem Ersticken nahe. Im ersten Schrecken griff ich nach Medizin und Kampfer, was aber nichts half. Dann nahm ich den „Lebenswecker" und schnellte ihn sechs oder acht Mal auf den Magen, rieb das Oel ein und nach fünfzehn Minuten war der Krampf für diesmal vorbei. Drei oder vier Wochen später, gegen drei Uhr Morgens, trat der Krampf wieder ein, aber bei weitem nicht mehr so heftig. Nach abermaliger Anwendung des Instruments ist er bis jetzt weggeblieben. Diese Kur habe ich dem schönen und unschätzbaren „Lebenswecker" zu verdanken.

Ich verbleibe Ihr Freund

J. Geo. Schnabel.

Olathe, Kansas, 5. März 1873.

John Linden, Cleveland, O.—Geehrter Herr!—Indem ich Ihnen für geleistete Dienste danke, sende ich $8.00 für ein anderes Instrument, Buch und Oel. Ich kurirte ein Kind vom Lungenfieber mit einer einzigen Anwendung, nachdem der sogenannte Doktor es aufgegeben hatte, sowie einen Fall vom Typhoid Pneumonia, drei Fälle von gastrischem

Fieber, zwei Fälle vom intermittent Fieber, mehrere Fälle von Verkältung in Kopf und Brust, einen Fall von feurigen Rheumatismen, wo die Patientin so hilflos war wie ein Kind und am nächsten Tage schon aus ihrem Zimmer gehen konnte und große Linderung fühlte nach einer einzigen Anwendung. Ich verlor keinen einzigen Fall, sondern hatte überall den besten Erfolg, während die sogenannten Doktoren soweit noch in keinem Fall von Typhoid Pneumonia hier Erfolg hatten. Den Leuten gehen die Augen auf beim stillen Siege des Lebensweckers, und Viele erkennen denselben an mit Dankesthränen in den Augen als das wahre Heilmittel. Achtungsvoll

Jane E. Hambleton.

Union Hill, N. J., 2. September.

Werther Freund Linden!—Mit herzlichem Gruß mache ich Ihnen Bericht, daß ich erstens ein Mädchen mit einmaliger Anwendung des Lebensweckers von hitzigem Nervenfieber erlöst habe; zweitens einen Knaben von neun Jahren, der von drei berühmten Aerzten aufgegeben war, mit viermaliger Applizirung gerettet; drittens einem Mädchen den fünf Monate lang unterdrückten Monatsfluß durch einmalige Applizirung hergestellt und in Fiebern sichere Kuren bewirkt. Viele Leute sind noch nicht ganz entschlossen für Anschaffung des Lebensweckers, aber für mich senden Sie einstweilen noch ein Instrument und zwei Fläschchen Oel.

Jacob Schmitt.

Mayville, Dodge Co., Wis., 8. August.

Werther Bote!—Es sind bereits acht Jahre her, da bekam ich im Frühjahr die Lungenentzündung. Ich brauchte den Doktor—dieser erhielt $25 von mir, und ich konnte in 10 Wochen nicht arbeiten. Des Sommers kaufte ich mir von Herrn John Linden in Cleveland, O., den Lebenswecker, und weil ich das andere Frühjahr darauf die Lungenentzündung wieder bekam, so gebrauchte ich den Lebenswecker, und in drei Tagen war ich geheilt. Vor acht Tagen wurde ich durch heftiges Kopfweh wirrig im Kopf, weil es aber nasse Witterung war, so schob ich die Applikation mehrere Tage auf, es wurde immer schlimmer; da brauchte ich den Lebenswecker, und heute ist der zweite Tag, und ich bin völlig gesund. Ich könnte noch viele Fälle anführen, wo sich der Lebenswecker als ein Wunder erwiesen hat. Jedoch es sind schon zu viele Worte, die ich dem Boten aufgebe.

Dein aufrichtiger Ludwig Grewing.

Dundee, Monroe Co., Mich., 11. Januar.

Herrn John Linden, Cleveland, O.—Liebwerther Freund!—Lassen Sie sich nicht durch die brodneidischen, widersinnigen Angriffe, die in Zeitungen wider Ihre Redlichkeit ausposaunt werden, ermüden. Ihre mir seit Jahren gesandten Heilmittel haben sich stets als echt und heilkräftig erwiesen. Dessen zum Zeugniß bitte ich Sie, wollen Sie mir mit nächster Post per Mail senden: einen Lebenswecker und zwei Fläschchen Oleum.

In Hochachtung Ihr   L. F. E. Krause,
            ev.-luth. Pastor hierselbst.

Scott City, Iowa, 25. Juli.

Werther Herr Linden!—Seien Sie so gut und schicken Sie mir für einliegendes Geld eine Flasche Oel. Vor vier Monaten litt ich an Rheumatismus, so daß ich nicht gehen konnte; seitdem habe ich den Lebenswecker gebraucht, und jetzt bin ich so weit, daß ich wieder arbeiten kann; ich zweifle nicht, daß ich bei fortgesetztem Gebrauch wieder ganz hergestellt werde. Ein 18jähriger junger Mann litt an Rheumatismus am ganzen Körper, seine Füße waren geschwollen, und er konnte nicht allein vom Wagen kommen; nach zweimaliger Applikation war er geheilt. Diese, sowie meine eigene Kur haben hier Aufsehen gemacht, so daß jetzt Viele zu mir kommen, um von mir geheilt zu werden. Ich habe noch mehrere andere Kranke zu behandeln, welche schon bedeutend besser sind.

Ergebenst   Wm. Dippe.

Highland, Clayton Co., Iowa, 28. März.

Mein lieber und werther Herr Linden!—Ich habe den Lebenswecker, den Sie mir schickten, erst gestern richtig erhalten, wie auch zwei Fläschchen Oel...... Den Mann, von welchem ich Ihnen schrieb, daß ihm in Folge eines Bisses in den Finger die Medizin-Doktoren die Hand abnehmen wollten, habe ich mit dem Lebenswecker bereits wieder hergestellt. Er ist voller Freude. Früher litt er an Hartbörigkeit, die ist nun auch gewichen seit der Anwendung des Lebensweckers.—Der Mann ist voll Wunder und Erstaunen über diesen Erfolg des Lebensweckers und Oeles über alle Kunst der Aerzte, die ihm die Hand und auch wohl den Arm abgenommen hätten. Ich bin, geehrter Herr Linden, kein Arzt, sondern blos ein Laie, aber ich habe, wie sich Einer aussprach, den ich heilte, hier bereits mehr Nutzen geschafft als alle Doktoren in der Umgegend zusammen.   Ihr ergebenster   John Isch.

Concord, 10. März.

Dr. Linden! Geehrter Herr!—In Folge meiner Order vom 28. Februar habe ich am 8. ein Packet mit Instrument, Buch und drei Fläschen Oel richtig von Ihnen erhalten...... Letztes Jahr habe ich eine Person mit dem Lebenswecker behandelt, welche eine lange Zeit krank war, schon viele Medizin genommen hatte, aber immer schlimmer wurde. Ich applizirte das Instrument über die Brust, auf beiden Seiten des Rückstrangs und auf der Lebergegend, und schon nach zwei Wochen war die Halsauszehrung gehoben, das biliöse Fieber entfernt, die Leberbeschwerde vernichtet und Dyspepsia vertrieben—das Resultat also: Gesundheit. Keine Drug=Medizin hat je die geringste Heilung bewirkt und kann es nicht; aber die exanthematische Methode entfernt die kranken Stoffe aus dem System auf eine erstaunliche Weise, und die Natur heilt sich dann selbst. B. H. Couch.

Honesdale, Pa., 3. August.

Hr. John Linden, Cleveland, O.—Werther Herr!—Die gesandten zwei Fläschchen Oel habe ich erhalten und will Ihnen zugleich Einiges über den Erfolg desselben mittheilen. Dieses soll jedoch vorläufig nur im Allgemeinen geschehen; sollten Sie die Namen der Betreffenden, sowie die einzelnen Krankheitsfälle, wo es mit Erfolg gewirkt hat, gern erfahren wollen, so bitte ich, mir dieses mittheilen zu wollen, und ich werde Ihnen eine Liste hierüber einsenden. Ich bemerke nur jetzt, daß Ihr Oel bei Allen, wo ich es anwandte, mit Erfolg gewirkt hat, und hatte ich doch dasselbe bei verschiedenartigen Fällen angewandt. Senden Sie mir sobald wie möglich noch zwei Fläschchen von diesem Oel wieder per Post. Ich übersende Ihnen per Money Order $5. Sollte es nicht so viel ausmachen, so können Sie mir den Ueberschuß im Briefe retour senden. Achtungsvoll Mrs. Brühlbach.

Milan, Sullivan Co., Mo., 12. Sept.

Geehrter Herr Linden!—Ihr werthes Schreiben nebst Oel kam mir am 20. April zur Hand; ich sage Ihnen meinen herzlichen Dank für die Freundschaft und das Zutrauen, das Sie mir geschenkt haben. Mit dem Lebenswecker hatte ich diesen Sommer bis jetzt besonders Glück; ich habe Augenkrankheiten, Sommercomplaint, Ruhr und Fieber mit dem besten Erfolg geheilt. Der Lebenswecker ist nach und nach hier sehr berühmt geworden.

Mit Gruß und Achtung Ihr Jacob Hoffman.

Clinton, Summit Co., O., 11. April.

Herr John Linden!—Ich habe die eine Flasche Oel erhalten. Zu den $5 sende ich Ihnen noch 50 Cents für die andere Flasche. Ich habe den Lebenswecker als eine große Wohlthat für die Menschheit befunden. In Familien, wo viele Krankheiten sind, ist er ein Ersparniß von Doktorrechnungen; aber viele Leute, die das Instrument nur ansehen, sind so ungläubig, bis daß der Lebenswecker seinen Namen selbst bestätigt als Lebensretter. Mein Nachbar war einer von den Ungläubigen, seine Frau war kränklich, sie bekam fast jede Woche harte Anfälle, wo jedesmal der Arzt gerufen werden mußte; einmal hat man geglaubt, daß die Frau sterben würde, so ging es mit ihr lange Zeit. Der Doktor nannte die Krankheit eine nervöse, konnte ihr aber nicht helfen. Endlich sagte die Frau, sie wolle den Lebenswecker probiren. Ich habe ihn dreimal alle zehn Tage angewandt, dann war sie völlig gesund. Es ist jetzt vier Jahre her, und es hat sich seitdem nichts mehr von ihrer Krankheit gezeigt. Ihr Mann wurde auf diese Weise von der Güte des Lebensweckers überzeugt, und er ordnete es selbst an, daß bei seinem Schwiegervater, einem mit einer Kopfkrankheit behafteten Manne, auch der Lebenswecker angewendet werde; gesagt, gethan, und der Mann wurde kurirt. In meiner Familie hat der Lebenswecker viele gute Dienste gethan. Vor zwei Wochen bekam ich Seitenstechen—nach einmaliger Anwendung war das Uebel gehoben. Ihr ꝛc. Michael Simons.

Gardner, Noble Co., O., 4. Februar 1873.

Werther Herr Linden!—Was die Wirkung des Lebensweckers betrifft, so habe ich Ihnen Folgendes zu berichten: Ich war von einem schlimmen Husten 19 Jahre lang geplagt, habe verschiedene Medizinen dagegen gebraucht—aber vergebens. Rev. H. Lyons empfahl mir den Lebenswecker, welchen ich von Ihnen nebst Buch und Oel im Oktober letzten Jahres erhielt. Ich wendete den Lebenswecker bei mir und meiner Frau an, welche mit einer Frauenkrankheit behaftet ist. Mein Husten hat sich sehr gebessert, und ich habe seit jener Zeit um 25 Pfund zugenommen. Meine Frau ist jetzt gesünder, als sie in den letzten 10 Jahren war. Ihr ꝛc. J. M. S. Cheffair.

Arenzville, Caß Co., Ill., 10. November.

Werther Herr Linden!—Bereits seit zehn Jahren litt ich an Asthma, und zwar derart, daß ich keine Nacht, ohne vier- bis fünfmal das

Bett verlaſſen zu müſſen, durchbringen konnte. Kurz, mein Uebel war eins der ſchrecklichſten der Art. Mehr denn dreißig Aerzte, ſowohl in Deutſchland als auch hier, haben ihre Kunſt an mir verſucht und mich mit Laudanum, Morphin, Stechapfeltinktur, Aether, Lebertyran ꝛc. gefüttert, allein ihre Kunſt war hier zu Ende. Die hieſigen vielge= prieſenen Patentmedizinen habe ich der Reihe nach gebraucht — doch ohne Erfolg. Endlich wurde mir von dem Paſtor, Herrn Reiß, der Lebenswecker empfohlen. Da ich aber bereits alle Hoffnung auf Beſ= ſerung aufgegeben hatte, verblieb der Gebrauch deſſelben von einer Zeit zur andern. Ein Glied hieſiger Gemeinde, Herr John Nögge, hatte ein Inſtrument nebſt Oel, und dies borgte ich mir verſuchsweiſe, nahm das Lehrbuch zur Hand und ließ mir 80mal das Inſtrument anſe= ßen, fühlte aber gleich, wenn auch wenig, doch Linderung. Ich glaubte jedoch, dies wäre nicht genug für mich und ließ mir das zweite Mal 310mal ſchlagen; die Wirkung aber war erſtaunlich: ich konnte gleich die ganze Nacht ſchlafen, der Appetit fand ſich zum Eſſen, und ich fühlte von Tag zu Tag meine Kräfte zunehmen. Das dritte Mal ließ ich mir 290= und das vierte Mal 270mal ſchlagen; bin aber jetzt ſo kräftig, daß ich in meinen Freiſtunden die Jagd betreiben kann, und vorher war es mir ein ſauer Stück Arbeit, nach meiner fünf Minuten weit entfernten Schule zu gehen, da bin ich ſo zu ſagen über meine eigenen Beine geſtolpert. Noch muß ich hinzufügen, daß ich meine Frau durch einmalige Operation von einer heftigen Ruhr und meine Tochter, acht Jahre alt, durch zweimalige Operation von dem hier ſehr heimiſchen kalten Fieber befreite. Achtungsvoll

Franz Spitzer,
Lehrer an der ev.=luth. St. Peters Gemeinde zu Arenzville, Caß Co., Ill.
Obiges beglaubigt F. Reiß, Pfarrer hieſiger Gemeinde.

———

Grandview, Iowa.

Geehrter Herr Linden! — Indem ich eine andere Flaſche Oel be= ſtelle, wünſche ich zu bemerken, daß ich mit „Tettera,“ oder, wie ihn einige Doktoren nennen, „Salt Rheum“ behaftet war und nach vier= maliger Anwendung des Lebenswecker beinahe geheilt bin. Meine Frau, die an dem ſchrecklichen „feurigen Rheumatismus“ litt, iſt dadurch erlöſt worden und fühlt ſich wie ein neuer Menſch. Auch habe ich einige ſchlimme Fälle von Zahnweh und Neuralgia mit einer Anwendung ge= heilt, und mein Glaube an die kleine Maſchine wird immer größer.
Ihr ꝛc. J. S. Wilſon.

Cleveland, O., 1. August 1877.

Vergangenen Winter wurde meine Tochter von einem äußerst schmerzhaften Fußleiden befallen, wodurch der Fuß sehr aufgeschwollen und stark entzündet war, und sie konnte weder gehen noch stehen, sondern mußte die meiste Zeit liegend zubringen. Alle angewandte ärztliche Hülfe machte das Uebel nur noch schlimmer, und der Fuß war durch die scharfen, wahrscheinlich giftigen Mittel und Tinkturen, womit der Fuß täglich vom Doktor bepinselt wurde, so schlimm, daß meine Tochter in Gefahr kam, den Fuß zu verlieren, und der Doktor erklärte, weiter nichts mehr thun zu können.

Da endlich, in der höchsten Noth, wurden mir Herrn John Linden seine Heilmittel angerathen, und unter dessen nur dreimaliger Behandlung war der Fuß wieder soweit hergestellt, daß meine Tochter wieder gehen konnte, und nach noch dreimaliger Selbstbehandlung mit dem Lebenswecker und Oel war sie wieder gänzlich hergestellt.

Dieses Zeugniß zum Nutzen und Frommen aller Leidenden

Karl Eckard.

Humboldt, 11. August 1877.

Hrn. John Linden, Cleveland, O.!—Geehrter Herr!—Einliegend erhalten Sie eine Money Order im Betrage von einem Dollar und fünfundsiebenzig Cents ($1.75), wofür Sie mir gefälligst ein Flacon Oleum schicken wollen. In einer Ihrer Anzeigen habe ich gesehen, daß Sie obigen Betrag, Porto eingeschlossen, rechnen.

Der Lebenswecker bewährt sich hier. Da die Bevölkerung meistens amerikanisch ist, so hält es schwer, diese Heilmethode einzuführen, indem der Amerikaner glaubt, er könne ohne magenvoll Medizin nicht kurirt werden. Ich habe einen schwierigen Fall von Gesichtsrose in zwei Monaten gründlich geheilt, ohne daß der Patient eine Stunde Zeit in seinem Geschäfte verloren hat. Einen Fall Gicht- und Leberleiden chronischer Natur, viele Jahre alt, behandle ich seit fünf Wochen mit gutem Erfolge. Einen anderen Fall von Gicht, sehr schlimmer Natur, habe ich seit zehn Tagen, mit guter Aussicht, in Behandlung.

Ein Kind, mit Stickhusten behaftet, ist ebenfalls mit dem Lebenswecker kurirt worden. Ferner ein Fall von Neuralgia. Verschiedene Personen sprechen davon, sich Instrumente u. s. w. zu kaufen.

Ergebenst   Louis Waldter.

Mercer, Pa., 13. August 1877.

Herr John Linden! — Geehrter Herr! — Ich bin von den Folgen eines Schlaganfalles, der mich vor mehreren Jahren traf, glücklich wieder befreit. Meine Herstellung verdanke ich Ihrem Lebenswecker. Ich wünsche, derselbe wäre im Besitze einer jeden Familie.

Im Herbste 1863 wurde ich zur Legislatur vom Staat Pennsylvanien erwählt, und während ich dort war, wurde ich gefährlich krank, ich dokterte mehrere Jahre, doch ohne Erfolg; als ich jedoch Ihren Lebenswecker nur eine kurze Zeit gebraucht hatte, war ich wieder im Stande, mit einem Stock nach meiner Office zu gehen. Sie sollten meine Genesung weit und breit bekannt machen. Durch die Anwendung Ihrer Heilmittel würde dem Volke jährlich Millionen von Dollars gespart werden. Ihr Freund

R. M. De Frange, Attorney at Law.

Sacramento, Cal., 9. August 1877.

Geehrter Linden! — Die drei Flaschen Oleum bekam ich vor ungefähr drei Wochen; ich war ganz erstaunt, als ich das Packet aufmachte und fand so ungeheuer große Flaschen mit der Inschrift im Glase selbst: "J. Linden's improved Oleum Baunscheidtii, Cleveland, O., Patented 1877," und mit dem geschmackvollen Label daran. Erst, nachdem ich den beigelegten Zettel genau durchgelesen hatte, „roch ich den Braten." Von ganzem Herzen gratulire ich Ihnen, daß Sie auf den gescheidten Gedanken gekommen sind, ein reguläres Trade Mark zu adoptiren und dasselbe patentiren zu lassen! Sie werden bald ausfinden, daß man Ihr Oleum um so lieber kauft, weil ein Jeder, der eine Flasche kauft, sogleich sehen kann, ob er das echte, fast sollte ich sagen: das „allein brauchbare" Oleum bekommt oder nicht. Sie haben meiner Ansicht nach das passendste Mittel gefunden, um den vielen Nachfälschungen Ihres unübertrefflichen Oleums vorzubeugen. Wer sich jetzt mit einem schlechten Oleum „anschmieren," oder vielmehr betrügen läßt, hat daran selbst schuld, denn Niemand hat das Recht, Ihr Trade Mark nachzuahmen, und deßhalb sollte auch Niemand eine Flasche kaufen, worauf Ihr Trade Mark fehlt. — Doch noch ein anderer und nicht minder guter Grund spricht zu Gunsten Ihres Oleums, nemlich, dieselbe Quantität, die Sie für $1.50 verkaufen, kostet $3.42, wenn man das sogenannte „importirte" Oleum kauft, dieses habe ich ganz genau nach dem wirklichen Gewicht ausgerechnet, und dabei ist meines Dafürhaltens Ihr Oleum um das Doppelte besser als das importirte. Jetzt braucht man doch nicht mehr bei Operationen so sehr mit dem Oele zu geizen—man kann genug gebrauchen, ohne sich arm zu kaufen. Mit Begierde sehe ich Ihrer neuen Ausgabe des Lehrbuches entgegen, das, wie Sie sagen, ganz umgearbeitet werden soll. Als alter Freund und Customer bitte ich Sie, mir gleich eins der ersten Exemplare zuzuschicken, und zwar per Expreß C. O. D. Versäumen Sie dies ja nicht!

Nochmals meinen herzlichen Glückwunsch für die bedeutende Zunahme Ihres Geschäftes. Mit alter Freundschaft Ihr
John F. Berner.

———

Meine Leser werden mich entschuldigen, daß ich ihnen folgenden langen Brief vorlege, indem sich derselbe nicht einzig und allein auf die Heilkunde bezieht. Ich glaube jedoch, daß ein Jeder, der ihn liest, sich mir zum Danke verpflichtet fühlen wird, da derselbe sehr viel Wissenswerthes und Interessantes enthält.

Jerusalem in Palästina, den 5. März 1877.

Mein lieber Freund Linden! — Einen freundlichen und herzlichen Gruß rufe ich Ihnen aus der Ferne zu. Möge die Gnade Gottes Ihnen Gesundheit und den rechten Glauben bewahren.

Zuerst will ich ihnen Folgendes mittheilen: Die von Ihnen bezogenen sechs Lebenswecker und sechs Dutzend Gläser Oel sind hier angekommen, ohne daß auch nur das Geringste beschädigt war. Ich habe sie an einige Hospitäler und Klöster verschenkt, (Jedem ein Instrument und zwölf Flaschen Oel) und ihnen die nöthige Anweisung gegeben. Wie man mir später gesagt hat, thun sie sehr gute Dienste, und ich habe einem Jeden Ihre Adresse aufschreiben müssen, damit sie, wenn nöthig, eine Bestellung bei Ihnen machen können. Mir selbst hat der Lebenswecker, den ich mitnahm sehr gute Dienste gethan. Auf dem Schiff habe ich mehrere Passagiere von der Seekrankheit befreit, der Capitän meinte, er hätte noch kein Mittel kennen gelernt, das so gut die Seekrankheit beseitige, als der Lebenswecker; er konnte das kleine Ding nicht genug bewundern, der Schiffsarzt selbst drückte sein Erstaunen aus, und las Ihr Lehrbuch mit großem Interesse.

Bei meiner Abreise sagten Sie mir, Sie hätten auch große Lust eine Reise nach Jerusalem zu unternehmen, und ich versprach damals, Ihnen einen ausführlichen Brief über die geheiligte Stadt und deren Umgebung zu schreiben. Ich habe es über zwei Jahre unterlassen, mein Versprechen zu halten, allein dafür will ich nun auch desto ausführlicher berichten.

Es scheint mir, als ob es keinen Ort in der Welt geben könnte, wo man seinen Geist mehr zu Gott und zur wahren Gläubigkeit erhoben fühlt, als die Orte, die unser Heiland und Erlöser durch seine Lehren, seine Leiden, sein Sterben und seine Auferstehung geheiligt hat. Nicht nur für die Christen aller Confessionen und die Juden ist Jerusalem eine heilige Stadt, sondern sogar die Muhammedaner betrachten sie als die Stadt Gottes, die (nach ihrem Glauben) nur Mekka im Range nachsteht. Ich bin nun schon über 2 Jahre in Palästina, aber immer noch kommt es mir vor, als könne ich nicht mehr von hier fortgehen. Ich besuche den Oelberg sehr häufig und lasse mich unter dem Schatten eines Baumes nieder, aber noch jedesmal hat sich meiner der Gedanke bemächtigt, daß vielleicht unser Herr und Heiland auf eben demselben Platze ausgeruht haben könnte; es weht hier förmlich eine heilige Luft.

Jerusalem ist ohne Zweifel für uns Christen der heiligste Platz der Erde, und dennoch befindet sich Jerusalem und ganz Palästina in den Händen von Muhammedanern, die den Christen nur erlauben, hierher zu kommen und hier zu wohnen, weil sie ihnen Vortheil bringen. Wenn man bedenkt, daß fast fortwährend seit Christi Tode diese uns so theuern Gegenden von den Heiden und Muhammedanern bewohnt wurden, so dreht sich Einem vor Jammer das Herz im Busen herum. Die christlichen Völker sollten Palästina entweder käuflich an sich ziehen, oder wenn die Muhammedaner das nicht wollen, so sollten sie es erobern.

Nun will ich erst etwas über die Zeit der Erbauung Jerusalems sagen, wie ich aus dem heiligen Buche und aus Geschichtsbüchern erfahren habe.

Von Erschaffung der Welt bis zur Geburt unsers Heilandes sind es 4004 Jahre. Unser Vorvater Noah wurde im Jahre 1056 nach Erschaffung der Welt, oder 2948 Jahre vor Christi geboren. Noah hatte drei Söhne, Sem, Ham und Japhet. Noahs ältester Sohn Sem wurde geboren, als er (Noah) 500 Jahre alt war. 1. Buch Mos. Cap. 5, Vers 32. Die Sündfluth brach herein, als Noah 600 Jahre alt war. 1. Mos. 7, Vers 6. Noahs Söhne zeugten Kinder nach der Sündfluth. 1. Mos. 10, Vers 1. Ham war der Vater Canaans, den sein Großvater Noah verfluchte. 1. Mos. 9, Vers 18 bis 26. Noah starb 350 Jahre nach der Sündfluth, oder 1998 Jahre vor Christi Geburt. 1. Mos. 9, Vers 28 und 29. Der Name Ham meint in der Ursprache „verbrannt", „dunkel" oder „schwarz". Von seinen zahlreichen Nachkommen sollen unter Andern auch die Neger abstammen. Sein Sohn Canaan, (der von seinem Großvater Noah verflucht war) und von dem die Canaaniter abstammen, hatte elf Kinder. 1. Mos. 10, Vers 15—19. Unter diesen war Jebus, der Stammvater der Jebusiten, der wahrscheinliche Gründer Jerusalems.

Der Stammvater Abraham wurde geboren zwei Jahre nach dem Tode Noahs, also 2008 Jahre nach Erschaffung der Welt, oder 1996 v. Chr. Geburt. Er war 100 Jahre alt, als Isaac geboren wurde. 1. Mos. 21, V. 5. Als Isaac noch ein Knabe war, wurde Abraham befohlen, nach dem Lande Morija zu gehen und Isaac daselbst zu opfern. 1. Mos. 22, Vers 1 und 2. Abraham war folgsam und machte sich mit Isaac auf den Weg, und am 3. Tage sah Abraham die Stätte von fern. 1. Mos. 22, V. 4. Hieraus sieht man, daß das Land Morija ein Berg ist. Auf diesen Berg Morija oder Moriah baute später Salomo den Tempel. 2. Chron. 3, V. 1.—Mithin ist die erste Nachricht, die wir von der heiligen Stätte, wo später Jerusalem und der Tempel Salomon's stand, als Abraham seinen Sohn Isaac opfern wollte.

Es wird von den Juden und von vielen Christen behauptet, daß der erste Name Jerusalems „Salem" war, welches Wort „Frieden" bedeutet, und man gründet diese Ansicht auf 1. Mos. 14, V. 18—20, so wie auf die Epistel an die Ebräer Cap. 7, V. 1—3. Wer der König Melchisedek, der darin erwähnt ist, eigentlich war, zu was für einem Volke er gehörte, wann er geboren und gestorben ist, bleibt für immer ein Räthsel. Jedenfalls war er ein ganz besonders rechtschaffener, gottesfürchtiger Mann und wird im Neuen Testamente „ein Priester Gottes des Allmächtigen" genannt.

Er war ein Zeitgenosse und Freund Abrahams — wenn nun zur Zeit, als Abraham seinen Sohn Isaac auf dem Berge Morija oder Moriah (einer der Hügel auf dem Jerusalem gebaut war) opfern wollte, die Stadt Salem schon gebaut war, so würde sicher diese Thatsache erwähnt sein.—Salem hat ohne Zweifel auf einer andern Stelle gestanden, als wo Jerusalem steht, und wahrscheinlich in nicht zu großer Entfernung davon.

Im ersten Capitel der Könige Vers 8 steht geschrieben, daß die Kinder Israels nach dem Tode Josuas (er starb 1426 Jahre v. Chr. Geburt) wider Jerusalem stritten (das damals noch Jebus genannt wurde) und gewannen sie, und schlugen sie mit der Schärfe des Schwertes, und zündeten die Stadt an. Dieses muß also 400 bis

450 Jahre gewesen sein, nachdem Abraham seinen Sohn Isaac auf dem Berge Morija oder Moriah opfern wollte. Mithin ist anzunehmen, daß Jebus das nachmalige Jerusalem ungefähr 1400 Jahre v. Chr. Geburt gebaut wurde. Da Rom 752 Jahre v. Chr. gegründet wurde, so ist Jerusalem ungefähr 650 Jahre älter als Rom. Jedoch scheinen die Israeliten Jebus oder Jerusalem nach der Einnahme nicht bewohnt zu haben, denn im Jahre 1046 v. Chr. ging David nach Jerusalem wider die Jebusiter und nahm die Stadt bei Sturm und machte Jerusalem seine Residenz. Vgl. 1. Sam. 5, 6—10.

David wurde geboren zu Bethlehem, 1. Sam. 17, Vers 12 im Jahre 1085 v. Chr. Geburt, also 736 Jahre nach Abrahams Tod oder 1263 Jahre nach der Sündfluth. David wurde König, als er dreißig Jahre alt war (1055 v. Chr. Geburt). Er regierte vierzig Jahre und war siebzig Jahre alt, als er im Jahre 1015 v. Chr. starb.

Als David sieben und ein halbes Jahr regieret hatte, verlegte er seine Residenz von Hebron nach Jebus, dem nachmaligen Jerusalem, d. h. die Wohnung des Friedens. 2. Sam. 5, V. 5 bis 8. Jos. 15, V. 8. Richt. 19, V. 10 und 12. Jebus war damals auf zwei Hügeln gebaut.

Wir lesen im 30. sonst (29.) Capitel des 1. Buches der Chronica Verse 2 bis 8, daß David seinem Sohne Salomo zum Tempelbau 3000 Centner Gold von Ophir und 7000 Centner lauteres Silber übergab, gleichfalls gaben die Fürsten der Stämme Israels und andere hervorragende Männer zum Tempelbau 5000 Centner Goldes, 10,000 Gülden und 10,000 Centner Silber; 18,000 Centner Erz und 100,000 Centner Eisen.

Salomon wurde geboren 1033 v. Chr. Er wurde König, als er achtzehn Jahre alt war, und regierte vierzig Jahre lang (von 1015 bis 975 v. Chr.). Im vierten Jahre seiner Regierung fing er den Tempelbau auf dem Berge Moriah an. 2. Chron. 3, V. 1. Die Beschreibung des Tempels selbst finden wir in letztgenanntem Capitel, ebenso im 6. Capitel des 1. Buches der Könige. Der König Hiram von Tyrus unterstützte ihn hierbei nicht allein durch tyrische Baumeister und Künstler, die er ihm sandte, sondern auch durch Holz vom Libanon, welches er ihm zukommen ließ. Nach sieben Jahren war der Tempelbau vollendet. 1. Kön. 6, 37. Es erfolgte die feierliche Einweihung des Tempels, wovon wir in 1. Kön. Cap. 8, und in 2. Chron. 5, V. 6, und im 7. Cap. V. 1 2c. die Beschreibung lesen.

Leider wurde der prachtvolle Tempel bereits dreiunddreißig Jahre nach seiner Vollendung unter Rehabeam vom egyptischen Könige Sisak geplündert; er nahm die Schätze aus dem Hause des Herrn u. s. w. Siehe 1. Buch der Könige, Cap. 14, V. 25 und 26. 2. Chron. 12, 9.

Unter Amazia eroberte der König Joas die Stadt und zerstörte einen Theil der Mauern.

Usia verstärkte die Befestigung so, daß die Belagerung des assyrischen Königs Sanherib vergeblich blieb.

Unter Manasse dagegen wurde die Stadt von den Assyrern eingenommen.

Das größte Unglück kam über die Stadt, als die Chaldäer unter Nebukadnezar die Stadt nach zweijähriger Belagerung eroberten und dieselbe sammt dem prachtvollen Tempel Salomos zerstörten und dem Grunde gleich machten.

Der Tempel hatte nach seiner Vollendung nach der Berechnung des Historikers Usher 424 Jahre, drei Monate und acht Tage gestanden. Die heiligen Gefäße wurden nach Babylon gebracht.

Dies geschah im Jahre 587 vor der Geburt unsers Heilandes. Vgl. 2. Kön. 25, Vers 9 ꝛc. 2. Chron. 36, V. 19. Jer. 52, V. 12.

Als es den Juden von Cyrus gestattet worden war, aus der Babylonischen Gefangenschaft in ihr Vaterland zurückzukehren, im Jahre 536 v. Chr. Geburt, gab Cyrus (oder Cores) ihnen die geheiligten Gefäße wieder, die Nebukadnezar aus Jerusalem genommen hatte. Siehe Esra Cap. 1. Durch die Bemühungen Esras und Nehemias bekamen sie von Cyrus Erlaubniß, den Tempel wieder aufbauen zu dürfen, wie im ersten Capitel im Buche Esra und im zweiten Buche der Chronica, Cap. 36, V. 22 und 23 genauer angegeben ist. Im zweiten Jahre nach ihrer Rückkunft konnte bereits die erste Kolonie unter Zerubabel und Josua (534 v. Chr. Geburt) den Tempelbau beginnen. Esra 3, 8.

Jerusalem erlitt noch fünfmal das Schicksal der Eroberung; zuletzt und am härtesten durch die Römer 71 Jahre n. Chr., wobei auch der von Herodes erbaute Tempel, welcher den Salomonischen an Herrlichkeit noch überstrahlte, nicht verschont bleiben konnte.

Auf ihren Trümmern erbaute 126 n. Chr. der Kaiser Hadrianus eine neue Stadt, welche er Aelia Capitolina nannte, den Juden aber wurde verboten, dieselbe zu betreten. Zu neuem Ansehen erhob sich Jerusalem, als das Christenthum im römischen Reiche Staatsreligion wurde, und schon Constantin der Große erbaute die Kirche des heiligen Grabes. Wiederholte Versuche des Kaisers Julian den jüdischen Tempel wieder herzustellen, mißglückten.

Im Jahre 533 wurde Jerusalem der Sitz eines Patriarchen.

Im Jahre 615 eroberte der Perserkönig Kosroes die Stadt mit Sturm, blieb aber nur 13 Jahre in ihrem Besitze.

Dauernder war die Eroberung Jerusalems durch die Araber unter dem Kalifen Omar, im Jahre 636, seitdem blieb es, wie ganz Palästina, in den Händen der Sarazenen, bis die Bedrückung, welche die Christen zu erleiden hatten, die Kreuzzüge hervorriefen. Am 15. Juli 1099 wurde Jerusalem von Gottfried von Buillon erobert und zur Residenz des christlichen Königthums Jerusalem gemacht.

Von Neuem verloren ging es 1187 an Sultan Saladin, und obgleich Kaiser Friederich II. 1229 n. Chr. die Stadt durch Vertrag vom Sultan von Egypten erhielt und sich dort krönte, währte der Besitz doch nur bis 1244, wo es von dem Sultan von Babylon erobert wurde. Im Jahre 1382 bemächtigten sich die cirassischen Mameluden Jerusalems, und 1517 eroberte es der türkische Sultan, Selim I., seit welcher Zeit es unter türkischer Herrschaft geblieben, bis es 1832 in die Hände Mehmed Alis fiel, der es aber 1840 dem Sultan zurückgeben mußte.

Jerusalem war also nur sehr kurze Zeit in dem Besitze der Christen, und das ganze heilige Land Palästina wird zur Schande aller christlichen Nationen von Ungläubigen beherrscht und profanirt.

Jerusalem (heißt übersetzt Wohnung des Friedens) liegt 36 englische Meilen vom Mitteländischen Meere und 14 Meilen vom Todten Meere. Das alte Jerusalem war auf den Hügeln Zion und Akra erbaut, zwischen denen das Thal der Käsemacher (Tyropöon) bis zur Quelle Siloam lief.

Dem Hügel Akra gegenüber liegt der niedrigere Hügel Morija, auf dem Abraham seinen Sohn opfern wollte, und auf dem später der Tempel stand. Unter Herodes Agrippa I. wurde noch der vierte Hügel Bezetha, nördlich von den Hügeln Akra und Morija gelegen, wegen zunehmender Bevölkerung der Stadt einverleibt.

Die Stadt war durch drei gewaltige 50 Fuß hohe und 20 Fuß dicke Mauern mit mehr als 150 starken Thürmen befestigt. Die Lage dieser Mauern und die Grenzen der Stadt, zur Zeit unseres Heilandes, kann jetzt nicht mehr genau angegeben werden. Die jetzige Mauer wurde im Jahre 1543, nach Christi Geburt, gebaut und ist von 20 bis 60 Fuß hoch.

Im Alterthume hatte die Stadt 10 Thore. Jetzt befinden sich im Westen das Bethlehem- oder Jaffathor, im Norden das Thor von Damaskus und das des Herodes, im Osten das Stephansthor, ein zweites, das ehemalige Goldene Thor, ist von den Türken vermauert. Im Süden befindet sich das Mistthor (nur eine kleine Pforte).

Das Käsemacherthal ist jetzt fast ganz verschwunden, es ist fast ganz aufgefüllt. Die Stadt, vormals herrlich und prachtvoll, bietet jetzt nur noch aus der Entfernung einen schönen Anblick.

Die Häuser sind von Stein und Lehm, niedrig und unregelmäßig mit flachen Dächern und kleinen Kuppeln, und haben nur selten Fenster nach der Straße zu. Die Straßen sind eng, nur zum Theil gepflastert, die sogenannte Judenstraße ist am unsaubersten von allen.

Die Einwohnerzahl, die zur Zeit der Zerstörung durch die Römer eine Million betragen haben soll, schwankt jetzt zwischen 12,000 bis 15,000, von denen zwei Fünftel Muhammedaner, und der Rest halb aus Juden und halb aus römisch-katholischen und griechischen Christen besteht. Protestanten gibt es hier nur sehr wenige, nicht über 100.

Die hiesigen Christen sind meistens von der niedrigeren Klasse, dumm und abergläubisch. Die Juden sind meistens spanischer Abkunft, deren Vorfahren im Anfang des 16. Jahrhunderts hieher zogen; sie sprechen jetzt noch eine verdorbene spanische Sprache, jedoch gibt es hier auch deutsche und polnische Juden.

Die Juden gehören, mit geringer Ausnahme, der niedrigen, unwissenden Klasse an; sie wohnen in einem besonderen Stadttheile, die Häuser sind schlecht gebaut, schmutzig und überfüllt; sie sind sehr arm und werden von den Muhammedanern noch mehr unterdrückt als die Christen.

Die Muhammedaner sind meistens arabischer Abkunft, jedoch gibt es hier auch viele Türken.

Die meisten griechischen Christen sind gleichfalls arabischer Abkunft und sprechen nur arabisch. Ihre Mönche und höheren Geistlichen sind jedoch wirkliche Griechen. Der Patriarch von Jerusalem ist ihr Oberhaupt. Sie haben hier 15 Klöster und Convente.

Die Römisch-Katholischen sind zum großen Theil geborene Syrier, und sind von der griechischen Kirche abgefallen, sie sprechen nur arabisch. Das kirchliche Oberhaupt wird der „Guardian des Berges Zion und des heiligen Landes" genannt — er ist immer ein geborener Italiener und wird vom Papste alle drei Jahre ernannt. Sie haben hier mehrere Klöster und Convente.

Die Straßen des jetzigen Jerusalems sind schmal, schlecht oder gar nicht gepflästert und unrein, wie überhaupt in allen Städten Asiens.

Die allgemeine Sprache ist die arabische.

Schulen sind selten. Es herrscht hier Armuth und Gewerblosigkeit, die Ausfuhr der Kreuze und Rosenkränze aus dem Kloster San Salvador ist der wichtigste Handelszweig.

Die Pilger bringen den Einwohnern bedeutenden Vortheil.

Lebensmittel sind reichlich zu haben.

Die Griechen und Römischen haben ihre Klöster und Häuser in der Gegend des heiligen Grabes. Die Armenier wohnen auf dem Berge Zion, wo ihr Hauptkloster ist.

Die Juden wohnen zwischen den Bergen Zion und Morija, die Türken und Araber auf dem Hügel Bezetha.

Die Lage dieser vier Hügel ist wie folgt:

Im Süden liegt der Berg Zion, nordöstlich davon der Tempelberg Morija, östlich von letzterem und nordöstlich von Zion liegt der Hügel Akra, und nördlich von letzterem und dem Morija liegt der Berg Bezetha. Auf dem Berge Morija, wo ehemals der Salomonische Tempel prangte, steht jetzt die von Omar im Jahre 637 n. Chr. Geburt erbaute prachtvolle muhammedanische Moschee, die während 600 Jahre kein Christ bei Todesstrafe betreten durfte. Die via dolorosa, der angebliche Weg, welchen unser Heiland nach Golgatha gegangen ist, fängt am Stephans-Thore in der Nähe des heilkräftigen Teiches Bethesda an, führt an der Sakhara vorbei, durch das Richttor hindurch, und endigt nach einer Strecke von 1220 Schritten im Norden der Stadt auf dem sogenannten Calvarienberge oder Golgatha. Hier steht die Kirche des heiligen Grabes. Sie bildet einen mit einer Kuppel bedeckten Cylinder 72 Schritte im Durchmesser, unter der Oeffnung der Kuppel befindet sich das heilige Grab, welches einer in einen Felsen gehauenen Grotte gleicht, und von Außen einer Kapelle ähnlich überbaut ist. Die inneren Wände sind mit weißem Marmor bedeckt, fünfzig silberne Leuchter brennen Tag und Nacht.

Das Grab ist 8 Fuß lang, 7 Fuß breit und hoch. Das Grab selbst gehört den Römisch-Katholischen, die Kreuzigungsstätte den griechischen Christen. Der Bau der Kirche wurde im Jahre 326 nach Christi Geburt begonnen. Sie wurde mehremale zerstört, aber immer wieder auf demselben Platze aufgebaut.

Die Pilgerfahrten nach dem heiligen Grabe, meist von griechischen und armenischen Christen, sind zur Osterzeit am stärksten, wo sich oft über 10,000 Pilger aus den fernsten Gegenden hier zusammenfinden.

Die Türken erheben für die Erlaubniß zum Eintritt von jedem Einzelnen eine kleine Steuer. An den höheren Festtagen ist der Eintritt frei. Dicht daneben ist das Franziskanerkloster St. Salvador, wo auch Protestanten freundliche Aufnahme finden.

Zahlreiche Alterthümer, vorzüglich christliche Erinnerungen, hat die Umgebung Jerusalems aufzuweisen. Im Westen sucht man die Höhle Jeremias, im Süden, Zion gegenüber, den angeblichen Töpferacker, im Osten, wo der Bach Kidron in dem Felsenthale Josaphat fließt, den Teich Siloah, unzählige Felsengräber der Juden, wo auch jetzt noch die Todten derselben beerdigt werden, den Thurm Absalom's, die Brücke, welche über den Bach Kidron zum Garten Gethsemane führt, nicht weit davon das Grabmal der Jungfrau Maria.

Der Weg aufwärts, im Thale Josaphat, führt an den türkischen Gräbern vorüber zu den Gräbern der Könige, Todtenkammern, deren Wände herrliche architektonische Verzierungen schmücken und worin Särge in den Fels gehauen sind.

Da ich nun schon die meisten merkwürdigen Plätze in der Umgegend Jerusalems besucht habe, so will ich noch einige Notizen über einige derselben mittheilen; — wollte ich alle Merkwürdigkeiten aufschreiben, so würde ein Buch daraus werden, das fast so groß als die Bibel wäre.

Joppe oder auch Jaffa genannt liegt am mittelländischen Meere und ist 36 englische Meilen von Jerusalem entfernt. Es ist der Landungsplatz für die Pilger nach Jerusalem und Palästina. Es ist der älteste Seehafen, den man kennt, ja Viele behaupten, daß die Stadt schon vor der Sündfluth existirt habe, d. h. daß an diesem Platze vor der Sündfluth schon eine Stadt gestanden habe. Dieses jedoch ist nicht mit Gewißheit zu behaupten, obgleich es möglich ist. Jedenfalls existirte sie schon als die Juden Besitz von Canaan nahmen, denn sie wurde dem Stamme Dan zugetheilt. Jos. 19, V. 46. Hier landete das Bauholz vom Libanon zum Bau des Tempels in Jerusalem. 2. Chron. 2, Vers 16. Hier ging der Prophet Jonas aufs Schiff, ehe er vom Wallfische verschlungen wurde. Jon. Cap. 1. Hier erweckte der Apostel Petrus die Tabea vom Tode. Apstg. 9, V. 36 bis Ende.

Hier hatte Petrus die Erscheinung mit dem Tuche, welches, mit allerlei Thieren angefüllt, vom Himmel gelassen wurde. Apostelg. 10, Vers 1 ꝛc.

Während der Kriege mit Rom sollen hier über 8000 Einwohner ermordet worden sein, und als Napoleon I. im Jahre 1799 die Stadt mit Sturm nahm, ließ er hier 1200, Einige behaupten sogar 4000 türkische Gefangenen kaltblütig niedermetzeln. Während der Kreuzzüge war Joppe abwechselnd in den Händen der Christen und der Muhammedaner. Die Stadt hat ungefähr 6000 Einwohner, von denen der vierte Theil aus Christen aller Nationen besteht. — Die Häuser sind nichts weniger als schön, die Straßen sind eng und unsauber. Es werden von hier viele Früchte nach verschiedenen Theilen der Welt geschickt.

Bethania war eine kleine Stadt bei Jerusalem am Fuße des Oelberges, jetzt ist es nur ein Dorf. Es liegt ungefähr zwei englische Meilen südöstlich von Jerusalem. Bethania war der Wohnort der Martha, der Maria und deren Bruder Lazarus, den unser Heiland von den Todten erweckte. Hier goß auch Maria Salbe auf das Haupt des Erlösers, was den Zorn von dem Verräther Judas erregte. Hier verdorrte auf des Herrn Geheiß der Feigenbaum. Matth. 21, Vers 19. Unser Erlöser führte seine Jünger gen Bethanien, und hob die Hände auf, und segnete sie, und es geschah, da er sie segnete, schied er von ihnen und fuhr auf gen Himmel. Luc. 24, Vers 53 und 51.

Bethlehem (früher Ephrath genannt. 1. Mos. 48, Vers 7) liegt sechs englische Meilen südlich von Jerusalem auf einem mit Wein und Oelbäumen bedeckten Berge. Es hat ungefähr 3000 Einwohner, die fast sämmtlich Christen verschiedener Nationen sind. Bethlehem ist der Geburtsort Davids und unseres Heilandes. Hier wird ein starker Handel mit Rosenkränzen, Crucifixen u. dgl. getrieben. Ein Kloster, nebst einer von Justinian erbauten Kirche steht über der heiligen Geburtsstätte. Eine kurze Strecke von Bethlehem zeigt man die Stelle, wo Rahel nach der Geburt Benjamins begraben sein soll. 1. Mos. 35, Vers 16—20, und ungefähr zwei englische Meilen südwestlich von hier sind die großen Cisternen, die von Salomo gebaut sein sollen.

Hebron liegt ungefähr 18 englische Meilen südlich von Jerusalem. Diese Stadt wird schon in der Geschichte der Patriarchen erwähnt. 1. Mos. 13, V. 18; 14, Vers 13 u. s. w. Nach Eroberung des Landes Canaan wurde sie Priesterstadt. Jos. 10, Vers 36; 37, Vers 21.

Hier wohnte König David mehrere Jahre. 2. Sam. 2, Vers 1; 5, Vers 5; auch ist sie merkwürdig in der Geschichte Absaloms. 2. Sam. 15, Vers 7. Während der Babylonischen Gefangenschaft bemächtigten sich die Idumäer der Stadt, aus der sie später Judas Maccabäus vertrieb, und sie zerstörte. 1. Macc. 5, Vers 65, 66. Sie war eine der 7 israelitischen Freistädte, und wurde später vom Kaiser Vespasian zerstört. Die Muhammedaner haben hier 9 Moscheen über die Gräber der Patriarchen gebaut, die aber kein Christ betreten darf. Die Zahl der Einwohner soll nur 2000 betragen, die fast sämmtlich Muhammedaner sind. In der Umgegend befindet sich eine große Menge Ruinen, woraus sich schließen läßt, daß Hebron früher eine sehr bevölkerte Stadt war.

Nazareth ist ungefähr 60 englische Meilen nördlich von Jerusalem gelegen. Es war der Wohnort der Eltern unsers Erlösers, und er selbst verlebte hier 30 Jahre. Die Stadt hat jetzt ungefähr 3000 Einwohner, die meistens Christen sind. Im Alten Testamente wird sie nicht genannt. Man zeigt sich hier allerlei Alterthümer, z. B. die Schule, in der unser Heiland seinen ersten Unterricht bekommen hat; ebenso den Bergabhang, von dem die Juden ihn hinabstürzen wollten. Evang. Luc. 4, Vers 29. Die Stadt scheint nicht in gutem Rufe gestanden zu haben, denn Nathaniel sagt: „Was kann von Nazareth Gutes kommen?" Evang. Joh. 1, Vers 46. Jetzt heißt die Stadt Nazark. Die Umgegend ist prachtvoll und gleicht einem großen üppigen Garten. Sie liegt am Abhange eines Berges, ungefähr in der Mitte zwischen dem Mittelländischen Meere und dem Jordan.

Doch nun habe ich genug geschrieben, obgleich ich Ihnen noch gern Etwas über die anderen Merkwürdigkeiten mittheilen möchte, was ich mir aber für spätere Zeit vorbehalten will. Ich hoffe, Sie werden in Ihrem Entschlusse, das geheiligte Land zu besuchen, nicht aufgeben. Obgleich ich nur 6 bis 8 Monate hier bleiben wollte, bin ich nun schon über 2 Jahre hier, und weiß noch nicht, wann ich mich von hier trennen kann. Ein Menschenleben ist fast zu kurz, um alle merkwürdigen und heiligen Plätze Palästina's zu besuchen. Die größte Merkwürdigkeit für mich ist aber, daß nur so wenige von den vielen hundert tausend reichen Christen eine Wallfahrt nach Jerusalem unternehmen.

Machen Sie es nun Anders, Gott hat Sie mit zeitlichen Gütern gesegnet, und einen Theil derselben sollten Sie dazu benutzen, sich im wahren christlichen Glauben zu stärken durch eine Wallfahrt nach dem Lande, wo unser Herr und Heiland geboren wurde, wo er seine göttliche Lehre offenbart hat, wo er lebte und zur Vergebung unserer Sünden starb.

Möge Gott Sie und Ihre Familie ferner in seinen gnädigen Schutz nehmen und vor allem Ungemach bewahren.

Schließlich will ich Ihnen noch mittheilen, daß ich durch Anwendung Ihres Lebensweckers schon seit $1\frac{1}{2}$ Jahren von meinem alten Augenübel gänzlich befreit bin, und daß ich seit der Zeit auch nicht den geringsten Anfall wieder gehabt habe. Trotzdem ich so anhaltend beim

Sonnenschein Fußreisen unternehme, kann ich sagen, daß ich nie gesundere Augen gehabt habe als jetzt. — Nochmals rufe ich Ihnen ein herzliches Lebewohl zu. Bei meiner Rückkehr werde ich einige Tage in Cleveland bleiben. Geben Sie Ihrer lieben Familie meinen freundlichsten Gruß. Mit aller Freundschaft verbleibe ich Ihr
Lorenz Smitke.

New York, den 18. Juli 1877.

Geehrter Herr Linden! — Ihrem Wunsche gemäß theile ich Ihnen einige der Hauptkuren mit, die ich durch Anwendung Ihres Heilverfahrens erzielt habe, und erlaube Ihnen gern die Veröffentlichung dieses Schreibens.

1. Ein Advokat 54 Jahre alt, hatte die sogenannte Fettsucht. Seit 9 Jahren wog er über 285 Pfund, was bei seiner geringen Körpergröße ein ganz enormes Gewicht war, so daß er sich nicht viel körperliche Bewegung machen konnte. Das Gehen fiel ihm sehr schwer, wenn er die Treppen im Courthause hinauf gegangen war, mußte er sich von 10 bis 15 Minuten ausruhen, ehe er fähig war, seine Geschäfte aufzunehmen. Da er schon mehrere Aerzte gebraucht hatte, ohne an Gewicht zu verlieren, rieth ich ihm an, die exanthematische Heilmethode zu gebrauchen, wozu er sich auch verstand.

Ich setzte ihm den Lebenswecker auf den Rücken, die Magengegend und die Waden, in Zwischenräumen von 12 bis 14 Tagen, an, verbot ihm den Genuß von Mehlspeisen, Milch, zuckerhaltigen Speisen, Kartoffeln, fettem Fleische, Butter, kurz von allen Speisen die Mehl, Stärke, Zucker und viel Fett enthalten. Dahingegen erlaubte ich ihm zu essen **geröstetes Brod** ohne Butter, gebratenes oder gekochtes Fleisch irgend einer Sorte, wenn es nicht zu fett war, allerlei Gemüse die keinen Stärke= Mehl= oder Zucker=Stoff enthalten; Kaffee und Thee mit **sehr wenig Milch** und ohne Zucker, Wein und zuweilen auch einen Cognac; Bier durfte er aber durchaus nicht trinken. Dabei mußte er jeden Tag einen tüchtigen Spaziergang machen.—Nachdem er diese Kur 6 Monate lang befolgt hat, ist sein Gewicht auf 195 Pfund reducirt, und er fühlt wieder stark und kann Meilen weit ohne Ermüdung gehen.

In Folge dieser Kur, die ziemlich viel Aufsehen machte, habe ich mehrere Patienten, die an demselben Uebel leiden, in Behandlung. Einer dieser fetten Herrn wohnt in Boston, ein anderer in Cincinnati, Ohio, und der dritte in New York. — Diese Patienten geben mir regelmäßig alle 14 Tage schriftliche Nachricht. Der Herr von New York

35 Jahre alt, hatte das schöne Gewicht von 327 Pfund erreicht, jedoch hat er in den 4 Monaten, die ich ihn in Behandlung habe, schon 64 Pfund abgenommen.

2. Sehr interessant war für mich die glückliche und schnelle Heilung zweier Patienten, von denen der eine an der Kopf-Rose und die andere an Gesichts-Rose litt. Vor circa einem Jahre starb hier ein noch junger Mann an der Kopf-Rose, der meiner Ansicht nach gerettet worden wäre, hätte er die exanthematische Heilmethode angewandt, und ich sagte dieses zu den beiden Aerzten, die ihn behandelt hatten. Ueber eine solche Aeußerung geriethen sie in großen Zorn, und ehe ich mich versah, war ich von ihnen als Quacksalber verschrieen, und ich verlor in der That einige langjährige Kunden. Dieser Umstand jedoch schlug zu meinen Gunsten aus.

Am 15. December v. J. wurde ich zu einem wohlhabenden und in weiteren Kreisen bekannten Kaufmann gerufen, der an der Kopf-Rose litt, und schon andere Aerzte consultirt hatte. Ich setzte ihm den Lebenswecker auf den Rücken, Schultern, sowie auf die Waden und auf die Seiten der Füße an, bestrich die Stellen genügend mit Ihrem Oleum und legte Watte auf die punktirten Stellen. Der Patient mußte im Bette bleiben, weil die geringste Erkältung oder Luftzug den Tod herbei führen kann; auch ließ ich den Patient häufig warme schleimige Getränke, besonders gekochte heiße Milch trinken. Das Resultat war so ungemein günstig, daß meine Praxis jetzt viel besser ist, als jemals vorher.

Die andere Patientin litt an der Gesichts-Rose. Ich behandelte sie fast ebenso als vorhin angegeben, nur machte ich bei ihr die Einschnellungen am ersten Tage auf die Waden und den Fußrändern, am zweiten Tage hinter jedes Ohr, auf dem Genick und den Schultern, am dritten Tage herzhaft im Rücken. Besserung trat bereits einige Stunden nach der ersten Einschnellung ein, und die Patientin war bald ganz hergestellt.

3. Ein junger Mann, der schon lange an Alpdrücken gelitten und schon lange Zeit medicinirt hatte, wurde nach dreimaliger Anwendung im Rücken, zwischen und auf die Schulterblätter und auf die Magengegend geheilt.

4. Nun will ich Ihnen noch zwei Fälle mittheilen, die für mich den eclatantesten Beweis lieferten, daß der Lebenswecker und Ihr Oleum in den Händen eines jeden Arztes sein sollte, denn wo die Kunst

der Doctoren der alten Schule scheitert, wirkt der Lebenswecker als rettender Engel.

Zwei Männer, der eine 68 und der andere 43 Jahre alt, litten an Steinbeschwerden. Alle angewandten Mittel blieben erfolglos. Ich selbst hatte ihn nach bestem Wissen behandelt. Daß der Lebenswecker helfen könne, glaubte ich nicht. Als ich jedoch nicht mehr wußte, was ich anwenden sollte, ohne eine Operation vorzunehmen, versuchte ich bei dem jüngeren den Lebenswecker. Ich operirte ihn auf den Rücken, das Kreuz, auf die ganze Bauchfläche, besonders kräftig auf der Blasengegend. Dabei erlaubte ich ihm nur leicht verdauliche Speisen zu essen, und alles Blähende und scharf Gewürzte mußte er vermeiden. Obgleich der Patient anfangs mehr klagte als früher, so wurde er doch in Zeit von drei Monaten ganz befreit. Hierauf wandte ich dasselbe Verfahren bei dem älteren Herrn an, und auch dieser wurde von seinem Leiden befreit.

Ueber gründliche Heilung von Gichtbrüchigen, Rheumatismus, Wechselfieber, strophulösen Uebeln u. s. w. könnte ich Ihnen manchen schönen Fall erzählen, aber das würde überflüssig sein.

Mit Freundschaft grüßt Ihr
Dr. Herman E. Fehring.

St. Louis, Mo., 18. Juni 1875.

Werther Herr Linden!—Für beiliegende $5 bitte ich mir umgehend per Am. Expreß von Ihrem Oleum zuzuschicken, indem wir gänzlich aus sind und es sehr nöthig gebrauchen. Ich kann Ihnen auch hierbei ein schönes Zeugniß über die Heilkraft Ihrer Heilmittel mittheilen; nemlich unsere älteste Tochter litt schon seit vier Jahren an der Bleichsucht, und alle angewandte ärztliche Mittel und Hülfe, obgleich wir deren verschiedene und der besten gebrauchten, erwiesen sich fruchtlos, im Gegentheil, das Mädchen wurde immer hinfälliger. Da wurde ich von einem uns besuchenden Freunde aus Minnesota, auf Ihren Lebenswecker und Oleum aufmerksam gemacht, weil, wie er bezeugte, dasselbe Leiden bei einer Tochter seines Nachbars dadurch geheilt wurde. Wir wendeten nun den Lebenswecker und das Oleum, da das Mädchen sehr schwach war, gelinde auf den ganzen Rücken, dem Unterleibe und den Waden an, und wiederholten dieses drei Mal alle vierzehn Tage, und schon am vierten Tag nach der ersten Anwendung stellte sich besserer Appetit ein, und in etwa fünf Wochen war sie gänzlich hergestellt.

Andere Kuren die wir mit dem Lebenswecker gemacht haben will ich nicht berühren, es möchte Ihnen sonst zu viel zu lesen sein, doch freue ich mich Ihnen das Obige berichten zu können.

Zeichnet mit Hochachtung Ihre dankbare
Mathilde Burns.

New Orleans, 10. Sept. 1877.

Geehrtester Herr Linden! — Wie Sie sich vielleicht noch erinnern, habe ich mir durch meinen Schwager Ernst Weimer vor zwei Jahren von Ihnen einen Lebenswecker, Lehrbuch und vier Glas Oleum kommen lassen, und kann ich nicht unterlassen Ihnen mitzutheilen, welche merkwürdige Kuren wir damit erzielt haben. Bekanntlich herrscht hier im Süden, besonders in tiefliegenden Gegenden, fast alljährlich im Sommer das so gefährliche gelbe Fieber (hier allgemein yellow jack genannt) und wurden auch zwei Personen in unserer Familie, mein Neffe und der Sohn meines Schwagers, davon befallen. Da ich in Ihrem Lehrbuche gelesen, daß der Lebenswecker auch für diese in den meisten Fällen tödtliche Krankheit auch gut sein soll, so applizirte ich bei beiden Patienten sofort auf den ganzen Rücken, der Bauchfläche, sowie auf der Leber- und Milzgegend und auf den Waden. Schon nach einer Stunde trat ein heftiges Erbrechen ein, wobei viel Galle abgesondert wurde, die Patienten geriethen in Schweiß und die Gefahr war vorbei; in drei Tagen waren sie schon wieder im Stande auf zu sein, und völlige Genesung erfolgte rasch. Bei drei anderen Patienten in unserer Nachbarschaft wurde dasselbe Verfahren angewandt, indem die Leute den Lebenswecker und das Oel von uns entliehen, und auch sie waren in kurzer Zeit wieder genesen. Wäre Ihre Heilmethode mehr allgemein hier eingeführt, so würden gewiß nicht so viele Leute dieser gefürchteten Krankheit alljährlich zum Opfer fallen.

Sie wollen nun so freundlich sein und mir für einliegende $25 noch einen Lebenswecker, ein engl. Lehrbuch und für den Rest Oleum schicken, doch bitte ich es umgehend zu besorgen, indem ich in etwa zehn Tagen Orleans verlassen und in meine Heimath, in der Nähe von Tellahatchie, wo es keine Expreß Office gibt, abreise.

In Erwartung zeichnet mit aller Hochachtung Ihr
William van der Warft.

Burlington, Wisc., 4. Sept. 1877.

Lieber Freund! — Ich ergreife die Feder, um an Sie einige Zeilen zu richten, denn es handelt sich um den Lebenswecker, den ich vor fünf

Jahren von Ihnen gekauft und ich bin froh, daß ich ihn habe, denn er hat mir schon unendlich viel Gutes geleistet. Ich habe auch schon die Schmerzen vieler Menschen damit gelindert, und ist schon viel Doktor- und Apothekergeld damit gespart, denn ich kann ihnen versichern, ich habe schon manchen Dollar ausgegeben für Schmieröl aus der Apotheke und alles umsonst, und was thut man nicht, wenn man so in Schmerzen ist? Man probirt Eins ums Andere und im Grund genommen hilft Alles nichts; es wird sogar noch schlimmer. Ich lag schon mehr als ein Jahr im Bett an Rheumatismus, aber seit dem ich Ihren Lebenswecker habe, bin ich so gesund, daß ich es nicht besser wünschen kann. Ich würde ihn um keinen Preis hergeben. Es fehlt mir aber jetzt an Oel. Ich sende Ihnen daher das Geld in diesem Brief für ein Fläschchen. Somit Gott befohlen Ihr aufrichtiger Freund

B. Ebbens.

Black River Falls, Wisc., 13. Sept. 1877.

Werther Herr! — Wollten Sie gefälligst 6 Fläschchen von Ihrem Oel umgehend senden, indem ich es sehr nöthig gebrauche.

Bemerkung: Mein Schwager E. J. Hantzsch in Eau Claire, Wisc., 60 Meilen von hier, war tödtlich krank an der Leber- und Gelbsucht. Drei Aerzte konnten ihm nicht helfen. Durch eine Anwendung des Lebensweckers ist er bereits so, daß ich ihn in drei Tagen verlassen konnte. Mit nächster Woche werde ich der Sicherheit wegen nochmals dahin gehen.

Einer baldigen Sendung entgegen sehend, zeichnet

Achtungsvoll F. Werner, M. D.

Montreal, Dominion of Canada, 2. Febr. 1874.

Geehrter Freund! — Laut meinem Versprechen theile ich Ihnen hierbei mit, daß meine liebe Frau nun Gott sei Dank wieder frisch und gesund ist. Wie ich Ihnen damals berichtete als ich bei Ihnen den Lebenswecker und Oel bestellte, litt meine Frau an einem heftigen Lungenleiden, welches der sie behandelnde Arzt bereits als Lungenschwindsucht constatirte und uns wenig Hoffnung auf Besserung gab. Das einzige Mittel, was er uns noch angab war, ein milderes Klima aufzusuchen, weil wir hier in Montreal außer einem sehr strengen Winter öfters im Frühjahr und Herbste äußerst kalte scharfe Winde haben, die für Lungenkranke sehr schlimm sind. Unsere Mittel erlaubten es aber nicht, diesen Rath zu befolgen, und griffen wir unsere letzte Zuflucht zu Ihren Heilmitteln, indem wir die Anzeige hiervon in unserem Kalender gelesen hatten. Die Application auf, zwischen und unter den Schultern, sowie auf der Brust brachte jedesmal einen tüchtigen Ausschlag hervor, so daß wir die Püsteln am dritten Tage mit einer Stecknadel öffnen mußten, welches der Kranken große Linderung verschaffte ; auch ließ der schmerzhafte Husten allmälig nach. Alle 14 bis 20 Tage wiederholten wir die Anwendung ungefähr drei Monate lang, und hielten die Kranke immer im warmen Zimmer, wenn es draußen kalt war. Das gehackte rohe Rindfleisch mit einem rohen Ei dabei, wie Sie uns riethen, bekam ihr ganz besonders gut, und wurde sie zusehens kräftiger. Auch die heiße Milch Morgens und Abends getrunken, brachte ihr große Linderung; kurz, meine liebe Frau ist nun wieder Gott sei Dank mir und meinen Kindern wiedergegeben. Gott die Ehre und Ihnen den herzlichsten Dank. Ihr ergebenster Francis Hafter.

St. Charles, Mo., den 1. März, 1875.

Geehrter Herr Linden! — Ihr Geehrtes vom 2. Januar d. J. erhielt ich seiner Zeit und laut Ihren angegebenen Rathschlägen wendeten wir Ihren Lebenswecker und Oel bei unserem damals bei uns wohnenden Schwager an, und sein gefährliches, aller gebrauchten ärztlichen Kunst spottendes Leiden, die Zuckerruhr (Diabetes) wurde gründlich beseitigt. Es dauerte nicht sehr lange bis man die ersten Zeichen der Besserung verspürte. Die erste Anwendung machten wir laut Ihrer Anweisung auf den unteren Theilen des Rückens und der Bauchfläche, besonders auf der Blasengegend. Schon am 2. Tage kamen auf der Blasengegend große Pocken zum Vorschein und nachdem selbige am 4. Tage reif zum öffnen (mit einer Stecknadel) waren, verschwand auch schon der sonst beständige Drang zum Uriniren, auch wurde der Urin mehr dunkler, welcher sonst eine mehr helle weißliche Farbe angenommen hatte. Die 2. und 3. Anwendung machten wir in Zwischenräumen von 11—12 Tagen, dehnten jedoch die Applicationen auch über den ganzen Rücken und die Waden aus und in etwa 40 Tagen konnte der Kranke als völlig gesund erklärt werden. Die ihn früher behandelnden Aerzte wunderten sich gar sehr über diese Heilung und konnten kaum glauben, daß ein so kleines Instrument solche Wunder verrichten könne.

Seither bekommen wir öfters Briefe von ihm, daß er sich nun einer sehr guten Gesundheit erfreut.

Dieses zum Nutzen und Frommen aller ähnlichleidenden Kranken.

Grüßt mit Hochachtung Ihr J. Brogert.

Annapolis, Nova Scotia am 4. Mai, 1873.

Mein lieber Herr Linden! — Es freut mich herzlich Ihnen mitthei=
len zu können, daß unsere beiden ältesten Kinder von der so häßlichen
und gefährlichen Scrophel Krankheit glücklich durch die Anwendung des
von Ihnen bezogenen Lebensweckers und Oel geheilt sind. Wir opperir=
ten sie so wie Sie uns gerathen haben, auf dem Rücken, zwischen den
Schultern und auf der Bauchfläche und gaben den Kindern immer zum
Nachtessen heiße Milch mit Weißbrod. Besondere Mühe hatten wir
aber den Kindern das Essen von Schweinefleisch zu verbieten, um so
mehr, da wir hier, wo wir wohnen, nicht immer frisches Fleisch haben kön=
nen. Nun sind sie aber Gott sei Dank wieder alle gesund. Bitte für
beiliegende M. O. $5 uns per Post Oel zu schicken.

Mit herzlichem Gruß Ihr Henry Rief.

Savannah, Ga., 6. Jan. 1874.

Geehrter Herr Linden! — Als ich vor sechs Monaten von Chicago
nach Savannah, meiner jetzigen Heimath übersiedelte, nahm ich auch
Ihren Lebenswecker, Oel und Lehrbuch mit, und haben Ihre unüber=
trefflichen Heilmittel in meiner Familie schon gute Dienste geleistet, ja
ich glaube fest, daß meine Frau und zwei meiner Kinder dem hier öfters
herrschenden, gefährlichen Fieber, wovon dieselben gleich bei unserer An=
kunft befallen wurden, erlegen wären, hätten wir nicht sofort den Le=
benswecker angewandt. Eine tüchtige Anwendung auf dem ganzen
Rücken und auf der Bauchfläche machte sie in vier Tagen wieder gesund.
Noch muß ich Ihnen mittheilen, daß die Kranken während des Fiebers
beständig an brennendem Durst litten, und ich zur Stillung desselben
ihnen häufig kühle Lemonade (Wasser und Zucker mit viel Citrone) zu
trinken gab, und halte ich dieses in Fieberfällen gleichfalls hier sehr
heilsam.

Für die eingesandten $5 senden Sie mir gefälligst wieder per
Expreß oder Post von Ihrem Oleum.

Mit aller Hochachtung zeichnet grüßend Ihr

J. Faller.

Inhaltsverzeichniß.

Seite.

Abbildung des Lebensweckers, nebst Erklärung, wie derselbe zu handhaben ist ....20 und 21
Abbildungen derjenigen Theile des menschlichen Körpers, die operirt werden müssen ....18 und 19
Abbildung von "LINDEN'S TRADE MARK", dessen alleiniger Gebrauch ihm durch die Gesetze der Vereinigten Staaten gesichert ist..................... 22
Abbildung der von John Linden seit dem 4. Juli 1877 benutzten Flaschen, mit der ins Glas geblasenen Inschrift versehen.. 22
Ableitende Wirkung des Lebensweckers... 72
Acatalepsie.. 29
Aber, goldene... 50
" Zeugniß über Heilung derselben.. 206
Aberauftreibungen bei Schwangeren... 63
Affection des Magens... 85
" Zeugniß über Heilung.. 241
Allgemeine Gebrauchsanweisung des Lebensweckers............................. 24
Alpdrücken... 36
Alte Verhärtungen.. 46
Angenia.. 52
Angeerbte Krankheiten—Behandlung derselben..................................... 24
Anschwellung der Drüsen (siehe auch Scropheln)................................. 32
Anwendung des Lebensweckers mit Abbildungen....................18 und 19
Aphthae (Mundfäule)... 44
Apoplexie (Siehe auch „Schlagfluß").. 56
Appetit-Mangel... 41
Arzenei, Siechthum.. 2
Arthritis (Siehe auch „Gicht" und „Rheumatismus")............................ 48
Arterien.. 10
Arm, Rheumatische Schmerzen im—(Siehe auch „Rheumatismus")...... 26
Asthma...45 und 84
" Zeugnisse über Heilung desselben, Seiten....210, 212, 222, 223, 257 und 263
Atonie der Eingeweide... 39
" " Leber.. 39
" " Nieren... 89
" " Milz.. 89
Atrophie der Muskeln.. 43
Athmen, erschwertes (Siehe „Asthma").

Seite.
Aufbewahrung des Oleums. ... 23
Aufgedunsenheit ... 46
Auflösende Wirkung des Lebensweckers ... 74
Auge. Das Auge und dessen Krankheiten. Eine Abhandlung ... 116 bis 152
   Wie man sein Auge gesund erhalten und Krankheiten desselben verhüten soll ... 116
      Das Oleum soll nicht in die Augen kommen ... 24
  Augenentzündung ... 122
     a. Catarrhalische Augenentzündung ... 35 und 123
     b. Rheumatische   " ... 123
     c. Gichtische   " ... 124
     d. Hämorrhoidal   " ... 125
     e. Menstrual   " ... 125
     f. Wochenbett   " ... 125
     g. Augenentzündung der Neugeborenen ... 126
     h. Rosenartige Augenentzündung ... 127
     i. Flechtenartige   " ... 127
     k. Krätzige   " ... 127
     l. Skorbutische   " ... 128
     m. Scrophulöse   " ... 128
     n. Tripper-   " ... 128
     o. Syphilistische   " ... 129
     p. Egyptische   " ... 129
  Augenschleimfluß ... 130
  Blutergüsse im Auge ... 131
  Wasseransammlungen im Auge ... 132
  Eiteransammlung im Auge ... 134
  Geschwüre und Geschwülste der Augen ... 134
     a. Das Gerstenkorn ... 134
     b. Eiterbläschen der Augenlider ... 135
     c. Blutgeschwüre ... 135
     d. Hornhautgeschwüre ... 136
     e. Geschwülste (gutartige) ... 136
     f.   " (bösartige) Krebs ... 137
  Trübungen und Verdunkelungen ... 138
     a. Hornhaut ... 138
        Flimmern vor den Augen geheilt (Zeugniß) ... 215
     b. Krystalllinse ... 139
        Der graue Staar ... 139
        Zeugniß über Heilung desselben ... 220
     c. Glaskörper ... 142
  Die nervösen Augenübel ... 142
     a. Lähmung der Nerven ... 142
     b. Ueberreizung der Nerven ... 142
     c. Allgemeine Schwäche der Nerven ... 143

	Seite.
d. Ueberreizung	143
e. Lähmung	143
f. Der Schwarze Staar.	
Augenkrankheiten die chirurgische Operationen erfordern oder ganz unheilbar sind	149
Augenkrankheiten im Allgemeinen	
Wannn ist die geeignetste Zeit der Behandlung	88
Zeugnisse über Heilung verschiedener Augenkrankheiten	
184, 189, 194, 213, 215, 219, 221, 232, 237, 239, 247, 258 und	262
Ausdünstung der Haut	113
Ausschlag, künstlicher 7 und	8
Ausschlag im Gesichte	213
Ausschlag des Kopfes	29
Ausscheidung der Krankheits-Materie durch die Exanthematische Heilmethode 6, 7 und	8
Ausscheidung der Stoffe 2c. und Ausscheidungs-Organe 4, 5, 10 und	11
Aussehen — schlechtes —	46
Auszehrung	57
Auszüge aus meiner Correspondenz	181
Baden zur Pflege der Haut	5
Bäder, Mineral- und Salzbäder sind immer heilbringend 82 und	83
Bandwurm	49
Bauchgrimmen	35
Bauchwassersucht (siehe „Wassersucht").	
Baumwolle (siehe „Watte").	
Baunscheidtismus. Die Exanthematische Heilmethode ist durch John Linden unter den Namen Baunscheidtismus vor 25 Jahren in Amerika eingeführt, weil man sie in Deutschland früher so nannte. Jedoch wird sie schon seit Jahren in allen wissenschaftlichen Werken die Exanthematische Heilmethode genannt. Diese Heilmethode ist schon seit mehr als tausend Jahren bekannt. Carl Baunscheidt ist nicht der Erfinder des Lebensweckers, sondern ein gewisser Doctor Ferdinand Schrattenholz	15
Beachtungswerthe Anmerkungen	100
Bein offenes (Siehe „offene Wunden").	
Zeugniß über Heilung eines offenen Beines	186
Bein—Rheumatische Schmerzen im Beine (Siehe auch „Rheumatismus")	20
Beschreibung und Handhabung des Lebensweckers nebst Abbildungen 18 und	19
Bewegung. Eine Abhandlung über die Nothwendigkeit genügender körperlicher Bewegung zur Erhaltung der Gesundheit	114
Bienenstiche	40
Blähsucht	38
Blähungen	35
Blasenbeschwerden (siehe „Urinbeschwerden").	
Blasencatarrh	35

	Seite.
Blasse Gesichtsfarbe	46
Blattern	60
" falsche	60
Blauer Husten	34
Zeugnisse über Heilung des blauen Hustens ...216 und	221
Bleichsucht	47
Zeugnisse über Heilung der Bleichsucht	280
Blut ist der Lebenssaft	78
Blut ist der Ernährer des Körpers ....5 und	13
Blutandrang nach dem Kopfe und der Brust	39
" " " Herzen und der Lunge	40
Blutentziehung ist schädlich	13
" bei Lungenentzündung	79
Blutfluß (beim Wochenbette)	64
Blutgeschwüre	47
Bösartige Fieber (siehe „Fieber").	
Brandmale	30
Bräunen (siehe „Croup").	
Brechruhr (siehe „Cholera").	
Brust, Blutandrang nach der Brust	39
Brustentzündung ....25 und	49
Brustfellentzündung	48
Brustkrämpfe	38
Zeugnisse über Heilung verschiedener Brustkrankheiten ...183, 186, 216 und	255
Cachexie	46
Cancer (siehe auch „Krebs")	54
Chicken-Pox	60
Chinin erzeugt Wassersucht	100
Chiragra (siehe „Rheumatismus").	
Chlorosis	47
Cholera, Brechruhr ....2, 25, 47 und	84
Zeugnisse über erfolgte Heilung ....202 und	208
Cholera infantum	30
Congestion ....39, 4) und	72
Contraction der Sehnen	28
Correspondenz. Beachtungswerthe Auszüge aus meiner —	181
Croup	52
Zeugnisse über Heilung desselben ....192, 216, 223, 244 und	246
Darmgicht, Kolik	35
Diabetes, Zuckerruhr, nebst Zeugniß	283
Diarrhoe (siehe auch „Ruhr").	35
Zeugnisse über Heilung derselben	212
Diät des Patienten und dessen Lebensweise	26

Seite.
Diät bei Dyspepsia und anderen Magenleiden..........(§ 58)............41, und 42
Doppelte Glieder... 45
Drüsen-Anschwellungen (siehe auch „Stropheln")................... 32
Durchfall (siehe „Ruhr, Sommercomplaint und Diarrhoe").
Diphtheria (siehe auch „Halsbräune").
 Zeugnisse über Heilung derselben........................190, 216 und 237
Dyspepsia (siehe auch „Magenaffectionen")........................ 41
 Zeugniß über Heilung derselben.. 200
Durchliegen des Patienten... 76

Eingeweide. Erschlaffung derselben.. 39
Einleitung...1 bis 8
Einschlafen der Glieder.. 36
Einschnellungen mit dem Lebenswecker — wie oft und an welchen Körpertheilen
 zu machen..18, 19, 20 und 21
 Dasselbe in kritischen Fällen...17 und 25
Einschnellungen (siehe auch „Lebenswecker").
Electricität.. 67, 77 und 94
Encephalitis... 44
Englische Krankheit bei Kindern.. 45
Entzündungen im Allgemeinen... 73
Epilepsie.. 45
 Zeugnisse über Heilung derselben........187, 206, 207, 211, 242, 250 und 257
Erbrechen...36 und 63
 Zeugniß über Heilung desselben.. 208
Erkältungen.
Erschlaffung der Eingeweide... 39
Exanthematische Heilmethode, Erklärung.............................7 und 8
 "   "   Vorzüge derselber... 17
 "   "   ist die einzig rationelle Heilmethode............... 8
 "   "   fragt nicht nach den Namen der Krankheit...... 65
 "   "   wurde von John Linden vor 25 Jahren unter
      den Namen „Baunscheidtismus" in Amerika
      eingeführt... 15

Fallsucht (siehe „Epilepsie").
Falsche Pocken.. 60
Faulfieber..46 und 100
Felon (siehe „Wurm am Finger").
Fettsucht.. 45
Fever and Ague (siehe „Wechselfieber").
Fieber: Zeugnisse über Heilung verschiedenartiger Fieber
      184, 187, 199, 206, 208, 233 und 262

— 290 —

Seite.

Fieber. —1. Faulfieber..46 und 100
    2. Fleckfieber.—Zeugnisse über dessen Heilung...........226, 253 und 254
    3. Gallenfieber.. 44
        Zeugnisse über dessen Heilung............................231 und 245
    4. Gastrisches Fieber... 36
        Zeugnisse über Heilung desselben........................259 und 260
    5. Gelbes Fieber... 37
        Zeugniß über Heilung desselben............................... 281
    6. Milchfieber... 64
    7. Nervenfieber..44 und 100
        Zeugnisse über Heilung desselben und anderer Nervenkrankheiten..218, 231, 233, 260 und 263
    8. Nesselfieber.. 32
    9. Wechselfieber... 37
        Zeugnisse über Heilung desselben........................143, 188, 197, 212, 214, 225, 226, 235, 245, 249, 252, 258, 259 und 260
   10. Scharlachfieber...51 und 100
        Zeugnisse über Heilung..211 und 231
   11. Seitenstichfieber.. 48
   12. Fieber bei Kindern.. 80
   13. Typusartiges Fieber (siehe „Nervenfieber").

Fingerkrampf in den Fingern... 29
Fingergeschwüre (siehe auch „Wurm am Finger").................... 44
Finnen im Gesichte.. 36
Fits (siehe „Epilepsie").
Flaschen, John Linden's Oleum enthaltend, Abbildung derselben..... 22
    enthalten 50 Prozent mehr als alle anderen Flaschen................ 22
    sind immer mit seinem Trade-Mark versehen.......................... 22
Flechten, Salzfluß — Saltrheum... 31
   Zeugniß über Heilung..232 und 264
Fleckfieber (siehe „Fieber" — Fleckfieber).
Fliegende Gicht (siehe „Rheumatismus").
Flimmern vor den Augen geheilt (Zeugniß)............................... 215
Frauenkrankheiten während der Schwangerschaft............61 bis 64
Friesel siehe „Masern").. 32
Frostbeulen.. 59
Füße, geschwollene Füße geheilt (Zeugniß)..................261 und 265
Füße. Kalte Füße dürfen nicht durch Fußbäder beseitigt werden... 82

Gallenabsonderung Die gestörte —... 70
Gallenfieber... 44
   Zeugnisse über Heilung desselben............................231 und 245
Gebärmutter Krankheiten... 58
Gastrisches Fieber.. 36
   Zeugnisse über Heilung..259 und 260

	Seite.
Gebrauchsanweisung, Allgemeine	24
Gebrauchsanweisung, Specielle	26
Gehirnentzündung	41
Gehör. Fehlerhaftes—(siehe „Schwerhörigkeit").	
Geisteskrankheit	44
Zeugniß über geheilte Geistesschwäche	226
Gelbes Fieber (Zeugniß über Heilung)	37
Gelbsucht	37
Zeugnisse über Heilung derselben......196, 200, 204, 212 und	250
Gelenke, Steifigkeit der Gelenke (siehe auch „Rheumatismus")	28
Gerstenkorn ....37 und	134
Geschlechtstheile sollten nicht mit dem Oleum in Berührung kommen	24
Gesicht: Finnen im Gesicht	36
Gesichtsfarbe. Blasse —	46
Gesichts-Rose.—Zeugnisse über Heilung derselben	279
Gesichtsschmerz (siehe auch „Rheumatismus")	40
Geschwülste	47
Gewächs am Knie geheilt (Zeugniß)	241
Gichter bei Kindern	43
Gicht (siehe auch „Rheumatismus")............12, 43, 69, 78, 81 und	87
Zeugniß über Heilung derselben...........201, 219, 241, 254 und	253
Goldene Ader	50
Zeugniß über Heilung derselben	206
Glieder—Doppelte Glieder	45
" Einschlafen der Glieder	36
Gliederreißen (siehe „Rheumatismus").	
Zeugnisse über Heilung desselben	214
Glieder.—Schmerzen in den Gliedern (siehe „Rheumatismus").	
" Schwinden der Glieder	43
Grauer Staar	139
Zeugniß über Heilung desselben	220
Grippe	33
Grind auf dem Kopfe	29
Haemophysis	40
Haemorrhagia	40
Haemorrhoiden	50
Zeugnisse über deren Heilung	206
Halsbräune (siehe auch „Diphtheria")...........25 und	52
Zeugniß über Heilung derselben......190, 192, 216, 237 und	246
Hals. — Rheumatische Schmerzen im Halse (siehe auch „Rheumatismus").....................26 und	27
Halskrankheiten. Zeugnisse über Heilung verschiedener — 185, 190, 192, 218, 219, 221, 224, 255 und	262
Handhabung des Lebenswecker (siehe „Lebenswecker").	

	Seite.
Harnen, unwillkürliches	43
Harnruhr	58
Hartleibigkeit	42
Harthörigkeit (siehe „**Schwerhörigkeit**").	
Zeugnisse über deren Heilung	188, 214 und 261
Hauptvorzüge der Exanthematischen Heilmethode	17
Hauptsitz einer jeden Krankheit	25, 79 und 81
Haut des menschlichen Körpers als Ausscheidungs-Organ	5
Hautausdünstung	11
Hautausdünstung, die gestörte —	68
Haut.—Function der Haut	16
Hautkrankheiten (siehe auch „**Krätze, Flechte, Masern**" :c.)	100
Heilkraft der Natur	3 und 4
Heiserkeit	88
Herz.—Blutandrang nach dem Herzen	40
Herzerweiterung	86
Herzklopfen.	
Zeugniß über Heilung desselben	215
Husten, Keuch- und Stickhusten	34
Husten, Rheumatischer	34
Zeugnisse über Heilung des Hustens	216 und 263
Hysterie der Frauenzimmer	3)
Hypochondrie	80 und 85
Impotenz	77
Instrument (siehe „**Lebenswecker**").	
Incubus	36
Intermittent Fever (siehe „**Wechselfieber**").	
Irrsinn	44
Zeugniß über geheilte Geistesschwäche	226
Kaltes Fieber (siehe „**Wechselfieber**").	
Kälte. Einwirkung der Kälte auf die Gesundheit	12
Kahlköpfigkeit	80
Kehlkopfentzündung	52
Kehlkopfschwindsucht	52
Kinderkrankheiten.	
Keuchhusten oder Stickhusten	34
Zeugniß über Heilung desselben	216 und 221
Englische Krankheit, doppelte Glieder	45
Fieber	30
Mundfäule, Schwämmchen	44
Kolik	43
Gichter	43
Krämpfe	43

	Seite.
Kinderkrankheiten.—Fortsetzung.	
Schlaflosigkeit	43
Schreien	43
Wundwerden	32
Würmer	29
Zeugniß über deren Entfernung	216
Erbrechen	36 und 63
Halskrankheiten (siehe „Croup, Halsbräune, Diphtheria").	
Sommercomplaint (siehe „Sommerdurchfälle").	
Wurmkrankheiten	29
Zeugniß über Heilung	216
Milchschorf	29
Athembeschwerden (siehe „Asthma").	
Kolik (siehe „Darmgicht").	
Kopf. Blutandrang nach dem Kopfe	89
Kopfgicht (siehe auch „Rheumatismus")	23 und 28
Kopfgrind	29 und 30
Kopfrose (siehe „Gesichtsrose").	
Kopfschmerzen	28
Heilung derselben	197, 212, 214 und 263
Körpertheile, an denen der Lebensweder angesetzt wird, nebst Abbildungen	18 u. 19
Krankheiten. Entstehung verschiedener —	5, 6 und 12
" Hauptsitz einer jeden —	25, 79 bis 81
" angeerbte — Behandlung derselben	24
" bei denen sofortige Hülfe nothwendig ist	17, 25 und 64
" Die Exanthematische Heilmethode fragt nicht nach dem Namen der Krankheit	65
" des Ohres (siehe auch Seite 153 bis 180)	28
Krankheitsmaterie, Ausscheidung der —	67 und 68
Krämpfe.—Der Lebensweder ist Herr aller Krämpfe	38
Krämpfe	25
Krampfadern	59
Krämpfe in der Brust	38
Krämpfe bei Kindern	43
Krampf in den Fingern	29
Krampf in dem Magen	42
Krämpfe bei Schwangern	63
Krämpfe in den Waden	29
Zeugnisse über Heilung verschiedenartiger Krämpfe	186, 215 und 217
Krätze	32
Krebs	54
Kröpfe	55
Künstlicher Hautausschlag.	
Lähmung der Glieder (siehe „Rheumatismus").	

		Seite
Lähmung nach Schlaganfall oder Schlagfluß		46
Zeugnisse über Heilung verschiedenartiger Lähmungen		182, 193, 207 und 214
Leben.—Die Liebe zum Leben, eine Abhandlung		9
" Schätzung des Lebens		91
Lebensluft (Sauerstoff)		5
Lebenssaft. Das Blut ist der Lebenssaft		78
Lebenswecker.—Beschreibung, Gebrauch und Zweck desselben.		
		7, 14, 15, 16 und 21
"	Erfindung desselben	15
"	Baunscheidt ist nicht der Erfinder	15
"	Der von John Linden verbesserte ist mit vergoldeten Nadeln versehen und ist der vollkommenste und wirkungsfähigste aller bis jetzt bekannten	15 und 16
"	Kann in allen Fällen benutzt werden	24
"	Die Anwendung ist selbst bei Säuglingen ganz ungefährlich	24 und 26
"	Beschreibung und Handhabung desselben mit Abbildungen	20 und 21
"	An welchen Körpertheilen anzuwenden, mit Abbildungen	18, 19 und 81
"	birgt mehr Heilkräfte in sich, als alle anderen Mittel zusammen genommen	17
"	ist ein Gesundheitsmesser	23
"	ein Lebensverlängerer	93
"	wie häufig die Anwendung wiederholt werden muß	24 u. 25
"	Anwendung in kritischen Fällen als Schlagfluß, Cholera, Scheintod ꝛc.	17, 25 und 64
"	Nähere Beleuchtung über die Wirkung desselben	66
	1. Ausscheidung der Krankheitsmaterie	63
	2. Die ableitende Wirkung	72
	3. Die reizende Wirkung	71
	4. Die auflösende Wirkung	74
"	Wie die Nadeln zu reinigen sind	21 und 24
Lebensweise des Patienten braucht nicht geändert zu werden, jedoch sollte er gewisse Speisen vermeiden		26
Leber. Atonie der Leber und Leberkrankheit		39 und 84
Zeugnisse über Heilung von Leberkrankheiten		240, 242 und 265
Leberthran		83
Leibesverstopfung (siehe „Hartleibigkeit").		
Liebe zum Leben, eine Abhandlung		9
Linden's verbesserter Lebenswecker		15 und 16
" Trade Mark nebst Abbildung		22 und 23
" Flaschen für Oleum nebst Abbildung		22 und 23
" " sind bedeutend größer als alle anderen, in denen Oleum verkauft wird		22 und 23

Seite.

Linden's Flaschen sind immer mit seinem Trade Mark versehen.........22 und 23
" Oleum ist mit specieller Rücksicht auf die hiesigen klimatischen Verhältnisse bereitet, und ist das einzig heilbringende und von allen Gesundheit schädlichen Substanzen frei.
Man versäume nicht, die vielen Zeugnisse zu lesen, in denen dem Linden'schen Oleum der Vorzug vor allen anderen ohne Rückhalt gegeben wird.

Luft.—Eine Abhandlung über die Luft, die wir einathmen..............109 bis 112
" Reine Luft ist nothwendig zur Erhaltung der Gesundheit.
        5, 6, 96, 97, 109, 110, 111 und 112
Lungen.—Blutandrang nach den Lungen... 40
Lungenentzündung...49 und 79
Zeugnisse über Heilung verschiedener Lungenkrankheiten......................
        207, 221, 238, 259 und 260
Lustseuche... 61

Maden- und Springwürmer (siehe „Würmer").
Magenaffectationen... 35
Zeugniß über deren Heilung.. 212
Magenkrampf.. 42
Zeugnisse über Heilung desselben....................215, 226 und 259
Magenschwäche (§ 57 und 58)... 41
Mania... 44
Masern, Friesel, Rothlauf...32 und 100
Medicin-Krankheiten...1, 2, 13 und 98
Medicin, schädliche Wirkungen zu scharfer—................1, 4 und 13
Menorrhagia... 64
Menschlichen Körper, der Organismus des—Eine Abhandlung......... 10
Metall Arznei Präparate.. 77
Migräne (siehe „Kopfschmerzen").
Milchfieber... 64
Milchschorf... 29
Milz, Atonie der Milz... 39
Milzkrankheit... 34
Mineralwasser... 90
Mitesser.. 36
Molkenkur... 83
Monatsfluß, unterdrückter.. 61
Zeugnisse über dessen Heilung............................214 und 260
Mondsucht.. 53
Mumps (siehe „Drüsen-Anschwellung").
Mund—Das Oleum soll nicht mit dem Mund in Berührung kommen... 24
Mundfäule... 44
Mundklemme... 87

	Seite.
Muskeln, Atrophie der Muskeln	43
Muttervorfall	58
Nachtwandeln	56
Nadeln des Linden'schen Lebensweckers sind vergoldet	16
Nadeln des Lebensweckers, wie zu reinigen	21 und 24
Nadelinstrument (siehe „Lebenswecker").	
Nadelstiche (siehe „Lebenswecker").	
Nähere Beleuchtung über die Wirkung des Lebensweckers	66
Nahrungsmittel als Krankheits-Ursache	103 bis 109
Nase, soll nicht mit dem Oleum in Berührung kommen	24
Nasenbluten	40
Heilung desselben (Zeugniß)	190
Nasencatarrh	35
Nässe muß nach der Operation vermieden werden	25
Naturheilkraft als Arzt	3 und 4
″ wird durch diese Methode unterstützt	4
Nervenfieber	44 und 100
Zeugnisse über Heilung desselben und anderer Nervenkrankheiten	
218, 231, 233, 260 und	263
Nervenkrankheiten	69
Nervenzucken.—Zeugniß über Heilung desselben	213
Nesselfieber	32
Neuralgia	72 und 73
Die Behandlung ist wie bei Gesichtsschmerz	40
Zeugnisse über Heilung von Neuralgia	219, 222, 264 und 265
Nieren, Atonie der Nieren	39
Ohnmachten	40 und 63
Offene Wunden	55
Zeugniß über Heilung	86
Ohr.— Das Ohr, dessen Krankheit und Heilung	28, 153 bis 180
Wie soll man Krankheiten des Gehörs verhindern?	153
1. Die feuchte Flechte oder Honigflechte der Ohrmuschel	157
2. Die einfache Flechte der Ohrmuschel	158
3. Die fressende Flechte der Ohrmuschel	158
4. Blutaustritt zwischen Haut und Ohrknorpel	159
5. Gefäßerweiterung der Ohrmuschel	160
6. Die Entzündung des Knorpels der Ohrmuschel	161
Krankheiten des äußeren Ohres	162
1. Entzündung des äußeren Gehörganges in Folge mechanischer Reize	163
2. Entzündung in Folge einfacher Erkältung	163
3. Rheumatische Entzündung	164
4. Gichtische Entzündung	165

Seite.
5. Scrophulöse Entzündung... 166
6. Scorbutische Entzündung.. 166
7. Syphilitische Entzündung... 167
8. Entzündung in Folge verschiedener Ursachen................. 168
9. Entzündung in Folge acuter Krankheiten....................... 170
10. Entzündung bei Neugeborenen..................................... 170
11. Furunkel (Blutschwären) im äußern Gehörgange............. 171
12. Polypen des äußeren Gehörganges und des Trommelfells... 171

Behandlung des Mittelohres.
1. Der acute Katarrh der Paukenhöhle................................ 173
2. Der chronische Katarrh der Paukenhöhle........................ 175

Krankheiten des inneren Ohres.........................178, 179 und 180
Zeugniß über Heilung................................188, 211 und 261

Oleum Caunscheidtii.—Anwendung desselben im Allgemeinen........7, 8, 22 und 23
" " Aufbewahrung desselben.. 23
" " Wirkung desselben...7, 8, und 23
" " Wie kann man sicher sein, ein reines, unverfälschtes und heilbringendes Oleum zu bekommen....................... 23
" " Niemand sollte ein Glas Oleum kaufen, dem nicht das durch die Gesetze der Vereinigten Staaten beschützte Trade Mark aufgeklebt ist.................................... 23
" " soll nicht in die Augen, Mund, Nase oder Geschlechtstheile kommen, obgleich ganz ungefährlich............. 24
" " Linden's Oleum ist von der allerbesten Qualität........... 22
" " Kann in allen Fällen ohne irgend eine Gefahr angewandt werden... 24
" " Beachtungswerthe Zeugnisse über die Superiorität des von Linden bereiteten Oleums über das sogenannte „importirte" und alles andere Oleum.....................
182, 191, 198, 201, 202, 203, 204, 205, 209, 212, 218, 224 und 225

Operation mit dem Lebenswecker (siehe „Lebenswecker").
Operirte Stellen müssen mit Watte bedeckt werden................ 24
Organismus des menschlichen Körpers................................... 10

Patentmedicinen... 1
Pathologische Vorerinnerungen... 68
Pflege der Haut durch Waschen ꝛc....................................... 5
Pleuritis... 48
Pneumonia... 49
Pocken.. 60
Pocken, falsche... 60
Podagra (siehe „Rheumatismus").
Pollutionen.. 53
Poren in der Haut, deren Function.............................5 und 6

	Seite.
Poren, künstliche, durch den Lebenswecker geöffnet ....7, 14 und	15
Purgir-Mittel..	89

Quincy (siehe „Drüsen-Anschwellung").

Reinigen des Lebensweckers (siehe „Lebenswecker").
Reizende Wirkung des Lebensweckers...	74
Resorbirende Wirkung des Lebensweckers....................................	74
Rhachitis..	45

Rheuma:ismus, Gicht, Podagra, Gichtgeschwulste, Gichtbrüchiger, Chiragra.
Entstehung des Rheumatismus 2c..	68
Ueber Rheumatismus und Gicht im Allgemeinen.........12, 13, 48, 69,	
71, 75, 78, 81, 87 und	101
Rheumatischer Husten...	34
Rheumatische Schmerzen in den verschiedenen Körpertheilen....... 26 und	27
Rheumatische Augen-Entzündung............................. 35, 123 und	124
Rheumatische Entzündung des Ohres................................164 und	165

Man lese die beigefügten Zeugnisse von Fällen wo Rheumatismus, Gicht, Podagra 2c. gründlich geheilt wurden, auf den nachfolgenden Seiten:
181, 182, 187, 192, 199, 201, 214, 219, 221, 228, 230, 237, 238, 241, 244, 250, 252, 253, 258, 259, 260, 261, 264 und 265

Ringwurm...	44
Rippenfell-Entzündung..	44

Rose, Rothlauf, Erycipelas.

Rückgrat —Rheumatische Schmerzen im — (siehe auch „Rheumatismus"). 26

Rückenschmerzen und Rückenmarksleiden.
Zeugnisse über Heilung derselben....190, 196, 198, 205, 212, 214, 225 und	258
Ruhr...	55
Zeugnisse über Heilung derselben........................245, 246, 258, 262 und	264

Saamenverlust..	53
Sauerstoff (Lebensluft)...	5
Salzfluß, Saltrheum.— Zeugnisse über Heilung desselben........232 und	264
Säure im Magen (siehe „Sodbrennen").	
Scharlachfieber...51 und	100
Zeugnisse über Heilung desselben......................................211 und	231
Schätzung des Lebens...	91
Scheintod...25 und	49
Schlagfluß..25 und	56
" Lähmung nach —...	46
Zeugnisse..185, 186, 202, 224 und	266
Schlaflosigkeit...	29
" bei Kindern...	43

Seite.

Schlangenbiß 43
    Zeugniß über Heilung... 244
Schlaffein 46
Schlu bemerkung 65
Schmerzen, Rheumatische (siehe „Rheumatismus").
    Zeugnisse über Heilung derselben .... 196, 214 und 229
Schnupfen 85
Schrattenholz, Dr. Ferdinand — ist der Erfinder des Lebenswecker............ 15
Schreiberkrampf 29
Schreien der Kinder 43
Schul ern, Rheumatische Schmerzen in — (siehe auch „Rheumatismus")... 26
Schwämmchen 44
Schwangerschaft 2c. 61
Schwere Krankheitsfälle .... 17, 25 und 64
Schwerhörigkeit.—Zeugnisse über Heilung .... 188, 214 und 261
Schweiß 11
Schwindel 40
Schwindsucht 57
    Zeugniß über Heilung .... 282 und 283
Seekrankheit 39
    Zeugnisse über Heilung derselben .... 197 und 207
Sehnen. Contraction der — 28
Seitenstichfieber 43
    Zeugnisse über Heilung desselben .... 215 und 263
1. Skorbut 53
2. Strophelu.—Zeugnisse über Heilung .... 32 45 und 284
Sodbrennen 40
Sommerdurchfälle, Sommercomplaint (siehe auch „Ruhr") 30
    Zeugnisse über deren Heilung 262
Sonnenstich, Ueberhitzung 43
    Zeugniß über Heilung.
Specielle Gebrauchsanweisung (siehe auch „Gebrauchsanweisung")..... 26
Speck zum Reinigen der Nadeln des Lebensweckers 24
Steifigkeit der Gelenke (siehe auch „Rheumatismus") 28
Steinbeschwerden 59
    Zeugniß über Heilung 230
Sick Headache (siehe „Kopfschmerzen").
Stickhusten 84
    Zeugnisse über Heilung desselben .... 216 und 221
Stoffwechsel im menschlichen Körper .... 4 und 5
Sumpffieber in Texas curirt .... 187 und 199
Syphilis .... 61 und 85

Taufen der Neugeborenen 82
Tettera (siehe „Salzfluß").
Thierheilkunst. Anwendung des Lebensweckers 65

	Seite.
Therapie	70

Trade Mark.—Abbildung von Linden's Trade Mark dessen alleiniger Gebrauch ihm durch die Gesetze der Vereinigten Staaten gesichert ist 22

" " wird einer jeden von ihm verkauften Flasche Oleum aufgeklebt, und jede, mit diesem Trade Mark versehene Flasche enthält das einzige heilbringende Oleum unverfälscht..22 und 23

" " Der praktische Nutzen des Trade Mark's..........22 und 23

Tuberkeln 85

Typhusfieber (siehe „Nervenfieber").

Ueberhitzung (Sonnenstich).......... 43
 Zeugnisse über Heilung derselben.......... 201
Unterleibs-Entzündung 35
 Zeugniß über Heilung derselben.......... 201
Unverdaulichkeit .... 35 und 41
 Zeugniß über Heilung.......... 241
Urinbeschwerden (siehe auch „Diabetes").......... 58 und 69
 Zeugniß über deren Heilung.......... 216

Varioliden.......... 60
Veitstanz.......... 58 und 69
 Heilung desselben Zeugniß).......... 255
Ventilation der Zimmer.......... 96 und 97
Verdauungsbeschwerden.......... 35 und 41
 Beseitigung derselben (Zeugniß).......... 241
Verdauungs-Organe, Unregelmäßigkeit in deren Function.......... 5
Verhärtungen, alte.......... 46
Verstopfung.......... 42

Wadenkrampf.......... 29
Warzen, wunde.......... 64
Waschen des Körpers ꝛc.......... 5
Wassersucht wird durch den Gebrauch von Chinin erzeugt.......... 100
Wassersucht 56
 Zeugnisse über Heilung derselben..........187 und 245
Watte. Die operirten Stellen müssen mit Watte bedeckt werden.......... 24
Wehen 63
Weltheit.......... 46
Wechselfieber (Kaltes Fieber, Fever and Ague).......... 87 und 100
 Zeugnisse über Heilung desselben..........193, 183, 197, 212, 214, 225, 226, 235, 245, 249, 252, 258, 259 und 260
Wirkungen des Lebensweckers:
 1. Die ableitende Wirkung.......... 72
 2. Die reizende " 74
 3. Die auflösende " 74

	Seite.
Wochenbett. Einige Bemerkungen über das —	61
Wunden, offene	55
Wundheit der Warzen	64
Wundsein bei Kindern	32
Wurm am Finger	44
Zeugniß über Heilung desselben	
Wurm im Rücken	234
Würmer	29
Zeugniß über deren Entfernung	216
Würmer, Bandwurm	49
Zahnschmerzen	27
Zeugnisse über Heilung derselben	214 und 258
Zäpfleins Zufälle	34
Zuckerruhr (siehe „Diabetes"). — Zeugnisse über Heilung derselben	283
Zugluft	12 und 25

Zur gefälligen Beachtung.

Da gewissenlose Menschen sich erfrecht haben, meine Circulare, Inhaltszettel, Aufschriften, Gebrauchs Anweisungen u. s. w. zu copiren oder doch tausend nachzuahmen, und unter diesem Deck Mantel ihre oft werthlosen und gesundheitschädlichen Mittel als von mir bezogen verkaufen, so sah ich mich genöthigt, um das Publikum und mich selbst fernerhin vor Schaden zu bewahren, bei der Vereinigten Staaten Behörde um Schutz gegen solche Nachfälschungen durch Patentirung meines **Trade Marks** einzukommen, welcher Schutz mir auch gewährt wurde, wie das mir von dem Chef des Vereinigten Staaten Patent Bureau am 3. Juli 1877 zugestellte Certificat ausweist. Eine Abbildung meines Trade Marks befindet sich auf Seite 22 dieses Buches; dasselbe darf bei schwerer Strafe von keinem Andern benutzt werden. Einer jeden von mir verkauften Flasche Oleum wird in Zukunft dieses Trade Mark aufgeklebt sein und der Flasche selbst sind die Worte: "J. Linden's Improved Oleum Baunscheidtii, Cleveland, O.," sowie allen meinen Instrumenten (Lebenswecker) die Worte: "John Linden, Cleveland, O.," eingeprägt.

Wer deßhalb ganz sicher sein will, ein reines, unverfälschtes und heilbringendes Oleum und einen in keiner Weise zu übertreffenden Lebenswecker zu bekommen, sollte unter keiner Bedingung ein Glas Oleum kaufen, das nicht mit obigem Trade Mark versehen, oder ein Instrument, dem nicht mein Name eingeprägt ist. Nur auf diese Weise kann der Patient dieses so segensreiche Heilverfahren mit vollem Vertrauen anwenden. Es ist eine bekannte und beklagenswerthe Thatsache, daß Patienten sich häufig durch pomphafte Anweisungen verleiten lassen, ein oft ganz werthloses, ja sogar schädliches Oleum und Instrument zu gebrauchen, wodurch natürlich dieses so wohlthätige Heilverfahren in Mißcredit kommen muß, und meistens wird der Kranke durch Anwendung eines solchen gesundheitschädlichen Oleums und Instruments von weiteren Versuchen zurückgeschreckt und sei deßhalb vor dem Gebrauche solcher Mittel ernstlich gewarnt.

Durch das mir seit 25 Jahren bewiesene Vertrauen und Wohlwollen, sowie durch die ungemein große Ausdehnung meines Geschäftes während der letzten Jahre, und namentlich auch durch sehr vortheilhafte Verbindungen, die ich während meiner letzten Reise nach Europa behufs Einkaufe der nothwendigen Ingredienzien in großen Partien angeknüpft habe, bin ich, zu meiner **großen Freude**, in den Stand gesetzt, den Preis für das Oel wesentlich zu erniedrigen, indem ich jetzt viel größere Gläser versende, **die um die Hälfte mehr Oel enthalten als die früheren**, wofür ich jedoch nur den alten Preis berechne.

Preise in Cleveland.

Für ein Instrument, den Lebenswecker, mit **vergoldeten Nadeln**, ein Flacon Oleum und ein Lehrbuch, 14. Auflage, nebst Anhang, das Auge und das Ohr, deren Krankheiten und Heilung durch die exanthematische Heilmethode.. **$8 00**
Per Post, portofrei **8 50**
Preis für ein einzelnes Flacon Oleum, per Post, portofrei......... **1 75**
Per Expreß, unfrankirt **1 50**

Bei Abnahme größerer Partien tritt eine angemessene Preiserniedrigung ein.

Geldsendungen wolle man in Post Office Money Orders, oder registrirten Briefen machen, und bei Bestellungen die nächste Post- und Expreß-Office angeben. ☞ Da ich jeden Tag eine große Anzahl Packete per Expreß versende, so habe ich eine sehr günstige Uebereinkunft mit den verschiedenen Expreß Compagnien getroffen, wodurch sie sich verpflichtet haben, meine Packete zu den allerniedrigsten Preisen zu befördern, gleichfalls können aber auch alle meine Heilmittel per Post versandt werden, jedoch ist es bei größeren Packeten am billigsten und am sichersten, per Expreß zu verschicken. **John Linden,**

Special-Arzt der exanthematischen Heilmethode,
Office und Wohnung: 414 Prospect Str.   Cleveland, O., Letter Drawer 271.